生命科学 15 講シリーズ

分子生物学 15 講 [基礎編]
MOLECULAR BIOLOGY

東中川 徹・桑山 秀一・川村 哲規／共編

Ohmsha

執筆者一覧

編　者　　東中川 徹（早稲田大学名誉教授）
　　　　　　桑山 秀一（筑波大学）
　　　　　　川村 哲規（埼玉大学）

執筆者
第 1 講　　東中川 徹
第 2 講　　清水 光弘（明星大学）
第 3 講　　清水 光弘
第 4 講　　川村 哲規・東中川 徹
第 5 講　　石見 幸男（元茨城大学）
第 6 講　　田上 英明（名古屋市立大学）
第 7 講　　尾花　望（筑波大学）
第 8 講　　金井 昭夫（慶應義塾大学）
第 9 講　　金井 昭夫
第 10 講　　香川　亘（明星大学）
第 11 講　　武村 政春（東京理科大学）
第 12 講　　桑山 秀一
第 13 講　　川村 哲規
第 14 講　　東中川 徹・川村 哲規
第 15 講　　桑山 秀一

本書に掲載されている会社名・製品名は、一般に各社の登録商標または商標です。

本書を発行するにあたって、内容に誤りのないようできる限りの注意を払いましたが、本書の内容を適用した結果生じたこと、また、適用できなかった結果について、著者、出版社とも一切の責任を負いませんのでご了承ください。

　本書は、「著作権法」によって、著作権等の権利が保護されている著作物です。本書の複製権・翻訳権・上映権・譲渡権・公衆送信権（送信可能化権を含む）は著作権者が保有しています。本書の全部または一部につき、無断で転載、複写複製、電子的装置への入力等をされると、著作権等の権利侵害となる場合があります。また、代行業者等の第三者によるスキャンやデジタル化は、たとえ個人や家庭内での利用であっても著作権法上認められておりませんので、ご注意ください。
　本書の無断複写は、著作権法上の制限事項を除き、禁じられています。本書の複写複製を希望される場合は、そのつど事前に下記へ連絡して許諾を得てください。

出版者著作権管理機構
（電話 03-5244-5088, FAX 03-5244-5089, e-mail: info@jcopy.or.jp）

JCOPY ＜出版者著作権管理機構 委託出版物＞

は　し　が　き

　もう 10 年以上前だったと思う．アメリカで開かれた分子生物学関連の学会で，Education というタイトルのセッションがあり興味本位でのぞいてみた．そこでは，分子生物学の膨大ともいえる知見の蓄積をこれから育ってくる世代にいかに伝えていくか，が議論されていた．実際，アメリカで出版される分子生物学の教科書は，まるでひと昔まえの電話帳のような大著となり，筆者の周りにもでんと構えている．そのセッションでは，もちろんこのような傾向を十分に意識しての議論が交わされていた．しかし，説得力のある方向性が示されたとは筆者の記憶には残っていない．

　高校の生物学の教科書には，すでに相当に up-to-date な知識の記述が見られる．しかし，一方では，その進歩の速さと一見の難解さのため，大学受験の観点からも生物学は敬遠される傾向にあると側聞する．筆者はいくつかの大学での非常勤講師を含めての 25 年あまりの間の分子生物学の講義の経験のなかで，この分野の急速な進歩の成果をいかに効率よく学生に伝えていくかについて，いろいろなことを試みてきた．その過程で，とにかく学生にとって「わかりやすい」，教師にとって「使いやすい」教科書が必要ではないかと思ってきた．

　本書は，上述の「電話帳」に相当する「分子生物学 15 講シリーズ 3 部作」を三分割したもののひとつ「基礎編」である．本書は大学の初年度の学生を対象として計画したものである．この観点から本書の構成の基本方針は「初学者にとってわかりやすく，教師にとって使いやすい」ことをモットーとした．15 講としたのは，大学での一学期がおおむね 15 コマからなっていることを意識し，ひとつの講を 1 コマで進めれば一学期で一通りの分子生物学の初歩をマスターできるように狙ったからである．しかし，筆者の経験からひとつの講に書かれていること全体にわたって説明するには，とても 1 コマでは時間が足りない．したがって，授業においては，本書を基軸に要点や理解しにくいと考えられる箇所をピックアップして説明を行い，あとは，学生自身が読むことにより理解を深めるようにしたら良いのではないかと考える．あるいは，次のような使い方はどうであろうか．第 1 講から第 10 講は，基礎編のなかでも分子生物学の基礎的知識の習得を目指した．第 11 講から第 15 講は，それらの知識を

iii

はしがき

ベースにして生物現象を横断的に見ることを狙って設けたものである．したがって，第1講から第10講までについて講義をおこない，第11講から第15講は学生の自主的学習に任せる，ということではどうだろう．

　本書をより良くしたい一心から，執筆者の先生方にはいろいろと注文をつけさせていただいた．執筆者の先生方は，いずれも多忙を極める方々ばかりである．それにもかかわらず，編者の意図を汲み取っていただき，それらの注文に快く対応くださったことに対して，ここで改めて感謝の意を表したい．

　各講末の演習問題については，特に各執筆者の先生方に工夫をお願いした．一応理解したことがらでも，別の角度から問われるとたちまちわからなくなるということは，筆者も学生時代よく経験したものである．各執筆者には，学んだ知識をチェックするための正誤問題と，本文の記述の理解に基づく「考えさせる」問題を作成していただいた．問題によっては，解答から新たな情報や視点が得られるかもしれないので，ぜひ，チャレンジしてほしい．また，4か所に掲載したクロスワードパズルは，キーワードの英語表記の習得に役立つと考える．

　出来上がったものを目前にして，ちょうど油絵を描いていて，いつまでも筆が止まらないように，まだまだ直したい部分が随所にある．読んでいただいた方々からのご批判，ご叱責をとり入れてさらに良いものに育てていければ幸いである．

　2024年　盛夏

　　　　　　　　　　　　　編者を代表して　　　東中川 徹

目　　次

第1講　イントロダクション　　　　　　　　　　　　　　東中川　徹

1.1	分子生物学はどういう学問か？ ……………………………… 2
1.2	遺伝物質は DNA である ……………………………………… 2

  1.2.1　1928 年以前　　　3
  1.2.2　Griffith の実験　　　3
  1.2.3　Avery らの実験　　　4
  1.2.4　Hershey と Chase の実験　　　6

1.3　セントラル・ドグマ − Crick は言っていない！ − ………… 8

  1.3.1　セントラル・ドグマの提唱　　　8
  1.3.2　1970 年版セントラル・ドグマ　　　10

1.4　分子生物学小史 ……………………………………………… 12

  1.4.1　1953 年以前　　　12
  1.4.2　1953 年から遺伝子組換え技術の開発まで　　　12
  1.4.3　遺伝子組換え技術以降　　　13

演習問題 …………………………………………………………… 14

第2講　遺伝情報分子：核酸とタンパク質　　　　　　　清水　光弘

2.1　染色体と遺伝物質 …………………………………………… 18

2.2　核酸の構成単位と基本骨格 ………………………………… 18

2.3　核酸の基本構造：ポリヌクレオチドの構造 ……………… 20

  2.3.1　DNA の構造　　　22
  2.3.2　RNA の構造　　　25

2.4　核酸の性質 …………………………………………………… 27

  2.4.1　紫外線の吸収　　　27
  2.4.2　DNA の変性と再生　　　27

v

目　　次

2.5　タンパク質の構成単位と基本骨格 ……………………… 29

2.5.1　アミノ酸の構造　29

2.5.2　アミノ酸の化学的性質による分類　30

2.5.3　ペプチド結合とポリペプチド　33

2.6　タンパク質の構造 ……………………………………… 34

2.6.1　タンパク質の一次構造　34

2.6.2　タンパク質の二次構造　34

2.6.3　タンパク質の三次構造　35

2.6.4　タンパク質の四次構造　37

2.7　タンパク質の機能調節 ………………………………… 38

2.7.1　アロステリックタンパク質　38

2.7.2　タンパク質の化学修飾　39

演習問題 …………………………………………………………… 40

第3講　ゲノム・クロマチン・染色体　　　　　　　　　清水　光弘

3.1　ゲノム ……………………………………………………… 44

3.1.1　ゲノムと染色体　44

3.1.2　ゲノムの概観　45

3.2　クロマチン ……………………………………………… 51

3.2.1　クロマチンとヒストン　51

3.2.2　ヘテロクロマチンとユークロマチン　51

3.2.3　ヌクレオソーム　52

3.2.4　ヒストン　55

3.2.5　ゲノムDNAの細胞核内への収納　56

3.3　染色体 …………………………………………………… 58

3.3.1　染色体と核型　58

3.3.2　セントロメア　59

3.3.3　テロメア　61

3.3.4　染色体の接着と凝縮　62

3.4　ランプブラシ染色体と多糸染色体 …………………… 64

3.5　細胞小器官ゲノム ……………………………………… 65

演習問題 …………………………………………………………… 67

第4講 DNA 取扱い技術 　　　　　　　川村　哲規・東中川　徹

4.1 DNA クローニング ……………………………………………… 70

4.1.1 DNA クローニングの必要性　　70

　　Box　DNA の表記法　71

4.1.2 DNA クローニングの基本原理　　71

4.1.3 DNA クローニングの基本操作とそれにかかわるプレイヤー達　　72

　　Box　制限酵素　75

4.1.4 リコンビナントプラスミドをホストに入れる　　76

4.1.5 リコンビナントプラスミドの選別　　77

4.1.6 DNA クローニング法の進化，改良　　79

4.1.7 RNA クローニング（cDNA クローニング）　　79

4.1.8 ライブラリー　　80

4.2 PCR ……………………………………………………………… 81

4.2.1 PCR とは　　81

4.2.2 PCR の実際　　81

　　Box　プライマーとは？　85

　　Box　耐熱性 DNA ポリメラーゼ　85

4.2.3 逆転写 PCR　　86

4.2.4 リアルタイム PCR　　87

4.2.5 PCR の応用は広範にわたる　　88

4.3 DNA 塩基配列決定法（サンガー法）……………………… 89

4.3.1 サンガー法の原理　　89

　　Box　アガロースゲル電気泳動法　92

4.3.2 次世代シークエンサー　　93

演習問題 ……………………………………………………………… 95

　　クロスワードパズル 1　98

第5講 DNA 複製 　　　　　　　　　　　　　　　　　石見　幸男

5.1 DNA 複製は半保存的に行われる …………………………… 101

　　Box　塩化セシウム平衡密度勾配遠心法　102

5.2 DNA 複製は不連続的に行われる …………………………… 102

目　　次

5.3　DNA 複製の進行にかかわる酵素群およびその他の関連タンパク質
　　　　　　…………………………………………………………………… 106
　5.3.1　DNA ポリメラーゼ　　106
　5.3.2　プライマーゼ　　107
　5.3.3　DNA ヘリカーゼ　　107
　5.3.4　その他の関連タンパク質　　108

5.4　DNA ポリメラーゼの校正機能 ………………………………… 109

5.5　DNA 複製の開始と終結 ………………………………………… 110
　5.5.1　ゲノム複製様式　　110
　5.5.2　DNA 複製起点　　110
　5.5.3　DNA 複製の開始反応　　111
　　　　　Box　CDK と細胞周期　113
　5.5.4　DNA 再複製の阻止　　114
　5.5.5　DNA 複製終結　　114

5.6　クロマチン複製 ………………………………………………… 115

5.7　テロメア DNA 複製問題とテロメラーゼ …………………… 116
　5.7.1　テロメア DNA 複製問題　　116
　5.7.2　テロメラーゼ　　117

演習問題 ………………………………………………………………… 119

第 6 講　転写のしくみと調節 −ゲノム情報が発現する初めの一歩−　田上　英明

6.1　転写のしくみ ………………………………………………… 122
　6.1.1　転写とは　　122
　6.1.2　RNA ポリメラーゼ　　123
　6.1.3　プロモーター　　125
　6.1.4　転写反応　　127

6.2　転写の調節 …………………………………………………… 131
　6.2.1　オペロン説と原核生物（細菌）における転写調節　　131
　6.2.2　転写制御因子と DNA 結合ドメイン　　136
　6.2.3　真核生物における転写調節　　137

6.3　クロマチン構造と転写制御 ………………………………… 140
　6.3.1　ヒストン化学修飾　　140
　6.3.2　クロマチンリモデリング複合体　　142

目　　次

6.3.3　インスレーターと核内ドメイン　143

演習問題··· 145

    column　転写の現場を見る！　147
    column　内部プロモーターの発見　148

第7講　RNA プロセシング　　　　　　　　　　　　　　　　尾花　望

7.1　リボソーム RNA（rRNA）の成熟化 ······························· 150

7.1.1　細菌の rRNA のプロセシング　　150
7.1.2　真核生物の rRNA のプロセシング　　151
7.1.3　塩基修飾　152

7.2　トランスファー RNA（tRNA）の成熟化 ······················· 152

7.2.1　5'末端のプロセシング　　153
7.2.2　3'末端のプロセシング　　153
7.2.3　スプライシングと塩基修飾　　153

7.3　真核生物のメッセンジャー RNA（mRNA）の成熟化 ·········· 154

7.3.1　5'-キャッピング　　155
7.3.2　3'-ポリ A 付加　155
7.3.3　スプライシング　　156

7.4　セルフスプライシング ·· 159

7.5　選択的スプライシング ·· 160

7.6　RNA エディティング ·· 162

7.7　RNA の輸送 ··· 163

7.8　RNA の分解 ··· 164

7.8.1　原核生物の mRNA 分解経路　　164
7.8.2　真核生物の mRNA 分解経路　　165

演習問題··· 166

第8講　RNA の機能 1 −翻訳の調節−　　　　　　　　　　金井　昭夫

8.1　翻訳の重要性 ··· 170

8.2　mRNA の構造と遺伝暗号表 ··· 172

8.3　転移 RNA（tRNA）の構造とアミノ酸の付加 ···················· 176

ix

目　　次

8.4　リボソーム：タンパク質製造工場　………………………………… 178

8.5　翻訳の基本メカニズム　……………………………………………… 181

8.6　真核生物での翻訳制御　……………………………………………… 184

8.7　翻訳にかかわるさまざまな基本制御因子と
　　多彩な翻訳制御のメカニズム……………………………………… 184

　8.7.1　翻訳にかかわるさらなる制御因子　　185
　8.7.2　普遍遺伝暗号表とその例外　　186
　8.7.3　Cap 構造非依存的な翻訳の開始（IRES を使った翻訳）　　186
　8.7.4　低分子 RNA による翻訳の阻害　　186
　8.7.5　翻訳の品質管理と修復　　187

演習問題………………………………………………………………………… 187

第9講　RNA の機能 2 － 機能性 RNA の重要性 －　　　　　金井　昭夫

9.1　機能性 RNA とは何か　……………………………………………… 190

9.2　機能性 RNA の種類　………………………………………………… 190

9.3　真核生物の miRNA と長鎖 ncRNA………………………………… 194

9.4　原核生物の低分子 RNA ……………………………………………… 201

9.5　RNA と酵素活性そして RNA ワールド仮説 ……………………… 203

9.6　RNA テクノロジー…………………………………………………… 205

演習問題………………………………………………………………………… 207

　　　　column　tRNA 断片は機能性 RNA である　209
　　　　column　イントロンの起源とその意義　210

第10講　DNA 損傷と修復　　　　　　　　　　　　　　　　香川　亘

10.1　DNA 複製だけではゲノム DNA の正確なコピーをつくれない… 212

10.2　ゲノム DNA はさまざまな種類の損傷を日常的に受けている … 212

10.3　DNA 損傷によって誘発される突然変異 ………………………… 214

　10.3.1　突然変異の種類　　216
　10.3.2　突然変異の影響　　219

目 次

10.4 DNA 損傷を修復するしくみは複数存在する ･･････････････････ 220
  10.4.1 相補鎖を鋳型にした修復　　220
  10.4.2 二重鎖切断の修復　　226

10.5 転写が活発に起こるゲノム領域に生じた損傷を優先的に修復するしくみ
  ･･ 230

10.6 DNA 修復が完了するまで細胞周期が停止するしくみ ････････ 231

10.7 緊急時に使われる損傷乗り越え修復 ･･････････････････････ 231

10.8 DNA 損傷と疾患の関係 ･････････････････････････････････ 233

演習問題 ･･ 233
       クロスワードパズル 2　　236

第 11 講　ウイルス　　　　　　　　　　　　　　　武村　政春

11.1 ウイルスとは ･･ 238
  11.1.1 ウイルスとは何か　　238
  11.1.2 ウイルスとファージ　　238
  11.1.3 ウイルスの構造　　238
  11.1.4 ウイルスのゲノム　　239
  11.1.5 ウイルスの生活環　　240
  11.1.6 ヴァイローム（ヴィローム）　　240

11.2 ウイルスの分類 ･･ 242
  11.2.1 ボルティモア分類　　242
  11.2.2 代表的なウイルス　　244

11.3 ウイルスと病気 ･･ 245
  11.3.1 風邪（普通感冒）　　245
  11.3.2 ヘルペスウイルスがかかわる病気　　245
  11.3.3 ノロウイルス感染症　　245
  11.3.4 エボラ出血熱　　246
  11.3.5 がんとウイルス　　247
  11.3.6 ヒト免疫不全（エイズ）　　248
  11.3.7 新型コロナウイルス感染症　　248

11.4 ウイルスの変異 ･･ 249
  11.4.1 ウイルスの変異とその原因　　249
  11.4.2 新型コロナウイルスの変異　　249

目　　次

　11.4.3　インフルエンザウイルスの変異　　250

11.5　ウイルスの進化と生物とのかかわり………………………………250

　11.5.1　ウイルスの進化に関する仮説　　250

　11.5.2　巨大ウイルスの進化　　251

　11.5.3　生物とのかかわり　　253

演習問題………………………………………………………………255

第 12 講　動く DNA　　　　　　　　　　　　　　　　　　桑山　秀一

12.1　変化するゲノム DNA ……………………………………………258

12.2　転移性遺伝因子………………………………………………258

　12.2.1　大腸菌の IS と Tn　　259

　12.2.2　トウモロコシのトランスポゾン　　260

　12.2.3　キイロショウジョウバエのトランスポゾン　　261

　12.2.4　レトロトランスポゾン　　262

　12.2.5　トランスポゾンが生物に及ぼす影響　　264

　12.2.6　トランスポゾンの利用　　265

12.3　遺伝子増幅……………………………………………………266

　12.3.1　遺伝子増幅とは　　266

　12.3.2　コピー数多型　　267

12.4　遺伝子再構成…………………………………………………268

　12.4.1　免疫グロブリン遺伝子の再構成　　268

　12.4.2　酵母の接合型（mating type）変換　　269

　12.4.3　繊毛中における遺伝子再構成　　270

演習問題………………………………………………………………271

　　　column　「DNA の動き」のまとめ（遺伝子組換えいろいろ）　273

　　　column　免疫グロブリン遺伝子における遺伝子再構成の発見　274

第 13 講　DNA を編集する　　　　　　　　　　　　　　　　川村　哲規

13.1　ゲノム編集以前………………………………………………276

　13.1.1　外来 DNA のランダムな導入　　276

　13.1.2　ゲノム DNA を正確に改変できる遺伝子ターゲティング　　276

13.2　ゲノム編集の仕組み…………………………………………277

xii

目　　次

13.2.1　ゲノム編集とは　277
13.2.2　DNA の二本鎖切断　278
13.2.3　ゲノム編集の原理　279
13.2.4　ゲノム編集技術の第一世代 – ZFN –　280
13.2.5　ゲノム編集技術の第二世代 – TALEN –　282
13.2.6　ゲノム編集技術の第三世代 – CRISPR-Cas9 –　283
13.2.7　ゲノム編集で何ができるようになったのか　285
14.2.8　CRISPR-Cas9 は完璧か　287
13.2.9　CRISPR-Cas9 の実際　288

13.3　ゲノム編集による社会への波及 ……………………………… 289

演習問題 ………………………………………………………………… 289

　　　column　クリスパー小史
　　　 －石野良純らによる発見，獲得免疫に関与，そしてゲノム編集へ－　291

第 14 講　エピジェネティクス　　　　　東中川　徹・川村　哲規

14.1　エピジェネティクスとは ……………………………………… 296
14.1.1　三毛猫の毛色は？　296
　　　column　オスの三毛猫　297
14.1.2　男性不要論？　297
　　　column　男性不要論？　299
14.1.3　細胞分化　299
14.1.4　エピジェネティック・ランドスケープ　301
14.1.5　エピジェネティクスとは　302

14.2　エピジェネティクスの分子機構 ……………………………… 302
14.2.1　DNA メチル化　303
　　　Box　エピジェネティクスということば　304
14.2.2　ヒストンへの修飾　305

14.3　その他の要因によるエピジェネティック制御 …………………… 306
14.3.1　クロマチンリモデリング複合体　306
14.3.2　ポリコームおよびトライソラックス複合体　306
14.3.3　ノンコーディング RNA によるエピジェネティック制御　306

14.4　エピジェネティックな諸現象 ………………………………… 307
14.4.1　X 染色体不活性化　307
14.4.2　ゲノムインプリンティング　309
14.4.3　位置効果斑入り現象（Position Effect Variegation：PEV）　310

xiii

目　　次

　　14.4.4　栄養とエピゲノム　　311
　　14.4.5　細胞メモリー　　314
　　14.4.6　世代を超えてのエピゲノム遺伝　　315

演習問題 ………………………………………………………………………… 317

　　　　　column　家族問題となるエピゲノム遺伝！　319
　　　　　クロスワードパズル 3　320

第15講　分子生物学と社会　　　　　　　　　　　　　桑山　秀一

15.1　分子生物学の現代における進展 …………………………… 322
　　15.1.1　iPS 細胞　　322
　　15.1.2　iPS 細胞の問題点と課題　　323

15.2　ゲノム編集 ……………………………………………………… 323
　　15.2.1　ゲノム編集とは　　323
　　15.2.2　ゲノム編集の問題点　　325

15.3　ゲノムプロジェクト ………………………………………… 326
　　15.3.1　ゲノム解読　　326
　　15.3.2　ヒトゲノムプロジェクト　　326
　　15.3.3　遺伝子構造の決定　　327
　　15.3.4　ゲノム解析の成果　　327
　　15.3.5　ゲノム解析と環境 DNA　　329

15.4　ゲノム解析の先に ……………………………………………… 329
　　15.4.1　ポストゲノム　　329
　　15.4.2　マイクロバイオーム　　330
　　15.4.3　ゲノム医学，ゲノム創薬　　333

演習問題 ………………………………………………………………………… 335

　　　　　クロスワードパズル 4　337

演習問題　解答例・解説 （クロスワードパズル解答）

　　第 1 講　339／第 2 講　341／第 3 講　342／第 4 講　344／第 5 講　345
　　第 6 講　347／第 7 講　348／第 8 講　350／第 9 講　351／第 10 講　353
　　第 11 講　354／第 12 講　356／第 13 講　357／第 14 講　358／第 15 講　360
　　クロスワードパズル解答　361

索引 …………………………………………………………………………… 363

xiv

第1講

イントロダクション

東中川　徹

本講の概要

　今日では DNA ということばを巷でも頻繁に聞くようになった．「わが社の DNA は・・・」などという使われ方もあるようだ．会社の基本方針やモットーを意味しているようで，それに従って会社が運営されるわけで生物における DNA の役割と符合するアナロジーといえる．他方，DNA の生物学的意義とは無関係にことばの響きだけを「楽しむ」ような使われ方も散見される．それに比べると分子生物学ということばはそれほどポピュラーではない．歴史的には，分子生物学ということば自身は DNA が遺伝物質として注目される少し前の 1938 年，ある報告書のなかにすでに登場している．やがて，その生物学的意義の発見とともに，DNA は分子生物学のメインプレイヤーとなり今日に至っている．1944 年の Avery らの実験，さらに 1952 年の Hershey と Chase による遺伝子 = DNA の証明，そして，1953 年の Watson と Crick による DNA の二重らせん構造の発見は，今日の分子生物学という大樹の芽生えともいうべきものであった．分子生物学を学び始めるにあたって，まず，どのようにして DNA が遺伝子として認定されるに至ったかをみてみよう．また，分子生物学の発展を導いてきたともいえるセントラル・ドグマの実像をみてみよう．さらに，分子生物学の発展の概略をみてみよう．

本講でマスターすべきこと

- ☑ 分子生物学は核酸分子間の塩基対形成を基本原理とした情報識別の学問である．
- ☑ どのようにして遺伝物質（遺伝子）が DNA であることを発見したかを見る：Avery らによる肺炎双球菌を用いた実験．
- ☑ どのようにして遺伝物質（遺伝子）が DNA であることを発見したかを見る：Hershey と Chase による T2 ファージを用いた実験．
- ☑ セントラル・ドグマの実像を見てみよう－ Crick の真意を知る－
- ☑ 分子生物学の発展の概略を小史としてたどってみよう．

第1講　イントロダクション

1.1　分子生物学はどういう学問か？

「分子生物学」ということばから「分子生物学は生物現象を分子レベルで解明しようとする学問分野である．」といってよさそうである．しかし，それではビタミンやホルモンなどなどあらゆる分子がかかわる生命現象を対象とすることになり，その対象があまりに広すぎて，曖昧なものになってしまう．では，どのように定義したらよいだろうか．

実は，分子生物学を定義しようという試みは，このことばが登場して以来多くの人々によってなされてきた．E. Chargaff は「分子生物学は免許不要の生化学である・・・」と書いている．この定義は皮肉的効果を狙ったものとも取れるが，同時に，初期の分子生物学を開拓したのはほとんどといってよいほど化学や物理学の分野でひとかどの仕事をした人々であったことが思い出される．J. C. Kendrew は当時における最も満足すべきかつ簡潔な定義は，J. L. Monod による「分子生物学の新しさは生物の本質は生物のもつ巨大分子の性質により理解され得る点にある．」であろうと記している．

1974年代の組換え DNA 技術の開発に続く遺伝子科学全盛時代の今日において分子生物学を定義するならば，それは情報の概念を生物学の中心にすえた学問分野ということができよう．言い換えれば，今日の分子生物学は DNA（および RNA）における**塩基対形成を明確な基本原理とした情報識別に基づく生物学の分野**といえよう．この考え方は未来に向かっての広がりを意味する．DNA（RNA）と他の生体巨大分子（タンパク質，糖など）との間の，あるいは核酸以外の生体巨大分子間の情報識別の原理が明らかにされれば，今日における分子生物学の「核酸版」に加えて，分子生物学の「核酸－タンパク質版」，「タンパク質－糖版」などの新しいバージョンが生まれることが期待される．実際，今日の時点においてそのような新しい分子生物学の息吹きを感じさせる実験結果が報告され始めている．

1.2　遺伝物質は DNA である

前節で述べたように，今日における分子生物学は DNA のもつ遺伝情報の発現をめぐって展開されている．実は遺伝物質の本体が明らかにされたのは20世紀前半から中期にかけての二つの画期的実験によってであった．分子生物学を学ぶスタートにあたり，DNA がどのような過程でひのき舞台に登場するに至ったのか，それをめぐる歴史の数ページを眺めてみよう．

1.2.1　1928年以前

20世紀の初頭までに遺伝物質が染色体上にあることはほぼ確かとされていた．問題は染色体のどの成分が遺伝物質か，ということであった．やがて，染色体がDNAとタンパク質からなることがわかると，遺伝物質はDNAかタンパク質か，ということに絞られた．当時の書物によると，どちらかというとタンパク質に軍配があがる気配であった．なぜかというと，当時の知識ではタンパク質は20種のアミノ酸からできているのに対して，DNAについては**テトラヌクレオチド説**[*1]（tetranucleotide theory）が提唱され，DNAは4種の単位（ヌクレオチドという）からなる単純な構造をもつとされていた．つまり，複雑な遺伝を担当するにはタンパク質の方がより変幻自在にふるまえるだろう，という主張に基づいた議論であった．ちょうどその頃，DNAを特異的に染め分けるFeulgen染色法が開発され，細胞分裂においてDNA含量が2倍になっていることが確かめられると，DNAこそが遺伝物質であることが強く示唆された．しかし，一方，テトラヌクレオチド説に代表される当時のDNAに対する知識では到底DNAを遺伝物質とするには不十分であった．これらの議論は全くの机上の空論で科学的とはほど遠く，何らかの実験的証明が強く求められていた．

1.2.2　Griffithの実験

肺炎双球菌にはS型とR型があり，細胞表面にある多糖類（莢膜）をもつS型はマウスを死に至らしめるが，莢膜をもたないR型にはそのような病原性はない（**図1.1**）．また，熱処理したS型菌は病原性を失う．1928年，F. Griffithは，肺炎に対するワクチンをつくる研究の過程で不思議な現象を見出した．R型の生菌と熱処理したS型の死菌を同時にマウスに注射するとマウスは死に，かつ死んだマウスの血中からS型の生菌が回収された（図1.1 (e)）．Griffithはこの現象から，S型菌由来の未知物質によってR型菌がS型菌に転換した，と考え，この現象を**形質転換**（transformation）と名付けた．

Griffithの実験結果は，三つの研究グループにより確認された．この頃，ウイルスでも同様の形質転換が観察された．重要なことは，M. H. DawsonとR. H. P. Sia（1931）やJ. L. Alloway（1933）により，形質転換が *in vitro*（試験管内）で再現されたことである．Allowayは，熱で殺したS型菌からの粗抽出物により *in vitro* でR型→S型の転換を示した．この結果は，「形質転換物質」精製への道を拓

[*1]　20世紀の初頭，P. A. T. Leveneが提唱した「核酸は4種類のヌクレオチドが鎖状に連結した分子量1,300程度の低分子物質である」という仮説．その後，K. Makinoにより4個のヌクレオチドが環状につながったモデルも提唱された．松田誠：核酸化学から分子生物学へ－テトラヌクレオチド構造を中心に－，東京慈恵会医科大学雑誌，126，243-253（2011）に詳しい．

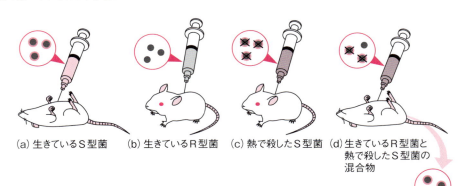

■図 1.1　Griffith による形質転換の実験

いた．1935 年，O. T. Avery の研究グループは，この**形質転換物質**（transforming principle）の本体の解明に向かう．そして，1944 年の画期的発見につながる．

1.2.3　Avery らの実験

Avery らは熱処理した S 型菌の抽出物を出発材料とし，R 型菌の培養系を精製のアッセイ系として，形質転換物質の精製に挑戦した．S 型菌の抽出物を R 型菌に加えると，形質転換を起こした S 型菌が現れた．この本体は何であろうか．糖を分解する処理では S 型菌が現れたので有効成分が糖である可能性は否定された．さらに，タンパク質分解酵素，あるいはリボヌクレアーゼ（RNA を分解する酵素）でも R→S の形質転換の活性は維持された．重要なことは，DNA を分解する酵素標品[2]処理で活性の低下がみられたことであった．その他，血清学的分析，260 nm に吸収極大を示すことなどから Avery らは，精製分画中の「形質転換物質」は DNA である，と結論した（**図 1.2**）．

Avery らの論文は，第二次世界大戦の終わり頃，ノルマンディー作戦（D デイ）の直前の 1944 年 2 月に発表された．だが当時の風潮を反映してか，Avery らは慎重を期して，「DNA は遺伝物質である」と主張しておらず，「DNA が形質転換物質である」というにとどめている．しかし，発表された論文中には，「R 型→S 型の形質転換は一過的なものではなく，転換した S 型菌はその後何世代も S 型形質を維持すること，

---

[2]　当時，精製されたデオキシリボヌクレアーゼ（DNase）は得られなかったので，DNA を分解する活性を有するイヌやウサギの血清からの標品で S 型菌抽出物の処理を行った．

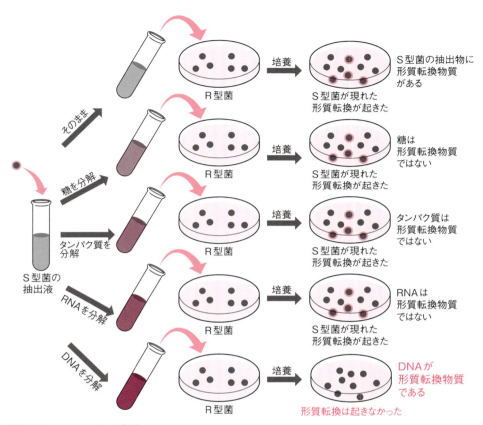

■図1.2　Averyらの実験
R型菌 → S型菌の形質転換を起こす因子はDNAであることを示した.

また，転換したS型菌から同様に形質転換活性を有する物質を得ることができる」という記述があり，彼らが「DNAは遺伝物質である」ことを確信していたことがうかがわれる．また，Averyが弟のRoyに宛てた手紙からも，「形質転換物質」が肺炎双球菌の遺伝的形質を決定するもの（遺伝子）であることを確信していたことが明らかである．

　Averyらの論文は，今日でこそ画期的とされているが，当時は十分評価されず，むしろ強い反論にさらされた．Averyらは，精製したDNaseで形質転換物質を処理した結果を発表したが情勢はあまり変わらなかった．戦争中でもあり，ヨーロッパの生物学者たちの多くが，この論文を読む機会に恵まれなかったこともその一因である．しかし，この研究を知った研究者たちも依然として懐疑的であった．当時，根強く残っ

第 1 講　イントロダクション

ていたテトラヌクレチド説と「遺伝子はタンパク質である」という風潮のなかで，形
質転換物質の中の真の有効成分は微量に存在するタンパク質ではないか，という反論
であった．タンパク質分解酵素処理をしたとしても抽出物中に 1 ～ 2% のタンパク質
が残っていたとしたら，その残存タンパク質が R 型 → S 型の形質転換を起こす可能
性が問われたのであった．

　この研究に参加した M. McCarty による著書「The Transforming Principle」（邦
訳はないが一読を勧める．principle はここでは「成分」という意味である）には，
実験が行われたロックフェラー大学内の発表会でも「残存タンパク質の可能性」につ
いて厳しい質問が飛び交うシーンが記されている．

　一方，Avery らの業績を正当に評価した人々もいた．Chargaff は Avery らの論文
をきっかけに研究テーマを核酸に方向転換し，A － T，G － C 塩基対の発見にいたる．
また，Avery らの論文は，後の J. D. Watson と F. H. C. Crick の二重らせんモデル
構築の決定的要素となった．Watson 自身もそのことを彼の著書「Double Helix」の
なかで述べている．しかし，全体としては一致した見解はなく新しい発見が遭遇する
生みの苦しみのなかで，「遺伝物質は DNA である」ことを大方が認めるにはさらに
決定的な証拠を必要としていた．

1.2.4　Hershey と Chase の実験

　1930 年代中ごろから M. L. Delbrück らを中心とする物理学者グループが生物学
研究の流れに台頭してくる．彼らは，もっとも単純な生命体として核酸とタンパク
質のみからできているバクテリオファージを研究対象に選び，いわゆる「ファージグ
ループ」と称された．おりから，T. F. Anderson は，電子顕微鏡によりファージは
テール部分で菌の表面に結合している写真を発表した．また，この結合は弱く，ファー
ジは結合している短い時間内にファージの成分を菌体内に注入し，新しい子孫ファー
ジは注入された成分をもとに形成されることが明らかになった．このことは，細菌に
注入された物質がファージの増殖を指示する遺伝情報を運んでいることを示唆してい
る．はたして，注入されるのは，核酸であろうかタンパク質であろうか．

　A. D. Hershey と M. Chase は大腸菌に感染し，DNA とタンパク質のみで構成さ
れている T2 ファージを取り上げた．タンパク質はメチオニンやシステインの存在の
ため硫黄（S）を含むがリン（P）は含まない．一方，DNA はリン（P）を含むが硫黄（S）
は含まない．そこでこの二つを区別するため，ちょうどその頃生物実験に使われ始め
た放射性アイソトープを用いて巧妙な実験を行った．つまり，タンパク質を ^{35}S でラ
ベルし，DNA は ^{32}P でラベルした 2 種類のファージを用意した．このようにして彼
らはファージ感染過程におけるタンパク質と DNA の行方を追跡したのである．まず，

6

^{35}S または ^{32}P でラベルしたファージを大腸菌に吸着させ，ファージが遺伝物質を菌体内に注入し終わったころを見計らって，家庭用ミキサー（Waring blender）で撹拌し，ファージ本体を大腸菌から分離し，遠心分離により細菌（沈殿）と中身のないファージ外被（上清）を分離した．ついで，上清と沈殿の放射能を測定した．その結果，^{32}P の 85% は沈殿の細菌細胞に残っていたが，^{35}S の大部分（75%）は上清に回収された．この結果は，細菌細胞内に注入されるのは DNA であることを示唆している．次に，ファージに感染した放射性をもつ細菌を新しい培地で培養したところ，^{32}P は子孫ファージの一部に引き継がれたが ^{35}S は引き継がれなかった．彼らはこの一連の実験結果から細菌細胞に注入されたのはタンパク質ではなく DNA であり，DNA がファージ T2 の遺伝物質に違いない，と結論した（**図 1.3**）．Hershey と Chase の実験結果は，データそのものがはっきりしていない面をもつ（25% のタンパク質は沈殿に，15% の DNA は上清に見出された）にもかかわらず，Avery らの結果に比べれば，かなりすんなりと受け入れられた．その頃までには，ファージグループの研究により DNA が遺伝物資であるという気運が醸成されていたからである．Hershey と

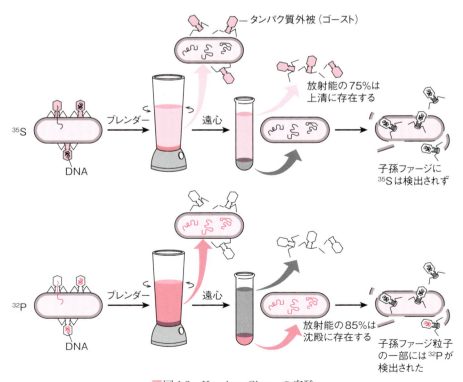

■図 1.3　Hershey-Chase の実験

第 1 講　イントロダクション

Chase の実験結果の発表は 1952 年であった．翌年，1953 年には，Watson と Crick の二重らせんモデルの提唱を迎え，遺伝物質 = DNA の理解は一挙にコンセンサスとなった．

1.3　セントラル・ドグマー Crick は言っていない！－

1.3.1　セントラル・ドグマの提唱

1957 年，Crick は The Society of Experimental Biology のシンポジウムにおいて「On Protein Synthesis」と題する招待講演を行った（誌上発表，1958）．彼はこの講演のなかで，タンパク質合成に関する当時の断片的な知見を整理し問題点を明確にした．当時の理解では，タンパク質は 20 種のアミノ酸からなり，その折り畳みはアミノ酸配列で決まる．そして，その配列は遺伝子における塩基配列で指定されること，タンパク質合成は細胞質の "microsomal particle"（やがてリボソームとして知られる．彼は microsomal particle RNA がタンパク質合成の鋳型と考えていた）で行われること，核酸性のアダプター分子（のちの tRNA）が介在すること，アミノ酸のコードは重なりをもたないトリプレットからなること，などを述べている．そして，Ideas about protein synthesis としてタンパク質合成の機構について言及し，まず，その冒頭で，General principles として次のように述べている．

"My own thinking (and that of many of my colleagues) is based on two general principles, which I shall call the Sequence Hypothesis and the Central Dogma. The direct evidence for both of them is negligible, but I have found them to be of great help in getting to grips with these very complex problems. I present them here in the hope that others can make similar use of them. Their speculative nature is emphasized by their names. It is an instructive exercise to attempt to build a useful theory without using them. One generally ends in the wilderness."

Sequence Hypothesis とは，核酸の特異性は塩基配列で決まり，そしてその塩基配列がタンパク質のアミノ酸配列を決める，という仮説である．

Central Dogma については，次のように述べている．

"This states that once 'information' has passed into protein it cannot get out again. In more detail, the transfer of information from nucleic acid to nucleic acid, or from nucleic acid to protein may be possible, but transfer from protein to protein, or from protein to nucleic acid is impossible. · · · · This is by no means universally held・・・・but many workers now think along these lines. As far as I know it has not been explicitly stated before."

図 1.4 は 1956 年 10 月に Crick がこの講演のために準備した草稿にみられる．先述の引用文と図 1.4 から明らかなように，Central Dogma は DNA，RNA，protein の 3 種のポリマー間での情報の流れにおいて，いったん，情報がタンパク質に入ると，それはタンパク質自身ばかりでなく DNA にも RNA にも移ることはない，ということを述べたものである．Crick は問題点を論理的に整理し，大胆な仮説を提唱することにより実験的証明の方向性を明確に示し，的外れの実験に無駄な努力をしないようなガイドラインを示したかったことがうかがえる．Crick は当時まだ一部では根強く信じられていた「DNA がタンパク質の配列を決定するが，反対にタンパク質も DNA の配列を決める．」といった考え方を払拭したいと考えていた．彼は自伝「What Mad Pursuit」のなかで，Hypothesis という語は Sequence Hypothesis で用いたので，情報の流れについての前提（assumption）は，より中心的で，かつよりパワフルであることを示すため Central Dogma という語を用いたと述べている．しかし，この Dogma という語は思いのほかだいぶ物議をかもすことになった，と述懐している．後年，J. Monod から用語の不適切さを指摘される．Crick は Dogma という語の意味（疑うことを許されない宗教上の教義）を正確に理解していなかったようであ

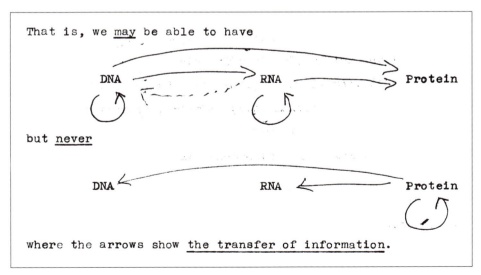

■図 1.4　Crick の草稿にあるセントラルドグマの図
（出典：http://profiles.nlm.nih.gov/）

る．もしも Dogma ということばを用いていなかったら，上に引用したような学会での陳述に対して，それほど辛らつな反撃を受けなかっただろう，と思われる．

やがて 1970 年，H. Temin により逆転写酵素 (reverse transcriptase) が報告されると Central Dogma は強い批判の的となる．

1.3.2　1970 年版セントラル・ドグマ

"The Central Dogma, enunciated by Crick in 1958 and the keystone of molecular biology ever since, is likely to prove a considerable over-simplification."

この一文は，1970 年，Nature 誌の Temin の業績の紹介記事 "Central dogma reversed" にみられる．Crick は同年，少し遅れて Nature 誌に "Central Dogma of Molecular Biology" と題して 1957 年の Dogma 提唱の真意と，1970 年版ともいうべき新しい Central Dogma を提唱し，その意義を再度主張している．それによると，「Central Dogma の意味が誤解されたのは何もこれが初めてではない．この小論文で，もともと私がなぜこの語を用いたのか，その真の意図，そして正しく理解されるならば Central Dogma は現在でも基本的に重要な意味をもつ」と述べている．

(1) セントラル・ドグマ提唱の経緯

Crick の論点を以下に要約する．「Sequence Hypothesis に基づくと，DNA，RNA，protein の三つのポリマー間での情報 (information) の流れについて，図 1.5 (a) の矢印で表される九つの可能性が考えられた．1957 年当時，私はこれらを図 1.5 (b) のように三つのグループに分けた．クラス I は，何らかの証拠 (evidence) があったもので実線で示す．RNA → RNA は RNA virus の存在による．クラス II は実験的証明も理論的必然性もなかったケースで点線で示す．DNA → protein は G. Gamow により想定されていた．クラス III は線のないルート，つまり，protein → protein，

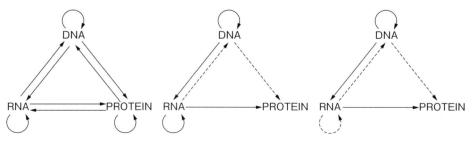

(a) 情報移動の全可能性　(b) 1958 年版セントラルドグマ　(c) 1970 年版セントラルドグマ

■図 1.5　セントラルドグマ

protein → RNA, protein → DNA の 3 ケースである．当時の状況は，クラス I は確かに存在する，クラス II は稀に存在するか存在しない．しかし，クラス III は有りそうにない，というものであった．したがって，information transfer の説を立てるにあたり，クラス I のみを想定するのが正しいかどうかという問題があった．しかし，クラス II があり得ないという強力な構造的理由が見当たらない．一方，クラス III はかかわる分子の立体構造から考えて有り得るとは到底考えられない．したがって，私は大事をとって（to play safe），分子生物学の基本的前提（basic assumption）として "クラス III はありえない" ことを 1957 年の Central Dogma "once 'information' has passed into protein it cannot get out again" として述べたのであった．」そして，「思い返すとずいぶんと思い切ったことを言ったものだ．しかし，同時に，何をいうかについては細かく熟慮もした．あれからの時の流れの中で，すべての人に私どものこのような慎重な思い（our restraint）を十分には理解していただけなかった．」とも振り返っている．

（2）1970 年版セントラル・ドグマの提唱

続けて，Crick は 1970 年版 Central Dogma ともいうべきものを提唱する．それが図 1.5（c）である．「9 個の可能な transfer を新たに三つに分けるのがよいだろう．すべての細胞で起こる general transfer（実線），大部分の細胞で通常は起きないが，ある特殊条件下では起こると考えられる special transfer（点線），そして，unknown transfer（線の無いもの）である．この分類は一応うなずける．RNA のみが遺伝物質であるケースもこのスキームに何の問題もなく収まる．DNA → protein は neomycin 存在下で *in vitro* でみられているので生菌でもみられるだろう．とはいえ，我々の分子生物学の知識でこの分類が正しいと dogmatically に主張するのは無理であろう．たとえば，Scrapie[*3] の病原体の化学的本体はこの分類に照らしてどうだろうか．もし，私の分類が正しくないと判明すれば，それは重要な発見となるだろう．重要なことは，一つでも unknown transfer を示す細胞が現存するとしたら，それは分子生物学の知的基盤を揺るがすようなものである．そして，まさにこの理由で Central Dogma は今日においても，それが最初に提唱された時と同じように重要な意味をもつと思われる．」と．

以上見てきたように，Central Dogma の主張は，最初の提唱（1957）においても，その改訂版（1970 年）においても，一貫して protein からの三つのルートがありえないことを述べたものである．この理解に立てば，これまで Central Dogma の反証と

[*3]　ヒツジやヤギ類の神経系を侵す致死性の高い疾患．他の伝達性海綿状脳症の一つで，プリオンが原因とされている．この病気にかかったヒツジが，かゆがって柵に体をこすりつける（scrape）ことからこの名がある．

第1講　イントロダクション

して挙げられた知見はすべて的を得ていないことになる．それらは，逆転写反応，スプライシング，RNA エディティング，RNA 複製，rRNA や tRNA はタンパク質をコードしないこと，などである．ちなみに，情報の一方向的流れを DNA makes RNA makes protein と表わすことがあるが，これも Crick が言ったのではなく，実は Watson が 1952 年，Delbrück への手紙の中で用いた表現だといわれている．Crick の Central Dogma はこのように誤解の中で生き続けた．しかし，20 世紀後半の分子生物学の歴史の中で，三つのポリマー間の情報の流れとその実体についての研究を促進するのに大きな役割を果たした．21 世紀を迎え，Genetics から Epigenetics に遺伝子研究の中心が移りつつある現在，多くの謎が我々のまわりでひしめいている．その意味では 1957 年と状況は変わらない．十分に吟味された分析に基づいた Hypothesis（Dogma ではなく）は，この状況を打開するためにますます歓迎すべきものであろう．

1.4　分子生物学小史

1.4.1　1953 年以前

分子生物学の歴史は，Watson と Crick による DNA の二重らせんモデルの発見が報告された 1953 年を機として様相を一変する．1953 年以前における二つの学派の一つ，構造学派は生体巨大分子，とくにタンパク質の 3 次元構造やコンフォメーションに興味をもち，その手法はもっぱら X 線結晶学であった．そして，もうひとつの学派，情報学派が登場する．Delbrück や S. Luria を含むこの学派の人々は，主に生物のもつ情報とその複製に興味をもった．この二つの流れは，1944 年，Avery らにより形質転換物質が DNA であることが示唆されることと相まって活発な交流を始める．頃を同じくして情報学派で育った Watson が構造学派の中心であったケンブリッジへやってくる．そこで物理学をバックとする Crick と共同して 1953 年の DNA の二重らせんモデルの提唱に至る．

1.4.2　1953 年から遺伝子組換え技術の開発まで

1953 年，Watson と Crick は DNA の二重らせんモデルを Nature 誌に 1 ページ（印刷上 2 ページにわたっているが論文の長さは 1 ページ相当）の論文として発表した．20 世紀最大の発見の一つを報告した論文である．彼らはこのモデルにより DNA の基本的立体構造を明らかにし，その複製様式を予言した．Watson のいう「ヒトはなぜヒトなのか」「カエルはなぜカエルなのか」という遺伝の基本に答えを与えたのであった．複製様式はその後 5 年を経て，1958 年に実験的に証明された．Watson は，「我々は DNA が如何にその情報を駆使して生体をつくるかは明らかにしていないし，

12

これからの問題である.」と今日の Epigenetics の意義を指摘しているのは興味深い.

1961 年には M. W. Nirenberg と S. Ochoa による熾烈な競争を経て, 遺伝暗号解読の端緒が開かれた. 1965 年には R. W. Holley により核酸塩基配列決定の第 1 号として酵母アラニン tRNA の全一次構造が決定された.

1.4.3 遺伝子組換え技術以降

1972 年, S. Cohen と H. Boyer はホノルルでの学会における劇的な出会いを機として共同研究をスタートし, 1973 年から 1974 年にかけて三つの画期的論文を発表した. その一つが真核生物の遺伝子, つまり, アフリカツメガエルのリボソーム RNA 遺伝子を, バクテリアプラスミドにつなぎ増やすことに成功したことを報じるものであった (→第 4 講). この実験は, 引き続き開発された F. Sanger (1975) および A. M. Maxam と W. Gilbert (1977) による DNA 塩基配列決定法とともにその後の遺伝子のクローニングと解析のラッシュを招来する画期的なものであった. それまで, 遺伝解析が困難とされていた多くの真核生物にも, 遺伝子解析のメスを入れることができるようになった. さらに, 機能未知の遺伝子からさかのぼってその機能を探る逆転生物学が生まれた. このような潮流は "ヒトを意識した生物学としての生命科学" という概念を生み出すに至る.

1989 年の M. R. Capecchi らによる ES 細胞を介した遺伝子ターゲティング法はゲノムの狙った場所を改変することを通じて少なくともマウスにおいて遺伝子機能の解明に道を開いた. 遺伝子改変を狙うこの流れは, その後, Zn-finger ヌクレアーゼ法, TALEN 法を経て DNA 編集という分野の開拓に至った. その最先端にある CRISPR/Cas9 法は, その簡便さから急速な発展をみせている (→第 13 講).

生物の DNA の全一次構造を決定するゲノムプロジェクトでは, すでにヒトを含めた多くの生物について完了報告がなされた. ゲノム構造の解明は, 従来のサンガー法とは全く異なる原理に基づいて次々に開発される次世代シークエンサーにより加速され, 予想を遥かに上回るスピードで進展をみせている. 生命の設計図が覆いを取り除かれて眼前に提示されている.

1997 年, I. Wilmut らによるクローン羊ドリーの報告は, それまで成体の体細胞由来のクローン生物の作製は不可能とされていた常識を真っ向からくつがえした. DNA の動態への神秘の扉がまたひとつ開かれたわけである. そして, この流れは 2006 年の S. Yamanaka による iPS 細胞へとつながる. 次に来るものは何であろうか?

1942 年, C. H. Waddington は Epigenesis (後成説) と Genetics を結び合わせて Epigenetics ということばを提唱した. 遺伝物質が DNA であることが明らかでない

第 1 講　イントロダクション

時代のことである．今日のことばでいえば Epigenetics は，生物の複雑な体制が徐々につくられていくのを遺伝子がどのようにコントロールしているかを追究することを意味している．前にもふれたが，2003 年，Watson はあるインタビューに答えて，「私たちは DNA の立体構造を明らかにし，その遺伝における複製様式を予言した．しかし，DNA が如何にその機能を発揮するかについては何も明らかにしていない．まったくこれからの問題である．」と述べている．ヒトゲノムの解明により Genetics の究極を見たかに思えた途端，指数関数的に増大した複雑さとともに Epigenetics が脚光を浴び始めた．まさに「Epigenetics」は今世紀の遺伝子研究を標榜することばといえよう．およそ 80 年の年月を経て Waddington の提唱がいよいよ大々的に展開される．

演習問題

Q1. 次の文章の正誤を判定せよ．誤りとした場合は理由を述べよ．
1. セントラル・ドグマとは，遺伝情報は DNA → RNA → タンパク質へと一方向的に流れるという考え方である．
2. Griffith は肺炎双球菌における形質転換現象を発見した．
3. 分子生物学は生命現象を分子レベルで説明することを追究する学問分野である．
4. Avery らは，遺伝子は DNA であるということを記載した論文を発表した．
5. テトラヌクレオチド説によると，DNA は 4 種のヌクレオチドが鎖状あるいは環状につながった低分子物質であり遺伝子として働くとはとうてい考えられない．
6. エピジェネティクス（epigenetics）ということばや概念は，DNA が遺伝物質であることが明らかになったのちに提唱された．
7. Watson と Crick による DNA の 2 重らせん構造の発見は，20 世紀の中頃のことである．
8. 組換え DNA 技術が開発されたのは 21 世紀に入ってからである．
9. Watson と Crick による DNA の 2 重らせんモデルの発見は，20 世紀最大の発見といわれ，Nature 誌に十数ページにわたる大論文として発表された．
10. Avery らの論文は，第二次世界大戦の終わり頃の 1944 年に発表された．

Q2. 20 世紀の初頭では，遺伝物質はタンパク質であるという説が有力であった．なぜであろうか．

Q3. 講義で先生が「遺伝物質が DNA であることは，Avery らの肺炎双球菌での実験，そして，Hershey と Chase によるバクテリオファージを用いた実験により実証された．」と述べたところ，一人の学生が「そのような細菌やバクテリオファージでの実験から，われわれのからだの遺伝も DNA による，といえるだろうか．ヒトの遺伝物質も DNA であるという証拠はあるのですか．」と質問した．さて，どう答えたらよいだろうか．

Q4. 図 1.5 を見て 1958 年のセントラル・ドグマと 1970 年に再提案したセントラル・ドグマではどこが変わっているだろうか. また, その変化の理由は何であろうか.

Q5. 1970 年に Crick が再提案したセントラル・ドグマが破綻するとしたら, どのような生物現象が発見された時であろうか.

Q6. Avery らの論文は, 今日からみると画期的な発見を報告した論文であった. しかし, 発表当時は十分評価されず, むしろ強い反論にさらされた. なぜだろうか.

Q7. Avery らの研究は, Griffith の形質転換の発見に端を発しているが, Dawson と Sia および Alloway が *in vitro* で形質転換が再現されることを示したことは Avery らの研究に大きく貢献した. なぜだろうか.

Q8. 生命現象の解明にはバクテリア, ファージ, あるいは酵母, テトラヒメナなどヒトから系統樹では遠く離れた生物がよく使われ, 功を奏している. なぜだろうか.

参考文献

1) M. McCarty：The Transforming Principle - Discovering that genes are made of DNA, W. W. Norton & Company（1985）
→ Avery グループの研究の最後のチームに加わった著者が研究の現場をつぶさに記録している. 邦訳はないが意欲ある方には一読を薦める.

2) R. J. Dubos 著, 田沼靖一 訳：遺伝子発見伝（原書名 The Professor, the institute, and DNA）, 小学館（1998）
→ Avery のラボで遺伝子が DNA であることの発見を目の当たりにした記録.

3) F. W. Stahl ed.：We can sleep later: Alfred D. Hershey and the Origins of Molecular Biology, Cold Spring Harbor Press（2000）
→「ハーシーとチェイスの実験」で知られた Hershey の研究姿勢・人柄を表わすさまざまなエピソードについて 20 人の同時代の研究者による寄稿文集（邦訳なし）. ネット検索すれば電子書籍として読むことができる.

4) H. F. Judson 著, 野田春彦 訳：分子生物学の夜明け－生命の秘密に挑んだ人たち－（上下巻）（原書名 The Eighth Day of Creation）, 東京化学同人（1982）
→分子生物学の誕生の記録. 著者は分子生物学の研究者ではないが, 実際の論文や手紙, そしてインタビューに基づいて書かれており, 分子生物学の考え方そのものを実感することができる.

5) F. H. C. Crick：On Protein Synthesis, in Symp. Soc. Exp. Biol. XII, 139-163（1958）
→セントラル・ドグマを提唱した講演の記録.

6) F. H. C. Crick：Central Dogma of Molecular Biology, Nature, 227, 561-563（1970）
→セントラル・ドグマに対する批判に答えて, 1958 年のセントラル・ドグマの提唱の経緯と新たなセントラル・ドグマを提唱した.

7) F. H. C. Crick 著, 中村桂子 訳：熱き探求の日々－DNA 二重らせん発見者の記録－（原書名 What Mad Pursuit, A Personal View of Scientific Discovery, Basic Books, A Division of Harper Collins Publishers）, シーシーシーメディアハウス（1989）

第 1 講　イントロダクション

→ Crick が DNA 二重らせん構造の発見の後，次の課題へのさまざまな努力が書かれている.

第2講

遺伝情報分子：核酸とタンパク質

清水　光弘

本講の概要

　本講では，遺伝情報分子である核酸とタンパク質の物質的基礎について学ぶ．核酸は DNA と RNA に大別される．核酸の構成単位はヌクレオチドであり，ホスホジエステル結合で連結した重合体をポリヌクレオチドという．DNA は，ほとんどの場合，J. D. Watson と F. H. C. Crick の提唱した二重らせん構造として存在する．二重らせんでは，二本のポリヌクレオチド鎖が逆並行に向かい合い，水素結合によってアデニン（A）はチミン（T）と，グアニン（G）は（C）と塩基対を形成する．このことにより，一方のポリヌクレオチド鎖の塩基配列が決まると他方の鎖の塩基配列が決まる．RNA と DNA の化学構造は似ているが，RNA に含まれる特異的な塩基にウラシル（U）があり，糖はリボースである点が DNA と異なり，通常，RNA は一本鎖として存在する．主要な RNA は，遺伝子から転写された mRNA，遺伝暗号に対応したアミノ酸を運搬する tRNA，リボソームを構成する rRNA である．これらに加えて、近年，さまざまな機能性の RNA が同定されている．タンパク質の構成単位はアミノ酸であり，ペプチド結合で連結した重合体をポリペプチドという．タンパク質は一次構造から四次構造という階層構造として理解される．アミノ酸の側鎖の化学的性質は，タンパク質の立体構造形成と機能発現に重要な役割を担っている．

本講でマスターすべきこと

- ☑ 核酸の基本構造を理解する（ヌクレオチドとホスホジエステル結合）．
- ☑ DNA と RNA の化学的構造の違いを理解する．
- ☑ DNA の二重らせん構造の特徴と合理性を理解する．
- ☑ 核酸の物理化学的特性を理解する．
- ☑ アミノ酸の種類と化学的性質を理解する．
- ☑ タンパク質の階層構造（一次構造から四次構造）を理解する．
- ☑ タンパク質の機能を調節するアロステリック制御について理解する．

第2講　遺伝情報分子：核酸とタンパク質

2.1　染色体と遺伝物質

　核酸（nucleic acid）は 1869 年に J. F. Miescher によって発見された．1900 年の W. S. Sutton による遺伝の染色体説，1915 年の T. H. Morgan によるショウジョウバエの染色体地図の作成などにより，**遺伝子**（gene）**は染色体**（chromosome）に含まれていると考えられるようになった．染色体は，核酸と**タンパク質**（protein）との複合体である．1930 年頃までは，遺伝物質はタンパク質であるという説が生化学者の間では有力だった．それは，タンパク質には多様性があり，さまざまな遺伝形質に対応できると考えられたからである．それに対して，当時，核酸は 4 種類のヌクレオチドが同数ずつ鎖状に連結して構成されているというテトラヌクレオチド説があり，そのような単純な物質が遺伝を担うと思えなかったからである．F. Griffith による肺炎双球菌の形質転換と，それに続く O. T. Avery らによる形質転換物質の同定，A. D. Hershey と M. Chase による T2 ファージの放射性同位体ラベル実験などによって，1950 年初頭には遺伝物質は DNA であることが実証された（→第 1 講）．1953 年，遺伝物質 DNA の分子構造に関して，Watson と Crick は二重らせんモデルを提唱した．これは 20 世紀最大の発見の一つといわれており，今日の分子生物学の発展の大きな契機となった．

2.2　核酸の構成単位と基本骨格

　核酸は，**デオキシリボ核酸**（deoxyribonucleic acid，DNA）と**リボ核酸**（ribonucleic acid，RNA）に大別される．核酸の構成単位は**ヌクレオチド**（nucleotide）である．ヌクレオチドは，**塩基**（base），**糖**（sugar），**リン酸**（phosphate）からなる．なお，ヌクレオチドからリン酸を除いた化合物（塩基＋糖）は**ヌクレオシド**（nucleoside）とよばれる（**図 2.1**（a））．

　核酸を構成する塩基は，**プリン塩基**（purine base）と**ピリミジン塩基**（pyrimidine base）に大別される．これらの塩基はヘテロ芳香族化合物であり，疎水性で平面構造をとる．プリン骨格をもつ塩基には，**アデニン**（adenine：A），**グアニン**（guanine：G）があり，ピリミジン骨格をもつ塩基には，**シトシン**（cytosine：C），**チミン**（thymine：T），**ウラシル**（uracil：U）がある（図 2.1（b））．アデニン，グアニン，シトシンは DNA と RNA に共通に使われる塩基であり，チミンは DNA に，ウラシルは RNA に特異的に使われる．

　核酸を構成する糖は，五炭糖である**リボース**（ribose）と**デオキシリボース**（deoxyribose）である（図 2.1（c））．DNA と RNA の名前の由来は，それぞれに含ま

18

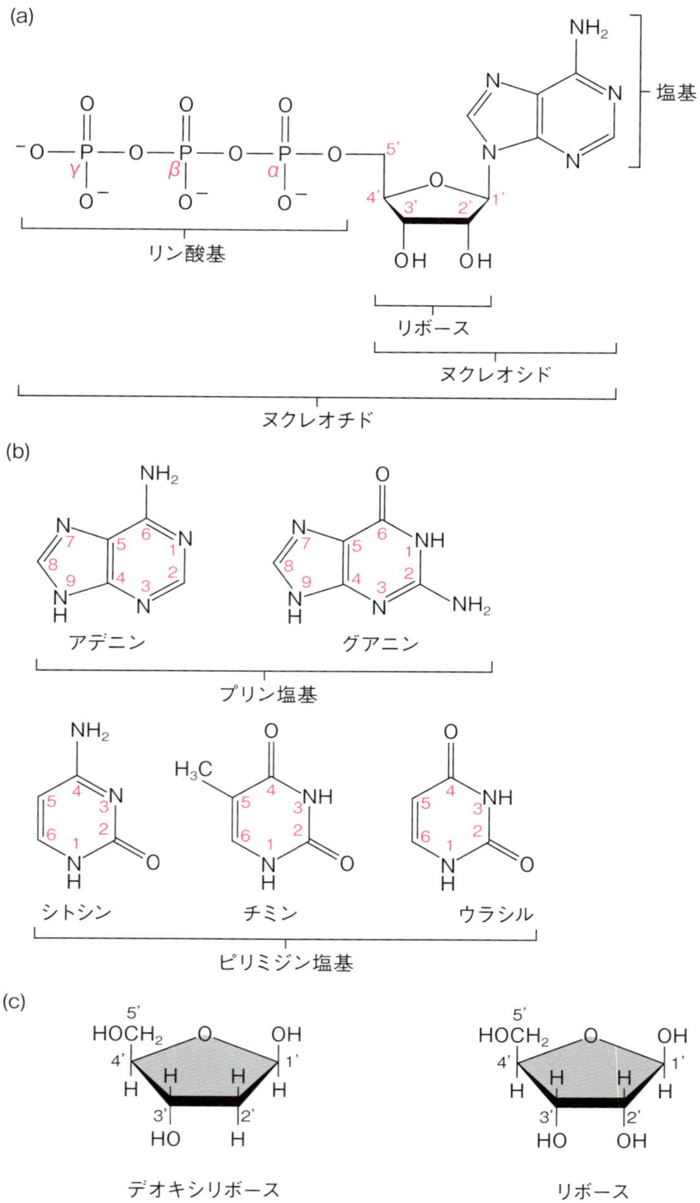

2.2　核酸の構成単位と基本骨格

(a)

塩基

リン酸基

リボース

ヌクレオシド

ヌクレオチド

(b)

アデニン　　　　　グアニン

プリン塩基

シトシン　　　チミン　　　ウラシル

ピリミジン塩基

(c)

デオキシリボース　　　　　リボース

■図 2.1　核酸を構成するヌクレオチド，塩基，糖の構造
（a）ヌクレオチドとヌクレオシド，（b）プリン塩基とピリミジン塩基，（c）リボースとデオキシリボース．

第2講　遺伝情報分子：核酸とタンパク質

19

第2講　遺伝情報分子：核酸とタンパク質

■表2.1　核酸を構成する塩基，ヌクレオシド，ヌクレオチドの名称と略号

核酸	塩基	ヌクレオシド	ヌクレオチド		
	プリン塩基				
DNA	アデニン（A）	デオキシアデノシン	アデニル酸 デオキシアデノシン一リン酸（dAMP）	デオキシアデノシン二リン酸（dADP）	デオキシアデノシン三リン酸（dATP）
RNA		アデノシン	デオキシアデニル酸 アデノシン一リン酸（AMP）	アデノシン二リン酸（ADP）	アデノシン三リン酸（ATP）
DNA	グアニン（G）	デオキシグアノシン	デオキシグアニル酸 デオキシグアノシン一リン酸（dGMP）	デオキシグアノシン二リン酸（dGDP）	デオキシグアノシン三リン酸（dGTP）
RNA		グアノシン	グアニル酸 グアノシン一リン酸（GMP）	グアノシン二リン酸（GDP）	グアノシン三リン酸（GTP）
	ピリミジン塩基				
DNA	シトシン（C）	デオキシシチジン	デオキシシチジル酸 デオキシシチジン一リン酸（dCMP）	デオキシシチジン二リン酸（dCDP）	デオキシシチジン三リン酸（dCTP）
RNA		シチジン	シチジル酸 シチジン一リン酸（CMP）	シチジン二リン酸（CDP）	シチジン三リン酸（CTP）
DNA	チミン（T）	デオキシチミジン	デオキシチミジル酸 デオキシチミジン一リン酸（dTMP）	デオキシチミジン二リン酸（dTDP）	デオキシチミジン三リン酸（dTTP）
RNA	ウラシル（U）	ウリジン	ウリジル酸 ウリジン一リン酸（CMP）	ウリジン二リン酸（CDP）	ウリジン三リン酸（CTP）

れるこの糖の違いに由来する．塩基に含まれる炭素原子と区別するために，糖の炭素原子には，「′」（プライムの記号）をつける．すなわち，DNA を構成する糖は，2′位の炭素が水素原子（デオキシ：酸素がないの意味）となっている 2′-デオキシリボースであり，RNA を構成する糖はリボースである．また，リボースには**鏡像異性体**（enantiomer）[*1] が存在するが，天然の核酸に使われている糖は D 型である．ヌクレオチドにおいて，各塩基の窒素（A と G は 9 位の N 原子，C, T（U）は 1 位の N 原子）と糖の 1′位の炭素と **N-グリコシド結合**（N-glycosidic bond）を形成している．リン酸は，糖の 5′位の炭素のヒドロキシ基とエステル結合をつくって存在していることが多い．**表2.1** に，塩基，ヌクレオシド，ヌクレオチドの名称と略号をまとめた．

2.3　核酸の基本構造：ポリヌクレオチドの構造

ヌクレオチドが，**ホスホジエステル結合**（**リン酸ジエステル結合**ともいう，phosphodiester bond）で連結された重合体を**ポリヌクレオチド**（polynucleotide）という．具体的には，一つ目のヌクレオチドの 3′位の OH 基と次のヌクレオチドの 5′-リン酸基が脱水縮合してエステル結合を形成する．このように，一つのリン酸基が二つの糖と結合したものをホスホジエステル結合という（**図2.2**）．これが繰り返さ

[*1]　立体構造が互いに実像と鏡像の関係にある一対の立体異性体をいう．右手と左手のように，互いに重ね合わすことができない．

2.3 核酸の基本構造：ポリヌクレオチドの構造

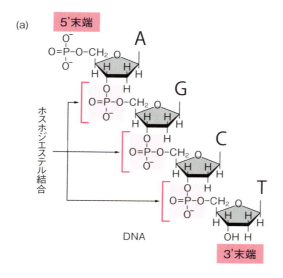

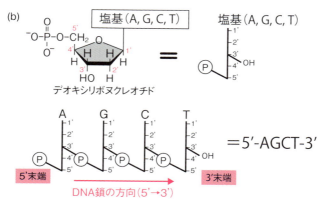

■図2.2　ポリヌクレオチド鎖（DNA）の構造と方向性
　　　（a）化学構造，（b）簡略化表示．

ることで，次々とヌクレオチドが連結した鎖状構造となり，このポリヌクレオチド鎖の主鎖は**糖-リン酸骨格**（sugar-phosphate backbone）とよばれる．図2.2に見るように，5'末端にはリン酸基が，3'末端にはOH基があり，ポリヌクレチド鎖は方向性を有する．ポリヌクレオチド鎖の方向性の概念は重要であり，ヌクレオチドはどのような順序にでも並べて連結でき，その順序は塩基部分に着目して**塩基配列**（base sequence）とよばれる．核酸の塩基の並びは**一次構造**（primary structure）とよばれる．

2.3.1 DNA の構造

1950 年初頭には遺伝物質が DNA であることが実証され，その分子構造が注目されていた．DNA の構造解明に繋がる実験には，E. Chargaff の DNA の塩基組成の分析があった．Chargaff は，さまざまな生物種から抽出した DNA を酸で加水分解し，ペーパークロマトグラフィーによって 4 種類の塩基組成を調べた．この結果，すべての生物において，アデニンとチミン，グアニンとシトシンの割合が等しい（［A］=［T］，［G］=［C］）という一般則（**シャルガフの規則**，Chargaff's rule）が見いだされた．一方，R. Franklin や M. H. F. Wilkins が行った **DNA 繊維**（DNA fiber）**の X 線回折**（X-ray diffraction）の結果は，DNA がらせん構造であることを示していた．1953 年，Watson と Crick は DNA の**二重らせん**（double helix）モデルを提唱した．

DNA の二重らせん構造の特徴を以下にまとめる．

① 二本のポリヌクレオチド鎖が逆方向（逆平行）に，共通の軸を中心として右巻きの二重らせん構造を形成する（**図 2.3**（a））．

② 二本のポリヌクレオチド鎖の結合は水素結合とよばれ，A は T（水素結合 2 本）と，G は C（水素結合 3 本）とのペアによる特異的な**塩基対**（base-pair（s），bp と略）の形成による（図 2.3（b））．

③ 二重らせんの直径は 20 Å（2 nm）で，そのピッチ（らせん 1 巻きの長さ）は 34 Å（3.4 nm）であり，10 bp でらせんが 1 回転する（水溶液中でのらせんの周期

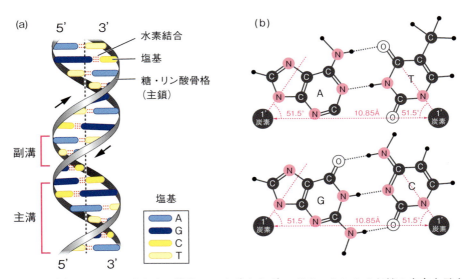

■図 2.3　(a) DNA の二重らせん構造．→は 5' から 3' のポリヌクレオチド鎖の方向を示す．
　　　　(b) ワトソン-クリック塩基対

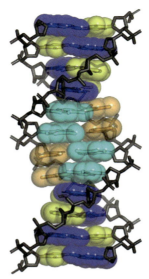

■図 2.4　B-DNA における塩基対のスタッキング構造
らせんの中心にある各塩基対の上下に塩基の π 電子雲を示す．π 電子雲の相互作用（π-π 相互作用）により，二重らせんが安定化する（図は香川 亘博士の厚意による）．

の平均値は 10.5 bp といわれている）（図 2.3 (a)）．
④ 塩基対は約 36° 回転しながら，らせん軸に対して垂直に積み重なっている（塩基対の**スタッキング**（stacking）構造という）（**図 2.4**）．
⑤ 塩基対は二重らせん分子の内部に，糖-リン酸骨格は分子の外側に位置する（図 2.3 (a)，2.4）．
⑥ 二重らせんには溝が形成され，幅の広い溝は**主溝**（major groove），幅の狭い溝は**副溝**（minor groove）とよばれ，タンパク質の結合に重要な役割を担っている（図 2.3 (a)）．
⑦ 特異的な塩基対の形成により，一方の鎖の塩基配列が決まれば，他方の鎖の塩基配列が決定する．このような関係を**塩基配列の相補性**（complementarity of base-pair sequences）という．

どのようにして，DNA は二重らせんを巻くのであろうか．核酸やタンパク質（後述）の立体構造形成には，**水素結合**（hydrogen bond）[*2]，**疎水性相互作用**（hydrophobic

---

[*2] 水素結合：電気陰性度の大きな原子（N や O）に結合した水素原子（H）において，N や O 原子は部分的に負電荷（δ^-）を帯び，H 原子は部分的に正電荷（δ^+）を帯びる．δ^+ の H は，別の原子団の δ^- の N や O 原子に引きつけられる．この結果，N‐H···O のように H 原子を介した非共有結合（共有結合と比べて弱い結合）ができ，これを水素結合という．

第2講　遺伝情報分子：核酸とタンパク質

interaction)[*3]，**イオン結合**（ionic bond）[*4]，**ファン・デル・ワールス相互作用**（van der Waals interaction）[*5]という非共有結合（共有結合と比べて弱い結合）が重要な役割を果たしている．図2.3に見るように，水素結合で結ばれた塩基対はプリンとピリミジンとの組合せとなっており，A・TとG・C塩基対において，2本の鎖の1'炭素間の距離とN-グリコシド結合の角度はどちらも等しい．これは，左右が逆になったT・AとC・Gの塩基対でも当てはまり，塩基対の平面の面積がその種類によらずほぼ同じ形と大きさであり，どのような塩基配列においてもDNAの二重らせん構造は同じような形をとることを意味する．中性のpHではDNAにおけるリン酸基は負電荷を帯びており，Na^+やK^+と塩をつくる．この親水性の糖-リン酸骨格は水と接するように二重らせん分子の外側を向いている．二本のポリヌクレオチド鎖間におけるリン酸基の負電荷による反発が二本鎖をねじらせる．一方では，疎水性部分の塩基対が，水を避けるように，二重らせんの内部に収納される．また，二重らせんで積み重なった塩基対のスタッキング構造でファン・デル・ワールス相互作用が生じ，疎水性相互作用によって二重らせん構造は安定化される（図2.4）．ワトソンとクリックが提唱したDNAの二重らせんモデルはさまざまな観点から合理的な構造である．

　二重らせんモデルからDNA複製の分子機構として，**半保存的複製**（semiconservative replication）が示唆された［その5年後には，M. S. MeselsonとF. W. Stahlによって，DNAの半保存的複製機構が実験的に示された（→第5講）］．また，WatsonとCrickによる二重らせんモデルは，提唱から27年を経た1980年に，R. E. Dickersonのドデカマーとよばれる12 bpの長さの二本鎖DNA断片（5'- GCGCGAATTCGCG - 3'）のX線結晶構造解析によって，原子レベルで実証された（**図2.5**，B-DNA）．

　ワトソンとクリックにより提唱された二重らせん構造は**B型**（B-DNA）とよばれるが，これ以外にさまざまな**二次構造**（secondary structure）が知られている（図2.5）．塩基配列や結晶化や溶液の条件によって，A型（A-DNA）とZ型（Z-DNA）が知られている．A型（約11 bp/turn）は，B型（約10 bp/turn）と同じように右巻きであるが，らせん軸に対して塩基対の平面が傾いているためB型より太く短い．A型，B型とは異なり，Z型は左巻きであり，糖-リン酸骨格がZig - zag（Z型とよば

[*3]　疎水性相互作用（結合）：水中では疎水性物質間に引力が生じて凝集するように見えるため，この現象の原因となる作用を疎水性相互作用あるいは疎水結合とよぶ．しかし，実際には疎水性物質間の積極的な引力というよりは，疎水性物質が水分子の水素結合ネットワークから排除された結果であると考えられる．

[*4]　イオン結合：正電荷をもつ陽イオンと負電荷をもつ陰イオンとの間の静電的相互作用のことをイオン結合という．生体高分子でみられる典型的な例の一つは，アミノ基の正電荷（$-NH_3^+$）とカルボキシ基の負電荷（$-COO^-$）との相互作用である．

[*5]　ファン・デル・ワールス相互作用（力）：二つの原子が非常に接近すると，弱い非特異的な力が働いて，ファン・デル・ワールス相互作用が生じる．これらの力は分子表面のファン・デル・ワールス半径のところで最大の引力となる．

2.3 核酸の基本構造：ポリヌクレオチドの構造

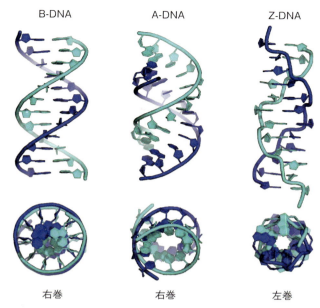

■図2.5 さまざまなDNAの二重らせん構造：B型，A型，Z型DNAの構造
各構造の下は，らせんの上から見た図を示す．B型構造では，らせん軸の中心に塩基対が集まっており，それらが積み重なること（スタッキング構造）がわかる（図は香川 亘博士の厚意による）．

れるゆえん）である．Z型はGCの繰り返し配列（5'-GCGCGC----3'）において形成されやすい．この他に，DNAの主溝にポリヌクレオチド鎖が入り込んでできる**三重鎖**（triplex）や**グアニン四重鎖**（G-quadruplex，**G4-DNA**）がある．

2.3.2 RNAの構造

　RNAはDNAとは異なり，通常，**一本鎖**（single-strand）として存在する．これまでよく知られたRNAは，タンパク質をコードする遺伝子から転写された**mRNA**（messenger RNA），遺伝暗号と対応したアミノ酸を運搬する**tRNA**（transfer RNA），リボソームの構成因子である**rRNA**（ribosomal RNA）である．近年，さまざまな機能性RNAが同定され研究が進められている（→第9講）．RNAの化学構造はDNAとよく似ているが，RNAでは構成する糖がD−リボースであるため2'位にヒドロキシ基があることと，塩基がチミンの代わりにウラシル（uracil）である点である．RNAにおける塩基対はワトソン・クリック塩基対であるGとC，AとU以外に，G・U塩基対を形成する．一本鎖のRNAは折り返して，分子内で相補的な塩

第 2 講　遺伝情報分子：核酸とタンパク質

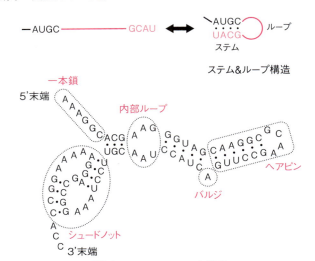

■図 2.6　RNA の二次構造

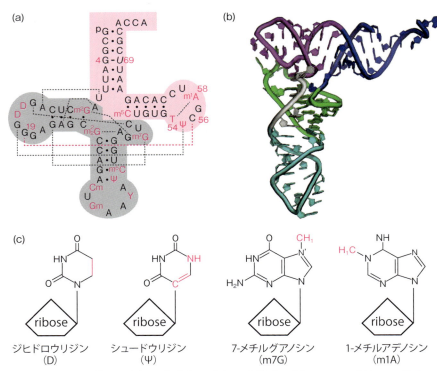

■図 2.7　酵母 tRNA^Phe の (a) 二次構造と (b) 三次構造．(c) tRNA で見られる修飾ヌクレオシドの例

基配列の間で塩基対を形成して短い二本鎖を形成する．これらの構造部分は，**ステム＆ループ構造**（stem and loop structure）や**ヘアピン**（hairpin）構造とよばれる（**図2.6**）．さらに，ループ内の配列と相補的な配列とで塩基対ができるシュードノット構造（pseudoknot：偽結び）とよばれる構造を形成することもある．また，RNAの二次構造ではバルジや内部ループという構造もしばしばみられる（図2.6）．

例えば，tRNAはクローバー様型の二次構造をとり，L字形の**三次構造**（tertiary structure）を形成する（**図2.7 (a)，(b)**）．tRNAにおいて二本鎖を形成している領域はDNAのA型に近い二重らせんである．また，mRNA以外のRNAには，**修飾塩基**（**修飾ヌクレオチド**）（modified base（modified nucleotide））が含まれている（図2.7 (c)）．これらの塩基はワトソン・クリック塩基対とは異なる塩基対を形成することがあり，固有の立体構造（三次構造）の形成に寄与しているのであろう．

2.4 核酸の性質

2.4.1 紫外線の吸収

核酸の水溶液は無色透明であるが，260 nm付近の紫外線領域の光を強く吸収する．これは，塩基部分のヘテロ芳香族環のπ電子が紫外線をよく吸収するからである．塩基の種類により紫外吸収スペクトル（UVスペクトル）は異なるが，長鎖の核酸では4種類の塩基が混ざり合っているので，スペクトルが平均化されて260 nmに**吸収極大**（absorption maximum）をもつスペクトルとなる（**図2.8**）．各塩基は固有のモル吸光係数を有するので，その総和が核酸溶液の吸光度となる．しかし，二本鎖DNAの吸光度は理論値よりも約40%低い値となる（図2.8下）．これは，二重らせん構造で塩基対が，π-π相互作用によるスタッキングのため（図2.4右），紫外線を吸収しにくくなるためである．このような現象を，**淡色効果**（hypochromic effect）という．淡色効果は，複数の塩基対を形成するRNAにも観察される．

2.4.2 DNAの変性と再生

二本鎖DNAが解離して一本鎖となる現象を，**DNAの変性**（denaturation）または**融解**（melting）という（**図2.9 (a)**）．DNAの二重らせん構造は，塩基対における水素結合と塩基対間のスタッキングという弱い相互作用で保持されている（図2.3, 2.4）．そのため，DNA溶液の加熱や，アルカリ性での塩基からの水素の引き抜き（グアニンの1位やチミンの3位での脱プロトン化）によって塩基対が壊れると，二重らせん構造が崩壊し一本鎖となる．一方，変性したDNA溶液を徐冷したり，中和したりすると，再び二重らせん構造（二本鎖）を形成する（図2.9 (a)）．この過程を**再生**（renaturation）または**アニーリング**（annealing）という．この性質は，遺伝子工学

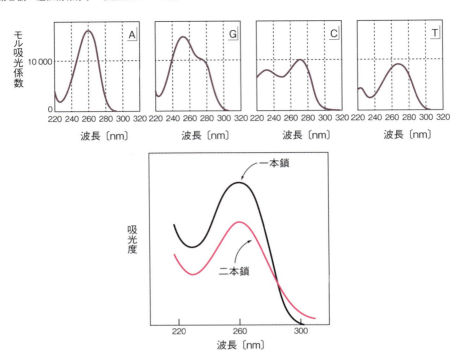

■ 図 2.8 核酸の UV スペクトル
上：各ヌクレオチドの UV スペクトル，下：一本鎖と二本鎖 DNA 溶液の UV スペクトル．

で使われている多くの技術の基盤となる重要な性質である．

DNA 変性の過程は，260 nm 吸光度の変化を測定することで容易に検出できる．2.5.1 項で述べるように，二本鎖 DNA は塩基対間のスタッキングのために，本来よりも紫外線吸収が低くなっている．二本鎖 DNA 溶液の温度を徐々に上昇させ，260 nm の吸光度を測定していくと，ある温度から急に吸光度が増大し約 1.4 倍になる．この変化をプロットしたものを **DNA の融解曲線**（melting curve）といい，50% の DNA が変性する（一本鎖となる）温度（転移の中点）を **融解温度**（melting temperature, **Tm** と表す）という（図 2.9 (b), (c)）．

DNA の Tm は，DNA の長さと塩基組成，溶液中の塩濃度などによって大きな影響を受ける（図 2.9 (b), (c)）．DNA における G + C 含量が高くなるほど，Tm は高くなる．これは，塩基対のスタッキングによる二重らせんを安定化させる効果が G・C 塩基対は A・T 塩基対よりも強いことによるものである．また，DNA の溶液中の塩濃度が増大するにつれて Tm は高くなる．これは，Na^+ や K^+ などの陽イオンは糖-リン酸骨格と相互作用し，二本のポリヌクレオチド鎖間のリン酸基の負電荷の反発

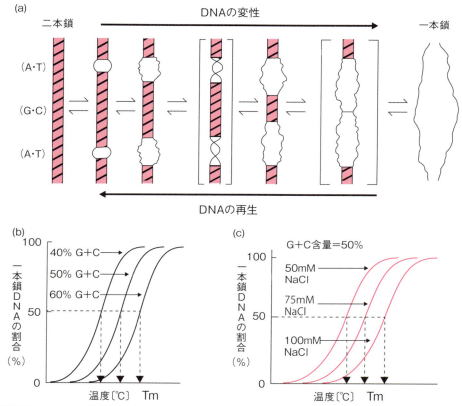

■図 2.9 DNA の変性と再生
（a）DNA の熱変性と再生の模式図，（b）DNA の融解曲線に及ぼす G + C 含量の影響，
（c）DNA の融解曲線に及ぼす NaCl 濃度の影響．

を弱めるためである．したがって，塩濃度が非常に低いと負電荷の反発が大きくなり，二重らせん構造は不安定になる（Tm が低くなる）．

2.5 タンパク質の構成単位と基本骨格

2.5.1 アミノ酸の構造

タンパク質（protein）は**アミノ酸**（amino acid）が連結した直鎖状の重合体である．まず，タンパク質の構成単位であるアミノ酸から解説する．天然のタンパク質の構成成分となるアミノ酸は，通常 20 種ある．これらのアミノ酸では α-炭素[*6]に，カルボキシ基，アミノ基，水素原子，側鎖（アミノ酸ごとに特徴のある原子団，R）

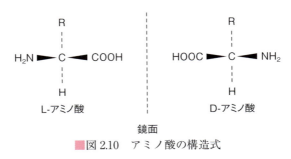

■図 2.10 アミノ酸の構造式

の四つの原子または原子団が結合している（図 2.10）．R = H であるグリシンを除く 19 種類のアミノ酸では α 炭素にはすべて異なった原子または原子団が結合している．すなわち，α 炭素は**不斉炭素**（asymmetric carbon）[*7] であるので，これら 19 種類のアミノ酸には鏡像異性体が存在し，光学活性を有している．これらの鏡像異性体はそれぞれ **L 型アミノ酸**（**L-アミノ酸**），**D 型アミノ酸**（**D-アミノ酸**）とよばれる（図 2.10）．天然のタンパク質の構成成分となるアミノ酸はすべて L 型である．

アミノ酸の表記法には，3 文字表記と 1 文字表記がある（**表 2.2**）．3 文字表記ではアミノ酸の英名の最初の 3 文字をとる．例えば，グリシン（glycine）は Gly，アラニン（alanine）は Ala である．1 文字表記は，アミノ酸の英名の頭文字の場合もあれば，そうでない場合がある．例えば，グリシン，アラニンの 1 文字表記はそれぞれ G と A であるが，アスパラギン（asparagine, Asn），グルタミン（glutamine, Gln）の 1 文字表記はそれぞれ N と Q であり，ほかにも頭文字とは異なるものは多い．

2.5.2 アミノ酸の化学的性質による分類

細胞の質量比で 60 〜 90% を水が占めている事実から，一般に，水に対する親和性，すなわち，親水性と疎水性という観点からアミノ酸を分類する（表 2.1）．アミノ酸の側鎖の性質は，後述するタンパク質の立体構造形成と機能に重要な役割を果たしている．

疎水性アミノ酸（hydrophobic amino acid）には，脂肪族炭化水素の側鎖をもつアミノ酸［グリシン（Gly, G）アラニン（Ala, A）基，バリン（Val, V），ロイシン（Leu, L），イソロイシン（Ile, I），プロリン（Pro, P）］と芳香族炭化水素の側鎖をもつアミノ酸［フェニルアラニン（Phe, F），チロシン（Tyr, Y），トリプトファン（Trp, W）］

[*6] α-炭素とはカルボキシ基の隣の炭素で，アミノ酸の中心となる炭素である．天然のタンパク質を構成するアミノ酸の各アミノ基は α-炭素原子に結合しており，α-アミノ酸とよばれる．

[*7] 結合している四つの原子または原子団が異なる炭素原子を不斉炭素という．不斉炭素を有するアミノ酸や単糖には，D 型と L 型とよばれる鏡像異性体が存在する．

2.5 タンパク質の構成単位と基本骨格

■表2.2　タンパク質を構成するアミノ酸20種類の構造と側鎖の化学的性質による分類

側鎖の性質		構　造　〔中性pHでの主なイオン形を示す（ヒスチジンを除く）〕	名　称	3文字表記	1文字表記
疎水性アミノ酸	脂肪族炭化水素	$H_3\overset{+}{N}-\overset{\underset{\mid}{H}}{\underset{\mid}{C}}-H$　COO^-	グリシン glycine	Gly	G
		$H_2N-\overset{\underset{\mid}{H}}{\underset{\mid}{C}}-CH_3$　COO^-	アラニン alanine	Ala	A
		$H_3\overset{+}{N}-\overset{\underset{\mid}{H}}{\underset{\mid}{C}}-CH\overset{CH_3}{\underset{CH_3}{}}$　COO^-	バリン valine	Val	V
		$H_3\overset{+}{N}-\overset{\underset{\mid}{H}}{\underset{\mid}{C}}-CH_2-CH\overset{CH_3}{\underset{CH_3}{}}$　COO^-	ロイシン leucine	Leu	L
		$H_3\overset{+}{N}-\overset{\underset{\mid}{H}}{\underset{\mid}{C}}-\overset{CH_3}{\underset{\mid}{CH}}-CH_2-CH_3$　COO^-	イソロイシン isoleucine	Ile	I
		$H_2\overset{+}{N}\overset{CH_2}{\underset{}{}}$　$HC-CH_2$　COO^-	プロリン proline	Pro	P
	芳香族炭化水素	$H_3\overset{+}{N}-\overset{\underset{\mid}{H}}{\underset{\mid}{C}}-CH_2-\bigcirc$　COO^-	フェニルアラニン phenylalanine	Pne	F
		$H_3\overset{+}{}-\overset{\underset{\mid}{H}}{\underset{\mid}{C}}-CH_2-\bigcirc-OH$　COO^-	チロシン tyrosine	Tyr	Y
		$H_3\overset{+}{N}-\overset{\underset{\mid}{H}}{\underset{\mid}{C}}-CH_2-$インドール環$-N-H$　COO^-	トリプトファン tryptophan	Trp	W
	硫黄含有	$H_3\overset{+}{N}-\overset{\underset{\mid}{H}}{\underset{\mid}{C}}-CH_2-SH$　COO^-	システイン cysteine	Cys	C
		$H_3\overset{+}{N}-\overset{\underset{\mid}{H}}{\underset{\mid}{C}}-CH_2-CH_2-S-CH_3$　COO^-	メチオニン methionine	Met	M

第2講　遺伝情報分子：核酸とタンパク質

■表2.2　タンパク質を構成するアミノ酸20種類の構造と側鎖の化学的性質による分類 (つづき)

		構造	名称		
親水性アミノ酸	ヒドロキシ基	$H_3\overset{+}{N}-\overset{\underset{|}{H}}{\underset{\underset{COO^-}{|}}{C}}-CH_2-OH$	セリン serine	Ser	S
		$H_3\overset{+}{N}-\overset{\underset{|}{H}}{\underset{\underset{COO^-}{|}}{C}}-\overset{OH}{\underset{|}{CH}}-CH_3$	トレオニン（またはスレオニン） threonine	Thr	T
	アミド基	$H_3\overset{+}{N}-\overset{\underset{|}{H}}{\underset{\underset{COO^-}{|}}{C}}-CH_2-\overset{O}{\overset{\|}{C}}-NH_2$	アスパラギン asparagine	Asn	N
		$H_3\overset{+}{N}-\overset{\underset{|}{H}}{\underset{\underset{COO^-}{|}}{C}}-CH_2-CH_2-\overset{O}{\overset{\|}{C}}-NH_2$	グルタミン glutamine	Gln	Q
	酸性アミノ酸	$H_3\overset{+}{N}-\overset{\underset{|}{H}}{\underset{\underset{COO^-}{|}}{C}}-CH_2-COO^-$	アスパラギン酸 aspartic acid	Asp	D
		$H_3\overset{+}{N}-\overset{\underset{|}{H}}{\underset{\underset{COO^-}{|}}{C}}-CH_2-CH_2-COO^-$	グルタミン酸 glutamic acid	Glu	E
	塩基性アミノ酸	$H_3\overset{+}{N}-\overset{\underset{|}{H}}{\underset{\underset{COO^-}{|}}{C}}-CH_2-CH_2-CH_2-CH_2-\overset{+}{N}H_3$	リシン（またはリジン） lysine	Lys	K
		$H_3\overset{+}{N}-\overset{\underset{|}{H}}{\underset{\underset{COO^-}{|}}{C}}-CH_2-CH_2-CH_2-NH-\overset{\overset{NH_2}{\|}}{C}=\overset{+}{N}H_2$	アルギニン arginine	Arg	R
		$H_3\overset{+}{N}-\overset{\underset{|}{H}}{\underset{\underset{COO^-}{|}}{C}}-CH_2-$（イミダゾール環）　中性 pH では，側鎖は分子形とイオン形の両方が存在する	ヒスチジン histidine	His	H

があ␣る．Val，Leu，Ile は分枝鎖アミノ酸（branched-chain amino acids）といわれ，炭素数が多いほど疎水性が強くなる．Phe，Tyr，Trp の芳香環は紫外線を吸収し，Phe は 260 nm 付近，Tyr と Trp は 280 nm 付近に吸収極大がある．タンパク質分子中の Tyr と Trp の残基数がわかっている場合には，280 nm の吸光度からタンパク質溶液の濃度を定量できる．硫黄を含むアミノ酸［メチオニン（Met，M），システイン（Cys，C）］の側鎖も疎水性が強い．二つの Cys は酸化により**ジスルフィド結合**（-S-S-）（disulfide bond）を形成して，タンパク質の立体構造形成に寄与する場合がある．

　親水性アミノ酸（hydrophilic amino acid）は，側鎖に正または負の電荷をもつも

のと，電荷をもたない極性基の側鎖を有するものがある．電荷をもつものとして，**酸性アミノ酸**（acidic amino acid）［アスパラギン酸（Asp，D），グルタミン酸（Glu，E）］と**塩基性アミノ酸**（basic amino acid）［リシン（Lys，K），アルギニン（Arg，R），ヒスチジン（His，H）］がある．酸性アミノ酸の側鎖のカルボキシ基は，生理的 pH では負に荷電しており，そのためこれらは高い極性（親水性）をもつ．一方，Lys と Arg の側鎖は生理的 pH で正に荷電している．His の側鎖の pKa は中性付近であるので，タンパク質分子内の局所的な環境に応じて電荷をもったり，もたなかったりする．電荷をもたないが極性基を有するものとして，ヒドロキシ基をもつアミノ酸［セリン（Ser，S），トレオニン（Thr，T）］とアミド基をもつアミノ酸［アスパラギン（Asn，N），グルタミン（Gln，Q）］がある．

2.5.3　ペプチド結合とポリペプチド

　タンパク質はアミノ酸が連結した直鎖状の重合体である．アミノ酸どうしを結ぶ結合は**ペプチド結合**（peptide bond，**アミド結合の一種**）とよばれ，一つのアミノ酸の α-カルボキシ基ともうひとつのアミノ酸のアミノ基とが脱水縮合したものである（**図 2.11**（a））．ペプチド結合は部分的な共鳴（図 2.11（b））により二重結合性を有しており，ペプチド結合を含む領域が同一平面上に配置される．この性質はタンパク質の骨格の立体構造を決める一つの要因となる．ペプチド結合のカルボニル基とイミノ

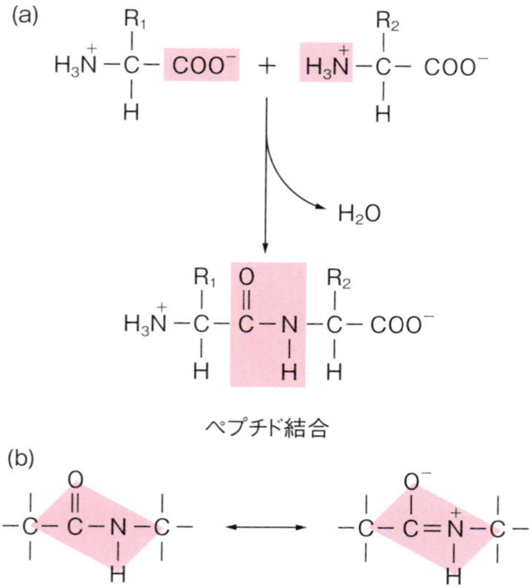

■図 2.11　（a）脱水縮合により二つのアミノ酸の間でペプチド結合が形成される．（b）ペプチド結合の共鳴構造．ペプチド結合の二重結合性により着色部分が平面構造となる

基は，それぞれ水素結合受容体と水素結合供与体となり，二次構造形成における水素結合に関与する．

　多くのタンパク質は，およそ 100 から 1,000 個くらいのアミノ酸からなる**ポリペプチド鎖**（polypeptide chain）として形成される．構成するアミノ酸が数個から数十個の場合は，単にペプチドまたは**オリゴペプチド**（oligopeptide）とよぶことがある．ポリペプチド鎖中のアミノ酸の単位を**残基**（residue）とよび，ポリペプチド鎖において，アミノ酸残基の α 炭素とペプチド結合をたどる鎖を**主鎖**（main chain）または**骨格**（backbone）とよぶ．また，主鎖から出たアミノ酸残基に特有の部分を**側鎖**（side chain）とよぶ．

2.6　タンパク質の構造

2.6.1　タンパク質の一次構造

　タンパク質は固有の立体構造を形成してはじめてその機能を発揮する．タンパク質の構造は，**一次構造**（primary structure）から**四次構造**（quaternary structure）まで階層的に捉えられる．タンパク質の一次構造とはポリペプチド鎖において連結したアミノ酸の並び方（**アミノ酸配列**，amino acid sequence）である．遺伝子には，タンパク質のアミノ酸配列の情報が規定されている．アミノ酸をペプチド結合で連結していくと一方の端に α–アミノ基が 他方の端に α–カルボキシ基が残る．それぞれのアミノ酸残基を**アミノ末端**または **N 末端**（amino-terminus，N-terminus），**カルボキシ末端**または **C 末端**（carboxy-terminus，C-terminus）とよぶ．通常，アミノ酸配列を書くときは N 末端を 1 番目の残基として左端から書き，C 末端を最後の残基として右端に書く．ポリペプチド の両端が異なることからわかるように，ポリペプチドには，N 末端→ C 末端の方向性（極性）がある．

2.6.2　タンパク質の二次構造

　主鎖のペプチド結合において，水素結合によって形成される部分的な規則構造を**二次構造**（secondary structure）とよぶ．二次構造の代表的なものとして**α-ヘリックス**（α-helix）と**β構造**（β-structure）がある．α-ヘリックスは，ポリペプチド鎖が 3.6 残基で 1 回転（1 残基当たり 100 度回転）する右巻きのらせん構造である．アミノ酸配列上 3 ～ 4 残基離れたアミノ酸残基が空間的に近い関係になり，n 番目の残基のカルボニル基（CO）は $n + 4$ 番目の残基のイミノ基と水素結合する．したがって，α-ヘリックスでは，らせん軸方向に沿って，主鎖のペプチド結合部分の＞COと＞NH が連続的に水素結合し，α-ヘリックス構造を安定化させている．α-ヘリックスの内部は原子で密に詰まっており，らせんの外側に側鎖部分が突き出した円柱状

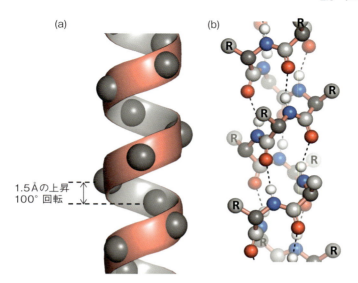

■図 2.12 α-ヘリックスの構造
(a) 主鎖をリボンで，α炭素（Cα）を球（灰色）で示す．(b) α-ヘリックス主鎖の ball-and-stick model（原子を球で，結合を棒で示す）．主鎖における原子を灰色（濃）でα炭素（Cα），灰色（薄）で炭素，赤色で酸素，青で窒素を示す．側鎖（R）はα-ヘリックスの外側に突き出ている．ペプチド結合のカルボニル基（CO）とイミノ基（NH）との間の水素結合を点線で示す．

の構造である（**図 2.12**）．

　β構造は，タンパク質分子内でポリペプチド鎖部分が複数ならんだ際，隣接したポリペプチド鎖の間で>CO と>NH との水素結合によって形成される．β構造を形成するポリペプチド鎖部分はβストランド（β-strand）とよばれる．β構造にはβストランドのならぶ方向によって，**逆平行β構造**（antiparallel β-structure）と **平行β構造**（parallel β-structure）の二つがある（**図 2.13**）．これらはいずれも平面状の構造であるため**βプリーツシート**［（β-pleated sheet）または**β-シート**（β-sheet）］ともよばれる．

　プロリンはα-イミノ基を有するので，その部分が関与するペプチド結合は水素結合を形成することができないため，プロリン残基の部位で二次構造が壊される傾向がある．また，グリシン残基は側鎖が水素原子のため，より自由なコンホメーションをとれるので，二次構造を壊す傾向がある．

2.6.3　タンパク質の三次構造

　タンパク質の**三次構造**（tertiary structure）とは，主鎖の折りたたみと側鎖の各原

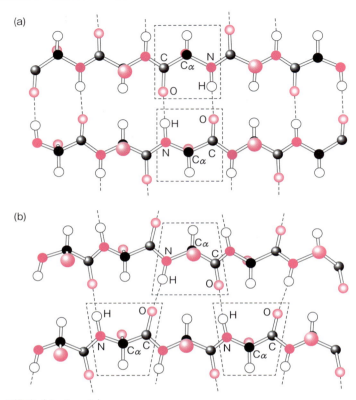

■図 2.13　β 構造（β-シート）
（a）逆平行 β 構造，（b）平行 β 構造．＞CO と＞NH との間の水素結合を（---）で示す．

子の空間配置を含んだ分子全体の立体構造のことである．これまで，多くのタンパク質の三次構造は，**X 線結晶構造解析**（X-ray crystallography，1915 年ノーベル物理学賞）と**核磁気共鳴法**（nuclear magnetic resonance：NMR，1991 年ノーベル化学賞）よって決定されてきた．近年，**クライオ電子顕微鏡**（cryoelectron microscopy，2017 年ノーベル化学賞）の単粒子解析法によって，タンパク質や核酸-タンパク質の複合体の立体構造のデータが急速に蓄積されている．

　球状タンパク質の三次構造にみられる注目すべき共通の特徴は，分子内部にはロイシン，バリン，メチオニン，フェニルアラニンなどの疎水性（非極性）残基が存在するのに対して，アスパラギン酸，グルタミン酸，リシン，アルギニンなどの電荷をもった残基は分子表面に位置し，内部にはほとんど存在しない点である．例として，**図 2.14** に酵素の一つであるリゾチームにおける疎水性アミノ酸と親水性アミノ酸の分布を示

2.6 タンパク質の構造

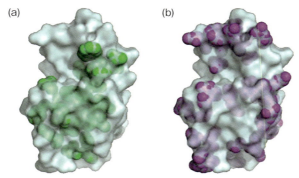

■図2.14　リゾチームの立体構造
(a) 疎水性アミノ酸残基の分布，(b) 親水性アミノ酸残基の分布（図は香川 亘博士の厚意による）．

す．タンパク質の立体構造の形成では，疎水性残基が水から排除されて，疎水性相互作用で集合することが大きなドライビングフォース（駆動力）として働く．そのため，タンパク質では疎水性側鎖が分子内部に埋もれ，極性の強い残基が分子表面に位置するようになる．電荷をもたない親水性アミノ酸残基は，分子表面に位置することが多いが，ヒドロキシ基やアミド基が水素結合に関与すると側鎖の極性がなくなるために，分子内部に存在することも多い．

　一つのタンパク質分子の三次構造において，いくつかの小さな機能単位がつながった構造をしていることが多い．この小さな単位をタンパク質の**ドメイン**（domain）とよぶ．例えば，遺伝子の転写を活性化する**アクチベーター**（activator）には，特異的な DNA 配列を認識する **DNA 結合ドメイン**と**転写活性化ドメイン**がある．転写活性化ドメインを切り離しても，DNA 結合ドメインだけで標的 DNA 配列に結合できる．このように，一つのドメインが，タンパク質のある特定の機能を独立に担っていることが多く，タンパク質の**機能ドメイン**（functional domain）とよばれる．

2.6.4　タンパク質の四次構造

　タンパク質は，1 本のポリペプチド鎖で形成されるものも多いが，複数のポリペプチド鎖が会合して，一つのタンパク質を構成する場合がある．このようなタンパク質のそれぞれのポリペプチド鎖は，**サブユニット**（subunit）とよばれる．タンパク質の**四次構造**は，サブユニットの構成と空間的な配置を意味する．四次構造のもっとも単純な例は，二つの同一のサブユニットからなるホモ二量体で，制限酵素や転写因子など DNA の配列に対称的に結合するタンパク質などがある．大腸菌などの原核生物の RNA ポリメラーゼ（RNA polymerase）のホロ酵素は $\alpha_2 \beta \beta' \omega \sigma$ の複雑なサブ

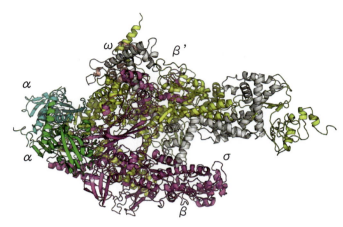

■図 2.15　原核細胞 RNA ポリメラーゼホロ酵素の立体構造
（図は香川 亘博士の厚意による）

ユニット構成をもつ（**図 2.15**）．有名なほかの例として，ヘモグロビン（hemoglobin）は α サブユニット 2 分子と β サブユニット 2 分子のヘテロ四量体である．ヘモグロビンの四次構造は酸素運搬タンパク質の機能としての機能を調節している．

2.7　タンパク質の機能調節

2.7.1　アロステリックタンパク質

　ギリシャ語でアロは「他の，異なる」，ステリックは「立体的な」の意味であり，**アロステリック**（allosteric）とは，空間的に離れた部位が相互に影響を与えあうことを意味する．タンパク質分子のある部位に**リガンド**（タンパク質に結合する低分子物質，ligand）が結合すると，タンパク質の立体構造が変化してその活性（機能）が調節される（**図 2.16**）．このようなことを**アロステリック効果**（allosteric effect）といい，アロステリック効果をもつタンパク質をアロステリックタンパク質（allosteric protein）という．

　例えば，大腸菌の**カタボライト活性化タンパク質 CAP**（catabolite activator protein）は，ラクトースオペロンの活性化に関与する．CAP の特異的 DNA 結合は，そのリガンドである cAMP（サイクリック AMP，環状アデノシン一リン酸）の有無によってアロステリックに制御されている．CAP は cAMP と結合するとその立体構造が変化し，DNA の標的配列に特異的に結合するようになる（**図 2.17**，→第 6 講）．一方，cAMP がないときには，CAP は DNA には特異的に結合しない．

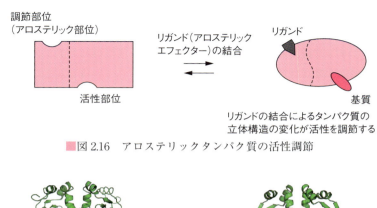

■図 2.16　アロステリックタンパク質の活性調節

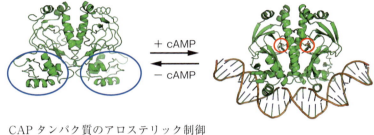

■図 2.17　CAP タンパク質のアロステリック制御
　左：cAMP が結合していない状態．右：cAMP（赤丸で示す）が結合し，左図の青で囲んだ領域の立体構造が変化して，DNA に結合した状態（図は香川 亘博士の厚意による）．

2.7.2　タンパク質の化学修飾

　タンパク質は，翻訳された後，しばしば化学修飾を受ける．よく知られている修飾には，Ser，Thr，Tyr 残基のヒドロキシ基に，ATP のリン酸基が転移する**リン酸化**（phosphorylation）であり，これは，**プロテインキナーゼ**（protein kinase）によって触媒される．リン酸化されたタンパク質は，**ホスファターゼ**（phosphatase）によって**脱リン酸化**（dephosphorylation）される．細胞内のいろいろな機能がリン酸化と脱リン酸化によって調節されており，これらの過程に関与するさまざまなプロテインキナーゼとホスファターゼが見つかっている．

　アセチル化（acetylation）は，Lys 残基の ε-アミノ基や Ser 残基のヒドロキシ基に，アセチル-CoA からアセチル基を転移する．この反応は，**アセチルトランスフェラーゼ**（acetyltransferase）によって触媒される．この反応もまた可逆的であり，脱アセチル化酵素によってアセチル基が除去される．クロマチンを構成するヒストンのアセチル化と**脱アセチル化**（deacetylation）について，遺伝子発現調節との関連で多くの知見が得られている．

　メチル化（methylation）は，Lys 残基の ε-アミノ基や Arg 残基のグアニジノ基に

第2講　遺伝情報分子：核酸とタンパク質

S-アデノシルメチオニンからメチル基を転移する反応で，**メチルトランスフェラーゼ**（methyltransferase）によって触媒される．ヒストン H3 の Lys9 のメチル化は，ヘテロクロマチン形成に関与すると考えられている．また，ヒストンのメチル化−脱メチル化と遺伝子発現制御について多くの知見が得られている

　その他，ADP-リボシル化（ADP-ribosylation），N-ミリストイル化（N-myristoylation），パルミトイル化（palmitoylation）や，ユビキチン（ubiquitin）とよばれる 76 アミノ酸残基からなる小さなタンパク質が付加される修飾が知られている．

演習問題

Q1.　次の文章の正誤を判定せよ．誤りとした場合は理由を述べよ．

1.　核酸の構成単位であるヌクレオチドは，塩基，糖，リン酸からなる．ヌクレオチドからリン酸を除いた化合物はヌクレオシドとよばれる．

2.　アデニン，グアニン，シトシンは DNA と RNA に共通に使われる塩基であるが，ウラシルは DNA のみに使用され，チミンは RNA のみに使用される．

3.　DNA を構成するヌクレオチドにおける糖は，3' 位の炭素に連結している原子団が水素原子のみのデオキシリボースである．

4.　核酸に含まれる糖の鏡像異性体は L 型であり，タンパク質に含まれるアミノ酸の鏡像異性体は D 型である．

5.　核酸では構成単位のヌクレオチドがホスホジエステル結合で連結しており，タンパク質では構成単位のアミノ酸がペプチド結合で連結している．

6.　さまざまな生物の DNA の塩基組成を明らかにしたシャルガフの規則では，アデニン（A）の含量がグアニン（G）の含量と等しい．

7.　Watson と Crick が提唱した DNA の二重らせんモデルでは，二本の鎖はアデニンとチミン，グアニンとシトシンがイオン結合による塩基対で会合している．

8.　DNA と RNA はともに，通常，二本鎖として存在する．

9.　二本鎖 DNA を熱やアルカリなどで一本鎖に変性させると，260 nm の吸光度は減少する．

10.　球状タンパク質の分子内部には親水性アミノ酸が多く含まれ，分子表面には多くの疎水性アミノ酸が露出する．

Q2.　二本鎖 DNA ははしご状の構造ではなく，なぜ二重らせん構造を形成するのであろうか．DNA 分子の水との親和性と二重らせんモデルの合理性の観点から説明せよ．

Q3.　以下の一本鎖の DNA と二本鎖を形成できる相補的な DNA と RNA の配列を答えよ．
　5'-ATGTCCGGTGGTAAA-3'

Q4.　ある細菌から精製した DNA の塩基組成を調べたところ，グアニン含量が 23% であった．この DNA のアデニン，シトシン，チミンの含量は，それぞれいくつか．

Q5. ウイルスには，一本鎖また二本鎖 DNA をゲノムとするもの（DNA ウイルス）と，一本鎖また二本鎖 RNA をゲノムとするもの（RNA ウイルス）が存在する．あるウイルスのゲノムの塩基配列と塩基組成（各塩基の含有率）を決定した．この情報を基にして，このウイルスが DNA ウイルスか RNA ウイルスかをどのようにして見分けられるか．また，ゲノムが一本鎖であるか二本鎖であるかをどのようにして見分けるか．

Q6. 以下の 4 種類の DNA 試料溶液がある．これらの DNA を Tm の高い方から順に並べよ．

試料 #1. 100 bp の長さでアデニン含量 28% の二本鎖 DNA が，pH 7.6 で 0.1 mol/L NaCl 溶液に溶けている．

試料 #2. 100 bp の長さでアデニン含量 22% の二本鎖 DNA が，pH 7.6 で 0.1 mol/L NaCl 溶液に溶けている．

試料 #3. 1,000 bp の長さでアデニン含量 28% の二本鎖 DNA が，pH 7.6 で 0.1 mol/L NaCl 溶液に溶けている．

試料 #4. 1,000 bp の長さでアデニン含量 22% の二本鎖 DNA が，pH 7.6 で 1.0 mol/L NaCl 溶液に溶けている．

Q7. トリペプチド Asp - Ala - Lys は，pH 1.0，7.0，14.0 の水溶液中でどのような分子種として存在するか．

Q8. 10 個のヌクレオチドから成るポリヌクレオチド鎖の塩基配列と，10 個のアミノ酸からなるポリペプチド鎖のアミノ酸配列は，それぞれ何通り存在するか．

Q9. 以下の ［　　］ に示すアミノ酸について，球状タンパク質の分子内部に存在する傾向の強い残基，分子表面に存在する傾向の強い残基，どちらともいえないものに分類しなさい．

［Arg，Asp，Asn，Glu，Gln，Ile，Leu，Lys，Ser，Phe，Val］

参考文献

1）J. D. Watson, F. H. C. Crick：Molecular structure of nucleic acids; a structure for deoxyribose nucleic acid. Nature, 171, 737-738（1953）doi: 10.1038/171737a0.
　→ DNA の二重らせん構造を提唱した有名な論文，原著で読む価値は大きい．

2）J. D. Watson, F. H. C. Crick：Genetical implications of the structure of deoxyribonucleic acid. Nature, 171, 964-967（1953）doi: 10.1038/171964b0.
　→ DNA の二重らせんの分子構造を記述した論文，参考文献 1 の further readings として紹介する．

3）R. E. Dickerson et al：The anatomy of A-, B-, and Z-DNA. Science, 216, 475-485（1982）doi: 10.1126/science.7071593.
　→ DNA の A 型，B 型，Z 型の結晶構造から，原子レベルで分子構造が明らかにされた．

4）J. D. Watson 著，江上不二夫，中村桂子 訳：二重らせん（原書名 The Double Helix）講談社ブルーバックス（2012）

第2講　遺伝情報分子：核酸とタンパク質

→二重らせん構造の発見にいたるまでの舞台裏をつづったワトソンによるドキュメント小説.

5) S. Neidle：Beyond the double helix: DNA structural diversity and the PDB. J. Biol. Chem., 296, 100553（2021）doi: 10.1016/j.jbc.2021.100553.

→ Protein Data Bank に登録された DNA の構造多様に関する総説. Further readings として紹介する.

6) C. Branden, J. Tooze：Introduction to protein structure（2nd ed.）. Garland Publishing, New York（1999）

→タンパク質の立体描造に関する優れた専門書.

第3講

ゲノム・クロマチン・染色体

清水　光弘

本講の概要

　ゲノムとは，生物が生命活動を営むための最小限の全遺伝情報のことで，具体的には，生殖細胞（配偶子）の核に含まれる全DNAを指す．ゲノムプロジェクトの進展により，さまざまな生物のゲノムDNAの塩基配列が決定され，ゲノムサイズ，遺伝子の構成，遺伝子の分布などがわかり，進化との関係が明らかになってきた．一方，ヒトでは約2mにも達する長大なゲノムDNAがどのようにして細胞核へ収納されているかは，古くからの疑問であった．ゲノムDNAは，間期の細胞核では比較的弛緩したクロマチンとして存在する．クロマチンの主要なタンパク質成分はヒストンであり，DNAはヒストン八量体と会合し，クロマチンの基本単位であるヌクレオソームを形成する．ゲノムの核内への収納について，従来，規則的な階層構造のモデルが提唱されてきたが，新規の不規則的収納モデルが支持されつつある．クロマチンは細胞分裂期には最も凝縮した形態である染色体になる．遺伝情報を維持するために，セントロメア，テロメアは染色体の重要な機能領域としてはたらく．特殊なケースにおいては，ゲノムの活動状態を目で見ることができる．本講では，ゲノムの概観とクロマチン・染色体の構造と機能について解説する．

本講でマスターすべきこと

☑　DNA，ゲノム，遺伝子，染色体の関連を理解する．

☑　原核生物と真核生物のゲノムの概観を理解する（ゲノムサイズ，遺伝子数，遺伝子密度など）．

☑　真核生物のゲノムの特徴を理解する（遺伝子外領域，遺伝子ファミリー，相同遺伝子など）．

☑　真核細胞核内におけるゲノムの階層構造を理解する（ヒストン，ヌクレオソーム，クロマチン，染色体）．

☑　染色体の構造を理解する（染色分体，セントロメア，テロメア，核型など）．

☑　細胞分裂期の染色体接着と染色体凝縮のメカニズムを理解する．

☑　細胞小器官ゲノムの特徴を理解する．

第3講　ゲノム・クロマチン・染色体

3.1　ゲノム

3.1.1　ゲノムと染色体

ゲノム（genome）という言葉は，**遺伝子**（gene）が**染色体**（chromosome）に乗っていることからつくられた合成語を由来とする説と遺伝子（gene）と‐ome（全体・総体を意味する接尾辞）の造語という説がある．ゲノムとは，生物をつくりだし，その生物が生命活動を営むために必要な最小限の全遺伝情報（塩基配列）のことだが，実体として生物がもつ DNA 一式をゲノムとよぶことも多い．具体的には，生殖細胞（配偶子）に含まれる全 DNA を指す．すなわち，一倍体細胞にはゲノム 1 組（性染色体は 1 本のみ），二倍体細胞にはゲノム 2 組（性染色体は一対 2 本）が含まれている．例えば，ヒトでは，精子に含まれる父親由来のゲノムと卵子に含まれる母親由来のゲノムをもつ受精卵（二倍体）から生命が始まる．

多くの原核生物のゲノムは 1 本の環状 DNA であるのに対して，真核生物の核ゲノムは，複数の直鎖状の DNA（染色体 DNA）からなる．細胞分裂期（M 期）には複数の直鎖状 DNA が凝縮して別々の染色体を形成する．従来はこの凝縮した構造体のみを染色体とよんでいたが，近年は凝縮の程度によらず細胞周期を通して存続する DNA とタンパク質の複合体を指して，便宜上，染色体とよぶようになってきた．

一方，ミトコンドリアや葉緑体にも DNA が含まれるが，これらはそれぞれ**ミトコンドリアゲノム**（mitochondrial genome），**葉緑体ゲノム**（chloroplast genome）とよばれる．単にゲノムというと細胞核の DNA を指すことが多いが，ミトコンドリアゲノム，葉緑体ゲノムと区別するときには，核ゲノム（nuclear genome）とよぶ．ウイルスゲノムについては，第 11 講を参照されたい．

1990 年以降，さまざまな生物種の**ゲノムプロジェクト**（genome project）が行われてきた．ゲノムプロジェクトとは，ある生物ゲノムの全塩基配列を決定するプロジェクトであり，遺伝子の数と分布，推測される遺伝子の機能などが調べられている．例えば，ヒトゲノムプロジェクトでは，1 番から 22 番までの**常染色体**（autosome）と X，Y の**性染色体**（sex chromosome）に含まれる DNA の塩基配列が対象となっている．

2023 年の 9 月現在，約 48 万 7 千種類の生物体（organisms）のゲノム配列が公表されている（https://gold.jgi.doe.gov/index）．さまざまな生物種のゲノムを比較すること（比較ゲノム学）により進化の過程の研究が進んでおり，木原均博士[1]が残した名言，「地球の歴史は地層に，生物の歴史は染色体に記されている．」が検証されてい

---

[1]　高等植物の遺伝学，進化学の研究で多くの業績があり，特に「ゲノム説」の提唱，栽培コムギの祖先の発見，スイバによる高等植物の性染色体の発見，タネナシスイカの作出などの研究で世界的に高い評価がある．

る．さらに，微生物を単離・培養することなく，ある環境中に生息する微生物群から丸ごと DNA を抽出し，その微生物群由来のゲノム配列を網羅的に解析するメタゲノム解析が展開されている（→第 15 講）．これまでに，鉱山廃水，海水，土壌，ヒトなどの動物の腸内，極限環境などでメタゲノム解析が行われている．

3.1.2 ゲノムの概観

（1）ゲノムサイズ

生物種によるゲノムの違いは，まず，そのゲノムサイズにみられる（**図 3.1，表 3.1**）．ゲノムサイズはゲノムを構成する全 DNA の長さの和である．原核生物のゲノムサイズは，5 Mb（メガ塩基対，1×10^6 base pairs[*2]）以下と小さいが，真核生物では最も小さなもので 10 Mb であり，最も大きなものは 100,000 Mb 以上もある．ゲノムサイズの違いは，おおまかには生物の体づくりの複雑さを反映しているようにみえる．しかし，肺魚やイモリ，アメーバでは，哺乳類の 10 ～ 100 倍もの大きなゲノムをもつことが知られており，生物の複雑さとゲノムサイズとが正確に相関しないことは **C 値パラドックス**（C-value paradox，C 値とは一倍体の全ゲノム量）とよばれ，長い間の謎だった．ゲノムプロジェクトが進み，その答えが示された．高等真核生物ゲノムには，タンパク質をコードする遺伝子領域の割合が少なく，植物や両生類では反復配列（後述）がゲノムの約 80% を占めている．すなわち，ゲノムサイズは反復配列や

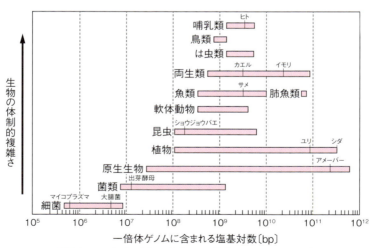

■図 3.1　さまざまな生物の一倍体のゲノムサイズ

[*2] DNA の長さの表記法：二重鎖 DNA の長さは塩基対（base pair）の数で示され，通常，次のような略号で表される．bp = base pairs，kb = kilo base pairs = 1,000 bp；Mb = mega base pairs = 1,000,000 bp；Gb = giga base pairs = 1,000,000,000 bp．

第3講　ゲノム・クロマチン・染色体

■ 表 3.1　代表的な生物のゲノムデータ

生物種	学名	ゲノムサイズ〔Mb〕(golden path length)	タンパク質コード遺伝子数(coding genes)	非コード遺伝子数(non coding genes)	偽遺伝子数(pseudogenes)
マイコプラズマ	*Mycoplasma genitalium*	0.58	476	39	–
インフルエンザ菌	*Haemophilus influenzae*	1.83	1,709	36	–
大腸菌	*Escherichia coli*	4.64	4,240	179	115
出芽酵母	*Saccharomyces cerevisiae*	12.2	6,600	424	12
分裂酵母	*Schizosaccharomyces pombe*	12.6	5,145	2,094	29
線虫	*Caenorhabditis elegans*	100	19,985	24,813	2,128
シロイヌナズナ	*Arabidopsis thaliana*	120	27,655	5,178	–
ショウジョウバエ	*Drosophila melanogaster*	144	13,986	4,054	340
イネ	*Oryza sativa Japonica*	375	35,806	3,180	7
マウス	*Mus musculus*	2,728	21,948	17,718	13,811
ヒト	*Homo sapiens*	3,099	19,831	25,959	15,239

その他の非コード配列の占める割合の違いによるところが大きく，ゲノムサイズと生物の体づくりの複雑さとは必ずしも相関しない．

（2）ゲノムにおける遺伝子の構成

　ゲノム解析以前はヒトの遺伝子数は約 10 万といわれていたが，2001 年のヒトゲノム概要の論文では 30,000 〜 40,000，2004 年の解読宣言の論文では 20,000 〜 25,000 と発表された．そのほとんどは RNA に転写されてタンパク質に翻訳されるものであった．2003 年から **ENCODE**（The Encyclopedia of DNA Elements）**プロジェクト**が始まり，遺伝子の転写量を網羅的に調べた結果，驚くべきことにヒトゲノム全領域の約 70％から RNA が転写されていることがわかった．近年のゲノムデータベースでは**タンパク質をコードする遺伝子**（coding gene）と**非コード遺伝子**（non coding gene）に分けられている．2023 年 9 月現在，ヒトゲノムにおけるタンパク質コード遺伝子数は 19,831，非コード遺伝子は 25,959 である（https://m.ensembl.org/Homo_sapiens/Info/Annotation#assembly）．また，進化の過程で変異によって機能を失ったり，mRNA から逆転写されゲノムに挿入されたと考えられる**偽遺伝子**

（pseudogene）も同定されており，ヒトでの偽遺伝子の数は15,239である．

ゲノム解析から明らかにされたさまざまな生物の遺伝子数をみると（表3.1），細菌や古細菌で1,000〜4,000個，真核生物では6,000〜40,000個ぐらいである．さまざまな生物種のゲノム構造（**図3.2**）をみると，大腸菌や出芽酵母のゲノムでは遺伝子が密に詰まっており，ショウジョウバエもヒトやトウモロコシと比べると遺伝子密度が高い．また，トウモロコシゲノムには多くの反復配列が含まれている．高等真核生物では，遺伝子はゲノム上に均一に分布しているのではなく，500 kb以上にわたってタンパク質をコードする遺伝子が存在しない広い領域（遺伝子砂漠とよばれる）がある．ヒトでは，ゲノムの約20％が遺伝子砂漠からなる．

ゲノム中には1コピーしかない遺伝子と，塩基配列は全く同一ではないが似てい

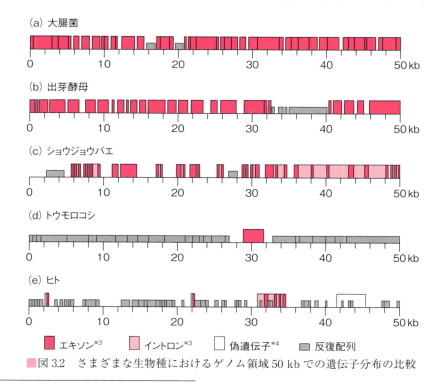

■ 図3.2　さまざまな生物種におけるゲノム領域50 kbでの遺伝子分布の比較

---

*3　エキソン（exon）とイントロン（intron）：タンパク質をコードする遺伝子において，アミノ酸配列情報をもっている部分をエキソンといい，アミノ酸配列情報をもたない部分をイントロンという．真核生物ではタンパク質の遺伝子の多くはイントロンで分断されている．遺伝子領域全体が転写されるが，情報のないイントロン部分は切り取られ，エキソン部分がつなぎ合わされて成熟mRNAができる（→第7講）．

*4　偽遺伝子（pseudogene）：機能している既知遺伝子と相同であるが，転写されなかったり，機能をもつ産物をコードしていなかったりする．遺伝子としては機能を失ったDNA配列の領域．

る**重複性遺伝子**（duplicated gene）がある．一群の重複性遺伝子は**遺伝子ファミリー**（gene family）とよばれ，遺伝子産物は**タンパク質ファミリー**（protein family）を構成する．遺伝子ファミリーはゲノム上でクラスターをつくっていることもあれば，別の染色体上に分散していることもある．遺伝子ファミリーは，その祖先遺伝子から進化の過程で重複，変異によって生じたと考えられる．異なる生物種において同じ祖先に由来する遺伝子をもつとき，これらを互いに**オルソログ**（ortholog，**直系遺伝子**）という．また，ある生物のゲノム内で遺伝子複製によってできたと考えられるよく似た遺伝子のことを互いに**パラログ**（paralog，**側系遺伝子**）といい，直系，側系を問わず類縁関係にある遺伝子のことを互いに**ホモログ**（homolog，**相同遺伝子**）という（**図 3.3**）．

細菌，古細菌，真核生物に共通して保存されている遺伝子ファミリーは 200 以上ある．ゲノムサイズが大きくなるにつれて，特異的な遺伝子の割合は減少し，遺伝子ファミリーの割合が増加する傾向にある．これは進化の過程で新しい遺伝子は既存の遺伝子からつくられてきたことを反映している．クラスターを形成している遺伝子ファミリーの塩基配列は似ているが同一ではない．これに対して，同じ遺伝子が縦方向（タンデム）に並んでクラスターを形成している場合がある．この状況はその遺伝

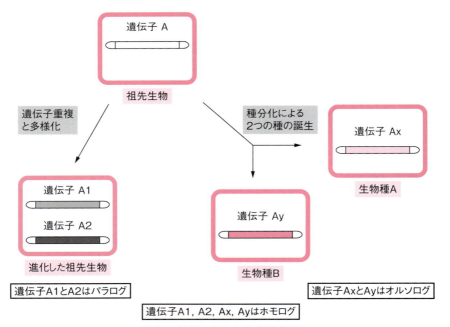

■ 図 3.3　遺伝子ファミリーは進化の過程で生じたと考えられる
オルソログとパラログは異なる進化の過程で生じた相同遺伝子（ホモログ）である．

子産物が大量に必要とされる場合などにみられる．たとえば，細胞中の全RNAの約80％を占めるrRNAをコードする遺伝子は，下等真核生物で100〜200，高等真核生物で数百個のコピーが一つあるいは複数のクラスターとして存在する．真核生物の細胞核内でrRNAが合成される領域は特徴的な形態を示し，**核小体**（nucleolus）とよばれる．タンパク質をコードする遺伝子の中では，ヒストン遺伝子がこのタイプの反復遺伝子としてよく知られている．鳥類と哺乳類は，主要な5種類のヒストン遺伝子を10〜20コピー，ショウジョウバエは約100コピー，ウニは数百コピーもつ．原核生物ゲノムに特有の遺伝子構成としてオペロン（operon）がある．オペロンとは，ゲノム内で隣り合って存在する複数の遺伝子群のことで，一つのオペロン内にあるすべての遺伝子は一つのプロモーターから1本のmRNAへと転写される．同じ代謝経路で働くタンパク質の設計図をまとめて発現するため非常に効率がよい．大腸菌のラクトースオペロンやトリプトファンオペロンが有名である（→第6講）．

(3) ゲノムにおける遺伝子領域以外の構成

原核生物では遺伝子が密に詰まっているのに対して，高等真核生物ではタンパク質の遺伝子以外の領域部分が大きい（図3.2）．ゲノムプロジェクトの塩基配列解析から明らかになったヒトゲノムの構成をみると，タンパク質のアミノ酸配列をコードするエキソンはわずか1.1％であり，イントロンが24％，遺伝子間領域が75％である．また，遺伝子間領域の2/3以上が**反復配列**（repetitive sequence, repeated sequenceともいわれる）である（**図3.4**）．真核生物ゲノムにみられる反復配列には，同じ方向に並んだ繰り返し配列である**縦列反復配列**（tandem repeat sequence）とゲノムに散在する反復配列（**散在反復配列**, interspersed repetitive sequence）がある．

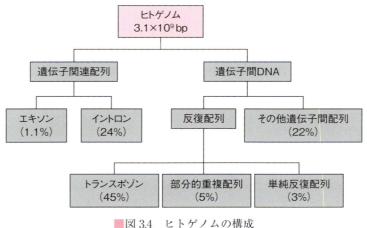

■図3.4 ヒトゲノムの構成

前者は，**サテライト DNA**（satellite DNA）ともよばれる．真核生物の DNA を CsCl 平衡密度勾配遠心法（→第 5 講）で分析すると，メインバンドのほかにサテライトバンド[*5] として現れる DNA がある．サテライトバンドには，数百 kb にもおよぶ縦列反復配列からなる断片が含まれる．こうしたサテライト DNA として有名なものは，ヒトセントロメアにみられるアルフォイド配列である．CsCl 平衡密度勾配遠心法においてピークとして現われないが，縦列反復配列としてサテライト DNA に分類されるものに，**ミニサテライト DNA**（minisatellite DNA）と**マイクロサテライト DNA**（microsatellite DNA）がある．ミニサテライト DNA は，およそ 10 ～ 100 bp の反復単位であり，それが数千回繰り返してゲノム上でクラスターを形成している．マイクロサテライトはミニサテライトよりも短く，通常 10 bp 以下（多くは 2 ～ 4 bp）の反復単位で，それが 10 回から 100 回くらい繰り返す．ヒトでは CA リピート配列が有名である．マイクロサテライトは，個人によって異なっており，その長さや組合せを調べることによって個人の**遺伝子プロファイル**（genetic profile）をつくることができる．

ヒトゲノム解析の結果，ゲノムの塩基配列の約 99.9 ％は全人類に共通であるが，人種や個人により約 0.1 ％が異なることがわかった．ゲノム塩基配列の中に一塩基が変異した箇所がその生物集団内で 1 ％以上の頻度でみられるとき，これを**一塩基多型**（Single Nucleotide Polymorphism：SNP，スニップとよばれる）とよぶ．ヒトゲノムの約 30 億塩基対の中に SNP は約 1,000 万箇所存在すると考えられており，その塩基配列は個人により異なっている．SNP を DNA マーカーとする遺伝的背景の調査，遺伝病についての将来的な危険率の診断，疾患関連遺伝子の特定，さらには個人に合った治療や投薬（オーダーメード医療）が展開できると期待されている．

ゲノムに散在する反復配列は，ウイルスに由来する**トランスポゾン**（**転移性遺伝因子**，transposon）（→第 12 講）がかなりの部分を占める（図 3.4）．トランスポゾンは本来ゲノム内を移動できる配列であるが，ヒトゲノムに存在するウイルス由来の塩基配列はほとんどその機能を失っていると思われる．これらの配列は，自分自身のコピーをつくるなどしてゲノム中に散在し進化におけるゲノムの再編成を助けてきたと考えられる．タンパク質をコードする遺伝子以外の DNA 領域は，以前は意味のない領域としてジャンク（ごみ）DNA（junk DNA）とよばれた．しかし，タンパク質をコードしない non - coding RNA（ncRNA）がゲノムの 70% 以上の領域から転写されていることがわかり，ncRNA はさまざまな機能を有することが明らかになりつつある（→

[*5] ゲノム DNA を断片化して，CsCl 平衡密度勾配遠心を行うと，ほとんどの DNA はその平均 G＋ C 含量で決まるある浮遊密度の位置にメインバンドとして現れる．反復配列を含む DNA の G＋ C 含量は平均 G＋ C 含量とは異なる（それゆえメインバンドの浮遊密度とは異なる）ために，メインバンドとは異なる位置にサテライトバンドとして現れる．

3.2 クロマチン

3.2.1 クロマチンとヒストン

1879年，W. Flemming は細胞核の塩基性色素で染まりやすい物質を**クロマチン**（chromatin，訳語は染色質）と名付けた．1885年，A. Kossel はヌクレイン（1869年に J. F. Miescher が発見，現在の核酸：nucleic acid）の研究途上で鳥類の赤血球の核からタンパク質を分離し，それを**ヒストン**（histone）と名付けた．1950年代以降，クロマチンは DNA とヒストンとの複合体であること，ヒストンは主に5種の分子種からなること，DNA とヒストンは重量比1:1で存在すること，クロマチンにはヒストンのほかに数多くの非ヒストンタンパク質も含まれること，などが明らかになった．現在，クロマチンは DNA とヒストンならびに多種類の非ヒストンタンパク質，RNA を含んだ機能的な複合体として捉えられている．

3.2.2 ヘテロクロマチンとユークロマチン

1930年代の細胞核の顕微鏡観察から，間期の細胞核内には**ヘテロクロマチン**（heterochromatin）と**ユークロマチン**（euchromatin）の二つの特徴的な構造があることが示された．ヘテロクロマチンは DNA の凝縮度が高く，濃く染色される領域で

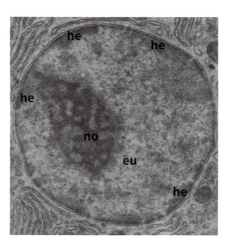

■図 3.5　間期の細胞核の透過型電子顕微鏡像
核膜周辺部にある電子密度の高いヘテロクロマチン（he）と電子密度の低いユークロマチン（eu）および電子密度の高い核小体（no）が観察される．
（出典：Scientific American（1965））

あり，核内の一部や核膜周縁にみられ，その領域では転写は不活性化されている．これに対してユークロマチン領域はDNAの凝縮度が低く，間期の核内に広がっており，活発に転写される遺伝子を含んでいる（**図3.5**）．マウスやヒトなど典型的な哺乳類細胞ではゲノムの約10%がヘテロクロマチンを形成し，セントロメアやテロメアなどの特定の染色体領域（後述）にもこの構造がみられる．

ヘテロクロマチンには，**恒常的ヘテロクロマチン**（constitutive heterochromatin）と**条件的ヘテロクロマチン**（facultative heterochromatin）がある．前者は，常にヘテロクロマチン状態であり，典型的な例はセントロメアのサテライトDNA領域である．後者は，ユークロマチンがヘテロクロマチンに変換されたものであり，その例として，発生初期では活性だった遺伝子が不活性化されてヘテロクロマチンになることが挙げられる．

3.2.3　ヌクレオソーム

1974年，クロマチンの基本単位である**ヌクレオソーム**（nucleosome）が発見された．ヌクレオソームの発見以前は，クロマチンは主にDNAとヒストンの複合体であり，DNAは多数のリン酸基の負電荷を有するのに対して，ヒストンは多くの正電荷のアミノ酸残基（LysやArg）を含んでいることから，DNAはヒストンと結合することがわかっていたが，どのような構造であるかは不明であった．クロマチンが規則的な構造単位から成り立っているということは大きな驚きであった．

ヌクレオソームの存在は主に二つの実験により示された．一つは，間期の細胞の核をおだやかな条件で壊し，その内容物を電子顕微鏡で観察したところ，糸でつながれた数珠のような構造体が見られた（**図3.6**）．もうひとつは，単離した細胞核をDNA分解酵素ミクロコッカスヌクレアーゼ（MNase）で消化し，タンパク質を除去したのちDNAを電気泳動で解析すると，約150〜200 bpを単位とするはしご状のパターンが見られたことである（**図3.7**）．また，MNase消化の後，反応物をショ糖密度勾配遠心法により分画すると，上に述べた二つの実験結果を反映する種々のサイズのDNA-タンパク質複合体が得られた．その最小単位，すなわち数珠玉一個に相当す

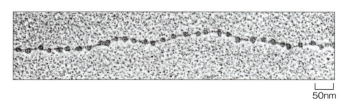

■図3.6　核から流出したクロマチン10 nm繊維の電子顕微鏡写真
（出典：中村桂子，松原謙一監訳：細胞の分子生物学（第4版），Newton Press, p208, Fig.4-23 (8) (2004)）

3.2 クロマチン

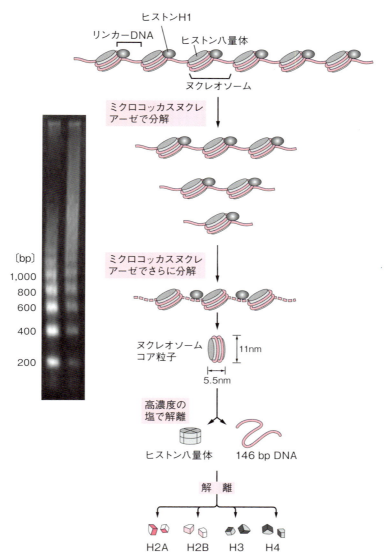

■図3.7 ミクロコッカスヌクレアーゼ（MNase）で消化されたクロマチンの分子構成
細胞核内のクロマチンをMNaseで消化すると，リンカーDNAが優先的に切断され，1～数個のヌクレオソームの連なりに消化される．MNase消化後，単離したDNAをアガロースゲル電気泳動で解析すると，約200 bpを単位とするラダー状のバンドとして観察される（左）．MNaseでさらに消化すると，ヌクレオソームコア粒子が得られ，それを高塩濃度の条件にするとDNAとヒストン八量体に解離する．ヒストン八量体はH2A，H2B，H3，H4の各2分子から構成される．

第3講　ゲノム・クロマチン・染色体

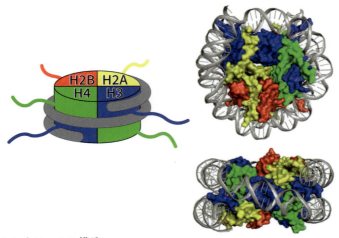

■図 3.8　ヌクレオソームの構造
　4種類のヒストン（H2A：黄，H2B：赤，H3：青，H4：緑）各2分子からなるヒストン八量体のまわりを 147 bp の DNA（灰色）が 1.7 回転巻き付いた複合体である．模式図（左）のように，各ヒストンの N 末端テールはヌクレオソームコア粒子の外側に突き出しているが，N 末端テールは特定の構造をとっていないので，結晶構造（右）では見えない．
（図は香川亘博士の厚意による）

るものは**ヌクレオソームコア粒子**（nucleosome core particle）と命名された．
　ヌクレオソームコア粒子は，**ヒストン H2A，H2B，H3，H4**（histone H2A, H2B, H3, H4）各2分子から成る**ヒストン八量体**（histone octamer）に，145 〜 147 bp の DNA が 1.7 回転巻き付いた複合体である（図 3.7，**図 3.8**）．数珠の玉と玉をつなぐ糸に相当する DNA 部分を**リンカー DNA**（linker DNA）とよび，ヒストン H1 はヌクレオソームコアの外側とリンカー DNA に結合している．H1 は約 0.4M NaCl の条件でヌクレオソームから解離し，さらに塩濃度を 0.8 〜 1.2 M ぐらいまで高めていくと DNA とヒストン八量体が解離する．このことから，ヌクレオソームの形成には，ヒストンの正電荷と DNA の負電荷との静電的相互作用の力が働いていることがわかる．
　これまでに，アフリカツメガエル，ニワトリ，出芽酵母，ヒトなどのヌクレオソームコア粒子の X 線結晶構造が決定された．その結果，生物種間でヌクレオソームコア粒子の立体構造には大きな違いはみられず，すべての真核生物に共通していると考えられている．このことは，ヒストンが進化的に保存されたタンパク質であることとよく対応している．ヌクレオソームコア粒子は直径 11nm，高さ 5.5 nm の円盤状構造で，ほぼ2回転対称性をもつ（図 3.7，図 3.8）．通常，150 bp くらいの長さの DNA は棒状の分子であるが，ヒストンのもつ多くの Lys や Arg 残基の正電荷が

DNA のリン酸基の負電荷を中和することによって，DNA を大きく湾曲させることと巻付いた 2 本の DNA が接近することを可能にしている．結晶構造から，ヌクレオソームにおける H3・H4 四量体 (H3・H4)$_2$ と 2 個の H2A・H2B 二量体の配置，ならびに 146 bp DNA におけるヒストン八量体の結合部位がわかった．ヒストン八量体は DNA の副溝と接しており，DNA とヒストンの結合部位はヌクレオソームコア粒子内に 14 か所存在する．また，ヒストンの N 末端テールは，以前からトリプシンなどで容易に消化されることが知られていたが，ヌクレオソームコアの決まった位置から外に突き出ていることがわかった．このことから，ヒストンの N 末端テールが化学修飾を受けて，特定の機能に対するシグナルとなることが理解できる．

3.2.4　ヒストン

ヒストンは，Lys や Arg 残基に富む塩基性タンパク質である．ヒストンは，H1，H2A，H2B，H3，H4 の 5 種類に大別される．ヒストン H2A，H2B，H3，H4 は分子量 11,000 〜 15,000 であり，ヌクレオソームコア粒子を構成しているので**コアヒストン**（core histone）とよばれる（図 3.8）．コアヒストンのアミノ酸配列は真核生物でよく保存されており，特に H3 と H4 は非常に保存性が高い．一方，ヒストン H1 はヌクレオソームコアの外側とリンカー DNA に結合するので，**リンカーヒストン**（linker histone）ともよばれる．リンカーヒストンには種特異性や組織特異性がみられ，コアヒストンと比較して多様である．たとえば，ヒトの H1 では 8 種のサブタイプが存在する．また，鳥類の赤血球では大部分の H1 が H5 に置き換わっている．最近，発生・分化やアポトーシス[*6]において，リンカーヒストンはサブタイプごとに特異的な役割を果たしていることが示されている．

4 種類のコアヒストンのドメイン構造（→第 2 講）は似ており，**ヒストン・フォールド**（histone fold）とよばれる α – ヘリックス 3 本からなる共通した構造がある（**図 3.9**）．ヒストン・フォールドで会合して 2 個の H2A・H2B 二量体と (H3・H4)$_2$ 四量体からなるヒストン八量体を形成する．一方，定まった立体構造をとらない N 末端テールでは，特定の位置の Lys，Ser，Arg などが化学修飾（アセチル化，リン酸化，メチル化など）を受ける．ヌクレオソーム中のヒストンの修飾されたアミノ酸の組合せが，遺伝子発現制御やエピジェネティクスのメカニズムにかかわっており，ヒストンの修飾パターンは**ヒストンコード仮説**（histone code hypothesis）として提唱された（→第 6 講，第 14 講）．

[*6]　細胞死には，ネクローシス（細胞壊死）とアポトーシス（積極的，機能的細胞死）の 2 種類がある．アポトーシスは多細胞生物の細胞で増殖制御機構として管理・調節された能動的な細胞死である．例えば，ヒトの手足の形成過程で指と指の間の細胞が失われるというようなプログラムされた細胞死の多くはアポトーシスである．

第3講 ゲノム・クロマチン・染色体

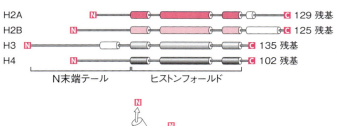

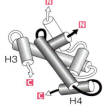

■図 3.9 コアヒストンの構造
円柱はα-ヘリックスを示す．フレキシブルなN末端テールと3本のα-ヘリックスから成るヒストンフォールドから構成される．ヒストンフォールドが会合して，ヒストン八量体を形成する．下図は，H3とH4のヒストンフォールドの相互作用を示す．

　ヒストンには細胞内に多量に存在する主要型の分子種のほかに，主要型とはアミノ酸配列が異なる**ヒストンバリアント**（histone variant）が存在する．たとえば，ヒトでは，H4以外のコアヒストンにバリアントが見つかっており，H3のバリアントとして H3.1, H3.2, H3.3, CENP-A, H3.X, H3.Y などが見いだされている．H3.3のアミノ酸配列を H3.1 または H3.2 と比較すると，H3.1 と 5 残基，H3.2 と 4 残基が異なる．H3.1 と H3.2 は S 期でのみ合成され半保存的に複製された DNA 上に形成されるヌクレオソームに取り込まれる．H3.3 は細胞周期を通して合成され，ゲノム上で転写活性の高い領域のヌクレオソームに取り込まれる．セントロメアでは，CENP-A を含んだヌクレオソームが特異的に存在する（→ 3.3.2 項）．一方，H2A のバリアントには，H2A.Z, H2A.X, H2A.Bbd, MacroH2A，H2B のバリアントには spH2B が知られている．それぞれのヒストンバリアントはクロマチンにおいてさまざまな機能と関連していることが示されており，主要型ヒストンの代わりにヌクレオソームに取り込まれたヒストンバリアントもまたエピジェネティックマークとしての機能を有すると考えられる．

3.2.5　ゲノム DNA の細胞核内への収納

　細胞分裂期（M期）にはクロマチンは最も凝縮した形態である中期染色体を形成する．ヒトの1個の体細胞の23対46本の染色体に含まれるDNAをすべて繋ぎ合わせると約2mに達する．この長大なDNAは直径わずか5～10μm程度の細胞核に収納されており，しかも，遺伝子の情報が必要とされる時にはその領域がほどけて読み

取られなければならならない．このことは驚くべきことであり，真核細胞の核内におけるゲノム DNA の収納と取り出しの機構は古くから重要な問題として研究されてきた．

上述したように，ゲノム DNA はヌクレオソームを基本単位として数珠のようにつながって並んでおり，これは**クロマチン 10 nm 繊維**（chromatin 10 nm fiber）とよばれる．このヌクレオソームの繋がりがどのようにして細胞核に収納されるか，また，中期染色体を構築するか，というテーマについて多くの研究がなされた．1980 年代から，階層的なクロマチン構造モデルが提唱されてきた．従来のモデルは，クロマチン 10 nm 繊維が規則的に折りたたまれて**クロマチン 30 nm 繊維**（chromatin 30 nm fiber）となり，それがさらに階層的に折りたたまれて細胞核内へ収納されるというも

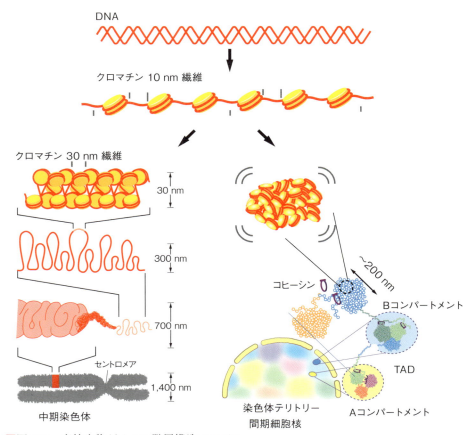

■図 3.10　真核生物ゲノムの階層構造のモデル
規則的収納モデル（左，従来のモデル）と不規則的収納モデル（右）
（右図出典：K. Maeshima et al.：Cold Spring Harb. Perspect. Biol. 13, a040675（2021））

第3講 ゲノム・クロマチン・染色体

のである（**図 3.10** 左）．

　最近，従来のモデルとは異なるクロマチン高次構造体モデルが提唱されている．それは，ヌクレオソームの連なりは動的に振る舞い，不規則なクロマチンドメインを形成して間期細胞核内クロマチン構造や中期染色体を形成するというモデルである（図3.10 右）．間期において，このクロマチンドメインは，ヌクレオソーム間相互作用と**コヒーシン**（cohesin）とよばれるタンパク質複合体（→ 3.3.4 項）により維持される．さらに，クロマチン高次構造体として，各々の染色体において特定のクロマチン領域間の相互作用によって 100 万塩基対ほどの球状に折り畳まれた**トポロジカルドメイン**（**TAD**：Topologically Associating Domain）という概念が提唱されている．核内は，活発に転写されうるクロマチン領域の「A コンパートメント」と，ほとんどが転写不活性なクロマチン領域の「B コンパートメント」に区画化され，TAD がいくつか集まって"A"または"B"コンパートメントを形成するというモデルである．ヒト，鳥類，魚類，植物など多くの生物において，個々の染色体は細胞核内でそれぞれ決められた空間を占有し，**染色体テリトリー**（chromosome territory）を形成すると考えられている．染色体の凝縮にかかわる**コンデンシン**（condensin）というタンパク質複合体（→ 3.3.4 項）が染色体テリトリーの形成に重要な役割を果たしていることが最近の研究から示された．

3.3　染色体

3.3.1　染色体と核型

　染色体（chromosome）とは もともとは細胞分裂中期（M 期）にみられるゲノムが最も凝縮した構造体を指す言葉であったが，今日では，間期のクロマチンも含めて染色体とよぶことが多い．また，真核生物の染色体とは全く構造的には異なるが，原核生物の核様体やミトコンドリアゲノムも，便宜上，染色体という言葉が使われることがあり，用語の曖昧さがみられる．

　染色体の数とゲノムサイズは生物種ごとに決まっている（表 3.1）．生物種に固有な染色体構成を**核型**（karyotype）といい，光学顕微鏡観察により分裂期染色体の数や大きさ・形などによって表される．中期染色体をギムザ液やキナクリンで染めると 個々の染色体に特徴的な濃淡の縞模様のバンドが観察される（**図 3.11**）．ある生物の染色体セットは固有のバンドパターンを示すので，核型分析に用いられる．**SKY 法**（Spectral Karyotyping）または **M-FISH 法**（Multicolor-Fluorescent in Situ Hybridization）では，各染色体に特異的な塩基配列をもつプローブを蛍光色素で標識し，そのプローブで染色体を染めた後，蛍光顕微鏡によって，すべての染色体を異なる色で検出する方法である（**図 3.12**）．染色体異常の診断法として用いられている．

58

3.3 染色体

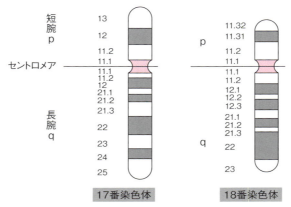

■図3.11　ギムザ染色したヒト染色体の模式図
バンドのパターンは染色体ごとに特徴的であることがわかる．セントロメア（染色体のくびれ）で染色体を二分して，短い方を短腕（p）で，長い方を長腕（q）とよぶ．長腕と短腕のそれぞれは，セントロメアから端部に向かって特徴的なバンドなどを目印に順番をつけた領域に分けられる．トリプシン処理した後にギムザ染色をすると，2本の姉妹染色分体は離れず，並んで観察される．本図はそれを模式化したものである．

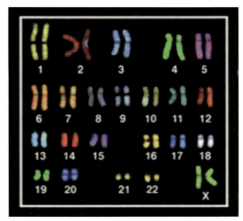

■図3.12　SKY法によるヒト（女性）の核型解析
（https://commons.wikimedia.org/wiki/File:Sky_spectral_karyotype.png）

一方，酵母のように染色体が小さい生物種では，パルスフィールド電気泳動法（pulsed‐field electrophoresis：泳動中のDNAに短時間，直交した電場をかけて，巨大なDNA分子を分析する方法）によって核型分析が行われる．

3.3.2　セントロメア

細胞分裂期に凝縮構造として観察される染色体は，DNA複製が終わった後に形成

されるので，2本の染色分体からなり，この対は**姉妹染色分体**（sister chromatid）とよばれる（**図 3.13**）．2本の**染色分体**（chromatid）がくびれて接着した領域は，細胞周期の時期にかかわらず**セントロメア**（centromere）とよばれ，通常，各染色体に一つ存在する．セントロメアは体細胞分裂，減数分裂の際の染色体分配に重要な役割を担っている．セントロメアには特有の配列の DNA がある．出芽酵母では 16 本の染色体に共通した約 120 bp の配列が同定され，ポイントセントロメアとよばれている．これに対して，分裂酵母ではその長さは 40〜100 kb である．さらに高等生物では，ショウジョウバエでは 200〜600 kb，シロイヌナズナでは 0.9〜1.2 Mb，ヒトでは数 100 kb から 5 Mb ほどである．また，これらのセントロメアにはサテライト DNA とよばれる反復配列が存在する．例えば，ヒトではアルフォイド DNA とよばれる 171 bp を単位とする数 Mb の反復配列が巨大なヘテロクロマチン領域を形成している．

セントロメアには多数のタンパク質が結合して，細胞分裂時に，**動原体**（**キネトコア**，kinetochore）とよばれるタンパク質 - DNA 複合体が形成される．ここに**微小管**（microtubule）が結合することによって各染色分体が両極へと引っ張られ，娘細胞に分配される．このようなセントロメアの機能に必須のタンパク質である CENP-A はヒストン H3 のバリアントの一つであり，セントロメアでは H3 の代わりに CENP-A を含むヌクレオソームが形成される．CENP-A ヌクレオソームを基盤として，キネトコアを形成すると考えられている（**図 3.14**）．

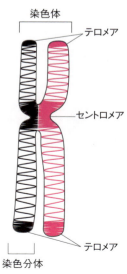

■図 3.13　M 期染色体におけるセントロメアとテロメア
　各染色分体は 1 本の線状二本鎖 DNA から構成されている．

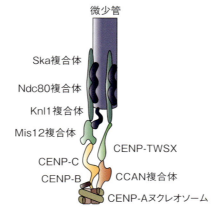

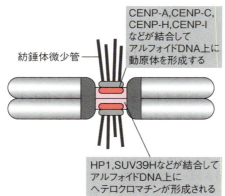

■図 3.14 ヒト染色体のセントロメアにおけるキネトコア（動原体）の形成
セントロメアで CENP‑A を取り込んだヌクレオソームに，多種類のタンパク質が会合してキネトコアを形成する．

3.3.3 テロメア

真核生物の個々の染色体は一本の線状二本鎖 DNA から構成されているので，必ず末端が存在する．この末端を**テロメア**（telomere）とよび，染色体の安定性に欠くことのできない重要な構造である（図 3.13）．テロメア DNA には，数塩基対を単位とした反復配列がみられる．たとえば，ヒトでは TTAGGG を単位とする数千塩基対の反復配列が存在する．この反復単位はさまざまな生物種間で比較的保存されている．**テロメア DNA**（telomeric DNA）の最末端には G に富む鎖が一本鎖となって突出した G テールとよばれる特徴的構造がある（**図 3.15** 上）．テロメアには複数のタンパク質が結合しており，これらのタンパク質によって G テールと二本鎖テロメアリピートとの間でループ構造が形成され（図 3.15 下），染色体末端が保護されると考えられ

第3講 ゲノム・クロマチン・染色体

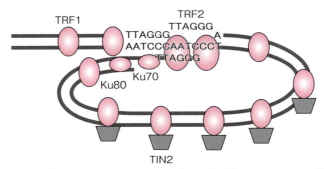

■図3.15 ヒト染色体のテロメアにおけるリピート配列とテロメアループ構造のモデル

ている．テロメアに近接した領域もヘテロクロマチン化しており，その領域では遺伝子は不活性化され，**テロメアサイレンシング**（telomeric silencing）とよばれる．テロメア DNA の最末端部のラギング鎖では，最後の岡崎フラグメントの合成開始に必要な RNA プライマーをつくる余地がないため完全には複製されない．これを「末端複製問題」という（→第5講）．真核生物では**テロメラーゼ**（telomerase）がテロメアの複製に関与している．テロメラーゼは C に富む鎖と同じ配列を有する鋳型 RNA と逆転写酵素からなりテロメアリピートの伸長を行う．ヒトでは，生殖細胞や一部の幹細胞，また多くのがん細胞においてテロメラーゼが発現して，テロメアの長さが保たれている．しかし，ほとんどの体細胞はテロメラーゼ活性をもたないため，細胞分裂のたびにテロメアが短くなる．テロメアがある一定のサイズまで短くなると細胞増殖が停止するので，テロメアの長さと老化との関係が示唆されている．上述のように，がん細胞ではテロメラーゼ活性が高く，テロメラーゼを標的とした薬剤の開発や，テロメアの動態とがんとの関連にも興味がもたれている．

3.3.4 染色体の接着と凝縮

3.2.4 項で長大なゲノム DNA の細胞核内への収納について述べたが，分裂期（M 期）には，どのようにして最も凝縮した染色体の形態になるのであろうか．親細胞のゲノム情報を二つの娘細胞に分配するために，DNA 複製の後，2本の染色分体は互いに結合し**姉妹染色分体接着**（sister chromatid cohesion）とよばれる**染色体凝**

縮(chromosome condensation)が起こる．染色体を構成する主なタンパク質はヒストンであるが，それ以外に，染色体の高次構造と機能を制御にかかわる因子として，**SMC**(Structural Maintenance of Chromosome)**タンパク質**が発見された．SMCタンパク質は，細菌からヒトまで進化的に保存されており，真核生物では少なくとも6種類のSMCタンパク質が存在する．SMCタンパク質を含むコヒーシンとコンデンシンというタンパク質複合体が姉妹染色体接着と染色体凝縮の過程に中心的役割を担っていることがわかってきた．

姉妹染色分体接着と染色体凝縮におけるコヒーシンとコンデンシンの役割を**図3.16**に示す．細胞周期 G1 → S → G2 の進行に伴い，DNA複製後にコヒーシンが結合し

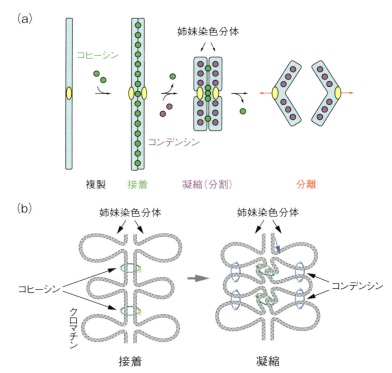

■図3.16　コヒーシンとコンデンシンによる姉妹染色分体の接着と凝縮のモデル
(a) 細胞分裂期の前期までにコヒーシンにより姉妹染色分体間での接着が起こり，中期にはコンデンシンにより染色分体内で凝縮される．後期に，セパレースによりコヒーシンが分解されて，染色体が分配される．
(出典：T. Hirano：Cold Spring Harb. Perspect. Biol., 7, a015792 (2015)
　　　http://www2.riken.jp/chromdyna/jp/research/index.html)
(b) コヒーシンにより姉妹染色分体の間で接着が起こり，コンデンシンにより染色分体内で凝縮される．

姉妹染色分体を接着する．M期に入ると，コンデンシンが染色体に結合し，前中期から中期に染色体を凝縮する．後期にはセパレースによりコヒーシンが分解されて，染色分体が二つの娘細胞に分配される．

クロマチンのトポロジカルドメイン（TAD）の境界やループの形成，各染色体の核内配置（染色体テリトリー）など，間期の細胞核におけるゲノムの三次元構造体の形成においても，コヒーシンとコンデンシンが協奏的に働いていると考えられる（→ 3.2.5項，図 3.10）．

3.4　ランプブラシ染色体と多糸染色体

クロマチンは間期の細胞では核内に広がっているので，分裂中期にようにはっきりとした染色体の構造を見ることができない．しかし，**ランプブラシ染色体**（lampbrush chromosome）と**多糸染色体**（polytene chromosome）は，間期でも顕微鏡で観察することができる．ランプブラシ染色体は多くの動物の卵母細胞で観察され，減数分裂の過程で対をなす二価染色体である．染色体軸から凝縮していないクロマチンループがのびて，それがランプのほやを磨くブラシに似ていることからランプブラシ染色体と名付けられた（**図 3.17**）．クロマチンループ領域では遺伝子が活発に転写されており，一方，染色体軸上の凝縮したクロマチンでは転写はみられない．

ショウジョウバエ幼虫の唾液腺細胞では，染色体の分離なしに 10 回 DNA 複製が起こるので，DNA の含量は他の細胞に比べて 2^{10} 倍になる．これら相同なクロマチンが，コヒーシンなどで並列に束ねられて多糸染色体となり，バンドとインターバンドが光学顕微鏡で観察できる（**図 3.18**）．バンドではクロマチンが凝縮し，インターバンドでは緩んでいると考えられている．また，多糸染色体には**パフ**（puff）とよば

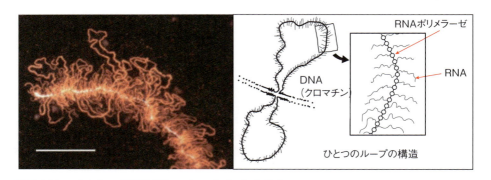

■図 3.17　ブチイモリ卵母細胞のランプブラシ染色体
（出典：J. G. Gall, Z. Wu：Examining the contents of isolated Xenopus germinal vesicles. Methods, 51(1), 45-51（2010））

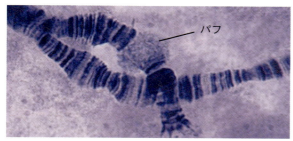
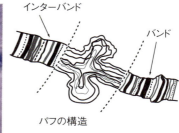

■ 図3.18　ショウジョウバエ唾液腺の多糸染色体
（出典：B. A. Pierce：Genetics：A conceptual approach, Third edition, W. H. Freeman & Company,（2008））

れる膨らんだ領域がみられる．パフ構造はクロマチンが伸展して活発にRNA合成を行っていることを反映している．ショウジョウバエの発生過程で，パフは時期特異的なパターンで出現・消失するので，染色体上における遺伝子発現の時期特異的変化を目で見ることができる良い例となる．

3.5　細胞小器官ゲノム

　ミトコンドリアや葉緑体など細胞小器官は，独自のDNAをもっている．細胞小器官ゲノムは一般に環状で，核ゲノムに比べて小さく，細胞小器官内のいくつかのタンパク質とRNAをコードしている．これらのDNAは有糸分裂や減数分裂時の染色体分離とは関係なく次世代に形質が伝わるので，**非メンデル遺伝**（non-Mendelian inheritance）である**細胞質遺伝**（cytoplasmic inheritance）をする．酵母などのように接合する細胞の大きさが同じ場合は，両親由来のミトコンドリアを受け継ぐ．一方，ヒトなどの高等生物における受精では，細胞質は主として卵から提供されるのでミトコンドリアゲノムは母親由来となる．高等植物の約2/3では，花粉（父親由来）の葉緑体は接合体に入らないので母系遺伝となる．細胞小器官の転写・翻訳装置の性質が原核生物の性質を示すことなどから，原始的な細胞が細菌を捕獲して，その結果，共生した細菌がミトコンドリアや葉緑体の起源になったと考えられている（**図3.19**）．

　ほとんどすべての真核生物はミトコンドリアDNAをもっている．ミトコンドリアゲノムは一般に環状であるが，下等真核生物には線状分子もみられる．動物細胞のミトコンドリアゲノムは約16.5 kbであるが，酵母では約80 kb，植物では100〜360 kbである．このように，ミトコンドリアのゲノムサイズと生物の体制的複雑さとの間には相関性はみられない．ヒトのミトコンドリアゲノムは16,569 bpの環状DNAで，エネルギー産生に重要な呼吸鎖複合体の遺伝子13個とrRNAとtRNAの遺伝子

23個を含んでいる（**図3.20**）．ヒトミトコンドリアゲノムにはイントロンはないが，出芽酵母や植物のミトコンドリアにはイントロンを含む遺伝子が多数存在する．人種，個体差は核ゲノムでは約0.1%であることに比べて，ミトコンドリアゲノムではその差が大きく，0.57%にも及ぶ．ミトコンドリアゲノムの解析から，人類の進化系統樹の作成が試みられている．

すべての光合成真核生物には葉緑体ゲノムがある．そのサイズは120 kbから200 kbまで及ぶ．これまでに決定された葉緑体ゲノムには87〜183個の遺伝子があり，

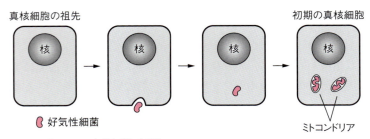

■図3.19 ミトコンドリアの起源（共生説）
嫌気性の原始的な真核細胞が好気性細菌を飲み込んで，それらが共生して進化したという共生説が有力である．同様に，葉緑体は初期の真核細胞に光合成細菌が共生したと考えられている．

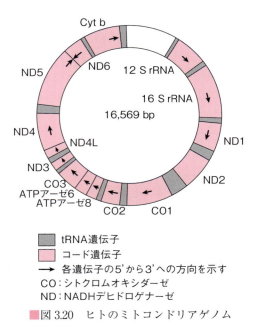

■図3.20 ヒトのミトコンドリアゲノム

rRNA と tRNA ならびに 50 〜 100 種類のタンパク質をコードしている．葉緑体のゲノムには，光合成に重要なチラコイド膜の複合体タンパク質の遺伝子が多く含まれている．

演習問題

Q1. 次の文章の正誤を判定せよ．誤りとした場合は理由を述べよ．
1. ゲノムとは，具体的には受精卵に含まれるすべての DNA を指す．
2. 多くの原核生物のゲノムは 1 本の直鎖状の DNA であるが，真核生物のゲノムは複数の環状型 DNA であることが多い．
3. ヒトの男性の体細胞に含まれる染色体は 22 対 44 本の常染色体と 1 対 2 本の XY 染色体の計 23 対 46 本である．
4. 体づくりの複雑な生物ほどゲノムサイズが大きく，ヒトは生物種の中で最もゲノムサイズが大きい．
5. ヒトゲノムの約 99％は全人類に共通であり，ヒトの個体差は約 1％である．
6. ヒトゲノムの構成をみると，タンパク質のアミノ酸配列の情報を含むエキソンは，ゲノム全体の約 25％を占めている．
7. 間期の細胞核を染色すると濃く染まる領域はヘテロクロマチンとよばれ，DNA の凝縮度が低く，遺伝子の転写が活発に行われている．
8. クロマチンと染色体の基本単位であるヌクレオソームコア粒子は，4 種類のヒストンからなる四量体に，145-147 bp の DNA が巻き付いた複合体である．
9. 真核生物の各染色体には，二つのテロメア，一つのセントロメア，多数の複製起点が含まれている．
10. 細胞分裂中期における染色体では姉妹染色分体のそれぞれに一本鎖 DNA が含まれる．

Q2. ヒトゲノムは 3.1×10^9 bp である．DNA 二重らせんの周期を 10.5 bp とし，らせんのピッチ（1 巻きの進み）を 34Å として，ヒトの体細胞に含まれるゲノム DNA の全長を計算せよ．

Q3. たいていの遺伝子は一倍体ゲノムあたり一つしかないが，rRNA 遺伝子やヒストン遺伝子は反復して複数コピー存在する．その利点は何か．

Q4. クロマチンをミクロコッカスヌクレアーゼ（MNase）で消化した後，DNA を単離してアガロースゲル電気泳動で解析すると，約 200 bp の繰返しのはしご状のバンドが観察される（→図 3.3）．MNase で，さらに徹底的に消化した後，DNA を単離してポリアクリルアミドゲル常気泳動で解析すると，図のように，145 bp と 165 bp 付近に 2 本の DNA バンドが得られた．145 bp と 165 bp

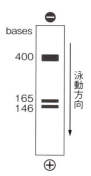

第3講　ゲノム・クロマチン・染色体

のバンドは，それぞれどのような構造体を反映していると考えられるか．

Q5. DNase I の塩基配列特異性は低く，DNA の二重らせんの副溝側から一本の鎖をほぼランダムに切断する（ニックを入れる）．ヌクレオソームコア粒子を DNase I で消化した後，DNA を精製して高濃度の尿素を含むポリアクリルアミドゲル電気泳動で解析したところ，図のような結果が得られた．観察される DNA のバンドの間隔（周期）は，何を意味しているか．

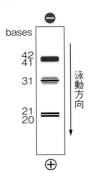

Q6. 通常，染色体にはセントロメアは1か所である．では，セントロメアがない染色体，またセントロメアが2か所ある染色体では，それぞれどのようなことが起こると考えられるか．

Q7. 正常な体細胞では細胞分裂のたびにテロメアの長さは短くなるのはなぜか．また，がん細胞では細胞分裂に伴うテロメアの短小化がみられないのはなぜか．

参考文献

1) T. A. Brown 著，石川冬木，中山潤一 監訳：ゲノム第4版，メディカル・サイエンス・インターナショナル（2018）
   → ゲノムについての分子生物学についての基本から最近の知見までを解説した定評あるゲノムの教科書として紹介する．

2) K. Maeshima, S. Iida, S. Tamura：Physical nature of chromatin in the nucleus. Cold Spring Harb. Perspect. Biol., 13 (5), a040675（2021）doi:10.1101/cshperpsect.a040675
   → 細胞核内のゲノム DNA の折りたたまれ方に関する従来のモデルと，著者らによる新規のモデルについて，further readings として紹介する．

3) M. Koyama, H. Kurumizaka：Structural diversity of the nucleosome., J. Biochem., 163 (2), 85-95（2018）doi: 10.1093/jb/mvx081.
   → 原子レベルでのヌクレオソーム構造の多様性とその機能について，further readings として紹介する．

4) E. H. Blackburn, E. S. Epel, J. Lin：Human telomere biology: A contributory and interactive factor in aging, disease risks, and protection. Science, 350, 1193-1198（2015）doi: 10.1126/science.aab3389.
   → 2009 年のノーベル賞受賞者の Blackburn によるテロメアの生物学に関する総説．Further readings として紹介する．

5) T. Hirano：Chromosome dynamics during mitosis. Cold Spring Harb. Perspect. Biol., 7(6), :a015792（2015）doi: 10.1101/cshperspect.a015792.
   → 細胞分裂期における染色体のダイナミクスに関与するコヒーシンとコンデンシンに関する総説．Further readings として紹介する．

第4講

DNA 取扱い技術

川村　哲規・東中川　徹

本講の概要

　これまでの講から，DNA は四つの文字の膨大な数の「並び」であることを理解した．しかし，はたしてその「並び方」を知ることはできるのだろうか？　1970 年代の初頭，ふたりの若い研究者がハワイの学会で出会い，そこからスタートした共同研究から生まれた組換え DNA 技術は DNA の構造研究への門戸を開き，引き続き開発された DNA 塩基配列決定法とともに遺伝子のクローニングと解析のラッシュをもたらした．技術の進歩は，さらに試験管内で DNA を増幅する PCR を生み出すことになる．最初の DNA クローン誕生以来約 50 年の経過のなかで，この技術の多岐にわたる発展はめざましく，生命の謎をひとつひとつ解き明かしてきた．今日では，さまざまな生物のゲノムの塩基配列が明らかにされており，手元のパソコンからさえアプローチできる．21 世紀を迎え大きく展開されている遺伝子機能研究においても，これらの技術はその有効性を発揮している．本講では，後に続く分子生物学の諸相の理解に向けて「DNA 取扱い技術」の基礎を習得することを目指す．

本講でマスターすべきこと

☑ DNA クローニングとは何か，DNA クローニングはなぜ必要か，を理解する．

☑ DNA クローニングの基本原理と実際．プラスミド，制限酵素，リガーゼ，リコンビナント，トランスフォーメーション，ホスト，ベクターなどのことばを習得する．

☑ RNA も相補的 DNA（cDNA）に変換することによりクローン化できることを理解する．

☑ PCR の原理と実際，さらに，PCR は広く応用されていることを理解する．

☑ DNA の塩基配列決定法を理解する．サンガー法の原理を理解する．次世代シークエンサーの登場により DNA シークエンシングが飛躍的に高速化したことを垣間見る．

第 4 講　DNA 取扱い技術

4.1　DNA クローニング

クローニングとは**クローン**（clone）をつくることをいう．1 個の元となるもののコピーの集まりである均一な集団をクローンという．もとはギリシャ語の「小枝の集まり」を意味している．授業で配られるプリントは，オリジナルをコピーしたもので「同じ情報をもっている」という意味でクローンとみなせる．したがって，**DNA クローニング**（DNA cloning）とは，ある目的 DNA 部分のコピーをたくさんつくることを意味する．

4.1.1　DNA クローニングの必要性

ヒトゲノムのサイズは約 3×10^9 bp である．いま，一つの遺伝子についての情報を得ようとする場合，仮にその遺伝子のサイズが 1×10^4 bp であるとすると，ゲノムの 1/300,000 の領域について情報を得ようということになる．はたして，このような状況で，着目した遺伝子についてその詳細を知ることができるだろうか．たとえば，植物の微量有効成分の場合には，その植物をたくさん採集し，その有効成分と他の共存物質との化学的性質の差を利用したクロマトグラフィー等の手法で精製することが可能である．しかし，DNA の場合はそうはいかない．なぜなら目的 DNA 部分とその周辺の DNA 部分はともに A, G, C, T の並びからなっており，化学組成からみてほとんど区別つけがたい．そのため，DNA を多量に用意し，何らかの方法で目的 DNA 部分を切り出すことができたとしても，それだけを分けとる方法がない．そこで**図 4.1** に示すように，目的 DNA 部分だけを切り出し，増やす方法が必要となる．DNA クローニング技術は，この離れ技というべきものを可能にした．

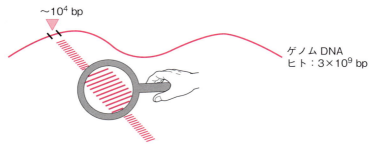

■図 4.1　DNA クローニングとはゲノム DNA の微小部分のコピーをたくさん増やすことである

4.1 DNA クローニング

> **Box**
>
> ### DNA の表記法
>
> DNA はほとんどの場合，二本鎖（二重らせん構造）で存在している．しかし，教科書や講義においては図の (a) のように1本の線で表すのが普通である．特に二本鎖であることを明確にする必要がある場合は，(b) のように2本の線で表したり，(c) のリボン状，(d) のはしご状，あるいは (e) のように実際の塩基配列を書き下す．この点に留意して理解をはかることが肝心である．
>
> (a) ─────────
> (b) ═════════
> (c) ▭
> (d) ⊞⊞⊞⊞⊞⊞
> (e) GCTACCGTAATAATACCGCT
>   CGATGGCATTATTATGGCGA
> (f) 5'-GCTACCGTAATAATACCGCT-3'
>
> DNA の塩基配列は，二本鎖のうちの片方について左端を 5' 末端として (f) のように四つのアルファベットのつながりとして表す．
>
> RNA は，ふつう一本鎖であるので，特別の説明を要するとき以外は1本の線で表す．

4.1.2 DNA クローニングの基本原理

では，どのようにして目的 DNA 部分を増やすことができるのか．**図 4.2** に DNA クローニングの概略を示す．ポイントは，バクテリアの中で自己複製する能力をも

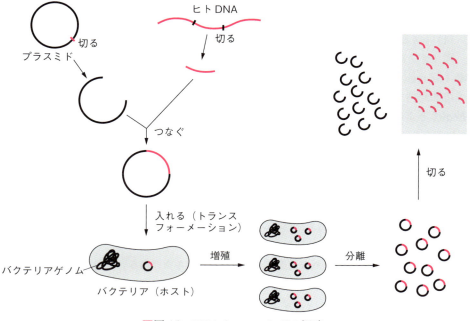

■図 4.2　DNA クローニングの概略

つベクター (vector) とよばれる小型 DNA に目的 DNA 部分つないで一緒に増やした後，目的 DNA 部分を切り取って手にするという算段である．一般的に使用されるベクターはプラスミド (plasmid) という環状の二本鎖 DNA である．図 4.2 に示すように，切れ目を入れたプラスミド DNA に，切り出した目的 DNA 部分をつなぎ合わせ環状の DNA に戻す．このようにプラスミドに目的 DNA を結合させたものを**組換え体** (recombinant)，**組換え DNA**，あるいは**リコンビナント DNA** (recombinant DNA) とよぶ．これをバクテリア (**ホスト**，**宿主** (host)) 内に導入する．この操作を**形質転換**または**トランスフォーメーション** (transformation) とよぶ．このバクテリアを培養すると，バクテリアは増殖し，そのバクテリアの中で目的 DNA 部分をもつプラスミドも増える．十分に増えたところで，バクテリアからプラスミドのみを取り出し，目的 DNA 部分を切り出し集める．このようにして，目的 DNA 部分を多量に手にすることができる．DNA を「切る」とか DNA に「つなぐ」方法については順次説明する．

DNA クローニング操作では，ほとんどの場合，バクテリア (ホスト) とは異なる生物種の DNA を組換え体として導入する．ありがたいことに，たいていの場合，バクテリアは異種の DNA が入っても嫌がらない．実はこのことが DNA クローニングを可能にしている．

4.1.3　DNA クローニングの基本操作とそれにかかわるプレイヤー達

(1)「切る」

図 4.2 において「切る」反応とは，酵素によりなされる．「切る」反応は，**制限酵素** (restriction enzyme) とよばれる酵素によりなされる．この酵素は，DNA の特定の塩基配列を認識して DNA を切断する酵素である (Box「制限酵素」参照). たとえば，*Eco*RI とよばれる制限酵素は**図 4.3** で示すように，DNA 中の 5'-GAATTC-3' という 6 塩基配列を認識して切断する．その際，図中の矢印で示したように 2 か所のヌクレオチド間のホスホジエステル結合が切断され DNA は二つに分断される．ホスホジエステル結合の切断は加水分解反応であり，切断後は図のように切断点の 3' 末端は -OH，5' 末端はリン酸基となる．

■図 4.3　制限酵素 *Eco*RI により DNA を「切る」反応

(2)「つなぐ」

「つなぐ」とは，ふたたびホスホジエステル結合が形成されることである．この

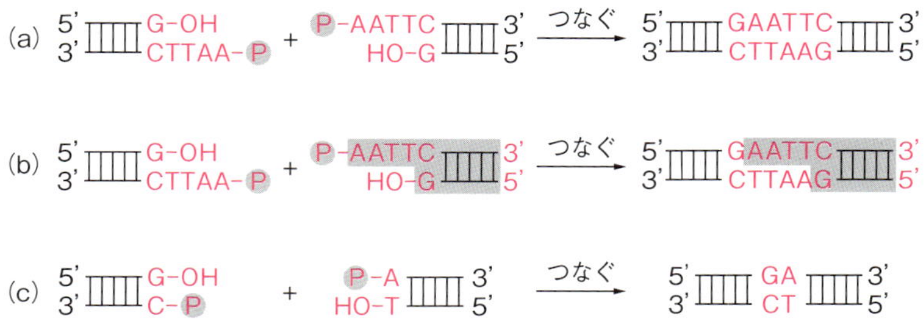

4.1 DNA クローニング

(a) 5' □□□□G-OH   + P-AATTC□□□□3' つなぐ 5'□□□□GAATTC□□□□3'
   3' □□□□CTTAA-P   HO-G□□□□5' ─────→ 3'□□□□CTTAAG□□□□5'

(b) 5' □□□□G-OH   + P-AATTC□□□□3' つなぐ 5'□□□□GAATTC□□□□3'
   3' □□□□CTTAA-P   HO-G□□□□5' ─────→ 3'□□□□CTTAAG□□□□5'

(c) 5' □□□□G-OH   + P-A□□□□3' つなぐ 5'□□□□GA□□□□3'
   3' □□□□C-P   HO-T□□□□5' ─────→ 3'□□□□CT□□□□5'

■図 4.4 リガーゼ反応により DNA を「つなぐ」
(a) 図 4.3 で EcoRI で「切った」DNA 断片どうしを「つなぐ」. 正しい塩基対が再形成される.
(b) 同じ制限酵素（この場合 EcoRI）で「切った」末端をもつならば，異なる（例えば異種の）DNA 断片どうしも「つなぐ」ことができる.（c）「切った」末端が突出のない場合も「つなぐ」ことができる.

反応は，**DNA リガーゼ**（DNA ligase）という酵素により行われ，**ライゲーション**（ligation）またはリガーゼ反応という（**図 4.4**）. ただし，図 4.4（a）に示すように，つないだ部位で正しい塩基対が再形成されなければならない. したがって，特殊な場合を除いては異なる制限酵素で「切った」末端同士を「つなぐ」ことはできない. 逆に，図 4.4（b）に示すように同じ制限酵素で「切った」末端どうしは異なる由来の DNA でも「つなぐ」ことができる. 実際，図 4.2 はヒト DNA とプラスミド DNA を同じ制限酵素で「切った」のちに「つなぐ」様子を示している. 図 4.4（c）のように切断部位に突出がなく揃っている末端どうしも特別のリガーゼにより「つなぐ」ことができる.

このように，リガーゼ反応を用いて目的 DNA 断片（インサートという）をプラスミドに「つなぐ」ことができる. 今日では，ベクターにインサートを「つなぐ」方法について多くの簡便な方法が考案されている. その一つは TA クローニングとよばれる方法である.

（3）ベクター

ベクター（vector）とは元々は「運び手」という意味である. 天然にあるプラスミドやファージから人工的につくられたもので目的 DNA 部分を組み込んでホスト細胞の中で自己複製する. 一般的に使用されるベクターはプラスミドである. プラスミドはバクテリア中でゲノムとは離れて存在する二本鎖環状 DNA である. 独自の**複製起点**（origin of replication，*Ori* という）をもち，自律的に 1 細胞中で多数コピー（最大数百コピー）まで増殖する. また，**抗生物質耐性遺伝子**（antibiotic resistance gene）をもつ. たとえば，Amp^r は β-ラクタマーゼをコードし，バクテリアにアンピシリン（ampicillin）などのペニシリン系抗生物質に対する抵抗性を与える. また，

Tet^r はテトラサイクリン（tetracycline）耐性を与える．抗生物質耐性は DNA クローニング操作においてキーとなる役割をもつ（後述）．**図 4.5**（a）は DNA クローニングの初期に用いられたプラスミド pBR322 を示す．各種制限酵素の認識部位が円周外に，

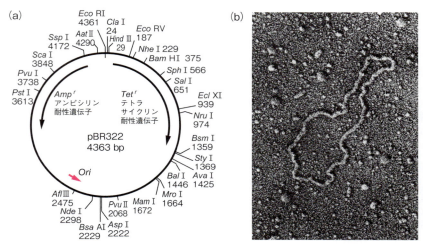

■ 図 4.5 プラスミド
(a) プラスミド pBR322．(b) プラスミド pSC101 を撮影した電子顕微鏡写真．
(右図出典：J. D. Watson et al.: Molecular Biology of the Gene（4th ed），The Benjamin/Cummings Publishing Company, 1987)

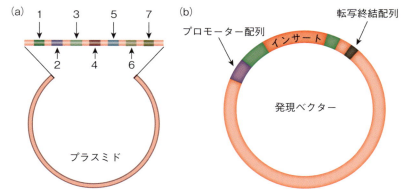

■ 図 4.6 便利なプラスミド
(a) 多重クローニング部位（MCS）をもつプラスミド．いろいろな制限酵素（図では 1〜7）の認識部位を 1 か所に集めてある．1〜7 の制限酵素で「切った」DNA 断片を「つなぐ」のに便利である．(b) 発現ベクター．緑の部位にインサートされた DNA から RNA ポリメラーゼを用いて RNA を合成するためのプロモーターや転写集結の配列をもつ．発現ベクターとよばれる．

また *Amp^r* と *Tet^r* の位置が矢印で示されている。図 4.5 (b) の写真は DNA クローニングにおいて最初に用いられたプラスミド pSC101 を示す。

今日では、さまざまな便利な機能をもつプラスミドが作製されている。例えば、**図 4.6** (a) に示すプラスミドではいろいろな制限酵素で切断できる塩基配列を 1 か所に集めてある。ここは**多重クローニング部位**（multicloning site：MCS）とよばれ、任意の

Box

制限酵素

制限酵素とは、二本鎖 DNA の特定の塩基配列を認識して DNA を切断するエンドヌクレアーゼ[*1]（endonuclease，制限エンドヌクレアーゼともよぶ）である。したがって、むしろ「DNA 特定配列認識切断酵素」とよんだほうが機能を反映してわかりやすい。制限酵素とよぶのは、この酵素が本来の機能として、バクテリアがファージの侵入を制限する制限−修飾という現象に関与しているからである。制限酵素は、活性に必要な因子や切断様式により I 型，II 型，III 型に分類される。DNA クローニングで用いられるのは II 型の酵素である。

制限酵素（II 型）が DNA を「切る」様式には 3 種類ある。

1　5′ 粘着末端をつくる切り方

例　*Eco*RI　5′-GAATTC-3′　⟶　5′-G-OH　　　Ⓟ-AATTC-3′
　　　　　3′-CTTAAG-5′　　　　3′-CTTAA-Ⓟ　＋　HO-G-5′

2　3′ 粘着末端をつくる切り方

例　*Pst*I　5′-CTGCAG-3′　⟶　5′-CTGCA-OH　　　Ⓟ-G-3′
　　　　　3′-GACGTC-5′　　　　3′-G-Ⓟ　　　＋　HO-ACGTC-5′

3　平滑末端をつくる切り方

例　*Sma*I　5′-CCCGGG-3′　⟶　5′-CCC-OH　　　Ⓟ-GGG-3′
　　　　　3′-GGGCCC-5′　　　　3′-GGG-Ⓟ　＋　HO-CCC-5′

制限酵素の認識配列と切断箇所（部位）の表示の仕方を上記 3 例について示すと次のようになる。

　　*Eco*RI　5′-GAATTC-3′
　　*Pst*I　　5′-CTGCAG-3′
　　*Sma*I　5′-CCCGGG-3′

[*1]　エンドヌクレアーゼとエキソヌクレアーゼ：DNA または RNA の鎖の内部のホスホジエステル結合を切るのがエンドヌクレアーゼで、鎖の末端から順にホスホジエステル結合を切るのがエキソヌクレアーゼである。「エンド」は英語では「endo，・・・の内側」であり「end，末端」ではないので混同しないように注意すること。

第4講　DNA 取扱い技術

制限酵素で切り出してきた DNA 断片を挿入できるように工夫されている．もちろん，その制限酵素に対する切断部位が存在するのはそのプラスミドにおいて MCS 1 か所のみである．図 4.6（b）に示すプラスミドでは，RNA 合成をスタートさせるプロモーターとよばれる配列や，RNA 合成を停止させるターミネーター配列が組み込んであり，プラスミドに挿入された DNA から RNA ポリメラーゼを用いて RNA を合成することができる．

　ベクターとして，プラスミド以外に，バクテリア細胞内で爆発的に増殖する能力をもつバクテリオファージがよく知られている．そのほか，いろいろなベクターが開発されている．たとえば，遺伝子の近傍の構造を知りたい場合や，後述するイントロンの存在により遺伝子がゲノムの広範囲にわたっているような場合には，より大きな DNA 領域をクローン化する必要がある．**コスミド**（cosmid）は 30 〜 45 kb の DNA のクローニングに適する．**YAC**（Yeast Artificial Chromosome）は，酵母のセントロメア，テロメア，複製起点を人工的に組み込んだ環状 DNA で 1 Mb くらいまでの DNA をクローン化できる．**BAC**（Bacterial Artificial Chromosome）は大腸菌の染色体を改変したベクターで約 300 〜 350 kb の DNA をクローン化できる．

4.1.4　リコンビナントプラスミドをホストに入れる

　図 4.2 において，「入れる」とはリコンビナントプラスミドをバクテリア（ホスト）に入れることである．ベクターとホストは特定のペアをなしておりランダムではない．ベクター，ホストとも多くの種類が知られている．ホストとしては一般的に**大腸菌**（*Escherichia coli*，*E. coli*）が用いられるので今後は大腸菌で話を進める．大腸菌をカルシウムイオンやルビジウムイオンを含む溶液で処理すると，細胞壁が弱くなり細胞外の DNA が中に入りやすくなる．このような処理をした細胞を**コンピテント細胞**（competent cell）とよぶ．リコンビナントプラスミドとコンピテント細胞を混ぜるとトランスフォーメーション（形質転換という．→第 1 講）とよばれる現象により，リコンビナントプラスミドが細胞の中に入る．すべての大腸菌がトランスフォームされるわけではない．トランスフォームした大腸菌を栄養分と抗生物質アンピシリンを含む寒天培地プレートに広げて，一晩，37℃ で保温すると大腸菌は増殖しプレート上にたくさんの粒を形成する．この粒々の 1 個はトランスフォーメーションにおいてリコンビナントプラスミドを取り込んだ大腸菌 1 細胞から増殖してできた大腸菌の集落で**コロニー**（colony）とよばれる．プラスミドがアンピシリン耐性遺伝子をもっているのでプラスミド DNA を取り込まなかった大腸菌は，寒天プレートに含まれる抗生物質アンピシリンのために生えない．組換え体のコロニー 1 個を選び好きなだけ増やせば，その中で目的 DNA を組み込んだリコンビナントプラスミドも増えてい

76

く．増えた大腸菌を集菌し，破砕し，遠心分離操作などを用いてリコンビナントプラスミドのみを取り出す．リコンビナントプラスミドからヒトDNAを取り出すには，はじめに組換えプラスミドをつくるときに用いた制限酵素により切り出せばよい．このほか，電気ショックで大腸菌に穴をあけてリコンビナントプラスミドを入れる方法（エレクトロポレーション法）などがある．

4.1.5 リコンビナントプラスミドの選別

図4.7においてベクターである「切った」プラスミドDNAとインサートを混ぜ，DNAリガーゼ反応を行うと（a）に示すリコンビナントプラスミドのほかに，（b）のようにベクターDNA自身が再結合により環状化したもの（再結合プラスミド）ができる．再結合プラスミドは「切る」前のプラスミドDNAと同じでものあるから大腸菌に入り増殖する．これらは本来目的とするDNAを含んでないので，DNAクローニングの過程から除かれるのが望ましい．この操作は次のようにしてなされる．

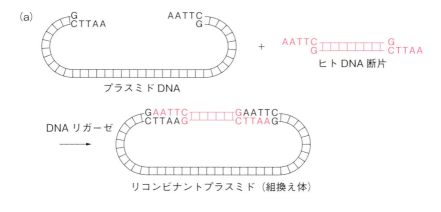

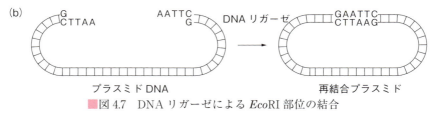

■図4.7　DNAリガーゼによる *Eco*RI 部位の結合

（1）抗生物質耐性遺伝子による選別

DNAクローニングに用いられるプラスミドは，アンピシリンやテトラサイクリンなどの抗生物質（antibiotics）に耐性をつくる遺伝子をもつので，プラスミドDNA

第4講　DNA取扱い技術

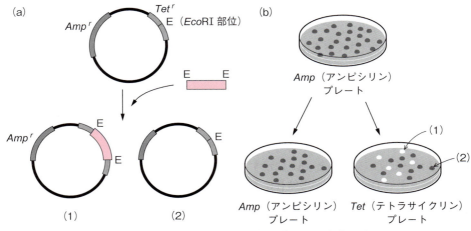

■図4.8　薬剤耐性を利用した組換え体と再結合体の識別

をもつ大腸菌は抗生物質存在下でも生育できる．**図4.8**のように，テトラサイクリン遺伝子内部の*Eco*RI部位に目的DNAをインサートしてクローン化した場合，テトラサイクリン耐性遺伝子は破壊される．このため，この組換え体はアンピシリンを含むプレートでは生えるが，テトラサイクリンを含むプレートでは死滅する．一方，再結合体は両方の抗生物質の存在下で生育できる．これを利用して組換え体と再結合体を選別することができる．つまり，図4.8 (b)に示すように，アンピシリンを含む培地で生えたコロニーを，再度アンピシリン・プレートとテトラサイクリン・プレートにスポットし，テトラサイクリン・プレートで生えないコロニーが組換え体である．左図では(1)が組換え体，(2)が再結合体である．

(2) ブルー・ホワイト選別

組換え体か，再結合体かはコロニーの色で判別する方法がある．このためには**図4.9**に示すようなプラスミドを用いる．このプラスミドには通常の*ori*およびアンピシリ

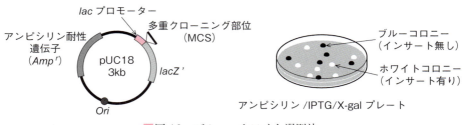

■図4.9　ブルー・ホワイト選別法

78

ン耐性遺伝子の他にβ-ガラクトシダーゼαフラグメントをつくる*lacZ*遺伝子が組み込まれている（図 4.9 (a)）．このプラスミドがβ-ガラクトシダーゼωフラグメントをつくる能力をもつ大腸菌に入ると，プラスミドがつくるαフラグメントとωフラグメントが結合して活性のあるβ-ガラクトシダーゼとなる．β-ガラクトシダーゼは，通称 **X-gal**[*2] とよばれる基質に作用すると青く発色するので，このプラスミドをもつ大腸菌は，*lacZ*遺伝子の発現を誘導した状態では X-gal 存在下で青い（ブルー）コロニーをつくる．したがって，MCS のどれかの制限酵素部位にインサートをもつ組換え体はβ-ガラクトシダーゼαフラグメントをつくることができず，コロニーは X-gal を含むプレートで大腸菌コロニー本来の色（ホワイト）を呈する．これに対して再結合体をもつコロニーはブルーを呈する．

4.1.6　DNA クローニング法の進化，改良

これまで述べてきた DNA クローニング法は制限酵素とリガーゼを用いるもので，いわば，DNA クローニングに基礎に相当する．最近では，改良につぐ改良がなされ，次々と新しいかつ簡便なクローニング法が開発されている．なかには制限酵素とライゲースを用いないシームレス・クローニングとよばれる方法もある．詳細は「分子生物学 15 講−発展編−」を参照されたい．

4.1.7　RNA クローニング（cDNA クローニング）

RNA は DNA から転写反応によってつくられ，DNA の遺伝情報が発現される第一ステップを担う分子である．したがって，RNA を DNA と同様にクローニングにより増やすことができれば，DNA のもつ情報のうちある時期と場所で発現されている部分についての情報が得られる．これは遺伝子の発現調節を調べるためにきわめて有効であるが，残念ながら RNA を直接クローニングすることはできない．

しかし，間接的に RNA をクローン化することができる．つまり，RNA をいったん**相補的 DNA**（complementary DNA：**cDNA**）に変換すれば DNA クローニングの手法の適用が可能である．cDNA の構造は塩基対の原理にしたがって RNA の構造に変換できる．こうして RNA クローニングが cDNA を介してなされる．

RNA を**鋳型**（template）にして cDNA を合成するには**逆転写酵素**（reverse transcriptase）を用いる．**図 4.10** にその概略を示す．まず，RNA を鋳型にして逆転写酵素により RNA に相補的な塩基配列をもつ一本鎖 DNA を合成する．これは相補的 DNA（complementary DNA：cDNA）とよばれる．次に，DNA ポリメラーゼに

[*2]　X-gal：5-ブロモ-4-クロロ-3-インドリル-β-D-ガラクトシドの略．β-ガラクトシダーゼにより分解されて青く発色する．

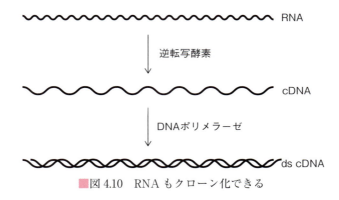

■図4.10 RNAもクローン化できる

よりcDNAを鋳型にしてcDNAに相補的なDNAを合成する．こうしてRNAに対する**二本鎖cDNA**（double-stranded cDNA：ds cDNA）ができる．明らかなように，この二本鎖cDNAの片方の鎖はRNAに相補的な，他方の鎖はRNAと同じ配列をもつ．ただし，DNAとRNAの構成ヌクレオチドの違いに注意！（→第2講）．ここでは，RNAも間接的にクローン化できることを述べるにとどめ，cDNA合成の詳細については後述する．

4.1.8 ライブラリー

　ある生物の全ゲノムDNAを含むDNAクローンの集合体をその生物の**ゲノムライブラリー**（genomic library）とよぶ．膨大な数のDNAクローンよりなるが，クローン間にはオーバーラップした共有部分があり，ゲノムの任意のDNA部分はこのクローン集団のどれかに含まれる．これに対して，ある生物のある臓器で発現している

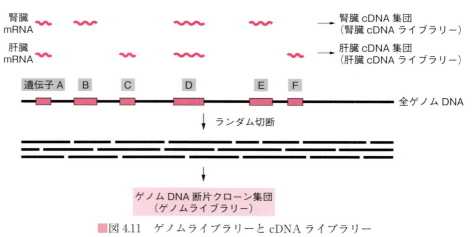

■図4.11　ゲノムライブラリーとcDNAライブラリー

RNA に対する cDNA クローン化の集合体を **cDNA ライブラリー**（cDNA library）という．**図 4.11** のように腎臓で発現する遺伝子群は肝臓で発現する遺伝子群と重複もあるが異なる部分もあり，したがって，肝臓 cDNA ライブラリー，腎臓 cDNA ライブラリーなどは異なる集団として考えられる．これに対して，ゲノムライブラリーはその生物に一つしか存在しない．

　以前はこのライブラリーより目的とする DNA クローンあるいは cDNA クローンを種々の手法（スクリーニングという）で取得した．今日では広範なゲノムプロジェクトの進展により，以下に記す種々のバンクから希望する DNA 配列あるいは cDNA 配列を取得することが可能となっている．

　ゲノム：https://www.ncbi.nlm.nih.gov/genome

　cDNA ：https://www.ncbi.nlm.nih.gov/projects/CCDS/CcdsBrowse.cgi

4.2　PCR

4.2.1　PCR とは

PCR とは **Polymerase Chain Reaction** の略である．今日ではその略語 PCR が定着した．Chain Reaction とは「連鎖反応」である．連鎖反応とは，ある反応における生成物が新たに反応を引き起こし，結果的に反応が持続したり拡大する状態をいう．したがって，PCR はポリメラーゼが関与する何らかの連鎖反応を意味している．DNA クローニングでは，目的 DNA 部分をベクターにつなぎ大腸菌に入れて増やした後，目的の DNA をベクターから切り出して回収した（図 4.2）．つまり，DNA クローニングでは大腸菌とベクターが必要であった．これに対して，PCR はベクターや大腸菌を使わずに酵素反応のみで狙った目的 DNA 部分を人工的に，かつ短時間で大量に増やすことができる手法である．大腸菌を用いた DNA クローニングを別名 *in vivo* クローニング（生細胞を用いたクローニング）とよぶのに対して，PCR は *in vitro* クローニング（試験管内クローニング）ともよばれる．いったい，どういう反応であろうか．

4.2.2　PCR の実際

まず，PCR 反応液は次の組成からなる（**図 4.12**）．

① DNA（増幅したい領域をもつ DNA）

② 4 種の dNTP（デオキシヌクレオシド - 3 リン酸．N = A, G, C, T）．ポリメラーゼ反応の基質．

③ 2 種の**プライマー**（primer）．図 4.14 では右向き（矢印）と左向き（矢印）の 2 種．それぞれフォワード・プライマー，リバース・プライマーとよぶ．プライマー

第4講　DNA取扱い技術

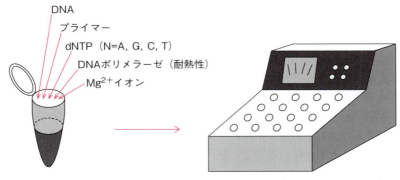

■図4.12　PCRの操作
反応液を混合しマシーンにかける．反応は自動的に進行する．

についてはBox「プライマーとは？」参照．
④ DNAポリメラーゼ（Box「耐熱性DNAポリメラーゼ」参照）．
⑤ Mg^{2+}を含む緩衝液．

①～⑤を1本の容器（チューブ）に入れて混合する．次に，この容器（チューブ）を温度の上昇と下降のタイミングをプログラムできる装置にセットしPCR反応を開始する．反応は三つのステップで進行する（**図4.13**）．

ステップ1：95℃，30秒加熱．
ステップ2：温度を下げて1分間．
ステップ3：72℃に加熱．2分間．
そして，このステップ1～3を繰り返す．

次に，このチューブ内で起きている反応を見てみよう．**図4.14**ではA，Bで挟ま

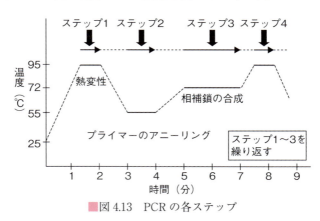

■図4.13　PCRの各ステップ

れた DNA 部分を増幅したい目的 DNA 領域とする．

ステップ1：95℃，30秒間加熱．この条件で DNA は熱変性により一本鎖に解離する．

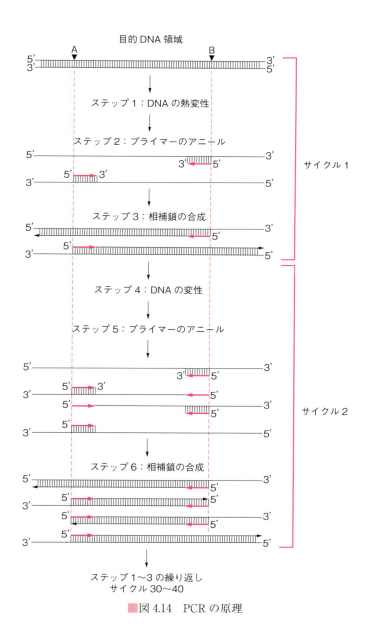

図 4.14　PCR の原理

ステップ2：温度を下げ，あらかじめ合成したプライマーを**アニール**（anneal）[*3]させる．ステップ2の温度はプライマーの塩基組成により異なるので最適温度を選定する．

ステップ3：72℃．用いるDNAポリメラーゼ反応の最適温度の通常72℃に設定しプライマーの3'末端から相補鎖DNAを合成させる．

続いてステップ1～3の繰り返しである．

したがって，

ステップ4：95℃で30秒間加熱しDNAを一本鎖に変性する．ステップ1と同じプロセスである．

ステップ5：温度を下げ，プライマーをアニールさせる．ステップ2と同じプロセスである．

ステップ6：DNAポリメラーゼの反応最適温度（72℃）に設定し，DNAポリメラーゼを働かせてプライマーを伸長させ相補鎖DNA鎖を合成させる．ステップ3と同じプロセスである．

ステップ1～3を1サイクルとして何度も繰り返すことで，目的DNA領域を大量に増やすことができる．まさに連鎖反応である．**図4.15**の例では，5サイクルで目

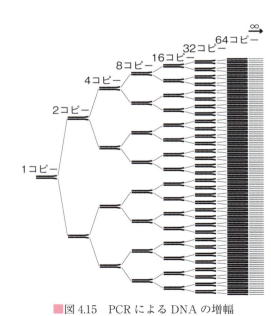

■図4.15　PCRによるDNAの増幅

[*3] アニール：対応する塩基間で水素結合をつくって会合することをアニールという．

Box

プライマーとは？

　DNA ポリメラーゼや逆転写酵素によるポリメリゼーション反応は，鋳型に結合した短い核酸の断片を伸長するかたちで進行する．図のように鋳型に相補的に結合し，3'OH 末端をもちポリメリゼーション反応のきっかけをなすもの，あるいはタネと見ることもできる短い核酸の断片（図では赤字で示す）をプライマーという．DNA 複製においては，RNA プライマーゼによって合成される RNA 断片がプライマーとして用いられる（→第 5 講）．

```
3'-TACCATCGGTACAGACTAAATTTGCATACCGACA-5'
5'-ATGGTAGC-3'
            ↓ ポリメリゼーション
3'-TACCATCGGTACAGACTAAATTTGCATACCGACA-5'
5'-ATGGTAGCCATGTCTG-3'
```

Box

耐熱性 DNA ポリメラーゼ

　PCR を普及させた最大の要因は**耐熱性 DNA ポリメラーゼ**（heat-resistant DNA polymerase）の利用により自動化が可能になったことである．図は初期の頃に使われた高度好熱菌（*Thermus aquaticus*）から得られた DNA ポリメラーゼ（*Taq* ポリメラーゼ）の耐熱性を示す．PCR 操作で 95℃条件に 20〜30 回さらされても活性を維持することがわかる．また，反応の至適温度も高温である．しかし，*Taq* ポリメラーゼの欠点は誤った塩基を取り込むエラー率（数百塩基に 1 回程度）が高いことであった．最近はこの欠点を補うために 3'-5' エキソヌクレアーゼ活性（校正活性）をもったさまざまな耐熱性ポリメラーゼが開発されている．

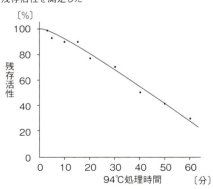
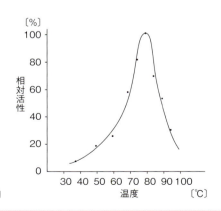

第 4 講　DNA 取扱い技術

的 DNA 領域が 64 倍に増えている．理論的には，n サイクルで目的 DNA 領域は 2^n 倍まで増幅される．図 4.14 のステップ 3 で生じる目的 DNA 領域の範囲を過ぎての DNA 合成は，サイクル 2 以降では起こらないので，最終増幅産物中では無視できる．

　PCR は試験管内で目的 DNA 部分を大量に増やすことができるきわめて便利な方法である．しかし，いくつか以下のような問題点がある．

① 目的 DNA 部分とは異なる増幅産物が得られることがある．その原因の一つは，プライマーの設計によっては目的 DNA 領域以外に非特異的な結合し，予期しない増幅産物が得られることである．

② 一般的には 20 kb 以上の DNA を増幅させることは難しい．通常の DNA ポリメラーゼでは増幅する DNA が長くなると DNA ポリメラーゼが途中で外れてしまう頻度が高くなることによる．しかし，さまざまな改良により 40 kb の DNA を増幅した報告もあり，また 20 kb 以上の増幅が可能な合成持続能力の高い DNA ポリメラーゼも市販されている．

③ DNA ポリメラーゼによるエラーが生じることがある．一般的に耐熱性 DNA ポリメラーゼは 3′→5′ エキソヌクレアーゼ活性を欠くので，間違った塩基の取り込み時にそれを取り除く活性がない．最近では，3′→5′ エキソヌクレアーゼ活性を組み込んだ耐熱性ポリメラーゼが開発されている．

4.2.3　逆転写 PCR

　遺伝情報発現の第一段階である RNA を DNA と同様にクローニングできれば，発現されている DNA 部分についての情報を得ることができる．RNA をそのままクローニングすることはできないが，RNA を逆転写（reverse transcription）反応により相補的 DNA（cDNA）に変換し間接的にクローニングできることは「4.1.7　RNA クローニング」において指摘した．ここでは，逆転写により得られた一本鎖 cDNA を鋳型として PCR を行う方法について解説する．この方法は，逆転写を利用することから逆転写 PCR（Reverse Transcription PCR：RT-PCR）とよぶ．

　RT-PCR によりある特定の mRNA をクローニングする実際を示す（図 4.16）．RT-PCR の第一段階である逆転写反応はプライマーを必要とする．多くの mRNA は 3′ 末端にポリ（A）テール（poly（A）tail）[*4] をもつのでポリ（A）鎖に相補的に結合するデオキシチミジン（dT）が連なったオリゴマーである oligo（dT）をプライマーとして用いる．逆転写酵素によりプライマーの 3′ 方向に DNA 合成が進行し，RNA と相補的な配列をもつ cDNA が合成される．得られた cDNA を鋳型として，増幅したい

[*4]　真核生物のほぼすべての mRNA の 3′ 末端に共通して存在するアデニン塩基が数 10 個から 100 個程度連なったもので，mRNA の安定性に寄与し，核外への輸送や翻訳に重要である（→第 7 講）．

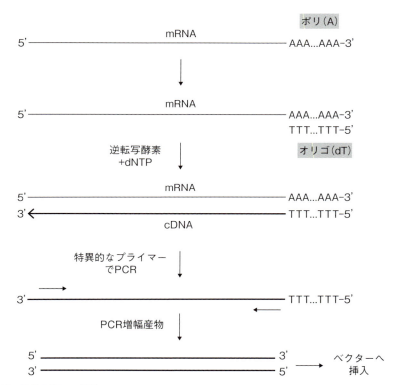

■図 4.16　RT-PCR の概略
　ある cDNA は右向きのプライマーで二本鎖 DNA となり，別の cDNA は左向きのプライマーで二本鎖となる．あとは PCR の原理により増幅が進行する．

遺伝子の配列に応じたプライマー対[*5]を使用すれば，PCR によって目的の mRNA に対する cDNA を増幅することができる．増幅した DNA は，ベクターにつないでクローニングできる．ポリ (A) をもたない他の RNA を逆転写する場合には，さまざまな配列に結合するランダムプライマーが用いられる．RT-PCR は，きわめて微量の RNA でも増幅することが可能であり，発生初期の胚の微小領域やごく少数の細胞における遺伝子発現状態をキャッチすることができる．

4.2.4　リアルタイム PCR

　PCR では目的 DNA 領域が 2 倍，4 倍，8 倍・・・と指数関数的に増幅される．し

[*5]　プライマー対の設計のための DNA 塩基配列情報は，NCBI（アメリカ国立生物工学情報センター）や EBI（欧州バイオインフォマティクス研究所），DDBJ（日本 DNA データバンク）から得ることができる．

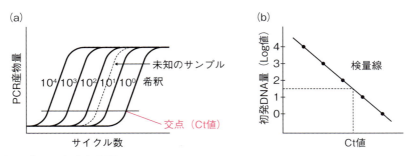

■ 図 4.17　リアルタイム PCR
（a）既知量のスタンダードを段階希釈した際に得られる増殖曲線と，未知のサンプルの増殖曲線を比較し，一定の増幅産物に達したサイクル数（Ct 値）を求める．（b）それぞれ得られた Ct 値から検量線をもとめ，未知のサンプルの濃度が求められる．

かし反応の進行とともにプライマーや dNTP が消費されるため，やがて停滞状態（プラトー）に達する（**図 4.17**（a））．したがって，通常の PCR においては，得られた増幅産物の量比から反応スタート時の DNA の存在比を知ることはできない．スタート時における DNA の存在比を知るためには，増幅のプロセスをリアルタイムで追跡して解析する必要がある．この方法を**リアルタイム PCR**（real-time PCR）とよび，**定量的 PCR**（quantitative PCR：qPCR）の一つである．リアルタイム PCR を行うには PCR 増幅と検出を組み合わせた専用の装置が必要である．

PCR のサイクルごとの増幅過程をリアルタイムに追跡するには，蛍光色素を用いたいくつかの方法がある．SYBR Green という蛍光色素は二本鎖 DNA に結合し，励起光の照射により蛍光を発するので，この蛍光強度を検出することで増幅産物の生成量をリアルタイムで測定できる．実際には，まず段階希釈した既知量の DNA をスタンダードとして PCR を行い，それをもとに増幅が指数関数的に起こる領域で一定の増幅産物量になる**サイクル数**（threshold cycle，Ct 値）を横軸に，PCR 反応前の DNA 量を縦軸にプロットし，検量線を作成する（図 4.17（b））．未知濃度のサンプルについても，同じ条件下で反応を行い Ct 値を求める．この値と検量線から未知サンプル中の DNA 量を測定する．

未知サンプルの定量には標的分子数を直接カウントするデジタル PCR という方法も開発されている．

4.2.5　PCR の応用は広範にわたる

PCR の応用は分子生物学の基礎研究の分野ばかりでなく広範にわたる．今日では，生物学や医学の多くの分野が DNA や分子生物学とかかわりをもつようになってい

る．そのようなラボ（研究室）には必ずといってよいほどPCRマシーンが装備されている．医学の分野では，子供が生まれる前に遺伝病の有無をテストする出生前診断や着床前診断[*6]，臓器移植における組織タイピングテスト，白血病やリンパ腫などがんの遺伝子分析，ウイルス性あるいは細菌性感染症の診断などに有用性を発揮している．法医学の分野ではDNAタイピングとよばれる手法により，犯罪現場に残された毛包がついている一本の髪の毛，数個の精子，血痕，皮膚片によりPCRを用いて犯人の特定あるいは除外がなされる．犯罪捜査以外では，子供の生物学的父親の確認，身元不明の遺体の近親者の同定などに利用されている．古代のDNAの研究では，4万年前のマンモスの凍結組織，エジプトのミイラの脳，ネアンデルタール人の骨などが調べられている．これらのDNAは時の経過の中でかなりの程度分解されているが，PCRで増幅可能な長さがあれば十分増幅し解析が可能である．

PCRは日常生活においても広く応用されている．例えば，食品メーカーが製品を消費者に届ける前に，菌やウイルスが入っていないことを確かめたり，ブランド牛の肉を購入したがその肉は本当にそのブランドなのかを確かめたい時，コメなどの作物の品種鑑定，遺伝子組換え作物検査などなどにおいてPCR検査が有効である．

4.3　DNA塩基配列決定法（サンガー法）

1953年のDNAの二重らせん構造の発見は，DNAの立体構造と遺伝の基本的イメージを明らかにした20世紀最大の発見の一つであった．つぎは，DNAの4種類の塩基A，G，C，Tがどのように並んでいるのかを明らかにすることが大きな課題であった．しかし，DNA塩基配列を決定できる技術が確立されたのは1970年代後半である．つまり，人類はDNA二重らせん構造を知ってから20年以上もDNAの塩基配列を解読する術を手にすることができなかったのである．この課題をみごとに解決した方法の一つが，**サンガー法**（Sanger method）である[*7]．現在でも，さらに改良されたサンガー法がDNA塩基配列を決定する手法として広く利用されている．また，DNA塩基配列決定を**DNAシークエンシング**（DNA sequencing）ともいう．

4.3.1　サンガー法の原理

サンガー法の原理は斬新なものであった．通常，DNAが合成される際には，4種

[*6]　体外受精という技術が確立された後に始まった技術で，体外受精をして得られた受精卵の一部を採取して，染色体の本数や構造に異常がないかを調べる検査．

[*7]　開発者のF. Sanger博士の名前に由来する．反応に用いる化合物からジデオキシ（dideoxy）法ともよばれる．また，チェインターミネイション法ともいう．この二つの名前が方法の内容をよく表している．同じ頃，M. MaxamとW. Gilbertによって開発されたMaxam-Gilbert法がある．サンガー法の発展とともに，一般的なDNAシークエンシング法としては使用されなくなった．

第4講 DNA取扱い技術

類のデオキシヌクレオチド（dATP, dGTP, dCTP, dTTP）が相補鎖にしたがって重合していく．すでに第2講で説明したが，重合（合成）においては，一つ前のデオキシヌクレオチドの糖の3'位の－OH（水酸基）と次のデオキシヌクレオチドの5'位のリン酸基との間にホスホジエステル結合が形成され次々と合成が進む．サンガー法のポイントは，デオキシヌクレオチドの3'位のみを－H（デオキシ）に変えた**ジデオキシヌクレオチド**（dideoxynucleotide, ddATP, ddGTP, ddCTP, ddTTP）を用いることにある（**図4.18**（a））．ジデオキシヌクレオチドの5'位は変わらないため，一

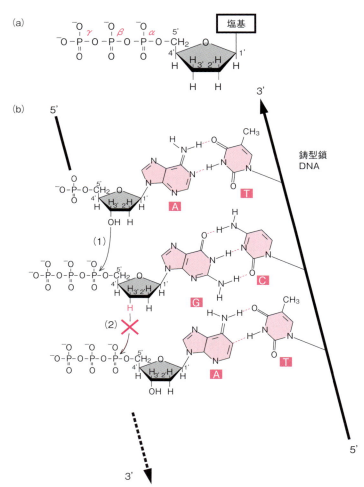

■図4.18 サンガー法による塩基配列決定法
（a）ジデオキシヌクレオチド-3リン酸．糖の2'位と3'位が両方とも-Hである．
（b）3'位が-Hのためチェーンが伸長できない．

つ前のデオキシヌクレオチドとは連結できる（図 4.18 (b)）．しかし，ジデオキシヌクレオチドの 3' 位は -H（デオキシ）のため，次のデオキシヌクレオチドが結合できない．つまり，ジデオキシヌクレオチドが DNA 合成において取り込まれた場合，ヌクレオチド鎖の伸長が停止する．いわば，DNA 合成を終点となるストッパーとなる．この dNTP と ddNTP のわずかな構造の違いを利用することで塩基配列が解読できる．

実際の操作は次のようである．まず，目的 DNA を一本鎖にして DNA ポリメラーゼにより相補鎖の合成をする．このとき反応液には，4 種類のデキシヌクレオチド（dATP, dGTP, dCTP, dTTP）に加えて 4 種類のジデオキシヌクレオチド（ddATP, ddGTP, ddCTP, ddTTP）を少量混ぜておく．合成の進行中，たまたまジデオキシヌクレオチドを相補鎖に取り込んだ場合，そこで相補鎖の合成が停止しさまざまな長さの相補鎖が生じる．DNA 合成ストッパーであるジデオキシヌクレオチドは，ddATP は緑，ddGTP は黄，ddCTP は青，ddTTP は赤というように，あらかじめ塩基ごとに異なる蛍光色素で標識されている（**図 4.19**（a））．合成されたさまざまな長さの DNA 鎖を，DNA 配列を解析する DNA シークエンサーという装置にかける．この装置では，高分子化合物が充填されたキャピラリー管での電気泳動により一塩基ずつ異なる長さの相補鎖 DNA が，短いものから順序よくキャピラリー管の下方

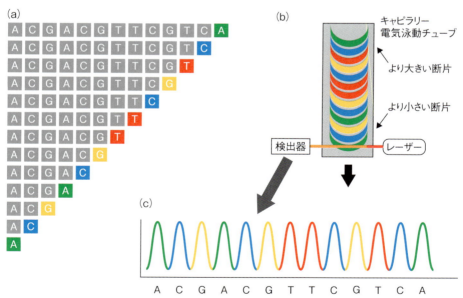

■図 4.19　キャピラリー管での電気泳動により塩基配列を決定する
（a）合成された相補鎖はそれぞれの色で標識されたジデオキシヌクレオチドで合成がストップしている．（b）電気泳動では下方（+ 極）へ向かってより小さい断片（相補鎖）から順序よく動いていく．（c）検出器から図のように塩基配列が読み取れる．

（＋極）に動いて行く（図4.19（b））．電気泳動の進行はレーザービーム照射によりリアルタイムでモニターすることにより，蛍光色素によりそれぞれのジデオキシヌクレオチドが検知され，図4.19（c）のような結果が得られる．この図4.19（c）は相補鎖

Box

アガロースゲル電気泳動法

　DNA（RNA）はゲル状の媒体中で電場をかけるとリン酸基の（−）電荷のため（＋）極に向かって移動する．移動度は低分子DNAほど大きく高分子DNAほど小さいので，サイズの異なるDNA断片を分離することができる．ゲル媒体としてアガロースを用いると，数百bpから数キロbpのDNA断片を分離できる．加熱して溶かした液状アガロースを型に入れて，図（a）に示す試料スロット付きのゲル板にする．試料添加ののち，図（b）のように泳動槽で電場をかけて泳動したのち，ゲルをエチジウムブロマイドの希薄溶液中で染色する．エチジウムブロマイドはDNAに結合し，紫外線をあてると蛍光を発するのでそのパターンをカメラで撮影する．図（c）は泳動後のゲルの写真である．図（d）のように，DNAのサイズの対数と泳動距離の関係をプロットした検量線から未知DNAのサイズを知ることができる．アガロース電気泳動法はRNAの分離にも用いられる．ゲル媒体としてポリアクリルアミドを用いると，より低分子量のDNA，RNAを分離することができる．このほか，泳動中に電場の向きを変化させることにより数百キロbpのDNAを分離可能なパルスフィールド電気泳動法などもある．

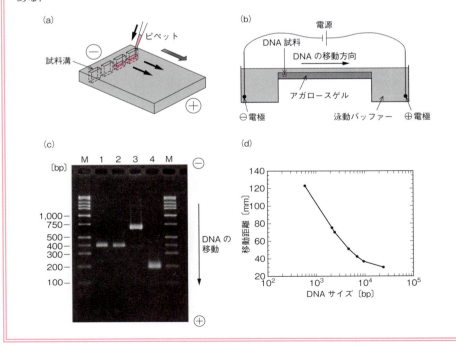

の塩基配列に他ならない．サンガー法では，一回のラン（操作）で約600塩基の配列を決定することが可能である．1990年から国際プロジェクトとして開始された**ヒトゲノムプロジェクト**（human genome project）では，サンガー法で得られた塩基配列をつなぎ合せ，約30億塩基対のヒトゲノムを解読した．このため実に約30億ドルもの莫大な費用を費やした．ヒトゲノム計画の完了が宣言されたのは2003年であり，ワトソン・クリックのDNA二重らせん構造の発見からちょうど50年後の節目の年であった．実は，当時の技術では，繰り返し配列が多く存在するセントロメアやテロメアなど解読不能のゲノム領域が約8%残されていた．その後，最新の次世代シークエンサーなどを駆使し，残りの領域が解読され，2022年4月，Science誌にヒトゲノムの完全解読が発表された．

4.3.2 次世代シークエンサー

2000年代の半ばぐらいから，桁違いに多くのDNA断片の塩基配列を同時に決定できるシークエンサーが次々と誕生し，DNA塩基配列の決定は飛躍的に高速化した．これらは**次世代シークエンサー**（Next Generation Sequencer：NGS）とよばれている．ヒトゲノムプロジェクトは，サンガー法（第一世代シークエンサー）を用いて塩基配列を決定し，それらを繋ぎ合わせてゲノムの塩基配列を明らかにした．サンガー法は，いまだに網羅的解析が必要でない配列解析のためにラボで重宝されている．次世代シークエンサーは多様なものが開発されているが共通していえるのは，膨大な数のシークエンシング反応を並行して実行し，簡便に，かつ安価に配列決定を行える点である（**図4.20**）．これにより従来のサンガー法に比べ解読処理量が桁違いに増大した．次世代シークエンサーは多様なものが開発されているが，その解読原理の解説には多くのスペースを要するので他書を参照されたい．今日，第四世代シークエンサーに属するものに**ナノポアシークエンサー**（nanopore sequencer）がある．これは1分子だけが通過できる構造（ポア）をDNAの各塩基が通過するときに発生する電位変化から塩基配列を決める方式である（**図4.21**）．それまでのシークエンサーよりも長鎖のDNAの解析が可能で，未解明の新規ゲノム解析や従来型のシークエンサーでは解析困難なゲノムへの利用が期待されている．

次世代シークエンサーの誕生により，ゲノム解読が簡便にできるようになった．それによりこの技術が使用される範囲も大きく拡大している．現在では，希望すれば自分自身のゲノム情報を得ることもできる．得られた情報をもとにして，病気になりやすさや自身の先祖などの情報を提供する企業がアメリカで誕生している．個人のゲノムが多く解読されれば，当然，人種間の遺伝情報の違いも明らかになりつつある．また，次世代シークエンサーは古人類学にも大きな影響を与えている．化石からDNA

第4講　DNA 取扱い技術

を抽出する技術が確立され，ネアンデルタール人などの古代人のゲノム情報が解読されている．さらに，中国のゲノム研究所では，生息する魚，鳥，植物など，それぞれ1万種のゲノム情報を次世代シークエンサーにより解読するプロジェクトが進められており，種の違いや進化について新たな知見が得られることが期待されている．海・川・湖沼などの水，土壌，大気といった環境から DNA を採取・分析することでその環境に存在する生物の種類，特定種の存在の把握，生物の量や個体数を推定すること

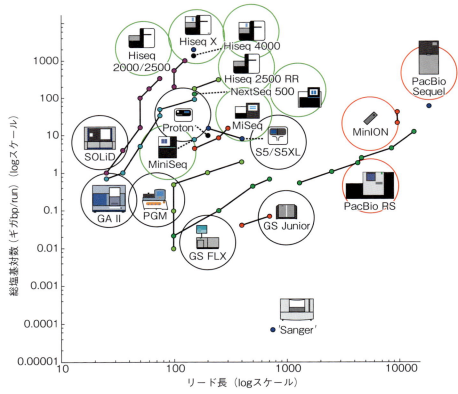

■図4.20　次世代シークエンサー各機種の性能概要
　サンガー法を第1世代として，黒丸：第2世代，緑丸：第3世代，赤丸：第4世代を表す．縦軸は1回機械を動かしたとき（run）に得られる総塩基対数．横軸はリード長とよばれ1回の reading で読める塩基対数．例えば，HiseqX は1 run 当たり読むことができる総塩基対数は一番多いが，データのもととなる遺伝子配列の長さは 100〜200 である．一方，PacBio は1 run 当たり読むことができる総塩基対数は HiseqX より劣るが，データのもととなるリード長が数千塩基対となるためデータのアセンブリが楽で，次世代シークエンサーが苦手としていたリード長の短い未知ゲノムの解読や反復領域の解読も可能になった．サンガー法と比較してみると技術の進歩がよくわかる．この図は Lex Nederbragt の許可を得て原図をアップデートした．

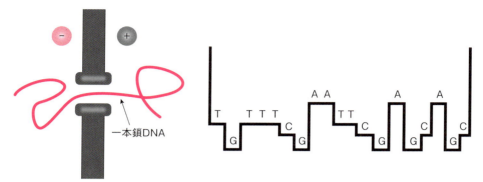

■図 4.21　ナノポアシークエンサーの原理
　DNA を 1 分子ずつ小さな穴（nanopore）を通し，AGCT の塩基が通る際の電流変化の違いを利用して DNA の塩基配列を解読する．独自の新技術を採用しているため従来型のシークエンサーではできなかった解析が期待できる．

も可能になっている．これら環境から採取された DNA は **環境 DNA**（environmental DNA, eDNA）とよばれている（→第 15 講）．

　次世代シークエンサーはゲノム解読に留まらない．他の用途として，mRNA の大規模発現解析にも利用されている．具体的には，発現する mRNA を逆転写により変換した cDNA を次世代シークエンサーにより解析することで，発現しているすべての mRNA やその発現量などを得ることができる（RNA-seq 法）．さらに技術が進み，現在では，たった一つの細胞で発現している転写産物を網羅的に解析できるシングルセル RNA-seq も開発され，遺伝子発現の変動が 1 細胞レベルで解析できるようになった．

演習問題

Q1. 次の文章の正誤を判定せよ．誤りとした場合は理由を述べよ．
 1. 同じ塩基配列を認識する制限酵素は一種類ではない．
 2. サンガー法で用いられる ddCTP はリボースの 2' 位に水酸基がないため，DNA ポリメラーゼ反応において鎖の伸長ができない．
 3. 両端に *Eco*RI 部位をもつ 4 kb のマウス由来のゲノム DNA 断片に DNA リガーゼを働かせて環状化した．これをトランスフォーメーションにより大腸菌に導入したところ，著しく増殖し多量の 4 kb DNA 断片を得ることができた．
 4. 細胞に微量に存在する RNA も PCR を利用して検出することができる．
 5. 制限酵素はすべて粘着末端をつくるように DNA を切断する．
 6. DNA 断片をアガロース電気泳動にかけると，DNA は陽極に向かって移動する．
 7. ある遺伝子のコード領域が，一つの組織から調製したゲノムライブラリーには存在

第 4 講　DNA 取扱い技術

するのに，その同じ組織からつくった cDNA ライブラリーには存在しない場合がある．

8. RNA もクローン化することが可能である．

9. PCR を用いれば，100 kb の DNA 断片を増幅でき，サイクル数を増やせば増やすほど最終産物は多くなる．

10. ブルー・ホワイト選択法では，ブルーコロニーが目的の DNA を含む．

Q2. 制限酵素 *Eco*RI は 5'-GAATTC-3' を，また制限酵素 *Hae*III は 5'-GGCC-3' をそれぞれ認識して切断する．これらの制限酵素はどれぐらいの頻度で，言い換えればゲノム上でどれぐらいの間隔で DNA を切断すると考えられるか．

Q3. ここに牛ひき肉として売られている商品がある．しかし，別の情報からこの商品には豚肉か，鶏肉あるいは両方が混入している可能性がある．それを確かめるにはどのような実験をすればよいか．

Q4. あるマウスの突然変異体を解析したところ，①変異は遺伝子 A に 580 bp の欠失によること，②この変異をホモにもつ場合，仔マウスでは一見正常であるが，成体マウスにおいて重篤な表現型を示すことがわかった．掛け合わせの結果，外見上すべて正常に見える 15 匹の仔マウスが誕生した．各仔マウスの遺伝子型を判定するにはどのような実験をすればよいか．遺伝子 A の塩基配列および 580 bp の欠失の部位は明らかになっている．ホモとは両染色体に欠失をもつ場合を意味する．

Q5. 現在，PCR において，耐熱性細菌由来の DNA ポリメラーゼの使用が必要不可欠である．しかし，開発当初は大腸菌由来の DNA ポリメラーゼが使用されており，サイクルごとに，現在は行われていない追加の操作が必要であった．それはどのようなことと考えられるか．

Q6. ある DNA 断片を pUC18 プラスミドにつなぎブルー・ホワイト選別により一つのブルーコロニーと一つのホワイトコロニーをピックアップして解析した（図 4.9 参照）．驚いたことにブルーコロニーのプラスミドは約 60 bp のインサートを含んでいた．さらに，驚いたことには，ホワイトコロニーからのプラスミドはインサートを含んでいなかった．この結果は本文の説明と一致しない．いったい何が起こったと考えられるか．

Q7. DNA の 500 bp の領域を PCR により増幅し最終的に 100 ng の DNA を得たい．そのためには PCR 反応をおよそ何回行う必要があるか．各ヌクレオチドの平均分子量は 330 として計算せよ．

Q8. Brown 博士は体型をスリムにする酵素ビボディン遺伝子の完全なゲノムクローンの取得に成功した．一攫千金を狙いそのクローン化 DNA を細菌の発現プラスミドの強いプロモーターにつなぎ，大腸菌に導入し大量生産を試みた．しかし，残念ながらビボディはできなかった．この失敗の原因はどこにあると思われるか．

参考文献

1) J. F. Morrow et al. : Replication and transcription of eukaryotic DNA in escherichia coli. Proc. Nat. Acad. Sci. USA, 71, 1743-1747（1974）
→真核生物の遺伝子のクローン化に初めて成功.

2) R. K. Saiki et al. : Enzymatic amplification of β-globin genomic sequences and restriction site analysis for diagnosis of sickle cell anemia. Science, 230, 1350-1354（1985）
→ PCR を初めて報告.

3) F. Sanger et al. : DNA sequencing with chain-terminating inhibitors. Proc. Nat. Acad. Sci. USA, 74, 5463-5467（1977）
→ジデオキシヌクレオチドを用いた DNA シークエンシング法を報告した論文.

4) K. Mullis 著，福岡伸一 訳：Dancing naked in the mind field, by Kary Mullis（マリス博士の奇想天外な人生），早川書房（2004）
→ PCR の発見者マリス博士の人並み外れた奇行の数々が博士の手により描かれている.

5) K. Mullis : The unusual origin of the polymerase chain reaction. Scientific American, 262, 56-65（1990）（キャリー・マリス：遺伝子を自動的に複製する PCR 法の発見，サイエンス，20，16-25（1990））
→ PCR 法の発見がカリフォルニアの山中をドライブしている時に思いついたことが書かれている.

6) S. Nurk et al.：The complete sequence of a human genome. Science, 376, 44-53（2022）
→ヒトゲノムの完全解読が報告された.

第4講　DNA取扱い技術

クロスワードパズル1

ヒントから連想されるマス目の数に合う英単語を記入してください．

注）複数の英単語のからなる用語の英単語間のスペース，「－」等は無視
Covalent bond → COVALENTBOND
Co-repressor → COREPRESSOR

横のヒント

- 4：2本の染色分体が接着したくびれた領域
- 5：染色体のセントロメア領域に局在する縦列反復配列
- 11：バクテリアに外来DNAを挿入すること
- 13：サンガー法においてチェインターミネーターとして働く
- 15：染色体を構成する主要な塩基性タンパク質群
- 16：遺伝情報の総体で配偶子に含まれる全DNA
- 17：チミン，シトシン，ウラシルなどの塩基骨格の総称
- 18：DNAを効率よく取り込むように処理した細菌
- 19：二本鎖DNAにおいて特定の塩基配列を認識して切断するタンパク質

縦のヒント

- 1：生物種に固有な染色体構成（核型）
- 2：ヌクレオシド間をつなぐリン酸を介した結合
- 3：DNA末端同士をホスホジエステル結合でつなぐ酵素
- 6：同じゲノム内で遺伝子複製によってできたよく似た遺伝子
- 7：クローニングに用いられる環状二本鎖DNA
- 8：クロマチンの基本構造単位
- 9：DNAやRNAを分子内で切断する酵素
- 10：M期の細胞を色素で染めると色のつくもの
- 12：相補的な関係にある塩基と塩基の対
- 14：間期のDNA-タンパク質複合体
- 17：アデニン，グアニンなどの塩基骨格の総称

（解答は「演習問題　解答例・解説」参照）

第5講

DNA 複製

石見　幸男

本講の概要

　生物の情報の源である DNA（ゲノム）は複製することにより，生物の継承や機能の維持がもたらされる．DNA 複製の基本反応は，ウイルスをはじめとして，大腸菌からヒトまで同様の原理に基づいて行われる．この講では，はじめに，半保存的複製などの DNA 複製の様式，および DNA 合成酵素による DNA 合成の反応について紹介する．次に，真核細胞での DNA 複製開始と進行について，それらの反応にかかわるタンパク質の働きを，MCM タンパク質を含めて解説する．真核細胞において，遺伝子発現はクロマチン構造により制御される．クロマチン構造は，ヒストンと DNAとからなるヌクレオソーム構造を基本単位とする．鋳型 DNA 上のヒストンはどのようにして複製された DNA へ均等に分配されるかという点を含めて，最近明らかにされたクロマチン複製の仕組みについて紹介する．また，ゲノム上に多数存在するDNA 複製起点からの DNA 複製開始はどのような順番で起きるのか，逆方向へ進行する二つの DNA 複製フォークが合流する際の複製終結の機構，さらに，一度複製された DNA の再複製を阻止する機構，などの DNA 複製制御について説明する．最後に，ゲノムの末端部分のテロメア DNA の複製と，その伸長にかかわるテロメラーゼについても解説する．

本講でマスターすべきこと

☑　DNA が半保存的に複製されることを理解し，鋳型 DNA の塩基に相補的な塩基をもつヌクレオチドが重合する DNA 合成反応を理解する．

☑　DNA 複製が進行する複製フォーク部位での DNA 複製様式を理解する．

☑　DNA 複製の進行にかかわる酵素群と DNA 複製起点に集合する複製開始にかかわるタンパク質の機能について理解する．

☑　DNA 上に存在するヒストンの複製された娘 DNA 鎖への分配様式を知ることで，クロマチン複製の仕組みを理解する．

☑　ゲノム末端のテロメア DNA が複製される仕組みと，それにかかわるテロメラーゼの働きを理解する．

第5講　DNA 複製

　1953 年，J. D. Watson と F. H. C. Crick により，DNA の 2 重らせん構造が明らかにされた．第 2 講で学んだように，糖とリン酸からなる 2 本の鎖が逆方向に配置し，糖に結合した塩基が相補的な結合（G と C，A と T）をすることで，二重らせん構造ができる．細胞が増えるためには，また，ヒトなどの生物が子孫を残すためには，遺伝情報を担う DNA は複製されなければならない．Watson と Crick は，同じ年の別の論文の中で，DNA が複製される仕組みについても仮説を提唱している．そのモデルを**図 5.1** に示す．ほどけた親 DNA 鎖を鋳型として新しい DNA 鎖は合成され，それらの DNA は二重らせん構造を形成する．この様式は，親 DNA 鎖の半分が新しい DNA に保存されるので，**半保存的複製様式**（semiconservative replication style）とよばれる．1954 年，M. Delbrück は DNA 複製で親 DNA 鎖がほどける時に，親 DNA 鎖は切断され，その結果，複製後に親娘両鎖の連結した DNA 鎖ができることを主張し，半保存的様式に疑問を投げかけた．彼のモデルは**分散的複製様式**（distributed replication style）に相当する．この他に，DNA が複製される仕方としては，**保存的複製様式**（conservative replication style，mode ともいう）が考えられていた（**図 5.2**）．

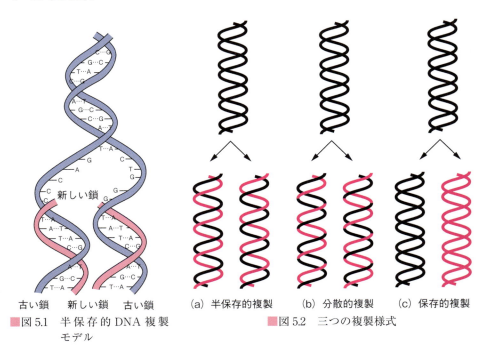

■図 5.1　半保存的 DNA 複製モデル　　　　■図 5.2　三つの複製様式

5.1 DNA複製は半保存的に行われる

　これらの複製様式を区別する実験として，1958年，M. Meselson と F. Stahl は大腸菌を用いて次の実験を行った．まず，質量の重い同位元素（^{15}N）を含む培地中で長時間培養した大腸菌を用意した．この条件で，大腸菌中の DNA を構成する N はすべて重い同位体に置き換わる．これを第0世代とよぶ．次に，この大腸菌を通常の重さの ^{14}N を含む培地中で1世代増殖させた（第1世代）．さらに，継続して同じ培地でもう1世代増殖させた（第2世代）．これら3種の大腸菌から DNA を精製して，それぞれの DNA を浮遊密度[*1]で分別する**塩化セシウム平衡密度勾配遠心**（cesium chloride equilibrium density gradient centrifugation）（Box参照）による分析を行った．

　第0世代大腸菌の DNA は遠心管の底に近い位置にバンドを形成した（図5.3 (a)）．第1世代の DNA は，第0世代の DNA よりも軽い位置に1本のバンドを形成した．第2世代の DNA は，第1世代の DNA と同じ位置とともに，さらに軽い位置にもバンドを形成した．この結果から大腸菌での DNA の状態は，図5.3 (b)のようになると考えられる．つまり，第0世代の大腸菌 DNA 中の N はすべて重く均一なので遠心管の底の重い密度の位置に1本のバンドを形成する．一度増殖して2倍になった第1世代の大腸菌中の DNA は，両者とも重い DNA と軽い DNA のハイブリッドの状態として第0世代 DNA より軽い密度の位置で1本のバンドを形成する．二度増殖

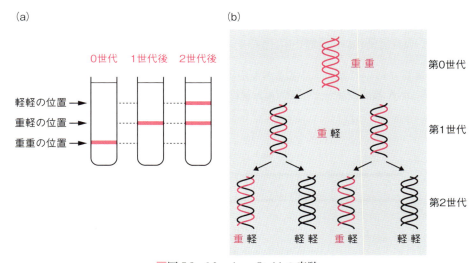

■図5.3　Meselson-Stahl の実験

[*1] 高塩を含む水溶液中での DNA の密度．

第 5 講　DNA 複製

> **Box**
>
> ### 塩化セシウム平衡密度勾配遠心法
>
> 遠心により形成される重力下で，成分が大きさなどに従って沈降する通常の遠心分離法とは異なり，成分のもつ密度に従って分離する方法を平衡密度遠心法とよぶ．実際には，高濃度の塩化セシウムを含む溶液を平衡状態になるまで長時間遠心する．その結果，塩化セシウムの密度勾配が形成される．塩化セシウム液中に含まれているDNAは，その密度（浮遊密度という）と同じ塩化セシウム液の位置にバンドを形成する．Meselson-Stahlの実験で，^{15}Nを含む重い2重鎖DNA（重重），^{15}Nと^{14}Nを含むDNA（重軽），そして^{14}NのみでできたDNA（軽軽）のそれぞれは遠心管の底の方から順にバンドを形成する．

した第 2 世代の場合には，ハイブリッド型の DNA と軽い ^{14}N のみでできた DNA の 2 本になる．

　この結果は，図 5.2 (a) のように，DNA が半保存的に複製されることを示す．図 5.2 (c) の保存的様式では，第 1 世代で密度の異なる二種の DNA ができなければならない．図 5.2 (b) の分散的様式では，第 1 から第 2 世代にかけて，ほぼ同じ密度の二種の DNA ができ，その密度が徐々に低下するはずである．この実験により，Watson と Crick が提唱した複製モデルが正しいことが証明されたことになる．DNA の半保存的複製様式を支持する結果は，1957 年に H. Taylor がソラマメの DNA 複製を染色体レベルで観察した実験によっても得られている[*2]．

5.2　DNA 複製は不連続的に行われる

　DNA 複製において元の二本鎖 DNA がほどける箇所はフォークの形に似ていることから **DNA 複製フォーク**（DNA replication fork）とよばれる．1960 年代から

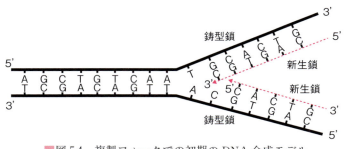

■図 5.4　複製フォークでの初期の DNA 合成モデル

[*2] H. Taylor らの染色体レベルの実験は，Meselson-Stahl の実験に比べ，分析の精度が高くないために，半保存的複製を示す決定的な証拠とはならなかった．

1970年代にかけて，細胞内でDNA複製が進行する様子が**オートラジオグラフィー**（autoradiography）という技術を使って観察された．その結果，DNA複製はこのフォークの分岐点で起こっていることが示された．そこでまず，**図5.4**のような形で進む可能性が考えられた．このモデルでは，新しく合成されるDNAの伸長の方向が，5'から3'と3'から5'の両方があることになる．なぜならば，第2講で学んだように，DNAの2本の鎖は，糖の向きから，逆向きに配置された構造をとるからである．しかし，DNA複製は図5.4のようには進行しないことが明らかになった．

5.3節でDNA複製酵素について述べるが，DNAを合成する酵素である**DNAポリメラーゼ**（DNA polymerase）は，すべて合成中のDNA末端の糖の3'の炭素と，DNA合成の材料となる**デオキシリボヌクレオシド-3リン酸**（deoxyribonucleoside triphosphate）の5'の炭素についたリンとを連結する反応を行うことがわかった（**図5.5**）．それを，5'から3'向きの合成とよび，3'から5'の合成は起こりえないことがわかった．つまり，複製におけるDNA合成が図5.4のような形で進むことは不可能である．

では，5'→3'方向でのみDNAを合成する酵素で，どのように複製は進行するのだろうか．この問題に答え出したのは，名古屋大学のR. Okazakiらの研究グループであった．

1968年，Okazakiらは大腸菌の培養液に菌体内でDNA合成の材料に変化する放射性チミジンを添加し，短時間（5，30，60秒）培養することで進行中のDNA合成

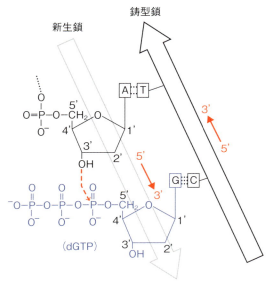

■図5.5　5'から3'向きのDNA合成

第5講　DNA複製

を追跡した．大腸菌から抽出したDNAを，二本鎖を一本鎖に変えるアルカリ性の条件で処理し，**ショ糖密度勾配遠心法**（sucrose density gradient centrifugation）によりDNAを大きさで分けた（**図5.6**）．

5秒間の培養では，小さなDNA（約1,000ヌクレオチド）のみが検出された．30秒の培養では，小さなDNAとともに，より大きなDNA断片の二種類からなっていることがわかる．60秒の培養では，大きなDNAが主に検出された．

この結果と，先に述べたDNAポリメラーゼの合成の方向性から，**図5.7**（a）あるいは（b）のモデルが考えられた．ここで，DNA複製フォークの進行方向と同じ方向で合成される新生DNA鎖を**リーディング鎖**（leading strand）とよぶ．一方，複製フォークの進行方向と逆方向に進行すると考えられる新生DNA鎖を**ラギング鎖**（lagging strand）とよぶ．図5.7（a）ではリーディング鎖は連続的に，一方，ラギング鎖は複製フォークの進行とは逆方向へ進むため不連続的に小断片として合成される．図5.7（b）は，両鎖が小断片として不連続的に合成されるモデルである．図5.7（a）（b）ともにこれら小断片は，順次連結する，というモデルである．

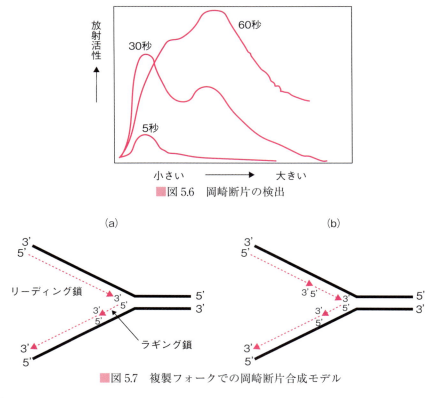

■図5.6　岡崎断片の検出

■図5.7　複製フォークでの岡崎断片合成モデル

Okazakiらは論文において，図 5.7 (b) のモデルを提唱した．しかし，図 5.6 の実験によれば (a) も排除できない，と考えられた．2019 年，リーディング鎖の一部が，取り込まれた異常塩基をもつヌクレオチドの修復反応により断片化されることが示された．その結果を含め，現在では図 5.7 (a) のモデルが正しいと理解されている．不連続的に合成される DNA 断片は，現在でも，**岡崎断片**（Okazaki fragment）とよばれている．岡崎断片の大きさは，大腸菌では約 1,000 ヌクレオチドで，真核細胞では約 200 ヌクレオチドである．

ここでもうひとつの問題がある．DNA ポリメラーゼは合成の伸長を行う酵素であり，DNA 合成を開始するには**プライマー**（primer）とよばれる合成のきっかけとなる核酸などの成分が必要となる（→第 4 講）．Okazaki らは，DNA 合成に必要なプライマーは RNA であることを明らかにした（**図 5.8**）．**プライマー RNA**（primer RNA）を合成する RNA 合成酵素は**プライマーゼ**（primase）とよばれるが，この酵素が機能するのにプライマーはいらない．したがって，ラギング鎖合成では，鋳型 DNA 塩基に相補的な塩基配列をもつプライマー RNA がまず合成され，それが DNA 合成へと続く．つまり，RNA に DNA がつながった分子がまずつくられる．後に，プライマー RNA は除去され，岡崎断片は連結する．

次の問題は，どのようにして岡崎断片は連結されるか，ということである．まず，真核細胞 DNA 複製モデルとして研究された SV40 のウイルス DNA 複製系において，岡崎断片に結合するプライマー RNA を 5'→3' 方向に端から切断する核酸分解酵素が岡崎断片の連結にかかわることが示された．この酵素は，後に **FEN1**（Flap-EndoNuclease 1）と名付けられた．それは，この酵素が核酸を内部でも切断することから，endo（内部）という名前が付けられている．また，flap とは，鳥の羽ばたきを意味するが，それは以下に示す酵素の作用の仕方がもとになる．

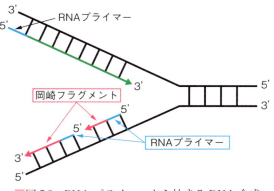

■図 5.8　RNA プライマーから始まる DNA 合成

第5講 DNA複製

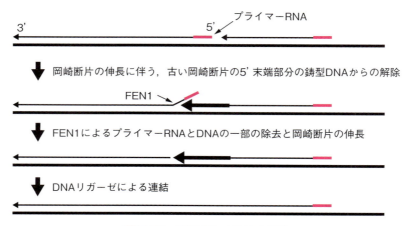

■図5.9 岡崎断片の連結の反応

図5.9に示すように，古いプライマーRNAを含む岡崎断片の5'末端部分が，新しい岡崎断片のDNA鎖の伸長に伴い，鋳型鎖からはがれた状態になる．その構造を認識して，FEN1は一本鎖と二本鎖の分岐点で岡崎断片を切断する．その結果，プライマーRNAとそれに連結した新生DNAの一部が除かれる．つまり，プライマーRNAを含む部分は後方の岡崎断片の伸長に伴い分解・除去される．その後，岡崎断片間が**DNAリガーゼ**（DNA ligase）により連結されるという仕組みである．

5.3 DNA複製の進行にかかわる酵素群およびその他の関連タンパク質

DNA複製の進行にかかわる酵素群について，真核細胞の酵素を中心に説明する．

5.3.1 DNAポリメラーゼ

親DNA鎖を鋳型に，塩基相補的な**デオキシリボヌクレオチド**（deoxyribonucleotide）を重合するのが**DNAポリメラーゼ**（DNA polymerase）である．DNAポリメラーゼの基質になるのは，4種のデオキシリボヌクレオシド-3リン酸で，略して，dATP，dCTP，dGTPとdTTPと表記する（→第2講）．合成中のDNAの糖の3'の炭素についた水酸基（OH）と，鋳型塩基と相補的に結合する塩基をもつデオキシリボヌクレオシド-3リン酸のα位のリン（P）とが**ホスホジエステル結合**（phosphodiester bond）を形成する（図5.5）．その反応が繰り返され新生DNAが伸長する．DNAポリメラーゼの研究は，1958年，A. Kornbergによる大腸菌DNAポリメラーゼIの発見から始まる．当初，この酵素が大腸菌DNA複製を担うと想定されたが，実際には，この酵素は岡崎断片の連結時のわずかな長さのDNA合成のみに

5.3 DNA複製の進行にかかわる酵素群およびその他の関連タンパク質

■表5.1 真核細胞の主なDNAポリメラーゼの役割

DNAポリメラーゼ	機能
α（アルファ）	ラギング鎖とリーディング鎖合成開始
δ（デルタ）	ラギング鎖の合成（伸長）
ε（イプシロン）	リーディング鎖の合成（伸長）

かかわることが明らかになった．大腸菌DNA複製を主に担うのは，さまざまな機能タンパク質を含む大きな複合体であるDNAポリメラーゼⅢであることが，後年の遺伝学的な研究から明らかにされた．

　真核細胞のDNAポリメラーゼについても生化学的な研究が先行したが，遺伝学的な研究も随時行われた．現在10種を超えるDNAポリメラーゼが発見され，それらの役割分担はほぼ解明されている．DNA複製フォークでのリーディング鎖の合成に働くのは，**DNAポリメラーゼε**（DNA polymerase ε）で，ラギング鎖合成には主に**DNAポリメラーゼδ**（DNA polymerase δ）が働く（**表5.1**）．それらに加え，DNA合成の開始にはDNAポリメラーゼαが働く．大腸菌では，これら3種のDNAポリメラーゼの働きをDNAポリメラーゼⅢが担う．

5.3.2 プライマーゼ

　DNA合成のきっかけとなるプライマーRNAを合成するのはプライマーゼである．プライマーゼはDNAポリメラーゼαと複合体を形成し，鋳型塩基に相補的に約10ヌクレオチドのプライマーRNAを合成する．それに続いてDNAポリメラーゼαが短いDNA（約25ヌクレオチド）を合成する．つまり，**DNAポリメラーゼα・プライマーゼ複合体**（DNA polymerase α -primase complex）は全体で35ヌクレオチド程度のRNA・DNAを合成する．その後に，DNAポリメラーゼεやδが新生DNAを伸長させる．リーディング鎖合成では，プライマーRNAの合成は最初のみに必要だが，ラギング鎖の合成では岡崎断片合成のたびごとに必要になる．そのプライマーRNAは前節で述べたように除かれた後に岡崎断片は連結する．

5.3.3 DNAヘリカーゼ

　DNAポリメラーゼによるDNA合成反応に先立ち，鋳型二本鎖DNAを解離させる必要がある．真核細胞のDNA複製において，鋳型二本鎖DNAを解離させる**DNAヘリカーゼ**（DNA helicase）は，MCM2-7の六量体タンパク質複合体である．1990年頃に，酵母の染色体外環状DNAの保持に必要な遺伝子として，**MCM2**（MiniChromosome Maintenance 2）などが発見された．続いて，ヒトを含むさまざまな生物で，中央に共通部分をもつ六種の**MCMタンパク質**（MCM protein）が見つ

かり，それらが MCM2-7 のヘテロ六量体を形成し，DNA ヘリカーゼとして複製に働くことが最終的に証明された．

出芽酵母での遺伝学的研究から，CDC45 タンパク質と GINS[*3] とよばれる四量体が DNA 複製に直接的に働くことが示された．また，ショウジョウバエ細胞抽出液から，CDC45-MCM2-7-GINS（CMG）[*4] とよばれる複合体が単離され，その複合体が DNA ヘリカーゼ活性を発揮することが示された．つまり，細胞内では **CMG 複合体**（CMG complex）が DNA 複製ヘリカーゼとして機能する．

5.3.4 その他の関連タンパク質

サルに感染する SV40 というウイルスは，DNA をゲノムとしてもち，DNA の複製には宿主細胞の複製タンパク質を利用する．SV40 DNA 複製系の研究から，岡崎断片の連結にかかわる FEN1 とともに，他の複製にかかわるタンパク質が見つかった．**RPA**（Replication Protein A）は，DNA ヘリカーゼでほどかれ一本鎖になった親 DNA 鎖に結合することでその構造を安定化する．**PCNA**（Proliferating Cell Nuclear Antigen）は三量体のリング状構造体をとることで，DNA ポリメラーゼ ε などを鋳型 DNA に保持するクランプ（留め金）として機能する．さらに **RFC**（Replication Factor C）は，リング状の PCNA を解きそれを DNA に結合させる機能を発揮する酵素である．これらの複製タンパク質は，真核細胞の DNA 複製においても同様の機能を発揮する（**図 5.10**）．

DNA 複製フォークでは，ヘリカーゼによる鋳型 DNA 鎖の解離と DNA 合成の反応とが協調して起こる必要がある．もし，鋳型 DNA 鎖の解離に対して DNA 合成反

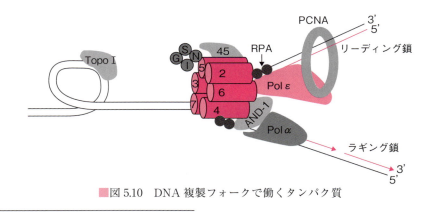

■図 5.10　DNA 複製フォークで働くタンパク質

[*3] Go-Ichi-Ni-San の略．Sld5-Pst1-Pst2-Pst3 から成る複合体．
[*4] ヘテロ六量体である MCM2-7 に CDC45 と GINS が結合した複合体．

応が遅れると鋳型 DNA の一本鎖部分が拡大する．その結果，一本鎖 DNA が切断され，切断点間の DNA の組換え反応が起こり，細胞のがん化に繋がる DNA の構造異常が生じる．MCM2-7 と DNA ポリメラーゼ α および ε と相互作用する **AND-1**（acidic nucleoplasmic DNA binding protein-1）[*5] とよばれるタンパク質は，ヘリカーゼとポリメラーゼの機能協調に役割を果たす．また，ヘリカーゼによる鋳型二本鎖 DNA の解離により，フォークの前方に正のスーパーコイル（超らせん）が生じる．それを解消する**トポイソメラーゼⅠ**（topoisomeraseⅠ, TopoⅠ）などの働きが DNA 複製の進行には必要である．

5.4 DNA ポリメラーゼの校正機能

　リーディング鎖とラギング鎖合成を担う DNA ポリメラーゼ ε と δ などは，かなり正確に鋳型塩基に相補的な塩基をもつヌクレオチドを重合させる．しかし，まれに相補的でない塩基をもつヌクレオチドが重合される．その際，DNA ポリメラーゼ ε と δ はそこで合成を停止し，間違って重合したヌクレオチドを DNA 分解酵素の機能により除く．その後に，再び通常の DNA 合成を行う．このようなポリメラーゼの機能を**校正機能**（proofreading function）とよぶ（**図 5.11**）．

　校正機能を含め，DNA ポリメラーゼ ε や δ は高い正確度で DNA 合成を行うが，1 万回に 1 回ほどの頻度で相補的でないヌクレオチドを重合する．そのような DNA 合成ミスは遺伝子変異となり細胞のがん化に繋がる．そこで，生物には間違って取り込まれたヌクレオチドを認識し，その部分の一本鎖を切り取った後に，空いた隙間を埋める DNA 合成を行うミスマッチ修復反応系が備わっている（→第 10 講）．その結果，DNA 複製はほとんど間違いなく行われる．つまり，DNA ポリメラーゼのもつ正確

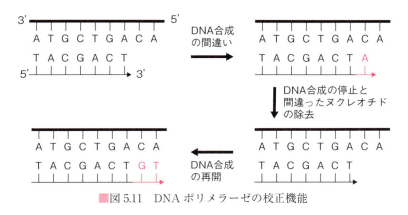

■図 5.11　DNA ポリメラーゼの校正機能

[*5]　酵母では Ctf4（chromosome transmission fidelity factor-4）という．

さの上に，ポリメラーゼの校正機能と**ミスマッチ修復系**（mismatch repair system）の働きにより DNA 合成の正確さは保証される．

DNA ポリメラーゼ α は校正機能をもたないために DNA 合成の正確さは低い．この酵素が合成するプライマー RNA を含めた 35 ヌクレオチドほどは，最終的に除かれ，遺伝子変異の原因とはならないと考えられる．

5.5　DNA 複製の開始と終結

5.5.1　ゲノム複製様式

真核細胞は，G1-S-G2-M という細胞周期を経て増殖し，DNA の複製は S 期で起こる（Box 参照）．ヒト細胞の場合，S 期は 8 時間ほどを要する．DNA 複製は複製起点とよばれる部位からはじまるが，ヒトの場合，複製起点は 23 対の染色体のそれぞれに数百個存在する．しかし，S 期においてそれらの複製起点から DNA 複製が一斉に起こるのではない．S 期の前半には，遺伝子発現活性の高い**ユークロマチン**（euchromatin）領域の起点からの DNA 複製が起こる．遺伝子発現活性の低い**ヘテロクロマチン**（heterochromatin）領域からの DNA 複製は S 期中盤から後半に起こる（**図 5.12**）．ゲノム上で，逆向きに進む DNA 複製フォークどうしが衝突すると，それらが融合することで，複製された領域が拡大する（図 5.12）．

5.5.2　DNA 複製起点

DNA 複製が始まる部位（複製起点）はランダムではなく，基本的には決まっている．大腸菌の場合，**DNA 複製起点**（origin of DNA replication, OriC）は 1 か所で，その近傍に複製開始に働く DnaA タンパク質が結合する配列（DnaA box）と最初に

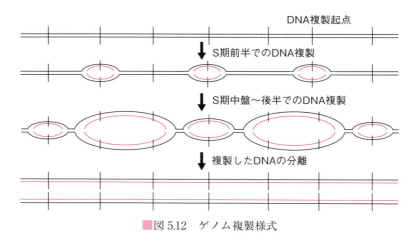

■図 5.12　ゲノム複製様式

5.5 DNA複製の開始と終結

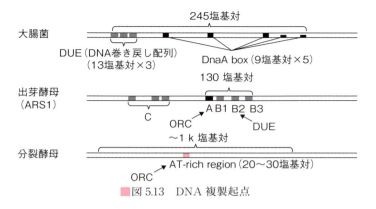

■図 5.13　DNA 複製起点

DNA の二本鎖がほどける AT に富む領域 DUE（DNA Unwinding Element）が存在する（**図 5.13**）．

　出芽酵母の場合，約 130 塩基対の ARS1（Autonomous Replicating Sequence 1, 自律複製配列）とよばれる DNA 複製起点には，AT に富む 11 塩基対からなる保存された配列がいくつか存在する．図 5.13 において A-B1 領域に結合するのが **ORC**（Origin Recognition Complex：複製起点認識複合体）で，DUE として機能すると考えられる領域もある．分裂酵母の DNA 複製起点は〜1k 塩基対と長く，出芽酵母でみられるような保存性の高い DNA 塩基配列は認められないが，ORC4 サブユニットが起点中央の AT に富む領域を認識する．

　ヒト細胞においても DNA 複製起点と ORC が同定されているが，分裂酵母と同様に保存性の高い短い DNA 配列は見つかっていない．発現する遺伝子の上流に存在するものが全体の半数ほどあるが，一方で，平均して 30 k 塩基対程の長い領域が起点として機能することが知られている．また，同じ細胞でも，分化した細胞に比べ発生段階の細胞においては，ゲノム上の複製開始の頻度が高まる．つまり，DNA 複製起点の利用の柔軟性が高等真核生物では存在する．

5.5.3　DNA 複製の開始反応

　DNA 複製開始反応は生物によってさまざまである．複製起点から複製を開始するために，特定の DNA 配列を意味するシス因子と，それにトランスに作用する複製開始タンパク質がかかわると考えられている．

（1）大腸菌の DNA 複製開始
　大腸菌では，上記した OriC 領域がシス因子としてはたらき，トランス因子としては開始タンパク質である DnaA が，DnaA box を中心に協働的に 〜40 分子ほど結合

する.さらに,**ジャイレース**(gyrase)というトポイソメラーゼの働きで形成される負のスーパーコイルにより,ATに富む領域(DUE)が開裂して一本鎖になる.そこに,DNA複製ヘリカーゼ(DnaBタンパク質)を含むDNA複製装置が集合して両方向に複製が開始される.

(2) 真核細胞のDNA複製開始

真核細胞の代表として,最もよく研究されている出芽酵母のDNA複製開始について解説する.シス因子のARS(内保存配列)に対し,複製開始にかかわるORCは基本的に細胞周期を通じて常に結合しているが,複製開始は以下のようにしてS期に活性化される.細胞周期のG1期において,ARSに結合したORCに**MCM積み込みタンパク質**(MCM loading protein)(CDT1とCDC6)が引き寄せられ,MCM2-7複合体が結合する(**図5.14**①).S期での複製開始には,**DDK**(Dbf4-Dependent Kinase,Dbf4依存性キナーゼ)と**CDK**(Cyclin-Dependent Kinase,サイクリン依存性キナーゼ,Box参照)によるタンパク質リン酸化反応が必要である.S期においてこれらのキナーゼ活性が上昇することでMCMがリン酸化(Ⓟで示す)され,GINSなどがCMG複合体を形成し,DNAポリメラーゼεの結合も誘導される(図5.14②).CMG複合体のヘリカーゼ活性により,複製起点の二本鎖DNAが解離して一本鎖になる(図5.14③).RPA(Replication Protein A)は一本鎖DNAに結合して保護する.DNAポリメラーゼα・プライマーゼ複合体によりつくられたプライ

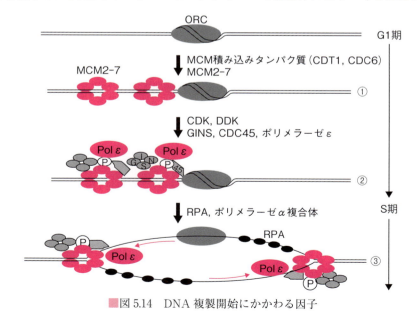

■図5.14 DNA複製開始にかかわる因子

5.5 DNA複製の開始と終結

Box

CDKと細胞周期

CDK（Cyclin-Dependent Kinase）は，タンパク質リン酸化酵素の一つで，**サイクリンタンパク質**と二量体を形成してその機能を発揮する．細胞周期の各時期に応じて，さまざまな基質タンパク質をリン酸化することで，細胞周期の進行をつかさどる．酵母からヒトまで，何種類かのCDKとサイクリンタンパク質が存在し，それぞれの組合せでできる二量体が異なる機能を発揮する．それらの役割は，G1期進行，G1/S期進行，S期進行，そしてG2/M期進行に分けることができる（図）．以下に，哺乳類細胞周期でのCDK/サイクリンの働きについて述べる．

G1期の進行に中心的な役割を担う転写因子**E2F**の標的遺伝子には，S期に必要なDNAポリメラーゼなどのDNA複製関連遺伝子が含まれる．G1期のはじめには，E2Fの機能は，がん抑制遺伝子の一つの**Rb**（Retinoblastoma）タンパク質との結合により阻害されている．G1-CDK/サイクリンは，RbをリンDA酸化することでE2Fから離す．その結果，E2Fが本来の転写因子として機能することで，DNA複製関連遺伝子mRNAがつくられる．また，G1/S期CDK/サイクリンはDNA複製の開始にかかわるタンパク質をリン酸化することで，DNAポリメラーゼεやGINSを含む複合体を複製起点に集合させると考えられる．このようにして，CDK/サイクリンはG1からS期への移行を推進する．

S期で働くCDK/サイクリンは，DNA複製に対し抑制の機能をもつ．ゲノム上には多数のDNA複製起点が存在し，そこからの開始反応は，S期の約8時間に時間差で起こる．そのためDNA複製の再複製を阻止する必要がある．S期CDKは，MCM2-7ヘリカーゼの機能にかかわるいくつかのタンパク質をリン酸化することで不活性化する．

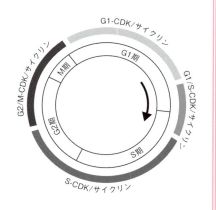

マーRNAとそれに連結したDNAに対し，DNAポリメラーゼεがリーディング鎖を合成する．

真核生物には，大腸菌のように二本鎖DNA解離させる負のスーパーコイルを導入するジャイレースは存在しない．よって，複製起点において二本鎖DNAの開裂がどのように起こるのかはわかっていない．ただ，高等真核生物において，遺伝子の上流に存在する複製起点の場合には，転写反応に伴って生じる負のスーパーコイルの形成が起点DNAの開裂にかかわる可能性がある．

第 5 講　DNA 複製

5.5.4　DNA 再複製の阻止

すでに述べたように，ゲノム上の数多くの複製起点からの複製開始は一斉に起こるのではなく時間的に差がある．S 期のはじめに開始された DNA 複製において，DNA 複製フォークをけん引した MCM2-7 複合体は，ゲノム上の DNA 複製終結点などでその役割を終え DNA から離れる．いったん離れた MCM2-7 複合体が再び複製起点に結合し DNA 複製を開始すると，DNA が重複して複製される領域ができる（DNA の再複製）．それは遺伝子コピー数の増加をもたらし，また，**重複複製**（duplicate replication）のフォークでの DNA 鎖切断を介して DNA 構造異常を生み出す．そのような不都合を回避するために，一度複製されたゲノム領域の複製起点からの複製の再開始を抑制する仕組みがある．MCM2-7 複合体の複製起点への結合に必要な MCM 積み込みタンパク質（CDT1 と CDC6）は，CDK によってリン酸化され，**多ユビキチン化**（polyubiquitination）を介したタンパク質分解などで不活性化される．また，ORC と MCM も CDK によってリン酸化され，それらの機能が阻害される（Box 参照）．このように多重の MCM 機能抑制が起こることで DNA の再複製が抑えられる．

5.5.5　DNA 複製終結

大腸菌においては，*ter* とよばれる特定の配列と，そこに結合する Tus タンパク質が複製フォークの方向に依存して DNA 複製終結を起こす．一方，真核生物では，DNA 複製の進行を停止させる特定の配列がゲノム上にあるかどうかは明確でない．隣り合う複製起点から逆向きに進行した二つの DNA 複製フォークが衝突する場所を終結点ととらえることができる．フォークは衝突後に融合することで，複製した領域が拡大する．その時に，MCM2-7 ヘリカーゼがその役割を終えずに，一度複製した DNA を再び解離させると，その部分で再度の DNA 複製が起こる．そこで，フォークが衝突した時に，MCM2-7 の機能を停止させる必要がある．その仕組みを説明する．

まず，終結点での二本鎖 DNA は，MCM2-7（CMG）のヘリカーゼ機能でなく，複製された DNA を絡めることでほどかれる（**図 5.15** ①）．その領域で，DNA ポリメラーゼにより DNA 合成反応が完了した時に，MCM2-7 複合体は複製後の二本鎖 DNA に巻き付いた状態になる（図 5.15 ②）．この時に，MCM7 が多ユビキチン化される（図 5.15 ③）．その MCM7 は CDC48 タンパク質などにより MCM 複合体から引き抜かれることで，MCM 複合体は DNA から解離する（図 5.15 ④）．

次に，複製した DNA どうしが絡まった構造が**トポイソメラーゼ II**（topoisomerase II，TopoII）によりほどかれることで，娘 DNA 鎖が分離する（図 5.15 ⑤）．トポイソメラーゼ II は，この最後の段階で必須の役割を果たすだけでなく，終結点の二本鎖 DNA がほどかれる①の段階でも役割を果たす．

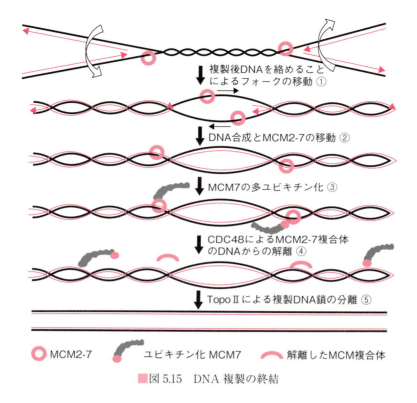

■図 5.15　DNA 複製の終結

5.6　クロマチン複製

　真核生物のゲノムは**ヒストン八量体**（histone octamer）(H2A, H2B, H3, H4)$_2$ に DNA が巻きついたヌクレオソームを基本としたクロマチン構造を形成している（→第 3 講）．特に，アセチル化やメチル化などの化学修飾を受けるヒストン H3 と H4 は遺伝子発現の制御に重要な役割を果たしている（→第 6 講，第 14 講）．細胞が分裂後も分裂前と同じ遺伝子発現様式を維持するためには，クロマチン構造がヒストンの化学修飾を維持したまま複製され娘細胞に伝達される必要がある．クロマチンを構成する DNA が正確に複製される仕組みは説明したが，**ヌクレオソーム構造**（nucleosome structure）がヒストンの化学修飾を維持したまま複製される仕組みはどのようなものであろうか．この問題は，長い間未解決のまま残されていた重要問題の一つであった．

　近年，その仕組みが徐々に明らかにされつつある．それによると，DNA 複製フォークにおいて親ヌクレオソーム中のヒストン八量体は一度 DNA から離れ，一

第 5 講　DNA 複製

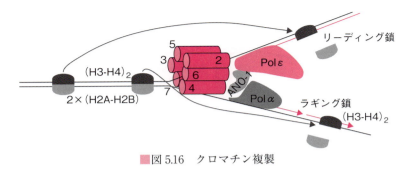

■図 5.16　クロマチン複製

つの **H3-H4 テトラマー**（H3-H4 tetramer）と二つの **H2A-H2B ダイマー**（H2A-H2B dimer）へと解体される．遊離した親 H3 - H4 テトラマーはヒストンの化学修飾を維持したまま複製後の DNA に移行し，ついで二つの H2A - H2B ダイマーが結合して再びヌクレオソームが形成される．遊離した H3 - H4 テトラマーの移行には二種の経路がある．ラギング鎖への移行には MCM2 や DNA ポリメラーゼ α が，リーディング鎖への移行には DNA ポリメラーゼ ε がかかわる．つまり，着目する一つのヌクレオソーム中の H3 - H4 テトラマーはリーディング鎖へ，別のヌクレオソームの H3-H4 テトラマーはラギング鎖へと移行する（**図 5.16**）．これらの移行反応は競合的に進むと考えられるが，結果的には，親 H3-H4 テトラマーの両鎖への分配はほぼ均等になる．

　つまり，フォーク近傍では，はじめには，親ヒストンからなるヌクレオソームは複製後の DNA にとびとびに分布するであろう．次に，その間隙には新たに合成されたヒストンからなるヌクレオソームが形成される．つまり，この段階ではまだ親細胞と同じ化学修飾をもつヒストンは全体の半分だけである．その後，親ヒストンの修飾を認識してそれと同じように近傍の新生ヒストンを修飾する機構が働くことが示唆されている．このような機構により，最終的に親細胞と同じクロマチン構造が再構築されると考えられている．

　ただし，ゲノム全体で，このような親 H3-H4 テトラマーの均等な配分が起こるかどうかは不明である．また，幹細胞などにみられる非対称分裂では，親 H3 - H4 テトラマーは片方の新生 DNA 鎖に偏って受け継がれ，クロマチン構造をあえて不均等に複製することで，遺伝子発現様式の異なる細胞を生み出していると考えられる．

5.7　テロメア DNA 複製問題とテロメラーゼ

5.7.1　テロメア DNA 複製問題

ヒトを含め真核生物の DNA は線状の構造をもち，その末端は特徴的な塩基配列か

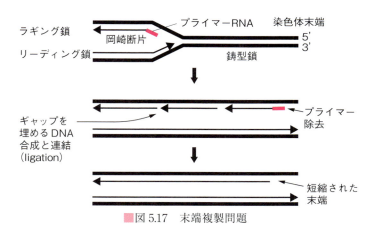

■図 5.17　末端複製問題

らなり**テロメア**（telomere）とよばれる（→第 3 講）．テロメアにおける DNA 複製においては，リーディング鎖は最末端まで伸長されるが，ラギング鎖では岡崎断片のプライマー RNA を含む 5' 末端部分は FEN1 による分解を受けた後に，そこを埋める DNA 合成は起こらない．さらに，プライマー RNA 合成は鋳型の最末端からは起こらず，内側から始まると考えられる．実際，細胞分裂を繰り返すごとにテロメア末端は 100 ヌクレオチド程度短くなる（**図 5.17**）．この状況は**末端複製問題**（end replication problem）とよばれる．

ヒトのテロメア DNA は TTAGGA の繰り返し配列からなり，新生児由来の細胞ではゲノム全体で 12 k 塩基対の長さをもつ（→第 3 講）．ヒト正常細胞をシャーレ上で培養すると，50 〜 80 回分裂したのち増殖を停止し，その後その状態を維持する．この状態を**細胞老化**（cellular aging）とよぶ．同様のことは生体内の分裂性の細胞でも起こる．この分裂停止は，テロメア DNA が限界までに短くなったことにより引き起こされる．

5.7.2　テロメラーゼ

ヒトゲノムにはテロメア DNA を伸長させる**テロメラーゼ**（telomerase）遺伝子がある．しかし，テロメラーゼ遺伝子は生殖細胞でのみ発現されており，一般的な体細胞では発現されないのでテロメア DNA は分裂ごとに短くなる．一方で，がん化した細胞ではテロメラーゼ遺伝子が発現されているためテロメアの伸長反応が起こる．そのことが，がん細胞が無限に増殖する要因の一つになる．

テロメアもテロメラーゼも単細胞原生動物のテトラヒメナで見つかった．そのテロメア DNA は TTGGGG の繰り返し配列からなる．C. Greider らの実験で，テ

第5講　DNA複製

トラヒメナ細胞抽出液を含む反応液にテロメア配列を4回繰り返した一本鎖DNA $(TTGGGG)_4$ を加えると，それが長く伸びたDNA合成反応が検出された．DNAポリメラーゼに依存しないこの反応を担う酵素としてテロメラーゼが発見された．テロメラーゼはRNAとタンパク質からなる複合体で，RNAの中にはAACCCCAACの配列が存在する．テロメラーゼは**逆転写酵素**（reverse transcriptase）の1種であり，自身のRNAを鋳型としてDNAを合成することがわかった．

テトラヒメナにおけるテロメア伸長のモデルを**図5.18**に示す．テロメア3'末端のDNA一本鎖にテロメラーゼRNAが塩基相補的に結合し，テロメラーゼのもつ逆転写活性によりRNAを鋳型としてDNAを合成する．その後，テロメラーゼRNAの結合するDNA位置が変わることで繰り返し配列が合成される．ヒトの生殖細胞などにおいても同様の機構で，テロメラーゼによるテロメアDNAの伸長が起こると考えられる．

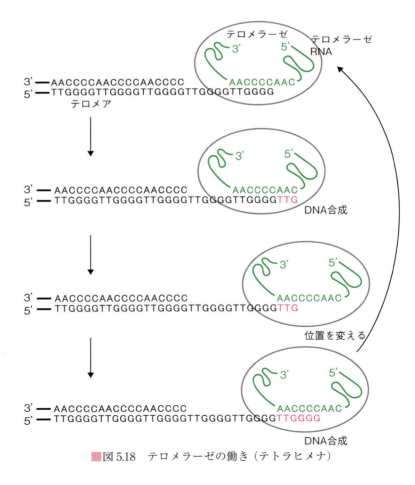

■図5.18　テロメラーゼの働き（テトラヒメナ）

演習問題

Q1. 次の文章の正誤を判定せよ．誤りとした場合は理由を述べよ．

1. DNA 複製は保存的な様式で行われる．

2. 複製フォークでの DNA 合成は，リーディング鎖とラギング鎖とも不連続的に行われる．

3. DNA 合成は，リーディング鎖とラギング鎖とも，RNA 合成から始まる．

4. DNA 合成に先立ち，鋳型二本鎖 DNA を解離させる DNA ヘリカーゼは CMG 複合体である．

5. DNA 合成の正確度を高める校正機能とミスマッチ修復機能は，ともに DNA ポリメラーゼがもっている．

6. 細胞周期の S 期で，真核細胞ゲノム上に存在する数多くの DNA 複製開始点からの DNA 複製開始は，いっせいにはじまる．

7. 真核細胞で，DNA 複製の終結点には，トポイソメラーゼ II の働き，MCM7 のユビキチン化反応などが必要である．

8. クロマチン複製で，親ヒストン H3-H4 の四量体は，合成されたリーディング鎖 DNA 側に移行する．

9. テロメア DNA の伸長にかかわるテロメラーゼは，RNA を鋳型に DNA を合成する酵素である．

10. DNA の再複製は，CDK による MCM タンパク質などのリン酸化により阻止される．

Q2. 図 5.3 にならい，保存的複製様式と分散的複製様式での 1 世代目と 2 世代目の大腸菌 DNA の塩化セシウム平衡密度勾配遠心の結果を描きなさい．

Q3. もし細胞が，5' から 3' の方向とともに，3' から 5' の方向へ DNA を合成する DNA 合成酵素をもち，その両者が DNA 複製フォークで機能するとしたら，合成された DNA の大きさの分布はどのようになるか．図 5.6 の 30 秒培養の結果と対比して示しなさい．一つの図の中に，元の分布図を実線で，両方向の酵素が機能した場合の分布を破線で描きなさい．また，その理由を述べなさい．

Q4. DNA 合成はプライマー RNA 合成から始まる．プライマー RNA は，最終的に，FEN1 などの働きで除かれた後，その部分は DNA に置き換わる．ゲノム DNA にプライマー RNA が残ることの問題点について考えなさい．

Q5. DNA 合成の正確さを高める仕組みとして，細胞は校正機能やミスマッチ修復の機能を有している．もし，それらの機能が遺伝子変異などにより不調になった場合，細胞にどのような変化がもたらされるか．

Q6. 細胞には数多くの DNA 合成酵素が存在する．DNA 複製に働く合成酵素の同定には，温度感受性の変異体を用いた遺伝学的解析が有効である．次図の実験では，生育が温度感受性を示す 2 種の大腸菌変異体と野生型大腸菌について，許容温度 25℃での培養後に非許容温度の 37℃で各時間培養し，DNA 合成活性を調べた．横軸に培養

時間を，縦軸にDNAの増加率を示す．DNA複製でDNA合成にかかわるDNA合成酵素の変異体の結果は，変異体1と2のどちらのタイプか．その理由も答えなさい．

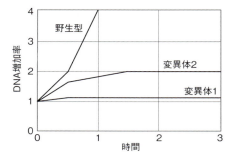

Q7. 分化した細胞が増殖する時，複製前のDNAに結合したヒストンH3-H4の四量体は，複製後の二つのDNAに均等に分配される．もしその反応に支障が起きた場合，細胞にどのような不都合が生じると考えられるか．

Q8. 大腸菌とヒト細胞のゲノムとDNA複製に関して，以下のことがわかっているとする．
①大腸菌のDNA合成にかかる時間は0.5時間で，ヒト細胞では8時間である．
②ヒトのゲノム長は大腸菌の1,000倍長いが，46本に分かれている（染色体）．
③大腸菌DNA合成酵素の合成速度は，ヒトの合成酵素速度の10倍速い．
大腸菌ゲノムには1か所のDNA複製起点が存在する．ヒト細胞では，最低何か所の複製開始点が各ゲノム（染色体）にあることが必要か．

Q9. DNA複製開始点は，遺伝子のプロモーター領域など遺伝子領域以外のゲノム領域に存在する場合が多い．もし開始点が遺伝子内に存在した場合には，どのような不都合が考えられるか．

参考文献

1）B. Alberts 他 著，中村桂子・松原謙一 監訳：細胞の分子生物学（第6版）第5章 DNAの複製，修復，組換え（2018）（電子書籍）
　→DNA複製機構およびDNA複製開始と完了について書かれている．
2）M. Meselson and F.W. Stahl：The replication of DNA in escherichia coli. Proc. Nat. Acad. Sci. USA, 44, 671-682（1958）
　→DNAの半保存複製を報じた論文．
3）R. Okazaki et al.：Mechanism of DNA chain growth, I. possible discontinuity and unusual secondary structure of newly synthesized chains. Proc. Natl. Acad. Sci. USA, 59, 598-605（1968）
　→DNAの不連続複製を報じた論文．
4）岡崎恒子：岡崎フラグメントと私，季刊「生命誌」，32号（2001）
　　(https://brh.co.jp/s_library/interview/32/)
　→岡崎令治博士とともにDNAの不連続複製を解明した研究の実像．

第6講

転写のしくみと調節−ゲノム情報が発現する初めの一歩−

田上　英明

本講の概要

　生命の設計図であるゲノム情報は，さまざまな生体機能分子に展開される．DNAからRNAやタンパク質を発現させる最初のステップが転写である．ゲノム上の遺伝子は常に発現しているわけではない．外界の環境に応答する場合や細胞が増殖・分化する時に応じて，ゲノム情報発現のスイッチを適切にON/OFFする．遺伝子は，いつ，どのようにして，どれくらい転写されるのだろうか．

　分子生物学の黎明期から転写研究は盛んに進められてきており，多くの概念や研究手法が確立されている．本講では，歴史的な背景から最新の知見まで含めて，転写の分子メカニズムとその調節機構のエッセンスを解説する．原核生物（細菌，古細菌）および真核生物のそれぞれのモデル系での具体的な転写研究から導かれた結果に基づき，転写の共通性と多様な調節機構を整理する．多くの分子や専門用語をカタログのように羅列的に暗記するのではなく，それぞれの分子がオーケストラのごとく見事なハーモニーを奏でるしくみを論理的に理解してほしい．

本講でマスターすべきこと

- ☑ 二本鎖DNAを鋳型として一本鎖RNAが転写される．
- ☑ 細胞のRNAポリメラーゼは多サブユニットで構成され，原核生物と真核生物で構造と機能が似ている．
- ☑ プロモーターにRNAポリメラーゼが結合することで，決まった位置から転写が開始され，伸長し，終結する．
- ☑ DNA上のシスエレメントにトランス作用因子である転写調節因子が結合することで，転写が調節される．
- ☑ 真核生物の転写には多くの因子が関与し，クロマチン構造変換と共役して調節される．

第6講 転写のしくみと調節 ― ゲノム情報が発現する初めの一歩 ―

6.1 転写のしくみ

6.1.1 転写とは

転写（transcription）とは，DNA上のゲノム情報をRNAに写し取ることであり[*1]，遺伝情報発現の最初のステップである．つまり，二本鎖DNAの一方を鋳型DNA（template DNA）[*2]として相補的なRNAを合成する過程を指す．この反応を触媒するのが**RNAポリメラーゼ**（RNA polymerase）である[*3]．まず，転写の概要を**図6.1**に示す．**転写開始点**（Transcription Start Site：TSS）を+1で表し，左側を**上流**（upstream），右側を**下流**（downstream）とよぶ[*4]．RNAポリメラーゼは転写開始点の上流に位置する**プロモーター**（promoter）に結合し，転写開始点からRNAを

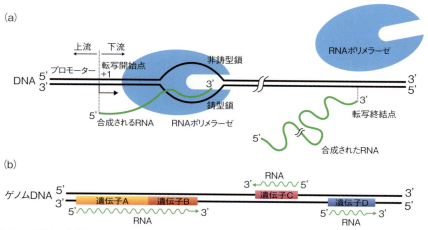

■図6.1 転写の概要
(a) RNAポリメラーゼによる転写のモデル図．RNAポリメラーゼは転写開始点からDNAの鋳型鎖に沿ってRNAを合成する．合成されるRNAは5'→3'方向である．転写開始点を+1で表し，その上流にプロモーターがある．転写終結点で，RNAポリメラーゼと合成されたRNAはDNAから離れる．
(b) ゲノム上で遺伝子の方向は異なる．図の遺伝子A, B, Dは下のDNA鎖を鋳型鎖とし，遺伝子Cは上を鋳型鎖とする．原核生物のオペロンでは，複数の遺伝子（A, B）が1本のmRNAとして転写される．

[*1] 逆に，RNA上の情報をDNAに写し取ることを逆転写（reverse transcription）とよぶ．
[*2] 鋳型とならない非鋳型鎖（non-template strand）は，TをUにすれば転写されたRNAの配列と同じであるため，意味のあるセンス鎖（sense strand）もしくはコード鎖（coding strand）/（+）鎖とよばれる．これに対して鋳型鎖（template strand）は，アンチセンス鎖（anti-sense strand）/非コード鎖（non-coding strand）/（-）鎖とよばれる．つまり，非鋳型鎖＝センス鎖＝コード鎖＝（+）鎖，鋳型鎖＝アンチセンス鎖＝非コード鎖＝（-）鎖．

合成する．このとき合成される RNA は 5'→3' 方向である．ゲノム上の遺伝子は，つねに片方の鎖が**鋳型鎖**（coding strand）になるのではなく，どちらの DNA 鎖も鋳型鎖となる．したがって，転写の方向は遺伝子によって異なる（図 6.1 (b)）．

DNA 複製では，DNA を鋳型として DNA を合成する．このとき合成される DNA は 5'→3' 方向である．転写反応は，DNA 複製のしくみと似ているが，以下の点が大きく異なる．

- 二本鎖 DNA の一方の DNA を鋳型として用いる．
- リボヌクレオチドを基質として，鋳型 DNA と相補的な RNA を合成する．ただし，T の代わりに U が取り込まれる．
- プライマーを必要とせず，新規に（de novo）合成する．
- 合成された RNA は，鋳型 DNA から次々と離れる．

6.1.2　RNA ポリメラーゼ

RNA ポリメラーゼは，細菌からヒトまで本質的に同じ転写反応を行うため，RNA 合成の触媒活性にかかわる部位などにおいて共通点が多い．ファージや細胞小器官には単一ペプチドからなる単純な RNA ポリメラーゼをもつものもあるが，原核生物から真核生物まで細胞の RNA ポリメラーゼは複数のサブユニットから構成される（**表 6.1**）．

■表6.1　原核生物と真核生物の RNA ポリメラーゼ

生物		RNA ポリメラーゼ	サブユニット数	合成する RNA
原核生物	細菌	RNA ポリメラーゼ コア酵素	5	すべての RNA
	古細菌	RNA ポリメラーゼ コア酵素	11	すべての RNA
真核生物（出芽酵母）		RNA ポリメラーゼ I （Pol I ）	14	28S，5.8S，18S rRNA
		RNA ポリメラーゼ II （Pol II）	12	mRNA, snRNA（一部），snoRNA（一部），ノンコーディング RNA
		RNA ポリメラーゼ III （Pol III）	16	tRNA，5S rRNA，snRNA（一部），snoRNA（一部）

[*3] DNA を鋳型として RNA を合成する RNA ポリメラーゼは DNA 依存性 RNA ポリメラーゼとよばれ，1960 年までに S. Weiss らと J. Hurwitz らによって独立に発見された．「DNA 依存性」とは，「DNA の情報にしたがって」という意味である．1955 年に S. Ochoa らによって RNA 合成酵素として最初に発見された PNPase（Polynucleotide Phosphorylase）は，DNA を鋳型としないため RNA ポリメラーゼではない．DNA を鋳型としない RNA 合成は転写ではない（→ポリ A ポリメラーゼ）．

[*4] 転写開始点の上流は −1 から始まるため 0 はない．上流，下流の DNA の位置を，それぞれ −10，＋30 などと表す．転写開始点に対し，転写が終結する位置を転写終結点（Transcription Termination Site：TTS）とよぶ．

第6講　転写のしくみと調節－ゲノム情報が発現する初めの一歩－

（1）原核生物のRNAポリメラーゼ

　細菌は1種類のRNAポリメラーゼをもち，**コア酵素**（core enzyme）とσ因子（σ factor）からなる．コア酵素は2分子のα，1分子ずつのβ，β'，そしてωの5個のサブユニットで構成される．コア酵素だけでRNA合成活性をもち，DNA末端や一方のDNA鎖の片方に切れ目が入ったニックから転写できる．コア酵素にσ因子が結合して**ホロ酵素**（holoenzyme）になる．ホロ酵素のσ因子が特異的なプロモーター配列を認識し結合することにより，プロモーター上で転写開始複合体を形成し転写が開始される．転写開始後にはσ因子は解離し，新たに別のコア酵素と結合してホロ酵素となるサイクルを繰り返す．大腸菌には，特異性の異なる7種のσ因子が存在する．増殖期の多くの遺伝子の転写にかかわる主要なσ^{70}以外に，熱ショックに応答する遺伝子群に特異的なσ^{32}や窒素代謝に関する遺伝子に特異的なσ^{54}などがある．このようにσ因子の変化によりRNAポリメラーゼの多型性が生み出されることで，環境条件の変動に応じた遺伝子の選択的発現に関与できる．例えば，枯草菌ではσ因子が置き換わることで胞子形成という分化が誘導される．

　古細菌は，1種類のRNAポリメラーゼをもち，11個のサブユニットから構成される．また，真核生物のRNAポリメラーゼⅡとサブユニット組成やアミノ酸配列に相同性があり，立体構造も類似している．

（2）真核生物のRNAポリメラーゼ

　真核生物は3種類のRNAポリメラーゼ[*5]をもち，それぞれ異なるクラスの遺伝子を転写する．RNAポリメラーゼⅠ（PolⅠ）は，18S，28SなどのrRNA前駆体の遺伝子を転写する．RNAポリメラーゼⅡ（PolⅡ）は，すべてのmRNAと多くのノンコーディングRNAを転写する．RNAポリメラーゼⅢ（PolⅢ）は，tRNAと5S rRNA，一部の核内低分子RNA（snRNA）を転写する．各RNAポリメラーゼは，多くのサブユニットから構成されている．例えば，酵母のPolⅠ，PolⅡ，PolⅢは，それぞれ14，12，16個のサブユニットからなる．そのうち5個は3種のRNAポリメラーゼで共通であり，細菌のRNAポリメラーゼと相同性をもつサブユニットもある．PolⅡの最大サブユニットのC末端には**C末端ドメイン**[*6]（C-Terminal Domain：CTD）とよぶ特徴的なYSPTSPSの7アミノ酸の繰り返し配列が存在する．CTDは転写反応中にリン酸化を受け，転写の調節やRNAプロセシングとの連携にかかわる．

[*5] 植物は，3種類のRNAポリメラーゼに加えてPolⅡに類似したPolⅣ，PolⅤをもち，遺伝子サイレンシングにかかわる．

[*6] CTDのリピート配列を酵母は27個，ヒトは52個もち，酵母やマウスでこのリピートを大きく削ると生存できなくなる．

(3) RNAポリメラーゼの立体構造

1999年以降，原核生物および真核生物のRNAポリメラーゼのX線結晶構造が明らかにされた（**図6.2**）．両者とも，「カニのはさみ」のような構造をしており，RNAポリメラーゼとしての機能と立体構造との相関が示唆される．いずれも二つの最大サブユニットが「二つの爪」に相当しDNAを挟み込む様子がイメージされる．これらの構造解析を基盤として詳細な転写の分子機構が理解できるようになり，R. Kornbergが2006年のノーベル化学賞を受賞した．

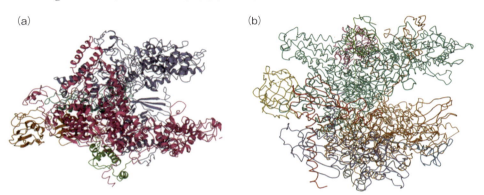

■図6.2　原核生物（細菌）と真核生物のRNAポリメラーゼのX線結晶構造
(a) 原核生物の高度好熱菌 *T. aquatics* のRNAポリメラーゼ コア酵素
(b) 真核生物の出芽酵母 *S. cerevisiae* のRNAポリメラーゼⅡ

6.1.3 プロモーター

プロモーターとは，RNAポリメラーゼが結合して転写開始点を決める領域を指す．

(1) 原核生物（細菌）のプロモーター[7]

大腸菌の多くの遺伝子では，転写開始点の上流10塩基と35塩基を中心とした位置に保存された配列があり，それぞれ−10領域[8]，−35領域とよぶ．これらの配列にRNAポリメラーゼホロ酵素中のσ^{70}が直接結合する．σ^{70}を含むホロ酵素が結合するプロモーターにみられるコンセンサス配列[9]は，−10領域がTATAAT，−35

---

[7] 古細菌のプロモーターはPolⅡコアプロモーターと似たBRE（後述）やTATAボックスをもち，真核生物に類似している．
[8] −10配列．−10ボックスともよぶ．以前は，発見者からプリブノー（Pribnow）ボックスともよばれた．TATAボックスやホメオボックスのように特定のDNA配列をボックスとよぶことが多い．また，特定のDNA配列をエレメント（要素）とよぶ場合もある．
[9] プロモーター領域の塩基配列は遺伝子により完全には一致せずバラツキがある．それらを比較して最も頻度の高い配列をコンセンサス配列とよぶ．

第 6 講　転写のしくみと調節 — ゲノム情報が発現する初めの一歩 —

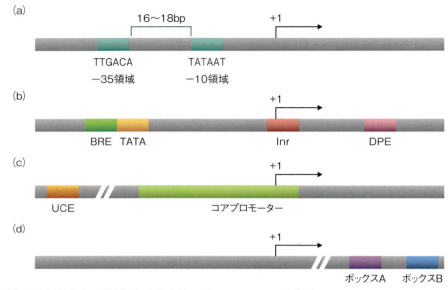

■図 6.3　原核生物（細菌）と真核生物のプロモーターの模式図
(a) 原核生物（大腸菌）の典型的なプロモーターとそのコンセンサス配列.
(b) 真核生物の RNA ポリメラーゼ II のコアプロモーター.
(c) 真核生物の RNA ポリメラーゼ I のプロモーター.
(d) 真核生物の RNA ポリメラーゼ III のプロモーター

領域が TTGACA で，その間は配列に共通性のない 16 〜 18 塩基対である（**図 6.3**(a)）．−10，−35 領域以外にもホロ酵素との相互作用にかかわる配列が存在する．別の σ 因子をもつホロ酵素によって認識されるプロモーターには別のコンセンサス配列がある．

(2) 真核生物のプロモーター

1980 年頃から *in vitro*[10] 転写系を用いた真核生物の PolII 転写解析法が確立された．種々の遺伝子で *in vivo*[10] と同じ位置から転写が開始されることから，転写開始に必要なプロモーターのエレメント[9]（塩基配列 = DNA 要素）が同定された．真核生物では，原核生物と異なり RNA ポリメラーゼ単独ではプロモーターに結合できない．3 種の RNA ポリメラーゼがそれぞれに異なる**基本転写因子**（General Transcription Factor：GTF）とよばれる複数の因子を必要とする（→ 6.3.1 項）．

　in vitro で正確な転写が開始されるのに必要な最小領域を**コアプロモーター**（core promoter）とよぶ．PolII のコアプロモーターは，4 種の配列要素をもつ（図 6.3

---

[10]　*in vitro*：試験管内で，*in vivo*：生体内で

（b））. 最初に発見されたのは，転写開始点の上流約 30 塩基付近に大腸菌の − 10 領域と類似の AT に富む **TATA ボックス**[*11] (TATA box) である. その他に，TATA ボックスのすぐ上流にある **TFⅡB 認識配列** (TFⅡB Recognition Element：BRE)，転写開始点付近の**イニシエーター** (Initiator：Inr)，**下流プロモーターエレメント** (Downstream Promoter Element：DPE) がある. 通常のコアプロモーターには，この 4 種のうち二つか三つしか含まれない. 例えば，TATA ボックスをもたないプロモーター (TATA-less promoter) も多いが，その場合は DPE をもつ.

Pol Ⅰ および PolⅢ によって転写される遺伝子のプロモーターも，それぞれ特異的な配列要素をもっている. Pol Ⅰ は rRNA 遺伝子を転写し（→コラム「転写の現場を見る！」），転写開始点付近のコアプロモーターおよび上流の UCE (Upstream Control Element) がプロモーターとして作用する（図 6.3 (c)）. 5S rRNA や tRNA 遺伝子などを転写する PolⅢ のプロモーターは，他のプロモーターが転写開始点の上流に位置しているのに対して転写開始点の下流にある（図 6.3 (d)）. プロモーターは「RNA ポリメラーゼが結合して転写開始点を決める領域」と上述したが，一体，転写開始点の下流からどのようにして転写開始を指示するのだろうか（→コラム「内部プロモーターの発見」）.

6.1.4 転写反応

RNA ポリメラーゼによる転写反応はすべての生物において共通で，開始，伸長，終結の三つのステップに分けることができる（**図 6.4**）.

（1）転写開始

転写開始 (transcription initiation) は，RNA ポリメラーゼがプロモーターに強く結合することによりスタートする. しかし，転写を開始するには，プロモーターから移動するモード変化が必要となる. まず，RNA ポリメラーゼがプロモーターを認識して結合する. その後，構造変化により転写開始点付近の二本鎖 DNA を開裂させ**開鎖型複合体** (open complex) へと変換される. ここで転写開始点の鋳型 DNA 鎖に相補的な最初の二つのリボヌクレオチド間にホスホジエステル結合が形成され，RNA の 5′ → 3′ の一方向に RNA 合成が開始される.

RNA ポリメラーゼは 10 塩基程度の RNA を合成すると，プロモーターから離れ転写伸長段階に入る. この過程において細菌では σ 因子が解離し[*12]，真核生物の Pol

---

[*11] TATA 配列ともよぶ. 以前は，発見者からホグネス (Hogness) ボックスともよばれた.

[*12] 構造解析から σ 因子は合成中の RNA の 5′ 末端の出口に位置することが示されており，RNA の伸長には σ 因子が解離する必要がある. しかし，実際は σ 因子は完全に解離するのではなく異なる位置に移動し，そこに保持されていることが示されている.

第 6 講　転写のしくみと調節－ゲノム情報が発現する初めの一歩－

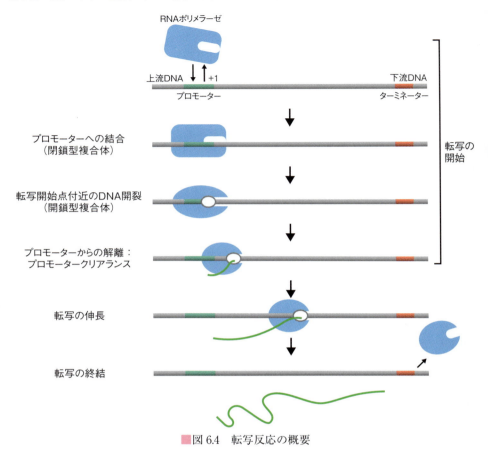

■図 6.4　転写反応の概要

Ⅱによる転写では CTD がリン酸化されて転写複合体は安定な伸長モードに移行する．

(2) 転写伸長

転写伸長（transcription elongation）とは，RNA ポリメラーゼが DNA 上を移動しながら RNA 鎖を伸長させるプロセスである．転写伸長複合体では，合成中の RNA の 3' 末端 10 塩基程度は鋳型 DNA とハイブリッド形成をしたまま，触媒部位で 1 塩基ずつ RNA 合成を進める．RNA 鎖のすでに合成された部分は，DNA から離れて RNA ポリメラーゼの外に出る．転写伸長の速度は 20 〜 100 塩基 / 秒ほどだが，誤った塩基を取り込むと一時停止（pausing）する．このような場合に RNA ポリメラーゼは逆戻りして RNA 鎖を切り，転写を再開することで間違った RNA を取り除いて校正する．

6.1 転写のしくみ

（3）転写伸長と翻訳や RNA プロセシングとの共役

核をもたない原核生物では，転写伸長と翻訳は同時に起こる．翻訳速度は約 20 アミノ酸／秒なので，転写伸長速度（20 〜 100 塩基／秒）とほぼ同程度である．この転写と翻訳の共役は，後述するような遺伝子発現調節に利用される例がある（→ 6.2.4 項）．

真核生物の転写は核内で，翻訳は細胞質で起こるため，転写と翻訳は完全に分離されている．しかし，Pol II による転写伸長では CTD のリン酸化を介して RNA プロセシングと共役することが知られている（→第 7 講）．

（4）転写終結

転写を終了した RNA ポリメラーゼは，合成した RNA を切り離し DNA からも解離する．この過程を**転写終結**（transcription termination）とよび，転写終結点を**ターミネーター**（terminator）とよぶ．細菌ではこのステップにρ因子というタンパク質が関与する場合と関与しない場合がある．**ρ非依存性ターミネーター**（ρ independent terminator）は，GC に富む逆反復配列と DNA 鋳型鎖上に連続した 6 〜 8 個の A 塩基からなる．RNA ポリメラーゼがこの領域を転写すると，できた RNA は逆反復配列のため分子内でヘアピン構造をつくり，RNA と DNA との結合は A・U 塩基対のみとなる．A・U 塩基対は塩基対の中で最も弱く，RNA と DNA との結合は不安定なものとなり RNA が解離して転写が終結する（**図 6.5**（a））．ρ非依存性ターミネーターは，オペロンの 3′ 末端によくみられ，その終端を規定する役割を担ったり，転写アテニュエーションに関与する（後述）．**ρ依存性ターミネーター**（ρ dependent terminator）では，六量体のρ因子が転写中の一本鎖 RNA に結合し，ATP 加水分解のエネルギーを使って RNA ポリメラーゼを追いかけ RNA を引き離して転写を終結させる．ρ因子が結合する RNA 領域は G 塩基が少なく高次構造をとらず，RNA ポリメラーゼが一時停止しやすいという性質をもつ．しかし，ρ因子の作用様式ゆえに結合部位は多様であり明確な DNA 配列がないことは理にかなっているのかもしれない．

ここで注意すべきは，合成された RNA の 3′ 末端は非特異的（またはランダムな）分解やプロセシングを受けるため，RNA の 3′ 末端が転写終結部位に対応するとはいえないことである[13]．真核生物の Pol II では明確なターミネーターはなく，RNA の 3′ 末端切断およびポリ A 付加反応と共役すると考えられている（→第 7 講）．切断された RNA の 5′ 部位に図 6.5（c）に示すように 5′ → 3′ エキソヌクレアーゼが結合し，

---

[13]　同様に，RNA の 5′ 末端が転写開始点に対応するともいえない．5′ 末端が pppN または ppN であれば RNA の 5′ 末端が転写開始点に対応する．しかし，5′ 末端が pN の場合は RNase による非特異的分解あるいは RNA プロセシングを経た可能性がある．

第6講 転写のしくみと調節―ゲノム情報が発現する初めの一歩―

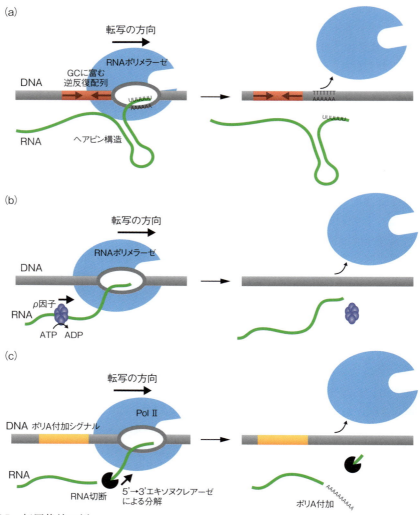

■図6.5 転写終結の例
 (a) 細菌のρ非依存性ターミネーター
 (b) 細菌のρ依存性ターミネーター
 (c) 真核生物 PolⅡ転写のターミネーター（RNA切断酵素とポリA付加酵素は描いていない）

「魚雷（torpedo）」のように PolⅡ を追いかけながら RNA を分解する．ポリ（A）付加シグナルを転写することで転写伸長複合体の構造変換も変化し，最終的に PolⅡ をDNA から引き剥がして転写を終結させるモデルが提唱されている．PolⅠ による転写

では，特異的なターミネーター配列と転写終結因子 TTF‐1 が転写終結にかかわる．Pol III の転写終結では，DNA 非鋳型鎖において 5 個以上の T 塩基が連続する配列がターミネーターとして働き，Pol III のサブユニットがこの配列を認識し転写終結させる．

6.2　転写の調節

6.2.1　オペロン説と原核生物（細菌）における転写調節

　転写の調節については，1960 年の F. Jacob と J. Monod による大腸菌ラクトース代謝系の研究に端を発している．彼らが提唱した**オペロン説**（operon theory）は，転写調節の普遍的な原理として受け入れられている．オペロンとは，**オペレーター**（operator）とよばれる特定の配列によって制御を受けるひとつながりの遺伝子群と定義され，ひとつながりの mRNA に転写される制御単位である[*14]．原核生物の転写調節機構の例として**ラクトースオペロン**（*lac* **オペロン**，*lac* operon）と**トリプトファンオペロン**（*trp* **オペロン**，*trp* operon）を見てみよう．

（1）*lac* オペロン

　大腸菌ラクトースオペロン（*lac* オペロン）は，ラクトース代謝にかかわる酵素タンパク質をコードする三つの遺伝子 *lacZ*，*LacY*，*lacA*（構造遺伝子とよぶ）と，構造遺伝子の発現を調節する *lac* プロモーターおよび *lac* オペレーター[*15]から構成される（**図 6.6**）．*lacZ* は，ラクトースをグルコースとガラクトースに分解する酵素 β ガラクトシダーゼを，*lacY* はラクトースを細胞内に取り込む透過酵素を，*lacA* はガラクトシドにアセチル基を転移する酵素をそれぞれコードする．三つの構造遺伝子は転写開始点から一本の mRNA として転写される．*lac* オペロンは常に発現しているのではなく，細胞が外部の環境に応答して発現が抑制されたり誘導されたりする．*lac* オペロンの発現調節には負の制御と正の制御がある．

　まず負の制御をみよう．負の制御には *lac* オペロンの上流に位置する *lacI* 遺伝子から常時つくられている（構成的発現という）**Lac リプレッサー**（Lac repressor）がかかわる．培地中にラクトースがない場合，Lac リプレッサーは *lac* オペレーターに結合し，*lac* オペレーターと *lac* プロモーターは部分的に重なっているため RNA ポリメラーゼのプロモーターへの結合が阻害されて転写が抑制される（**図 6.7**（a））．培

[*14]　機能的に関連が深い遺伝子群はオペロンを形成することによって，単一のシグナルにより同調して制御することが可能となる．

[*15]　*lacI* 遺伝子も含めて調節遺伝子とよばれたが，現在ではプロモーターやオペレーターは調節領域とよぶ．

第6講 転写のしくみと調節－ゲノム情報が発現する初めの一歩－

地中にラクトースがある場合，細胞内に取り込まれたラクトースは一部アロラクトースに異性化される．アロラクトースが Lac リプレッサーに結合すると Lac リプレッサーの構造が変わる．その結果，Lac リプレッサーは *lac* オペレーターに結合できな

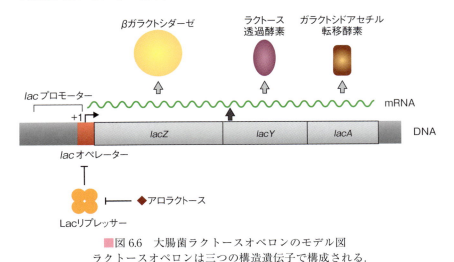

■図 6.6　大腸菌ラクトースオペロンのモデル図
　ラクトースオペロンは三つの構造遺伝子で構成される．

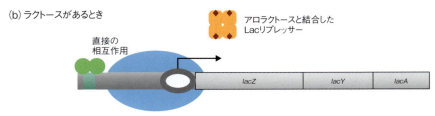

■図 6.7　大腸菌ラクトースプロモーターにおける転写制御のモデル図
　(a) 培地にラクトースがないとき，Lac リプレッサーがオペレーターに結合し，転写を抑制する．
　(b) 培地にラクトースがあると，Lac リプレッサーが解離する．cAMP-CRP によって RNA ポリメラーゼがプロモーターにリクルートされ，転写が促進される．

くなり *lac* オペロンの転写が誘導される（図 6.7（b））．アロラクトースのような働き
をするものを**誘導物質**（inducer）とよぶ．図 6.7 において，オペロンの上流に結合
している cAMP-CRP は正の制御にかかわるものであり，次に述べる．

　正の制御には細胞内の**サイクリック AMP**（cyclic AMP, cAMP）と **CRP**[*16]（cAMP
Receptor Protein）がかかわる．CRP は cAMP と結合すると活性型となり，*lac* プロ
モーター上流の配列に結合する．*lac* プロモーターは弱いプロモーターで，Lac リプ
レッサーが外れた状態でも RNA ポリメラーゼは単独では結合できない．実は，この
cAMP-CRP が**アクチベーター**（activator）として RNA ポリメラーゼを *lac* プロモー
ターに結合させることで，*lac* オペロンの転写が促進される（図 6.7（b））．まとめる
と，*lac* オペロンの制御の全体像は図 6.7（b）で表される．cAMP-CRP は上流に常に
結合しており，cAMP-CRP による正の制御，すなわち，転写の促進は Lac リプレッ
サーがアロラクトースのような誘導物質により失活している時にみられるのである
（図 6.7（b））．

　培地中にグルコースがあると他の糖代謝が抑制されること（グルコース抑制もしく
はカタボライト抑制）が知られている．培地中にグルコースがあるときにラクトース
が共存しても *lac* オペロンは誘導されない．この説明として，「培地にグルコースが
あるときに細胞内 cAMP 量が下がるため，cAMP-CRP の正の制御が起きず，*lac* オ
ペロンは転写されない」と多くの教科書に単純化されて記載されている．しかし，最
近の研究によると，培地中のグルコースおよびラクトース存在下で細胞内 cAMP 量
に変化はなく，グルコースによってラクトースの細胞内への取り込みが阻害されてい
る．それゆえ，グルコース存在下では Lac リプレッサーが *lac* オペレーターから外
れずに *lac* オペロンの転写は抑制されるのである．したがって，培地中にグルコース
があるときラクトースを利用しないという糖の選択的代謝においては，Lac リプレッ
サーによる負の制御が主にかかわる．一方，Lac リプレッサー非依存的なカタボライ
ト抑制というケースも知られており，その場合は，cAMP-CRP による正の制御も数
倍程度の転写調節に関与する．

　lac オペロンの研究から導かれた特に重要な考え方は以下の 2 点である．

　① シスに位置する DNA 上の領域（オペレーター）に，トランスに働く調節因子（リ
　　プレッサー）が結合することで，オペロンの遺伝子発現が抑制される．

　② リプレッサーは誘導物質と結合すると構造変化を起こし，オペレーターから解
　　離する．

　ここから転写制御における**シス因子**（*cis*-element）と**トランス因子**（*trans*-acting
factor）という概念[*17] が生まれた．「オペロン説」はリプレッサーによる負の制御[*18]

[*16]　カタボライト活性化タンパク質（Catabolite Activator Protein：CAP）ともよばれる．

133

第6講　転写のしくみと調節－ゲノム情報が発現する初めの一歩－

であるが，これは正の制御にも当てはめることができ，CRP の研究からアクチベーターによる正の制御という概念が広く受け入れられるようになった.

（2）*trp* オペロン

大腸菌トリプトファンオペロン（*trp* オペロン）は，トリプトファン生合成に必要な五つの構造遺伝子，*trp* プロモーター，*trp* オペレーター，リーダー配列から構成される（**図 6.8**）. *trp* オペロンはトリプトファンが培地に十分あるときには発現せず，欠乏すると発現が最大となるユニークな二段階の制御機構がある（図 6.8）. 細胞内にトリプトファンが十分あるときには Trp リプレッサーが転写を抑制し，トリプトファンの濃度が低下すると *trp* オペロンの転写が開始されるようになる. 前述した *lac* オペロンでは，誘導物質のアロラクトースが Lac リプレッサーを不活化して *lac* オペレーターから解離するが，*trp* オペロンではトリプトファンが Trp リプレッサーと結合することで *trp* オペレーターに結合する. これは，*lac* オペロンのような異化（分解）代謝経路の場合は，基質があると基質を分解する酵素遺伝子の発現を誘導し，*trp* オペロンのような同化（生合成）経路の場合は，産物があるとその合成酵素遺伝子の発現を抑制する，という合理的なしくみと考えられる.

さらに，*trp* オペロンにはもうひとつの転写制御機構がある. それは Trp リプレッサー非依存的で，この解析から**転写アテニュエーション**（transcription attenuation：転写減衰）という機構が発見された. *trp* オペロンは転写開始点から最初の構造遺伝子（*trpE*）の直前までに 160 塩基対ほどのリーダー配列をもつ（**図 6.9** (a)，(b)）. リーダー配列は，配列 1 と配列 2，配列 2 と配列 3，配列 3 と配列 4 の 3 種のヘアピン構造を取りうる配列構成をもつ. 配列 3 と配列 4 がヘアピン構造をとると，それに続く 8 個の U が ρ 非依存性ターミネーター様のアテニュエーター（attenuator：転写減衰域）の構造となる. また，転写されたリーダー RNA には 14 個のアミノ酸からなるリーダーペプチドの ORF があり，その途中にトリプトファンが 2 個並んでいる.

原核生物では転写と翻訳が共役するため，*trp* オペロンから転写されたリーダー

---

*17　トランス（*trans*）に作用する因子とは，細胞質（原核生物の場合）または細胞核（真核生物の場合）にあって，いわゆる離れた場所から DNA 上の遺伝子に作用を及ぼすタンパク質や RNA のことである. 転写において，数多くの転写制御因子がトランスに作用する. これに対して，シス（*cis*）因子とは遺伝子と同一の DNA 上にあってその遺伝子に作用する塩基配列のことである. 転写におけるプロモーターやオペレーター，エンハンサーなどがシス因子である.

*18　オペロン説が発表されたときは，リプレッサーが RNA かタンパク質かもわかっていなかった. その後，Lac リプレッサーがタンパク質であること，および *lac* オペレーターが DNA の一部であることが証明された. W. Gilbert らの Lac リプレッサーと *lac* オペレーターとの相互作用の研究が，DNA シークエンス解析（Maxam-Gilbert 法）やタンパク質-DNA 相互作用を解析する技術の発展につながった.

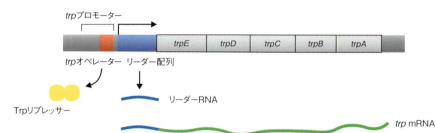

■図 6.8　大腸菌トリプトファンオペロンのモデル図
（a）細胞内にトリプトファンが高濃度あるとき，トリプトファンと結合した Trp リプレッサーがオペレーターに結合し，転写を抑制する．
（b）細胞内のトリプトファン濃度が低下すると，Trp リプレッサーが解離し転写が開始される．しかし，トリプトファンが低濃度であっても存在すると最初の構造遺伝子 *trpE* の前までのリーダー RNA しか合成されない転写アテニュエーションがおこる（→本文と図 6.9）．トリプトファンが完全に欠乏するとトリプトファンオペロンを最後まで転写できるようになる．

RNA もすぐに翻訳される．細胞内に低濃度であってもトリプトファンがあるときには，リボソームはこのリーダーペプチドをすべて翻訳して通り過ぎる．その時，リーダー RNA は配列 3 と配列 4 がアテニュエーター構造をとり，転写が終了してしまうのである（図 6.9 (c)）．しかし，細胞内のトリプトファンが欠乏すると，基質である Trp-tRNA がないためにリボソームは trp コドンで止まってしまう．この時，転写途中のリーダー RNA は配列 2 と配列 3 が対合するため，アテニュエーターが形成されずに RNA ポリメラーゼは構造遺伝子まで転写が継続できる（図 6.9 (d)）．

このようなリーダー配列は他のアミノ酸生合成遺伝子のオペロンにも多くみられ，リーダーペプチドにはそれぞれに対応するアミノ酸が並んでいる．転写アテニュエーションによって，細胞内のアミノ酸濃度を直接モニターして厳密な遺伝子発現調節を可能にしていると考えられる．転写アテニュエーションは転写調節因子を使わない転写調節の例である．

第6講 転写のしくみと調節－ゲノム情報が発現する初めの一歩－

(a)
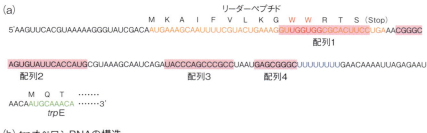

(b) *trp* オペロン RNA の構造

(c) トリプトファンが欠乏したとき

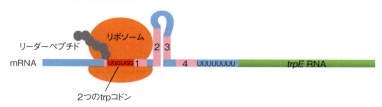

(d) トリプトファンが低濃度あるとき

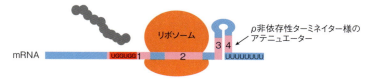

■図 6.9 大腸菌トリプトファンオペロンの転写アテニュエーション
(a) リーダー RNA 配列とリーダーペプチドのアミノ酸配列．リーダーペプチドのトリプトファン残基（W）とそのコドンを赤で示す．配列 1 中の二つのトリプトファン残基（W）のコドンに着目．
(b) *trp* オペロン RNA の構造モデル．配列 1～4 をピンク，リーダー RNA 中の trp コドンを赤，*trpE* RNA を緑で示す．
(c) トリプトファンが欠乏すると，リボソームがリーダーペプチド中の trp コドンで停止し，配列 2 と配列 3 が対合する．このとき RNA ポリメラーゼはトリプトファンオペロンを最後まで転写できる．
(d) トリプトファンが低濃度存在するとき，リボソームはリーダーペプチドをすべて翻訳し，配列 3 と配列 4 が ρ 非依存性ターミネーター様のアテニュエーター構造をとり，転写が終結する．

6.2.2 転写制御因子と DNA 結合ドメイン

オペロン説の概念は，原核生物だけでなく真核生物の転写制御にも拡張することが

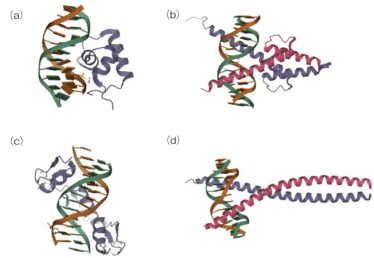

■図 6.10 代表的な DNA 結合ドメインの構造
(a) ヘリックス・ターン・ヘリックス（HTH）構造：Lac リプレッサーの HTH ドメインと lac オペレーター半分の結合．
(b) ヘリックス・ループ・ヘリックス（HLH）構造：転写因子 MyoD の HLH ドメイン．
(c) ジンクフィンガー（ZnF）構造：二つのシステインと二つのヒスチジンが Zn を配位する Cys2His2 型 ZnF ドメイン．
(d) ロイシンジッパー構造：転写因子 PAP1 のロイシンジッパードメイン．

できる．真核生物では，さらに複雑で多くの転写制御因子を介して転写調節が行われる．

現在までに，DNA に配列特異的に結合する転写制御因子が数多く見つかっており，特徴的な DNA 結合ドメインが知られている．大腸菌の Lac リプレッサーや Trp リプレッサー，CRP の DNA 結合ドメインは，**ヘリックス・ターン・ヘリックス**（Helix-Turn-Helix：HTH）とよばれる二つの α ヘリックスからなり，一つのヘリックスが DNA の主溝にはまり込む．真核生物の転写制御因子は，HTH 以外にもいろいろな DNA 結合ドメインをもつ．代表的なものでは，二つの α ヘリックス間がループ状の**ヘリックス・ループ・ヘリックス**（Helix-Loop-Helix：HLH），複数のシステインやヒスチジンが亜鉛（Zn）を配位する**ジンクフィンガー**（zinc finger：ZnF），疎水性のロイシンが等間隔で並ぶ α ヘリックスがコイルドコイル構造をとる**ロイシンジッパー**（leucine-zipper）などが挙げられる（**図 6.10**）．

6.2.3 真核生物における転写調節

（1）基本転写因子

転写調節にかかわる諸因子の研究において，鋳型 DNA と精製された RNA ポリメ

第6講　転写のしくみと調節－ゲノム情報が発現する初めの一歩－

■表6.2　RNAポリメラーゼⅡの基本転写因子

因子名	サブユニット数	主な機能
TFⅡA	2	TFⅡDのDNA結合を促進
TFⅡB	1	BRE認識
TFⅡD	TBPとTAF（11）	TATA結合，Inr，DPE認識
TFⅡE	2	TFⅡH活性化
TFⅡF	2	PolⅡ結合，PolⅡリクルートに必要
TFⅡH	9	DNAヘリカーゼ，CTDリン酸化

ラーゼの2要素のみからなる *in vitro* 転写系という再構成系では正しい転写開始点からの転写を再現できないことが示された．ここに細胞抽出液を加えると正しい転写がみられたことから，転写開始に必要な補助因子が細胞抽出液中に存在すると考えられた．それらを求めての探索・精製の努力の結果，正しい転写開始にはRNAポリメラーゼのほかに複数のタンパク質が必須であることが明らかとなった．これらは**基本転写因子**（General Transcription Factor：GTF）とよばれる．基本転写因子はRNAポリメラーゼを正しい転写開始点に導き転写をスタートさせる働きをする．ここでは，最もよく知られているRNAポリメラーゼⅡ（PolⅡ）の転写を中心に解説する．

　RNAポリメラーゼⅡ（PolⅡ）の転写に関する基本転写因子はTFⅡA，TFⅡB，TFⅡD，TFⅡE，TFⅡF，TFⅡHの6種類とされ，TFⅡB以外は2〜12のサブユニットから構成される[19]（**表6.2**）．基本転写因子は転写においてそれぞれ特別の働きをする．例えば，TFⅡDがコアプロモーターのTATAボックス，Inr，DPEを認識し，転写開始複合体の土台となる．

　TFⅡHのヘリカーゼ活性により転写開始点付近の二本鎖DNAが開裂し，開鎖型複合体に変換される．さらに，TFⅡHのサブユニットがPolⅡのCTDをリン酸化することで，PolⅡはTFⅡF以外の基本転写因子と離れ転写伸長ステップに移行する（**図6.11**）．

（2）PolⅡの転写調節：転写調節因子とメディエーター

　細胞内での効率的な転写には，コアプロモーターだけでは不十分で**上流活性化配列**（Upstream Activating Sequence：UAS）や**エンハンサー**（enhancer）とよばれるDNA配列が必要である．エンハンサーとは逆に，転写抑制に働く配列を**サイレンサー**（silencer）とよぶ．エンハンサーは，プロモーターからの距離や相対位置，方向性などに影響されず，プロモーターから遠く離れて存在する例もある．では，遠位のエンハンサーはどのようにして転写を活性化するのだろうか．一つの様式は，エンハンサーに結合したアクチベーター（エンハンサー結合因子）が**メディエーター**（mediater）とよばれる20個以上のサブユニットからなる1M Daを超える巨大なタンパク質複

---

[19]　"TFⅡ"は <u>t</u>ranscription <u>f</u>actor for Pol Ⅱ を示す．

138

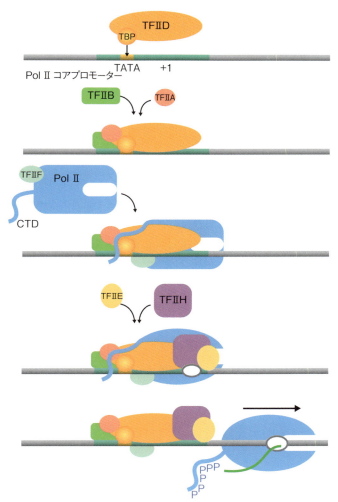

■図 6.11 基本転写因子による RNA ポリメラーゼ II の転写開始反応

合体と相互作用し，さらにこのメディエーターが基本転写因子や Pol II と相互作用するというものである．メディエーターは酵母からヒトまでよく保存されており，その名のとおり転写調節因子からのシグナルを転写開始複合体に伝える仲介役として機能する（**図 6.12**）．

まとめると，真核生物の多くの遺伝子は複数の転写制御領域（シスエレメント）をもっており，複数の転写調節因子群（トランス作用因子），もしくはその組合せによって転写が調節されている．上記したように，数多くのタンパク質複合体が複雑に連携

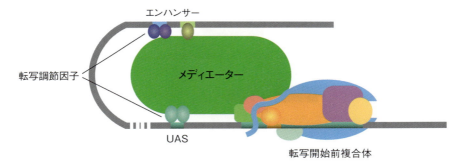

■図6.12　メディエーターが転写調節因子と転写開始前複合体を仲介する

して転写調節に関与するが，いかにしてプロモーター上に転写活性のある開鎖型複合体を構築するか，という観点から見れば，単純な細菌のシステムと共通して理解できる点も多い．また，真核生物のPolⅡはしばしば転写開始点から50塩基下流までのあいだに一時停止する．複数の転写伸長因子が，この一時停止を制御することで遺伝子発現が調節されることも知られている．

6.3　クロマチン構造と転写制御

　真核生物のゲノムDNAは**ヒストン**（histone）に巻き付いた**クロマチン構造**（chromatin structure）をとっている（→第3講）．したがって，DNA上のシスエレメントにトランス作用因子が結合する際にも，プロモーター上に転写前複合体を形成する際にも，さらにRNAポリメラーゼが転写を伸長する際にもクロマチン構造は阻害的に働き，一見，遺伝子の発現には不利のように見える．どのようにしてクロマチン構造内の遺伝子は転写されるのだろうか．

6.3.1　ヒストン化学修飾

　ヒストンのN末端テールはさまざまな化学修飾を受ける．転写が盛んに起こる領域のヒストンが高度にアセチル化されていることは古くから知られていた．1996年にD. Allisらは，転写活性が高いテトラヒメナの大核から**ヒストンアセチル化酵素**（Histone Acetyltransferase：HAT）を単離・同定したところ，出芽酵母のコアクチベーターGcn5と高い相同性をもつこと，さらに酵母Gcn5もHAT活性をもつことを示した．Gcn5はDNA結合活性をもたず転写活性を促進するコアクチベーターとして機能することは知られていたが，それがHATであったことで，転写活性化とヒストンアセチル化が分子レベルでリンクしたことになる．同年に，別のグループが**ヒストン脱アセチル化酵素**（Histone Deacetylase：HDAC）を単離・同定したところ，

6.3 クロマチン構造と転写制御

出芽酵母のコリプレッサー Rpd3 と高い相同性をもつことが示された.

これらの研究を契機として，多くのコアクチベーターや TFⅡD が HAT 活性をもつことや，コリプレッサー複合体に HDAC が含まれることが示され，ヒストンのアセチル化は転写活性化に，ヒストンの脱アセチル化は転写抑制に関与するというモデ

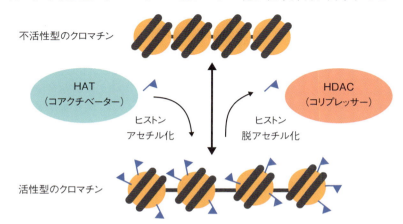

■図 6.13　ヒストンのアセチル化と転写活性

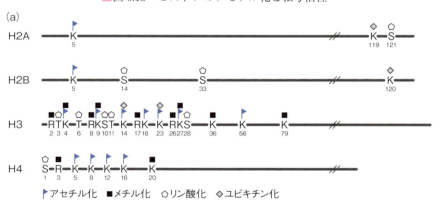

■図 6.14　代表的なヒストン化学修飾とヒストンコード仮説
（a）ヒストン H2A, H2B, H3, H4 の各分子の代表的な化学修飾とその位置.
（b）ヒストンコード仮説の概念図.

141

ルが確立された（**図6.13**）．

ショウジョウバエの**ヘテロクロマチン**（heterochromatin）形成にかかわる因子として同定されていた Su（var）3-9[20] のヒトホモログ SUV39H1 がヒストン H3 の 9 番目のリジン残基（H3K9）を特異的にメチル化する**ヒストンメチル化酵素**（Histone Methyltransferase：HMT）であることが，2000 年に示されると，ヒストンの特定の位置で起こる化学修飾とその組合せが遺伝子発現の「暗号」として機能する，という"**ヒストンコード仮説**"（histone code hypothesis）が提唱された（**図6.14**）．その後，ヒストンコードの"書き手（writer）"としてさまざまなヒストン化学修飾酵素，"読み手（reader）"としての認識因子，"消し手（eraser）"としての脱修飾酵素が発見されている．ヒストンコードはそのバリエーションの豊富さから，その暗号を読むさまざまな機能因子によって，クロマチン構造変換を介した複雑な遺伝子発現制御を可能にすることや，細胞分裂以降も継承されるエピジェネティック情報としての役割を担うことが容易に想像される（→第 14 講）．

6.3.2 クロマチンリモデリング複合体

クロマチン構造は動的で，遺伝子発現時などに際して ATP 依存的にヌクレオソー

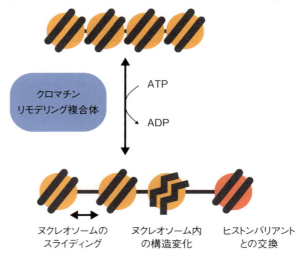

■図 6.15　クロマチンリモデリング複合体のはたらき
考えられている三つの作用を図示しているが，一つのクロマチンリモデリング複合体がすべて行うわけではない．

---

[20] ある遺伝子がヘテロクロマチン近傍に置かれた場合に，その遺伝子発現が抑制されるが，その抑制効果が細胞ごとに異なる現象を PEV（Position Effect Variegation，位置効果の揺らぎ）とよぶ．この現象を抑圧する遺伝子変異が Su（var）：Suppressor of variegation であり，ヘテロクロマチン形成にかかわることが示唆される（→第 14 講）．

ムの位置や DNA との結合が変化する．これを**クロマチンリモデリング**（chromatin remodeling）とよび，ATPase を含むタンパク質複合体（クロマチンリモデリング複合体，もしくはクロマチンリモデラーゼとよばれる）がこの機構に関与する．クロマチンリモデリングにより多くの転写制御因子群が特定の DNA 領域にアクセスできるようになる．

クロマチンのリモデリングは，大きく分けて以下のような三つの分子機構が考えられている．①ヌクレオソームのスライディングのよる DNA 上のヌクレオソーム位置の変化，②ヌクレオソーム内の構造変換，③ヒストンバリアントとの交換，である．

これらの反応は，さまざまなヒストンの化学修飾やクロマチン高次構造，ヒストンシャペロンタンパク質などと共役して起こり，クロマチンの遺伝子発現に寄与する（**図 6.15**）．

6.3.3 インスレーターと核内ドメイン

真核生物，特に高等真核生物の転写活性化はプロモーターから極めて離れた領域か

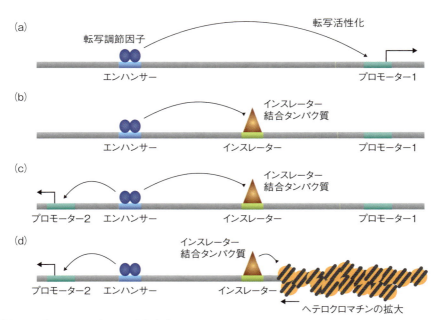

■図 6.16　インスレーターのはたらき
（a）インスレーターがないと，エンハンサーに結合した転写調節因子はプロモーター1を活性化する．
（b）インスレーターに結合タンパク質が結合すると，転写調節因子はプロモーター1を活性化できない．
（c）エンハンサーはプロモーター2のみ活性化できる．
（d）インスレーターはヘテロクロマチンの拡大を阻止する．

らの影響を受ける．例えば，哺乳類のエンハンサーは，制御する遺伝子から数百 kb も離れたところに位置する場合がある．どのようにして特異的なプロモーターに作用するのだろうか．**インスレーター**（insulator，絶縁配列）とよばれる配列が，エンハンサーとプロモーターの間にあると，エンハンサーによる転写活性化が阻害される．また，インスレーターはヘテロクロマチンの拡大も阻止して転写活性化領域を守るため，インスレーターによってゲノムが核内で区画化される（**図 6.16**）．ゲノム上の直線的な距離としては遠く離れていても核内の 3 次元的なクロマチンの折りたたみ方によって近くに位置することができる．実際に，クロマチン構造の核内配置を精密に調べると，個々のクロマチンが**トポロジカルドメイン**（Topological Associated Domain：TAD）とよばれるループ状に折りたたまれた，ひと続きの領域によって構成されることが明らかになった．このドメインの境界にインスレーターが位置している．哺乳類では，インスレーターに結合する **CTCF**（C̲C̲CTC-binding f̲actor，CCCTC 結合因子）がコヒーシンとよばれるリング状のタンパク質と連携してインスレーター同士を接着させると考えられている（**図 6.17**）．

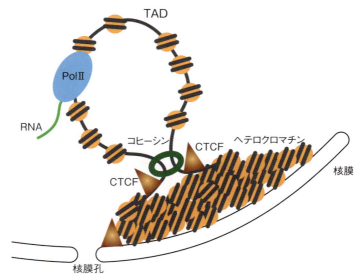

■図 6.17　TAD のイメージ図
　インスレーター結合因子である CTCF はコヒーシンと連携して，クロマチンループとしての TAD を形成させる．

---

*21　エンハンサーがクラスター化したスーパーエンハンサーとよばれる領域では，アクチベーターやメディエーター複合体などが集合し，ある種の動的な液-液相分離（Liquid-Liquid Phase Separation：LLPS）状態を形成していることも近年報告された．

PolIは核小体とよばれる核内構造体でrRNA転写を行うことは古くから知られているが，PolIIによる転写も"ハブ（hub）"や"転写工場（transcription factory）"とよばれる領域において，RNAプロセシングとも共役して行われる[*21]．すなわち，核内でさまざまな反応が協調的に起こる「転写の場」という概念が提唱されている．

演習問題

Q1. 次の文章の正誤を判定せよ．誤りとした場合は理由を述べよ．

1. ゲノムの二本鎖DNAのうち転写されるのは，常に片方の鎖である．
2. 遺伝子のプロモーターは，必ず遺伝子の上流に位置している．
3. 転写反応において鋳型となるDNA鎖をセンス鎖とよばれる．
4. 転写を開始するのにRNAポリメラーゼもDNAポリメラーゼと同様にプライマーを必要とする．
5. RNAポリメラーゼは，原核生物でも真核生物でも，いくつかのタンパク質サブユニットからなる複合体である．
6. 原核生物では，rRNA，tRNA，mRNAをコードする遺伝子は，それぞれ別々のRNAポリメラーゼにより転写される．
7. σブユニットは真核細胞のRNAポリメラーゼのサブユニットの一つである．
8. ラクトースオペロンは，ラクトースが細胞内にあるとき発現する．一方，トリプトファンオペロンはトリプトファンが細胞内にないときに発現する．
9. 真核細胞においてRNAポリメラーゼが転写を開始するには，いくつかのタンパク質因子が関与する．
10. 真核細胞の5S RNA遺伝子はRNAポリメラーゼIにより転写される．

Q2. 大腸菌 *lac* オペロンの発現は，培地中にラクトースがないときにはほとんど起きないが完全に0ではない．この理由は何か．

Q3. 原核生物に比べて，真核生物の転写調節の幅はより大きいと考えられる．この理由は何か．

Q4. 細菌のRNAポリメラーゼと強く結合する塩基配列を探索するため，試験管内で種々の塩基配列のRNAポリメラーゼ結合能を調べた．その結果，一つの塩基配列がRNAポリメラーゼと結合することが明らかとなった．この配列はプロモーターとよんでよいだろうか．

Q5. 細菌の転写因子Xは，転写を正にも負にも制御する．転写因子Xの制御機構を調べるため，ある決まった塩基配列を次図のようにいろいろな位置に挿入した人工のプロモーターを作製した．+1は転写開始点，また，上流の数字は塩基配列の挿入位置を転写開始点からの塩基数で示す．右の値は転写因子Xの野生型および変異体による各プロモーターからの遺伝子Aの転写量〔％〕を示す．

第6講　転写のしくみと調節－ゲノム情報が発現する初めの一歩－

遺伝子Aの転写量〔%〕

	X野生型	X変異体1	X変異体2
X結合部位 −60　+1　遺伝子A	100	10	10
−65　遺伝子A	10	10	10
−70　遺伝子A	80	10	10
+1　遺伝子A	1	10	1

1. 転写因子 X の変異体 1 はナンセンス変異により X が発現していなかったが，変異体 2 は 1 アミノ酸のミスセンス変異であった．どのような機能変異であると考えられるか．

2. 転写因子 X の転写調節機構について，実験データから示唆されることを論理的に述べよ．

参考文献

1) F. Jacob & F. Monod：J. Mol. Biol., 3, 318-356（1961）
　　→オペロン説についての総説.

2) P. Cramer, et al.：Science, 288, 640-649（2000）
　　→酵母 RNA ポリメラーゼⅡの X 線結晶構造の原著論文.

3) T. Inada, et al.：Genes Cells, 1, 293-301（1996）
　　→ lac オペロンにおけるグルコース効果のしくみを明らかにした原著論文.

4) R. Roeder & W. J. Rutter：Nature, 224, 234-237（1969）
　　→真核生物の RNA ポリメラーゼが数種類あることを示した原著論文.

5) J. E. Brownell, et al.：Cell, 84, 843-851（1996）
　　→ヒストンアセチル化酵素がコアクチベーターであることを示した原著論文.

6) S. Rea, et al.：Nature, 406, 593-599（2000）
　　→ヒストンメチル化酵素がヘテロクロマチン形成と関連することを示した原著論文.

転写の現場を見る！

　リボソーム RNA（rRNA）はとても多忙な遺伝子で，ちょうどラッシュ時の電車のように次から次へと RNA ポリメラーゼが転写開始点にエントリーして転写をスタートする．図1はアフリカツメガエル卵母細胞（卵になる前の細胞）でリボソーム遺伝子の転写の現場を電子顕微鏡で捉えたものである．RNA ポリメラーゼが右方向に進むにつれて合成中の RNA が次第に長くなっていく様子が，あたかもクリスマスツリーのように見える．転写の終結近くでは，RNA がタンパク質と結合し，丸まった形状を示す．すなわち，転写中にリボソーム形成の初期段階が始まっていることが見てとれる．

　では，ふつうの遺伝子の転写の様子はどうであろうか．図2は Laird と Chooi がショウジョウバエ（*Drosophila melanogaster*）の胚細胞での転写の様子を捉えた写真である．転写の様子は，昼間の電車や田舎のバスのように RNA ポリメラーゼのエントリーの頻度は図1に比べて極めて低いことが明らかである．外的刺激やホルモン作用などで転写の活性化が促されると，この遺伝子でも図1のように多忙な転写の様子が展開されるのであろうと考えられる．

　現在では，生きた細胞内での転写の様子をライブ観察できるようになり，よりダイナミックな転写の現場も捉えられるようになってきている．

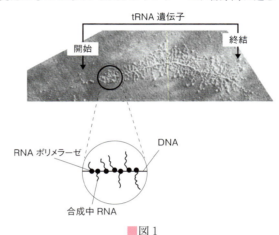

■図1
（写真提供：近藤俊三，東中川 徹）

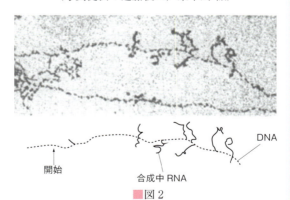

■図2

（出典：C .D. Laird, W. Y. Chooi：Chromosoma, 58, 176, 1976)

（東中川 徹）

第 6 講　転写のしくみと調節－ゲノム情報が発現する初めの一歩－

内部プロモーターの発見

　プロモーターは正しい転写開始点から転写をスタートさせるための塩基配列である．図 6.3（a），（b），（c）では，プロモーターは転写開始点の上流にある．転写因子群がここに結合して RNA ポリメラーゼを転写開始点に誘導するというイメージである．ところが，図 6.3（d）は，RNA ポリメラーゼⅢのプロモーターが転写開始点の下流にあることを示す．遺伝子内部に転写因子が結合して RNA ポリメラーゼⅢを正しい転写開始点に誘導する？　どのようにして？　プロモーターの同定は遺伝子を徐々に欠失したクローンを作製し，どこまで欠失すると正しい転写が消失するか，で判定する．欠失領域はベクター DNA などで置き換えてある．Brown らは，図 1 のように 5′ 上流から徐々に欠失クローンを作製し 5S rRNA 遺伝子の転写を調べた．図 1 の＋は正しい転写がみられたこと，－はみられなかったことを示す．なんと＋40 までの欠失でも正しい転写がみられた．正しい転写がみられたということは，5S rRNA 遺伝子に置き換わったベクター上の 5S rRNA 遺伝子の転写開始点に対応する位置から転写がみられたということである．3′ 下流からについても＋80 までの欠失でも正しい転写がみられた．プロモーターの

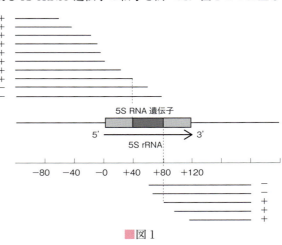

■図 1

定義より，遺伝子内の＋40 ～＋80 が 5S rRNA 遺伝子のプロモーターということになる．図 2 は Brown が 5S rRNA 遺伝子の転写機構を説明する際に用いた図である．A，B，C のタンパク質が図 2 のように遺伝子下流の＋40 ～＋80 領域に結合することで RNA ポリメラーゼⅢを転写開始点に誘導するという図式である．さらに，tRNA や核内低分子 RNA の遺伝子のプロモーターも遺伝子内部に位置することが明らかとなっているが，そのきっかけをつくったのは Brown らのこの実験であった．

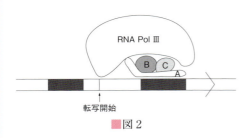

■図 2

（東中川　徹）

第**7**講

RNA プロセシング

尾花　望

本講の概要

　DNA から転写されたばかりの RNA（**一次転写産物**, primary transcript）は，RNA 前駆体（RNA precursor）ともよばれ，そのままのかたちで機能することは少なく，**RNA プロセシング**（RNA processing）を経て初めて機能を発揮する．RNA プロセシングとは，RNA 前駆体に施される多彩な"加工"の総称である（**図 7.1**）．まず，**エンドリボヌクレアーゼ**（endoribonuclease, RNA の内部を切断する酵素）による RNA の内部切断や，**エキソリボヌクレアーゼ**（exoribonulease, RNA 鎖の末端から 1 塩基ずつ分解する酵素）によるトリミングがある．また，mRNA の前駆体の場合，5′末端にキャップ構造が，3′末端にポリ（A）構造が付加される．さらに，**RNA スプライシング**（RNA splicing）とよばれる反応がある．これは，真核生物において，RNA 前駆体から遺伝情報をもたない DNA 領域（イントロンとよぶ）からの転写産物を取り除く反応である．つまり，イントロン由来の転写産物を切り取り，遺伝情報をもつ DNA 領域（エキソンとよぶ）からの転写産物同士をつなぎ合わせる反応である．RNA スプライシングには，酵素を必要としないセルフスプライシングとよばれる反応もある．このほか，RNA 前駆体から塩基を抜いたり，加えたり，あるいは塩基を変換する **RNA エディティング**（RNA editing）とよばれる反応もある．本講では，転写された RNA に施されるこれらの"加工"反応について，加えて RNA が細胞内でどのような運命をたどるかについて解説する．

本講でマスターすべきこと

- ☑ rRNA, tRNA が機能するまでに，どのような RNA 切断反応によりプロセシングされるのかを理解する．
- ☑ mRNA 対するキャップ付加，ポリ（A）付加反応とその意義を理解する．
- ☑ 真核生物における RNA スプライシング機構を理解する．
- ☑ セルフスプライシングの機構とその意義を理解する．
- ☑ RNA が細胞内でどのような運命をたどるかについて理解する．

149

第7講 RNA プロセシング

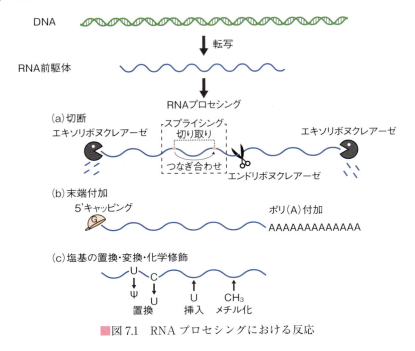

図 7.1　RNA プロセシングにおける反応

7.1　リボソーム RNA（rRNA）の成熟化

7.1.1　細菌の rRNA のプロセシング

　細菌の rRNA は 16S rRNA，23S rRNA および 5S rRNA[*1] の 3 種類があり，これらは rRNA オペロン（*rrn* オペロン）にコードされている．3 種類の rRNA は転写された直後ではひとつながりの RNA であるが，さまざまな切断を受けた後に成熟した rRNA になる（**図 7.2**）．16S と 23S rRNA はまずリボヌクレアーゼⅢ（RNase Ⅲ）によって切り出される．RNase Ⅲ による切断に引き続き，最終的な成熟 rRNA を生み出すためには他にもさまざまな RNase が関与している．大腸菌では RNase E，RNase G，RNase T，枯草菌では RNase J1，Mini-III，RNase M5 とよばれるリボヌクレアーゼが成熟した rRNA をつくるために使われている（図 7.2）．

[*1]　S は**沈降係数**（sedimentation coefficient）を示す．沈降係数が大きい分子ほど遠心分離の際に速く沈殿する．分子量とは比例せず，分子の形状や分子間の相互作用によって決まる値である．例えば，細菌の 30S リボソーム小サブユニットと 50S リボソーム大サブユニットの会合体は 70S となる．

150

7.1 リボソーム RNA（rRNA）の成熟化

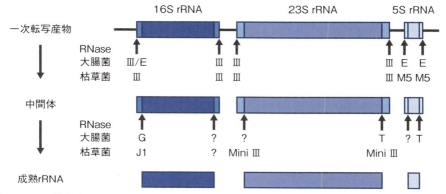

■図 7.2　原核生物の rRNA のプロセシング
各種 RNase によって切断される箇所を矢印で示す．切断に関与する RNase が同定されていない箇所はクエスチョンマーク（?）が示されている．

7.1.2 真核生物の rRNA のプロセシング

真核生物の rRNA は 18S rRNA，5.8S rRNA，28S rRNA および 5S rRNA の 4 種類であり，18S，5.8S，28S rRNA を含む前駆体と，5S rRNA 前駆体をコードする遺伝子は別の領域に位置している．四つのうち 18S，5.8S，28S rRNA を含む大きな前駆体 RNA は，**核小体**（nucleolus）において RNA ポリメラーゼ I によって転写され，rRNA の成熟にはさまざまな切断と修飾が必要である．一方で，残りの一つである 5S rRNA 前駆体は**核質**（nucleoplasm）において RNA ポリメラーゼ III によって転

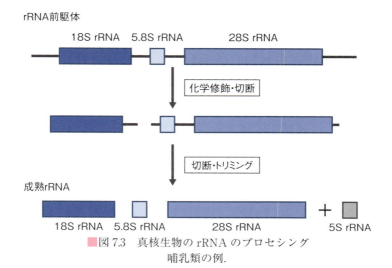

■図 7.3　真核生物の rRNA のプロセシング
哺乳類の例．

写され, 化学修飾を必要としない. rRNA前駆体はまず18S rRNAを含むRNAと, 5.8Sと28S rRNAを含むRNAに切断され, 18S rRNA前駆体は核から細胞質に運ばれて成熟した18S rRNAとなる. 5.8Sと28S rRNAもリボヌクレアーゼによる切断を受けて成熟rRNAになる (**図7.3**). このプロセシング反応には多数の**核小体内低分子リボ核タンパク質粒子** (small nucleolar ribonucleoprotein particle：snoRNP) が関与している. snoRNP中に含まれる**核小体内低分子RNA** (small nucleolar RNA：snoRNA) はrRNA前駆体と部分的に相補配列を有しており, rRNA前駆体の正確な位置での切断に必要である.

7.1.3 塩基修飾

rRNA前駆体は成熟rRNAへと切断されると同時に化学修飾を受ける. 化学修飾ははは糖 (リボース) の2´-O-メチル化と塩基のシュードウリジン化の2種類である. 真核生物ではこのような修飾がrRNA前駆体の約100か所で起こっており, これらの化学修飾にもsnoRNPが関与している.

7.2 トランスファーRNA (tRNA) の成熟化

すべてのtRNAは成熟tRNAよりも長いtRNA前駆体として転写され, 5'末端と3'末端, そして内部の余分な配列が取り除かれることによって成熟tRNAになる (**図7.4**).

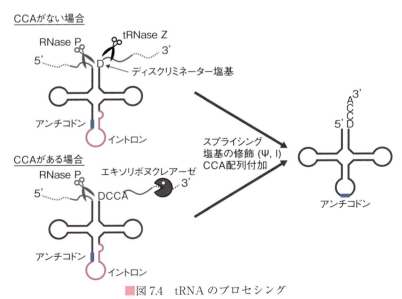

■図7.4 tRNAのプロセシング

7.2.1 5′末端のプロセシング

tRNA 前駆体の 5′末端はリボヌクレアーゼ P（RNase P）によって除去される. この酵素はほぼすべての生物種に存在しており, タンパク質と RNA のサブユニットから構成される**リボ核タンパク質**（ribonucleoprotein）である. 真正細菌では RNA サブユニット自身が触媒機能をもっており, tRNA 以外のプロセシングにも関与している. しかし, ほとんどの古細菌と真核生物の RNase P では RNA サブユニットのみではプロセシング活性はみられない. RNA のプロセシングにはさまざまなリボヌクレアーゼが関与することが多いが, tRNA 前駆体の 5′末端は RNase P だけで完了する.

7.2.2 3′末端のプロセシング

tRNA の 5′末端はすべての生物種で RNase P によってプロセシングされるが, 3′末端のプロセシングにかかわる酵素は生物種によってさまざまである. 成熟 tRNA の 3′末端はアミノ酸との結合に必要となる CCA 配列を必ず有している. しかし, tRNA 遺伝子配列上には CCA 配列がコードされていないものが多い. 真核生物の tRNA 遺伝子中には CCA 配列はコードされていない. 一方で, 真正細菌や古細菌の場合, CCA 配列をコードしている tRNA 遺伝子と, CCA 配列コードしていない tRNA 遺伝子が混在している.

大腸菌の場合は, すべての tRNA 遺伝子中に CCA 配列がコードされており, 3′末端のプロセシングには複数のリボヌクレアーゼが関与する. まずエンドリボヌクレアーゼである RNase E が CCA 配列よりも下流で tRNA 前駆体を切断し, その後, RNase PH や RNase T, ポリヌクレオチドホスホリラーゼ（PNPase）, RNase Ⅱ などのエキソリボヌクレアーゼが成熟 3′末端の形成にかかわる（図 7.4）. 一方で枯草菌の場合は, 一部の tRNA 遺伝子は CCA 配列をもっていない. CCA 配列をもっていない tRNA 前駆体は tRNaseZ によって, **ディスクリミネーター塩基**（discriminator base）とよばれる塩基の 3′側が切り取られる. その後 tRNA ヌクレオチジルトランスフェラーゼにより 3′末端に CCA 配列が付加される（図 7.4）. また, 真核生物の tRNA 遺伝子は CCA 配列をもっておらず, 3′末端 tRNase Z による切り取りと, tRNA ヌクレオチジルトランスフェラーゼによる CCA 配列の付加を受ける.

7.2.3 スプライシングと塩基修飾

多くの古細菌と真核生物の tRNA 配列中では, 機能に必要な**エキソン**（exon）とよばれる配列が, **イントロン**（intron）とよばれる余分な配列によって分断されている. つまり, tRNA が成熟化し機能するにはイントロンが切り出されて, 分断されている

エキソンがつなぎ合わされる必要がある．この一連の反応をスプライシングとよぶ[*2]．イントロン配列には保存された配列はないものの，tRNA のアンチコドンの 1 塩基下流に挿入されており，その二次構造が保存されている（図 7.4）．この tRNA のスプライシングは後に説明する核内の mRNA のスプライシングとは異なり，リボヌクレアーゼによるイントロン配列の除去と RNA リガーゼによる RNA の結合（切り貼り）の酵素反応からなる単純な系となっている．また，プロセシングの過程で一部の U はシュードウリジン（Ψ）に，アンチコドン部分の A はイノシン（I）に修飾されることがある．

7.3　真核生物のメッセンジャー RNA（mRNA）の成熟化

　原核生物の mRNA は，RNA ポリメラーゼによって転写されると同時にリボソームによる翻訳が開始される．これに対し，真核生物では核内で転写が起きる一方で，翻訳は細胞質で起こるため，転写後すぐに mRNA が翻訳されることはない．真核生物の mRNA は mRNA 前駆体（pre-mRNA）として転写されたのち，成熟 mRNA になるまでにさまざまなプロセシングを受ける．真核生物の mRNA のプロセシングは転写と密に連携して進行し，この段階で 5'-キャッピング，スプライシング，3'-末端形成などの複数のプロセスを経たのちに，成熟 mRNA が形成される（**図 7.5**）．mRNA のプロセシングは遺伝子発現の調節に重要であり，タンパク質がつくられるかどうか，またどのようなタンパク質がつくられるかを決定する要因の一つである．

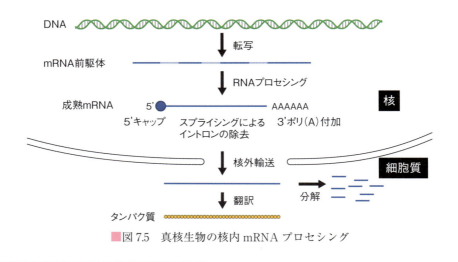

■図 7.5　真核生物の核内 mRNA プロセシング

[*2]　イントロン，エキソン，スプライシングについては，「7.3.2　スプライシング」で詳述する．

7.3 真核生物のメッセンジャーRNA (mRNA) の成熟化

7.3.1 5'-キャッピング

真核生物の mRNA 前駆体に対する最初の修飾は 5'-末端のキャップ形成である．転写直後の pre-mRNA の 5'末端はトリリン酸となっている（pppN・・・）．真核生物の場合，5'末端に修飾グアニンヌクレオチドから構成される"**キャップ**（cap）構造"が付加される．まず脱リン酸化酵素が pre-mRNA の 5'末端からリン酸基を取り除き，グアニル酸転移酵素が逆向きに GMP を付加させる．グアニル酸の 5' が pre-mRNA の 5'末端に結合し，G-5'ppp-5'N のような特殊な構造が形成される．さらに，メチル基転移酵素がグアノシンの 7 位をメチル化する（7-メチル G）．また，多くの真核生物の場合，5' のリボースの 2'位のヒドロキシ基がメチル化されている（**図 7.6**）．

5'-キャップは mRNA に 5'→3' エキソヌクレアーゼに対する抵抗性を与え，mRNA の安定性に関係すると考えられている．さらにキャップ構造は mRNA の 5'末端を示す目印であり，mRNA の核外への輸送や，細胞質での mRNA の翻訳にも重要な役割を果たす．mRNA がリボソームによって識別される過程において，キャップ結合タンパク質による 5'-キャップの認識が関与しており，5'-キャップは効率のよい翻訳に必要である．

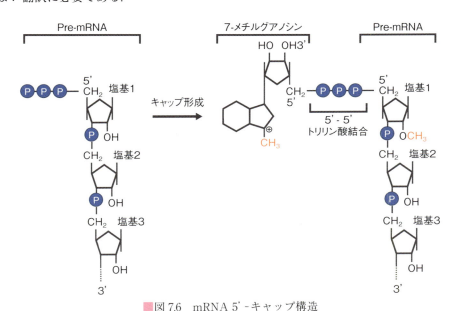

■図 7.6　mRNA 5'-キャップ構造

7.3.2 3'-ポリA付加

真核生物の mRNA の大部分には 3'末端に A（アデニンを含むリボヌクレオチド）

第7講 RNA プロセシング

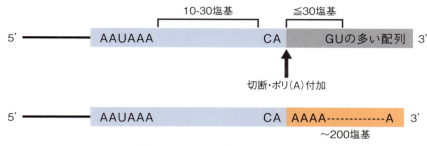

■図 7.7 ポリ（A）付加シグナル

が約 50 〜 100 個並んだ配列が存在している．これを**ポリ（A）テール**（poly（A） tail）とよぶ．このポリ（A）配列はゲノムにコードされているわけではなく，転写後に mRNA 前駆体の 3' 末端が処理されることによって付加される．成熟 mRNA にポリ（A）が付加される部位の 10 〜 30 塩基上流には AAUAAA のコンセンサス配列があり，この配列が認識されることによって転写されている mRNA の 3' 末端の切断がおこり，その後，切断された mRNA 前駆体の 3' 末端に**ポリ（A）ポリメラーゼ**（poly（A）polymerase）によって A が一つずつ付加され，ポリ（A）テールが形成される（**図7.7**）．また，切断部位下流の GU が多い配列もポリ（A）付加に重要である．ポリ（A）テールにはさまざまなタンパク質が結合する．これによって，mRNA の安定性の向上や翻訳の効率化が引き起こされる．

7.3.3　スプライシング

　原核生物の場合，遺伝子内のタンパク質をコードしている領域（coding sequence：**CDS**）はたいていひとつながりである．一方，真核生物の遺伝子の場合，多くのコード領域は非コード領域で分断されている．tRNA プロセシングのところでもふれたがコード領域をエキソン，エキソンの間の非コード領域をイントロンとよぶ．成熟 mRNA をつくりだすには，mRNA からイントロンを除去し，エキソン同士をつなげる必要がある．このような新たに転写された mRNA 前駆体からイントロンを除去し，エキソン同士をつなぐ工程を RNA スプライシングとよぶ．真核生物では遺伝子の全配列のうち，アミノ酸の情報をもつ配列，つまりエキソンはごく一部のみである場合も多い（**図 7.8**）．

　mRNA のイントロン部分には正確なスプライシングが行われるための特定の塩基配列が三つ存在している．イントロンの 5' 末端（5' スプライス部位）と 3' 末端（3' スプライス部位），そして分岐部位（branch point site）である（**図 7.9**）．これら三つの部位には共通するコンセンサス配列が存在している．イントロンの内部に存在

7.3 真核生物のメッセンジャーRNA (mRNA) の成熟化

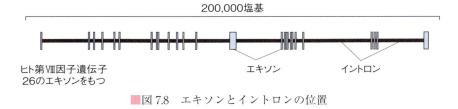

■図7.8 エキソンとイントロンの位置

■図7.9 スプライス部位とブランチ部位

するそれぞれ5'スプライス部位のGU，3'スプライス部位のAG，分岐部位のAは高度に保存されている（図7.9）．**図7.10**はスプライシング反応の工程を示している．スプライシングではまずmRNA前駆体中の5'スプライス部位のホスホジエステル結合が切れて，イントロンの5'末端が分岐部位のAの2'-OHに結合する．このAには主鎖である5'と3'の結合に加えて2'-OHがイントロンの5'末端と結合することとなり，三叉路のような構造となる．この分子はその構造から**投げ縄構造**（lariat structure）とよばれる．その後，5'側のエキソンの3'-OHが3'スプライス部位と結合する．この結果，5'側と3'側のエキソンがつながると同時に，イントロンの切り出しが起こる（図7.10）．

　RNAスプライシングは**スプライソソーム**（spliceosome）とよばれる構造体が行う．スプライソソームはおよそ5種のRNAと150種のタンパク質から構成される巨大な複合体である．スプライソソーム中の5種のRNA（U1, U2, U4, U5, U6）は**低分子核RNA**（small nuclear RNA：snRNA）とよばれており，それぞれが複数のタンパク質と複合体を形成している．このRNA-タンパク質複合体を**核内低分子リボ核タンパク質**（small nuclear ribonucleoprotein：snRNP）とよぶ．それぞれのsnRNPがスプライス部位やブランチ部位を認識し，スプライシング反応を触媒する．スプライソソームが行うスプライシングの過程では，各snRNPが複合体に加わったり，抜けたりしているが，触媒機構の詳細についてはまだ不明な点が多い（**図7.11**）．

第7講 RNA プロセシング

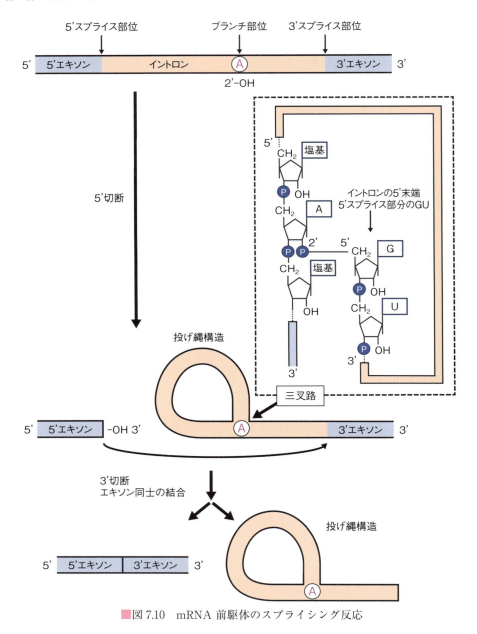

■図 7.10　mRNA 前駆体のスプライシング反応

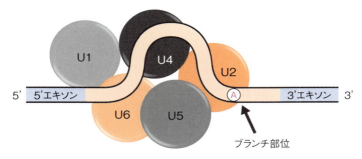

■図 7.11　snRNP の集合体スプライソソームによる mRNA スプライシング

7.4　セルフスプライシング

　スプライソソームによるスプライス部位の認識やスプライシング反応での重要な役割はタンパク質ではなくて実は RNA が担っていることがわかった．これに関連するが，太古の細胞はタンパク質ではなく，RNA を触媒として利用していたと考えられている．実際，現在でもタンパク質や他の RNA 分子がなくても，イントロン由来の RNA 部分がスプライスされる例が知られており，これを**セルフスプライシング**（self splicing）とよぶ．1981 年に T. Cech らにより，テトラヒメナ（*Tetrahymena*）の rRNA 前駆体中のイントロン由来の RNA がセルフスプライシングにより切り出されることが報告された．これは触媒活性をもつ RNA である**リボザイム**（ribozyme）の最初の発見であり，人々の常識をくつがえした．Cech らはタンパク質が存在しない状態でスプライシング反応が進行することを示し，真に RNA のみで活性があることを証明した．このセルフスプライシングイントロンは "グループ I" とよばれ，他の原生生物の rRNA 遺伝子や菌類や酵母のミトコンドリア遺伝子にも見つかっている．また "グループ II" とよばれるもうひとつのセルフスプライシングイントロンも一部の真核生物の細胞小器官や原核生物遺伝子に見つかっている（**図 7.12**）．

　グループ II イントロンのスプライシングの工程を見てみると，核内の mRNA 前駆体の場合と同じである．イントロン内の分岐部位の A 残基の 2'-OH がイントロンの 5' 末端（つまりイントロンとエキソンの境目：5'-スプライス部位）を攻撃し，結合することで投げ縄構造となる．その後，5' 側のエキソンの 3'-OH が 3' スプライス部位を攻撃し，イントロンが遊離され，5' 側エキソンと 3' 側エキソンが結合する（図 7.12(b)）．核内 mRNA のスプライシングと異なる点は，グループ II イントロンはセルフスプライシングであるため，核内 mRNA スプライシングで働いていた snRNP を必要としないという点である．

　グループ I イントロンのスプライシング機構はこれまで見てきたスプライシング

第7講 RNA プロセシング

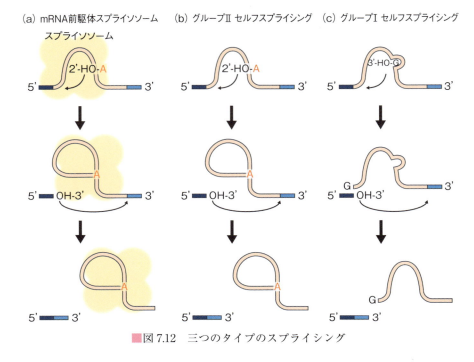

図 7.12 三つのタイプのスプライシング

反応とは異なり，分岐部位の A 残基ではなく，遊離の G ヌクレオチドを利用する．まずイントロン RNA がうまく折りたたまれ，グアノシン結合部位ができる．これにより RNA は G ヌクレオチドをつかまえることができ，G の 3'-OH で 5'-スプライス部位を攻撃する．このとき，G はイントロンの 5' 末端に結合する．この後は同様に反応が進み，エキソンの 3' 末端が 3' スプライス部位を攻撃し，切断すると同時に結合する（図 7.12 (c)）．このように除去されたイントロンは，5' に G を余分にもっており，投げ縄構造ではなく線状で遊離する．図 7.12 で三つのタイプのスプライシング反応のすべてにおいて，イントロン-エキソン間の**ホスホジエステル結合**（phosphodiester bond）が加水分解されることなく他の水酸基に転移している．このような化学反応は**エステル交換反応**（transesterification）とよばれており，化学反応の類似性はスプライシング反応が同一の祖先から進化したものであることを示唆している．

7.5 選択的スプライシング

これまで見てきたとおり，真核生物の転写産物はスプライシングによってイントロ

7.5 選択的スプライシング

ンが除去され，短い成熟mRNAがつくられる．スプライシングによって多数のイントロンを除去するのは，一見無駄にみえる．しかし，複数のイントロンをもつ遺伝子では，スプライシングの違いによって同一の遺伝子から複数の異なるmRNAが生じ，その結果，異なるタンパク質（アイソフォーム）を生み出すことがある．これを**選択的スプライシング**（alternative splicing）とよぶ（**図7.13**）．選択的スプライシングが発見された当初，それは一部の遺伝子にのみ当てはまると考えられていたが，現在ではむしろ一般的な現象であり，ショウジョウバエでは40％，ヒトでは90％の遺伝子が選択的スプライシングを受けると考えられている．多くの場合，選択的スプライシングは調節を受けており，細胞ごとに異なるタンパク質を合成することも可能である．

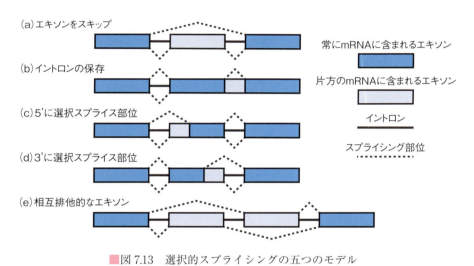

■図7.13　選択的スプライシングの五つのモデル

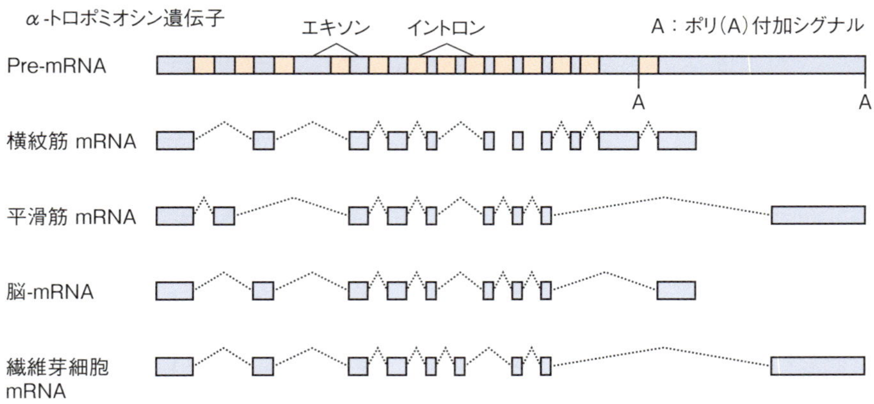

■図7.14　α-トロポミオシンmRNAの選択的スプライシング

ラットのα-トロポミオシン遺伝子は14個のエキソンをもつが，筋肉の種類やその他の細胞で，複数のスプライシングを受けて異なる成熟mRNAとなる（**図7.14**）．それぞれの成熟mRNAから翻訳されるタンパク質はそれぞれの組織や細胞において特異的な機能を有すると考えられる．

7.6　RNAエディティング

　一部のRNAは転写されたのちに塩基配列が変わって情報が変化する．これは**RNAエディティング**（RNA editing）とよばれる．7.1節や7.2節ではrRNAやtRNAの塩基が合成後に化学修飾を受けることに触れたが，ここではmRNAのRNAエディティングについて述べる．RNAエディティングには二つの方法があり，部位特異的なアデニンとシトシンの脱アミノ反応（A（アデノシン）からI（イノシン），もしくはC（シチジン）からU（ウリジン）への変換）と，ガイドRNAによって導かれるウリジンの挿入と欠失がある．

　哺乳類のアポリポタンパク質B（apolipoprotein B）のmRNAは，腸においてCからUへの変換が起こる．これによりコード領域の途中のCAAコドンがUAAの終止コドンに変わり短いタンパク質が生じる．一方，肝臓ではこの変換を担う酵素が発現していないため完全長のタンパク質がつくられる（**図7.15**）．これら2種類のタンパク質は性質が異なっており，それぞれの組織で特有の代謝にかかわっている．

　他にも，全く異なるかたちのRNAエディティングも発見されている．トリパノゾーマのミトコンドリアタンパク質をコードするmRNAでは，特定の領域に複数のUが挿入あるいは欠失される．これら多数のUの挿入を受けることによって，はじめてタンパク質をコードする成熟mRNAになる（図7.15）．塩基の挿入や欠失にはガイド

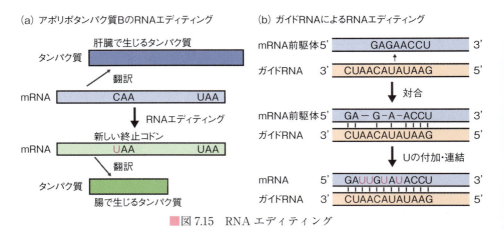

■図7.15　RNAエディティング

RNA とよばれる RNA や複数の酵素が必要であり，ガイド RNA の内部の配列にしたがって mRNA の配列が編集される．

7.7 RNA の輸送

7.3 節でも述べたように，原核生物では mRNA は転写されると同時にリボソームに認識されて翻訳が同時に進行する．しかし，真核生物の場合，核内で成熟化した mRNA が翻訳され，タンパク質を生み出すためにはリボソームが存在する核外の細胞質に移動する必要がある．うまく成熟化した mRNA のみが**核膜孔複合体**（nuclear pore complex）を通って細胞質へと運ばれる．小さい分子はこの孔を自由に拡散することができるが，成熟化 mRNA とそれに結合したタンパク質複合体のような大きな分子の場合は輸送メカニズムにより能動的に輸送される（**図 7.16**）．mRNA を核外に輸送するには mRNA 核外輸送受容体が成熟 mRNA に結合する必要がある．mRNA 核外輸送受容体はスプライシングによってエキソン同士がつながった領域に形成される**エキソン-ジャンクション複合体**（Exon-Junction Complex：EJC）とよばれるタンパク質複合体を認識している．イントロンが複数存在する mRNA の場合，スプライシングが完全に完了していなくても，mRNA 核外輸送受容体がすでにスプライシングが済んでいる領域の EJC を認識すると考えられる．しかし，未成熟な mRNA の場合，イントロンに特異的に結合するタンパク質が存在し，このようなタンパク質

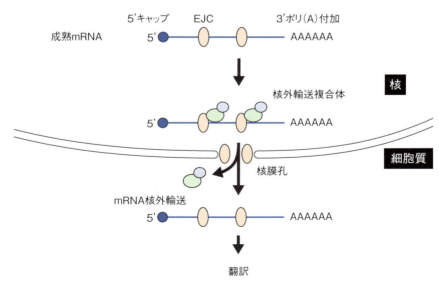

図 7.16　真核生物における核外への mRNA の移行

第 7 講　RNA プロセシング

がmRNAを核内に留め，スプライシングが終わったmRNAのみが核外に輸送される．ここまで見てきたように，スプライシングや核外輸送には共通因子がかかわっており，転写，RNAプロセシング，核外輸送といったmRNAにかかわる複数の反応は連鎖反応として進められる．

　また，mRNAの一部は細胞内の特定の部位に運ばれてから翻訳が効率的に始まる．例えば，あるタンパク質が多く必要とされる部位にそのたんぱく質に対するmRNAが局在する場合がある．これによって，遺伝子発現が細胞内で区画化されたり，発生の段階において細胞質の非対称性が確立される．mRNAを局在させるしくみはいくつかあるが，mRNAの3'の**非翻訳領域**（untranslated region：UTR）に存在する局在化のシグナルが使われる場合が多い．mRNAの非翻訳領域は，mRNAの細胞内の局在を指示するだけでなく，細胞質での分解のされやすさ（安定性）や翻訳の効率を決定する情報も含んでおり，遺伝子発現を制御する上で非常に重要である．

7.8　RNA の分解

　rRNAとtRNAは非常に安定であり，細胞の中での寿命が長い．それに比べてmRNAは**代謝回転**（turnover）が速く，細菌のmRNAの大半は安定性が非常に低く，その**半減期**（half-life）は2～3分間以下である．mRNAの代謝速度は遺伝子の発現調節に重要である．なぜなら，mRNAの分解速度が上がると遺伝子の産物量，つまりタンパク質量は少なくなる．一方でmRNA分解速度が下がる，つまりmRNAの安定性が増すと，つくられるタンパク質量は多くなるからである．また遺伝子の発現（つまりタンパク質の生産）をオフにしようとする場合，転写を止めるだけでは不十分で，mRNAが分解されない限りタンパク質は産生される．よって，この場合もmRNAの分解は不可欠である．成長因子のようなシグナル分子のmRNAは非常に不安定であり，必要なときだけつくられるように調節されている．

7.8.1　原核生物の mRNA 分解経路

　原核生物のmRNAは，5'-キャップ構造や3'ポリ（A）テールをもたないため，真核生物と比べると多くのmRNAは素早く分解される．原核生物のmRNAの分解は，RNAを内部から切断するエンドリボヌクレアーゼと，末端から核酸を分解するエキソリボヌクレアーゼによって行われる．大腸菌と枯草菌における主要なRNA分解経路を**図7.17**に示す．転写されたばかりの原核生物のmRNAは，5'末端はトリリン酸であるが，ピロホスホヒドラーゼ（pyrophosphohydrolase）によって5'末端のリン酸が取り除かれてモノリン酸になるとmRNAは不安定化する．エンドリボヌクレアーゼであるRNase EはmRNAの5'末端のモノリン酸を効率よく認識することができ，

164

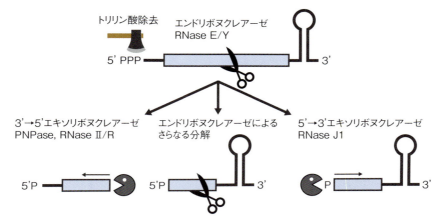

■図7.17　原核生物の mRNA 分解経路のモデル

mRNA の内部の切断部位（AU リッチな領域）で切断する．また，モノリン酸となった 5'末端は 5'→3'エキソリボヌクレアーゼである RNase J の攻撃を受けやすくなる．原核生物に 5'-キャップ構造はないものの，5'末端の構造（リン酸基や RNA の折りたたみ構造）はリボヌクレアーゼによる認識に深くかかわっており，mRNA の安定性を決めるのに重要である．一度切断された mRNA 断片はエキソリボヌクレアーゼの標的となったり，さらなるエンドリボヌクレアーゼの切断を受けたりするため速やかに分解される．

7.8.2　真核生物の mRNA 分解経路

　真核生物の mRNA は一般に安定性が高いが，細胞内で合成速度を急速に変える必要のある転写調節因子や増殖因子などの mRNA は半減期が短い．一方で常に細胞内で必要とされるような β グロビンの場合は，mRNA の半減期は 10 時間以上である．真核生物の mRNA の安定性には 3'末端のポリ A 構造が深くかかわっている．mRNA の分解はまずポリ（A）テールがポリ（A）分解酵素によって分解されることから始まる．その後，5'キャップが除去され，その結果 5'→3'エキソヌクレアーゼに対する抵抗性を失い迅速に mRNA が分解される．もしくは，ポリ A テールが短くなった 3'末端が 3'→5'エキソヌクレアーゼによって分解される（**図 7.18**）．このようにポリ（A）は mRNA 分解において重要な位置を占めている．ポリ（A）の短縮がほとんどの mRNA の安定性を制御しているが，ポリ（A）の除去を介さない経路も存在する．この経路ではまず特異的なエンドリボヌクレアーゼが mRNA の内部で切断する．切断によって生まれた mRNA 末端はキャップ構造もポリ（A）ももたないため，エキ

第7講 RNA プロセシング

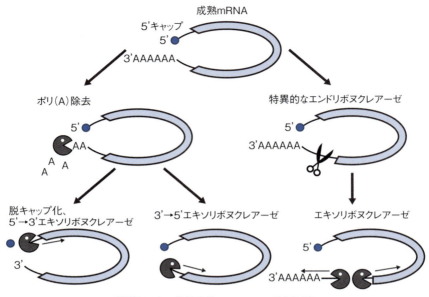

図 7.18 真核生物の mRNA 分解経路

ソヌクレアーゼによって攻撃され，速やかに分解される（図 7.18）．この経路の場合，エンドリボヌクレアーゼが認識する配列が露出するかどうかで mRNA の安定性を制御することができる．例えば，トランスフェリン受容体 mRNA は 3′ UTR に RNA 結合タンパク質が結合しており，エンドリボヌクレアーゼによる切断を阻止している．しかし，細胞内の鉄イオン濃度が増加するとこのタンパク質は mRNA から離れて，エンドリボヌクレアーゼによる切断がはじまり mRNA の安定性が減少する．

演習問題

Q1. 次の文章の正誤を判定せよ．誤りとした場合は理由を述べよ．
1. 原核生物の DNA にはイントロンがないため，RNA プロセシングを受けない．
2. イントロンの配列は遺伝情報をもたないため，RNA スプライシングにおいて必ずしも正確に切り出される必要はない．
3. 真核生物の成熟 mRNA は 5′ 末端と 3′ 末端の両方に 3′-OH 基を有する．
4. 原核生物の mRNA の 5′ 末端構造は一種類ではない．
5. スプライシング反応にはスプライソソームとよばれる RNA-タンパク質複合体が必須である．
6. スプライシングに必要な配列は 5′ スプライス部位と 3′ スプライス部位に存在する．
7. スプライシング反応ではイントロンの 5′ 側がまず切断される．

8. ポリ（A）テールは転写が終結した mRNA の 3' 末端に速やかに付加される．

9. 真核生物においてすべての RNA は核外に輸送されてから機能する．

10. mRNA の分解は 5' 末端もしくは 3' 末端から開始する．

Q2. 原核生物と真核生物の mRNA の構造の違いを挙げよ．

Q3. α-トロポミオシン遺伝子は選択的スプライシングを受けて発現する細胞の種類に応じて異なる成熟 mRNA となる（図 7.14）．すべての mRNA において最初のエキソン（エキソン 1）は同じアミノ酸配列をコードしており，また，エキソン 10 がコードするアミノ酸配列も同じである．エキソン 2 とエキソン 3 およびエキソン 8 とエキソン 9 は相互排他的なエキソンである．以下の記述において，相互排他的なエキソン 2 と 3 に関して最も正確なものは何か．その理由についても述べよ．

    a. 相互排他的なエクソン同士は同じ塩基長でなければならない．

    b. 相互排他的なエクソンは，それぞれ整数個のコドンで構成されていなければならない．

    c. 相互排他的なエクソンはそれぞれ，3 で割ると余りが同じになる数の塩基でなければならない．

Q4. 原核生物と真核生物における主要な mRNA 分解の引き金は何か．

Q5. ある mRNA が転写開始点からの RNA であるか，あるいは細胞内のリボヌクレアーゼにより分解を受けたものであるかは，どのような実験により見分けることができるだろうか．真核生物と原核生物それぞれについて述べよ．

Q6. mRNA ワクチンに用いられる合成 RNA は 5'-キャップを有している．それはなぜだろう．

Q7. エキソン-イントロンジャンクションから 100 bp 以上遠く離れたイントロン内部の配列の点変異が疾患の要因となる場合がある．それはなぜだろうか．

参考文献

1）https://www.rnaj.org/newsletters/item/383-furuichi-1
  → mRNA キャップ構造を発見した古市泰宏博士のエッセイ．mRNA プロセシングの発見についても当時の状況が記載されている．

2）https://www.nobelprize.org/prizes/chemistry/1989/cech/facts/
Thomas R. Cech – Nobel Lecture. NobelPrize.org. Nobel Prize Outreach AB 2021. Tue. 30 Nov 2021.（邦訳なし）
  → 1989 年ノーベル化学賞を受賞した Thomas Cech の紹介ページ．受賞講演の内容も記載されている．

3）C. Condon：Molecular biology of RNA processing and decay in prokaryotes. Progress in Molecular Biology and Translational science, 85（2009）（邦訳なし）
  →原核生物の RNA プロセシングに関する包括的な総説．

4）D. D. Licatalosi & R. B. Darnell：RNA processing and its regulation: global

第 7 講　RNA プロセシング

insights into biological networks. Nature Reviews Genetics, 11 (1) , 75-87 (2010) (邦訳なし)

→真核生物の mRNA プロセシングに関する総説.

5) M. C. Wahl, C. L.Will & R. Lührmann：The spliceosome: design principles of a dynamic RNP machine. Cell, 136 (4) , 701-718 (2009) (邦訳なし)

→スプライソソームに関する総説.

第8講

RNA の機能 1 －翻訳の調節－

金井 昭夫

本講の概要

　DNA に格納された遺伝情報が，その情報の発現のため RNA に写し取られる過程を「転写」とよんだ（→第 6 講）．その RNA の情報をアミノ酸が連結したタンパク質に変換していく過程が**翻訳**（translation）である．RNA 分子は翻訳されるか否かで大きく二分される．すなわち，タンパク質に変換されることで機能を果たす伝令としての mRNA と，タンパク質に変換されることなく RNA 分子のまま働くノンコーディング RNA（→**図 8.1**，第 9 講）である．mRNA の遺伝情報は，同分子上の塩基の種類とその並び方が，3 塩基を単位（コドンとよぶ）として特定の 1 アミノ酸に対応するように決まっている．翻訳の過程では，**転移 RNA**（transfer RNA：tRNA）が特定のアミノ酸と結合し，タンパク質合成工場である**リボソーム**（ribosome）まで運ばれ，リボソームに入り込んだ mRNA のコドンの情報に従ってアミノ酸をつないでいく．リボソームでは，**リボソーム RNA**（ribosomal RNA：rRNA）が中心となってアミノ酸の連結を行いタンパク質を合成する．すなわち，rRNA はペプチドを連結する酵素活性がある RNA 酵素（**リボザイム**（ribozyme））[*1] である．さらに，tRNA も rRNA もタンパク質に翻訳されることなく機能するノンコーディング RNA の一種である．

本講でマスターすべきこと

☑ 　翻訳における各 RNA 因子（mRNA，rRNA，tRNA）とリボソームとの関係性を理解する．

☑ 　上記を基盤において，原核生物と真核生物における翻訳過程の共通性と異質性を理解する．

☑ 　翻訳過程は厳密に決定された機構であると同時に，さまざまな例外も存在することを理解する（普遍遺伝暗号表の例外，IRES による配列内部からの翻訳開始など）．

第8講　RNAの機能1－翻訳の調節－

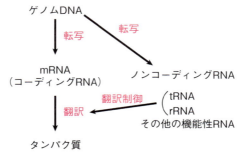

■図 8.1　mRNA（コーディング RNA）とノンコーディング RNA

8.1　翻訳の重要性

図 8.2 と表 8.1 に「翻訳」の概念図と基本となる分子についてまとめてある．翻訳

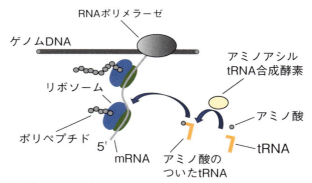

■図 8.2　翻訳に関係する主たる分子のまとめ
本図ではバクテリアの翻訳にかかわる主たる分子について示している．RNA ポリメラーゼによりゲノム DNA より転写された mRNA は，その塩基配列を遺伝暗号表で対応するアミノ酸配列へと，リボソーム（rRNA とリボソームタンパク質からなる複合体）上で変換される．この変換過程を翻訳とよぶ．タンパク質合成の素材となるのは，20 種類のアミノ酸であり，アミノアシル合成酵素により tRNA に付加され，リボソームに運ばれる．リボソームでは mRNA の塩基の並びに従って，特定のアミノ酸を結合した tRNA が並び，アミノ酸がペプチド結合することでポリペプチドが産生される．なお，真核細胞では関係する主たる分子は同じであるが，実際の翻訳反応は細胞質で行われる．

---

*1　リボザイム：リボザイムとはリボ核酸（RNA：ribonucleic acid）でありながら，酵素（enzyme）活性を有するもので，ribonucleic acid と enzyme から ribozyme と命名された．以前は，生体反応はすべてタンパク質でできた触媒である酵素が制御していると考えられていたが，特定の配列を有した RNA には，RNA の切り出し，挿入，連結などの活性があることが報告された．T. Cech と S. Altman はこの功績により 1989 年にノーベル化学賞を受賞した．

8.1 翻訳の重要性

■表8.1　mRNAの翻訳過程にかかわる主要分子のまとめ

大区分	分子名	機能	コメント
アミノ酸（基本20種類）	アラニン（Ala），アルギニン（Arg），アスパラギン（Asn），アスパラギン酸（Asp），システイン（Cys），グルタミン（Gln），グルタミン酸（Glu），グリシン（Gly），ヒスチジン（His），イソロイシン（Ile），ロイシン（Leu），リジン（Lys），メチオニン（Met），フェニルアラニン（Phe），プロリン（Pro），セリン（Ser），トレオニン（Thr），トリプトファン（Trp），チロシン（Tyr），バリン（Val）	タンパク質の構成単位となる分子	生物種によっては，遺伝暗号表でセレノシステイン（Sec）やピロリシン（Pyl）が規定される
tRNA	アラニンtRNA，ヒスチジンtRNAなど	mRNA上のコドンとアミノ酸の対応をつけるためのアダプター分子	基本は各アミノ酸に対応するために20種のtRNAが存在するはずであるが，複数のコドンが同一のアミノ酸を指定するために，20種以上になる（本文参照）
アミノアシルtRNA合成酵素	アラニンtRNA合成酵素，ヒスチジンtRNA合成酵素など	特定のアミノ酸を，対応するtRNAにエステル結合させてアミノアシルtRNAを合成する酵素	基本は各アミノ酸に対応するために20種のtRNAが存在する
リボソーム	リボソームRNA（大腸菌では16S rRNA，23S rRNA，そして5S rRNAがある）	タンパク質合成のための複合体	原核細胞生物と真核細胞生物で大きさが異なる
リボソーム	リボソームタンパク質（大腸菌では大サブユニットを構成するタンパク質が約30種類，小サブユニットを構成するタンパク質が約20種類ある）	タンパク質合成のための複合体	原核細胞生物と真核細胞生物で異なるものがある
翻訳開始因子	バクテリアでは，IF1，IF2，IF3の3分子が，真核生物では，eIF3，eIF4A，eIF4E，eIF4Gなどが制御にあたる	リボソーム小サブユニットとmRNAやtRNAの結合の基盤を提供する	eIF4A，eIF4E，eIF4GからeIF4F複合体が構成される
翻訳伸長因子	バクテリアはEF-Tu，EF-Ts，EF-Gなどの因子が，真核生物では，真核生物翻訳伸長因子（eukaryotic elongation factor：eEF）が制御にあたる	伸長中のポリペプチドに新たなアミノ酸を付け加える	
翻訳終結因子	バクテリアでは，終止コドンは翻訳終結因子（Release Factor：RF）によって認識される．RF1がUAAとUAGの終止コドンを，RF2がUAAとUAGの終止コドン認識する．RF3はRF1，およびRF2の補助的な因子である．真核生物では真核生物翻訳終結因子（eukaryotic release factor：eRF）が使われるが，3種類の終止コドンはすべて単一の終結因子eRF1によって認識される	翻訳複合体のタンパク質，tRNA，リボソーム，mRNAに解離する	

第8講　RNAの機能1－翻訳の調節－

第 8 講　RNA の機能 1 −翻訳の調節−

過程に特に重要となるのは，材料としてのアミノ酸，翻訳の工場たるリボソーム，リボソームまでアミノ酸を運ぶ tRNA，翻訳の鋳型を提供する mRNA となる（詳細は後述）．ここでは，翻訳メカニズムの詳細に入っていく前に，なぜ，翻訳過程が重要と判断されるのかについて解説したい．

　細胞から全 RNA 分画を調製してみると，その RNA の 98 ～ 99% は rRNA と tRNA によって構成されている．すなわち，全 RNA の内で 1 ～ 2% がタンパク質をコードする mRNA（コーディング RNA，メッセンジャー RNA）ということになる．rRNA や tRNA は主として翻訳のために存在することから，ほとんどの RNA は翻訳のために存在するといってよい．ここで，おもしろいのは，コーディング RNA である mRNA がタンパク質に変換されるには，ノンコーディング RNA である tRNA や rRNA が必要であることだ．また，細胞の特定の遺伝子を破壊する技術を使って，バクテリアや酵母菌が生きるためにはどのような遺伝子セットがあればよいのか決めようとする研究が，ゲノムプロジェクトが一つのピークを迎えた 20 世紀の終わりから行われるようになった．いわゆる最小遺伝子セットを決める研究である．その結果，マイコプラズマ，大腸菌，枯草菌，酵母菌などで，おのおの数百の遺伝子が最小遺伝子セットとされたが，遺伝子の機能として一番多かったものは，「翻訳」にかかわるものであった．表 8.1 の mRNA の翻訳過程にかかわる主要分子のほとんどが必須遺伝子によりコードされることになる．例えば，ノンコーディング RNA である tRNA や rRNA を初め，リボソームを構成するリボソームタンパク質群，tRNA にアミノ酸を付加する**アミノアシル tRNA 合成酵素**（aminoacyl-tRNA synthetase）群，さまざまな**翻訳因子**（translation factor）の大半は必須遺伝子である．以上を総合して考えると，生命は，核酸の情報をアミノ酸の情報に変換すること，すなわち翻訳過程に多大なるエネルギーを注いでいることがわかる．翻訳にかかわる制御機構は生物種で異なる側面もあるが，基盤となる制御機構は本質的には変わらないので，本章では特に断らない限り，原核生物であるバクテリアの翻訳機構に関して説明する．

8.2　mRNA の構造と遺伝暗号表

　翻訳される遺伝情報は mRNA 上に書かれているので，まずは mRNA の構造について説明する．**図 8.3**（a）は原核生物，図 8.3（b）は真核生物の mRNA の構造を示す．どちらの図においても，タンパク質をコードする領域は**読み枠**（Open Reading Frame：ORF）[*2] として規定される．ここで，RNA を構成する連続した 3 塩基の種類と並びを**コドン**（codon）とよび，コドンを単位として核酸の情報と翻訳の情報

[*2]　ORF：mRNA 上で三つずつ読み枠を進めていく過程で，ストップコドンに出会うまでの読み枠の連続を ORF という．

8.2 mRNA の構造と遺伝暗号表

(a) 原核生物のmRNAの構造

(b) 真核生物のmRNAの構造

■図 8.3　mRNA の構造
(a) 原核生物のポリシストロン性 mRNA の構造．AUG は翻訳の開始コドン，STOP は終止コドンを示している．開始コドンから終止コドンまでがタンパク質をコードする領域（読み枠）に対応する．SD はシャイン・ダルガノ配列で，リボソーム結合部位として働く．5' 末端にリン酸基（P で表記）が三つ並ぶ．同じ mRNA 内に複数の読み枠が存在する．
(b) 真核生物の mRNA の構造．基本的に一つの mRNA に一つのタンパク質をコードする領域（読み枠）がある．K はコザック配列で翻訳の開始に関与する．5' 末端にキャップ（cap）構造が，3' 末端にポリ（A）テールが存在する．

が対応している．メチオニンをコードする**翻訳開始コドン**（translation initiation codon）である AUG から始まり，翻訳の停止を意味する**終止コドン**（translation termination codon，STOP と記してある）で終わる．STOP に対応する終止コドンは 3 種類あり，UAA，UAG，UGA のいずれかである．塩基は 4 種類（アデニン［A］，グアニン［G］，シトシン［C］，ウラシル［U］）あるので，その組合せで $4^3 = 64$ 通りの対応関係が存在することになる．どのコドンがどのアミノ酸に対応するか示したものを**遺伝暗号表**（genetic code table）（**表 8.2**）とよぶ．遺伝暗号表で指定されるアミノ酸は基本 20 種類である．コドンは 64 種類あるので，複数のコドンが一つのアミノ酸を指定する場合も多く，このようなコドンを**同義コドン**（synonymous codon）とよぶ．例えばロイシンをコードするコドンは，UUA，UUG，CUU，CUC，CUA，CUG と 6 種類あり，グリシンをコードするコドンは GGU，GGC，GGA，GGG と 4 種類ある．多くの場合，コドンの 1 番目の塩基と 2 番目の塩基で対応するアミノ酸が決定される．一方で，メチオニン（開始コドン）の AUG やトリプトファンの UGG は 1 種類，リジンは AAA と AAG の 2 種類であり，アミノ酸の種類によって 1 〜 6 種類のコドンを有することになる．

三つの塩基で 1 アミノ酸が指定できるとなると，三つのどの塩基から翻訳を開始するかで 3 通りの読み枠が理論上可能であることに気づく（**図 8.4**）．このような場合，

第 8 講　RNA の機能 1 －翻訳の調節－

■表 8.2　遺伝暗号表

1番目の塩基	2番目の塩基				3番目の塩基
	U	C	A	G	
U	フェニルアラニン	セリン	チロシン	システイン	U
	フェニルアラニン	セリン	チロシン	システイン	C
	ロイシン	セリン	（終止）	（終止）	A
	ロイシン	セリン	（終止）	トリプトファン	G
C	ロイシン	プロリン	ヒスチジン	アルギニン	U
	ロイシン	プロリン	ヒスチジン	アルギニン	C
	ロイシン	プロリン	グルタミン	アルギニン	A
	ロイシン	プロリン	グルタミン	アルギニン	G
A	イソロイシン	トレオニン	アスパラギン	セリン	U
	イソロイシン	トレオニン	アスパラギン	セリン	C
	イソロイシン	トレオニン	リジン	アルギニン	A
	メチオニン（開始）	トレオニン	リジン	アルギニン	G
G	バリン	アラニン	アスパラギン酸	グリシン	U
	バリン	アラニン	アスパラギン酸	グリシン	C
	バリン	アラニン	グルタミン酸	グリシン	A
	バリン	アラニン	グルタミン酸	グリシン	G

読み枠 1
5' - |AUG|AGG|GCG|UUU|AUA|GCU|AUA|GAC|GUU -3'
N末 - Met Arg Ala Phe Ile Ala Ile Asp Val -C末

読み枠 2
5' - A|UGA|GGG|CGU|UUA|UAG|CUA|UAG|ACG|UU -3'
N末 - ＊ Gly Arg Leu ＊ Leu ＊ Thr -C末

読み枠 3
5' - AU|GAG|GGC|GUU|UAU|AGC|UAU|AGA|CGU|U -3'
N末 - Glu Gly Val Tyr Ser Tyr Arg Arg -C末

■図 8.4　mRNA における三つの読み枠とコドン
　mRNA の三つの読み枠と対応するアミノ酸の配列を示している．＊は終止コドンに対応している．終止コドンは 3 種類あり，UAA，UAG，UGA のいずれかである．通常は一つの最も長い読み枠が使用されることが多い．読み枠 2 では複数の終止コドンが mRNA 上に現れ，この読み枠がタンパク質をコードする可能性は極めて低い．

　最も大きな読み枠（途中で停止コドンが出ないようなもの）がタンパク質のコード領域に相当するものが多いが，ウイルスなどの小型のゲノムがコードする mRNA の中には翻訳の途中で故意に読み枠をずらす（**フレームシフト**（frameshift））ことによって，タンパク質を産生する場合などがある（**図 8.5**）．また同じ塩基配列上で違う読み枠のタンパク質がコードされるような場合（オーバーラップ遺伝子）も存在することがある．

　原核生物の mRNA の多くは，ポリシストロン性 mRNA とよばれ一本の mRNA に

8.2 mRNAの構造と遺伝暗号表

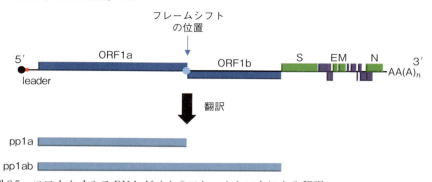

■図 8.5　コロナウイルス RNA ゲノムのフレームシフトによる翻訳
コロナウイルスの RNA ゲノム上には二つの読み枠（ORF1a と ORF1b）があるが，通常に翻訳されると，ORF1a に対応するタンパク質 pp1a が産生される．一方で，リボソームが二つの ORF の連結部分でフレームシフトを起こすことで，ORF1b の部分まで連続して翻訳され，ORF1a と ORF1b に対応するタンパク質が連結した pp1ab が産生される．

複数の ORF が存在している（図 8.3（a））．このような構造を**オペロン**（operon）とよび，各 ORF は機能的に関連するタンパク質がコードされることが多い．オペロンは，基本的に単一のプロモータから転写された mRNA に各 ORF が縦列に並ぶので，各 ORF の直前には，翻訳開始の目印（共通配列）であるシャイン・ダルガノ（SD）配列が配置されている．**SD 配列**（Shine-Dalgarno sequence：SD sequence）は細菌の 16S rRNA（後述）の 3' 末端部分と部分的に相補的な塩基配列をもち，リボソームとの結合領域として機能する．一方で，真核生物の mRNA 上には基本的に一つの ORF（モノシストロン性とよぶ）が存在している（図 8.3（b））．真核生物においても，翻訳の開始に重要な**コザック配列**（Kozak sequence）とよばれる共通配列が ORF の直前に位置しているが，このような配列がない場合も多い．さらに，真核生物では，mRNA の 5' 末端にみられる修飾構造として 5' キャップ（Cap）構造が，また 3' 端にみられるポリ（A）テール構造が特徴的である．これらの構造は mRNA の安定性や翻訳の効率に関係している（→第 7 講）．また，原核生物と真核生物では翻訳の行われる細胞内の場所に関して大きな違いがある．原核生物ではゲノム DNA を細胞質から区切る核膜が存在しないので，多くの場合，転写と翻訳がほぼ同時に進行する（**図 8.6**）．すなわち，RNA ポリメラーゼが二本鎖 DNA 上を RNA を合成（転写）しながら進行している段階で，その新規合成された RNA には，すぐにリボソームが結合して翻訳を開始する．一方で，真核生物では，前駆体 mRNA が核内で転写された後に，スプライシングによるエクソンの連結，Cap 構造や，ポリ（A）テールの付加などのプロセシングを経て（→第 7 講），成熟型の mRNA が産生され，この RNA が細胞

第 8 講　RNA の機能 1 －翻訳の調節－

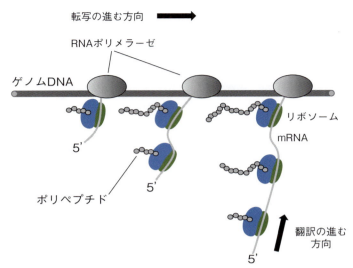

■図 8.6　原核生物における転写と翻訳の共役

質において翻訳されることになる．また原核生物でも真核生物でも，一つの mRNA に複数のリボソームが結合して，同時進行しながら翻訳をすることができる．ここで，単一のリボソームがついた mRNA をモノソームと，多数のリボソームがついた mRNA を**ポリソーム**（polysome）とよんでいる．

8.3　転移 RNA（tRNA）の構造とアミノ酸の付加

　tRNA は約 70 ～ 90 塩基の低分子 RNA であるが，分子内で塩基対をつくってクローバーの葉のような RNA の 2 次構造（クローバーリーフ構造）を呈している（**図 8.7（a）**）．tRNA の部分構造のうちで葉に対応するのが，左右と下方に伸びた三つの**ステム－ループ構造**（stem-loop structure，塩基対を構成する二本鎖 RNA 部分と環状の一本鎖 RNA 部分からなる構造）であり，各 D ループ，**アンチコドン**（anticodon）**ループ**，TΨC ステム - ループとよばれている．アンチコドンループと TΨC ステムループのつなぎ目に可変ループ（variable loop）構造があるが，セリンやロイシン（バクテリアではチロシンも）の tRNA では，この領域の塩基が長く，V－アームとよばれる特殊な構造を有する．tRNA の 2 次構造が折り畳まれた 3 次構造は，ちょうどアルファベットの L 字を上下反転させたような構造（Γ型構造）をとり（図 8.7（b），(c)），Γ字の末端（tRNA 分子の 3' 端）に対応する箇所にアミノ酸が結合する．また，mRNA のコドンと塩基対を形成するのが，tRNA のアンチコドンループに存在するアンチコドン（コドンと塩基対を形成できる三つ組の塩基）であり，この領域は

8.3 転移RNA (tRNA) の構造とアミノ酸の付加

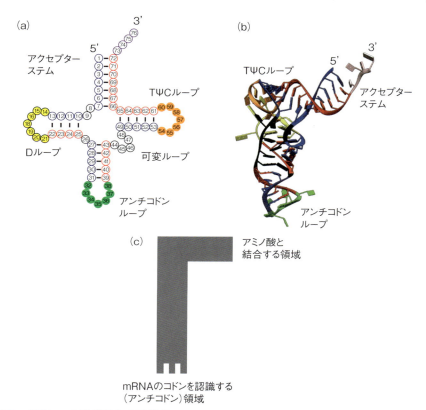

■図8.7 tRNAの2次構造と3次構造
(a) tRNAの2次構造（クローバーリーフ構造）．(b) tRNAの3次構造（Γ型構造）．(a)と(b)の図は領域がわかりやすいように塗り分けてある．(c) tRNAの3次構造の模式図．

Γ字のもう一方の末端に対応することになる．ミトコンドリアでは，tRNAの左右のアームに対応するDステム-ループやTΨCステム-ループのいずれか一方，あるいは両方がないtRNAが報告されているが，それでも，その立体構造は逆L字型となる．ここで，tRNAにアミノ酸を付加するのはアミノアシルtRNA合成酵素である．この酵素は基本的にアミノ酸の種類 (20種) だけ存在し，ATPのエネルギーを利用してtRNAにアミノ酸を付加する（アミノ酸が付加されたtRNAはアミノアシルtRNAとよばれる）(**図8.8**)．すなわち，Γ型構造を有することで，tRNAは特定のアミノ酸に結合し，mRNAのコドン情報にしたがってそれを並べることができるアダプター分子として機能する (**図8.9**)．

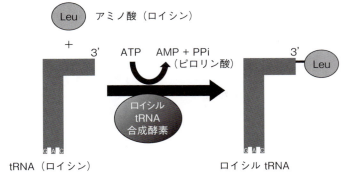

■図 8.8　tRNA へのアミノ酸の付加反応（アミノアシル tRNA の合成）
各 tRNA に対して，特異的なアミノ酸を付加するアミノアシル tRNA 合成酵素が存在し，tRNA の 3' 末端にアミノ酸を付加する．この例では，ロイシン tRNA にロイシンが，ロイシル tRNA 合成酵素の働きで付加する過程を示している．

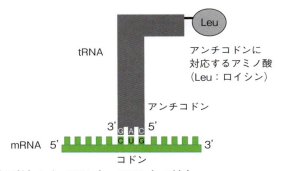

■図 8.9　アミノ酸が付加した tRNA と mRNA との対合
アンチコドンに対応したアミノ酸（この例ではロイシン）が結合した tRNA は，リボソームにて，tRNA のアンチコドンに対応したコドンと対合（水素結合）する．

8.4　リボソーム：タンパク質製造工場

　細胞におけるタンパク質の合成は，合成の場となるリボソームで行われる．リボソームは rRNA とリボソームタンパク質から構成される巨大複合体であり，原核生物のバクテリアで分子量約 2.5 MDa（MDa，メガダルトンは 10^6 Da のこと），ヒトなどの高等真核生物では，約 4.5 MDa にもなる．リボソームとその構成因子に関して**図 8.10** に示す．まず，バクテリアでも真核生物でも大サブユニットと小サブユニットから構成されていることがわかるだろう．この大きく二分される構造が翻訳過程において，重要な制御機構を支えることになる（後述）．ここで，大サブユニットも小サブユニットも特定の rRNA とリボソームタンパク質から構成される．例えば，バクテ

8.4 リボソーム：タンパク質製造工場

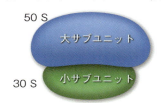

図 8.10　リボソームとその構成因子

リアの大サブユニットに対応する 50S サブユニットは，23S rRNA と 5S rRNA に，約 30 種のリボソームタンパク質が複合体を形成し，小サブユニットに対応する 30 S サブユニットは 16S rRNA に，約 20 種のリボソームタンパク質が複合体を形成している．ここで，S は超遠心分離によって，リボソームなどの粒子の大きさを求めるときの単位（沈降係数）を示しており，リボソームやそのサブユニット，rRNA の大きさは歴史的に S 値をもって表記される．沈降係数は複合体の形状で影響を受けるために，バクテリアの 50S サブユニットと 30S サブユニットが合わさったリボソームの大きさは必ずしもその和にならずに，70S リボソームとなる．真核生物のリボソームはバクテリアのそれに比較して，サブユニットが大きく，それを構成する rRNA は長く，リボソームタンパク質は多くなる．ここまで述べてきたようにリボソームは巨大複合体であるが，X 線を用いた構造解析によりその原子レベルでの構造が明らかにされている．これを独立に報告した英 MRC 研究所の V. Ramakrishnan，米イェール大学の T. A. Steitz，ワイズマン研究所の A. Yonath は 2009 年度のノーベル化学賞を受賞している．解析された立体構造を見てみると，リボソームの中心を構成するのは RNA 成分であり，ほとんどのリボソームタンパク質は複合体の表面に存在することが明らかである．

さて，rRNA がノンコーディング RNA であることは前述したとおりであるが，rRNA も tRNA 同様に極めて保存された RNA の 2 次構造を有している．**図 8.11**（a）は大腸菌の小サブユニットを構成する 16S rRNA（約 1,500 塩基長）の 2 次構造を示している．図から明らかなように，ほとんどの領域が RNA 分子内で塩基対をつく

第8講　RNAの機能1 —翻訳の調節—

(a) 大腸菌の 16S rRNA

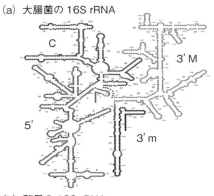

(b) 酵母の 18S rRNA

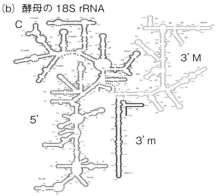

■図 8.11　大腸菌 16S rRNA と酵母の 18S rRNA の 2 次構造
　rRNA は RNA 鎖の内部で塩基対を形成し，極めてよく保存された 2 次構造（実際は 3 次（立体）構造）を形成する．(a) 大腸菌（原核生物）と (b) 酵母（真核生物）では，生物種のドメインが異なるにもかかわらず，rRNA の 2 次構造は酷似していることがわかる．rRNA の構造ユニットを以下のように示している．C：セントラルドメイン，5'：5' ドメイン，3' m：3' マイナードメイン，3' M：3' メジャードメイン．図の濃淡で rRNA の大まかなドメインを示している．rRNA の構造は RiboVision（http://apollo.chemistry.gatech.edu/RiboVision/）の図を改変して用いた．

り，ステムやループからなる安定的な RNA の 2 次構造を呈することがわかる．この 2 次構造を，真核生物である酵母の 18S rRNA（約 1,800 塩基長）のそれ（図 8.11(b)）と比較すると，その 2 次構造がいかに保存的であるかがわかる．一般にマイクロ RNA や長鎖ノンコーディング RNA は進化的に近い種間でのみ保存される傾向があるが（→第 9 項），古典的なノンコーディング RNA と称される tRNA や rRNA は生物の三つのドメインであるバクテリア（真正細菌），アーキア（古細菌），および真核生物という極めて大きな進化的系統を通して，酷似した RNA の 2 次構造を呈し，その機能に根源的な差異を見出せない．すなわち，翻訳のステップはバクテリアやアー

キアが進化的に分岐するより以前から存在し，この過程を司る分子ステップはほとんど変えようがないくらいに生物にとって基盤的であったことを示している．

8.5 翻訳の基本メカニズム

図 8.12 に示すように，リボソームには tRNA が入る部位が三つあり，それは **A サイト**（A site），**P サイト**（P site），**E サイト**（E site）とよばれている．翻訳の開始を除いて，基本的に A サイト → P サイト → E サイトと tRNA が移動するとともにペプチドが伸長するように制御されている．具体的には，A サイトはアミノ酸が一つ付加されたアミノアシル tRNA の結合部位（A は Aminoacyl を示す），P サイトはアミノ酸が複数連なったペプチジル tRNA の結合部位（P は Peptidyl を示す），そして，E サイトは伸長中のポリペプチド鎖が，アミノアシル tRNA に移った後で，3' 末端が解放された tRNA の結合部位で，同 tRNA がリボソームから離れていくときの出口となっている（E は Exit を示す）．

翻訳は開始，伸長，終結の三つのステップを経ることで行われる．各ステップがどのように制御されているのかに関して，まずバクテリアの翻訳を例に説明したい．リボソームの大サブユニットと小サブユニットは**図 8.13**（a）のように，結合したり，解離したりすることができる．そして翻訳開始は，まず，mRNA が小サブユニット

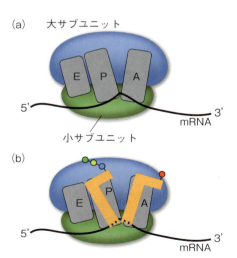

■図 8.12 リボソームと三つの tRNA 結合部位
　（a）リボソームには tRNA が入る部位が三つあり，それは A サイト（アミノアシル tRNA の結合部位），P サイト（ペプチジル tRNA の結合部位），それに E サイト（伸長中のポリペプチド鎖がアミノアシル tRNA に移った後で，3' 末端が解放された tRNA の結合部位）である．（b）tRNA の各サイトには逆さまの L 字の向きで tRNA が mRNA に結合する．

と組み合わさることで始まる（図8.13（b））．前述のように，原核生物では，mRNA上の開始コドンの上流にあるSD配列に，リボソームの小サブユニットの構成成分の一つである16S rRNAの3'末端部が塩基対を形成することでこれを行う．次に翻訳の開始アミノ酸である化学修飾を受けたメチオニン（fMet：ホルミルメチオニン）をつけたtRNAが開始コドン（AUG）と結合する．原核生物では，開始tRNAは最初メチオニンを付加するのだが，すぐにメチオニン-tRNAホルミルトラスフェラーゼという酵素によってメチオニンのアミノ基にホルミル基を付加される．ということで，原核生物の開始tRNAはホルミルメチオニンを付加されていることになる．このfMet-tRNAはリボソームのPサイトに直接入り込む（翻訳開始以外の場合では，**アミノアシル化**（aminoacylation）されたtRNAはまずAサイトに入る）．この状態にリボソームの大サブユニットが結合することで（図8.13（c）），翻訳開始の最終段階として70S開始複合体が形成される．一方で，ホルミルメチオニンは，ペプチドの合成中や合成後に，脱ホルミル酵素によって，メチオニンに戻される．

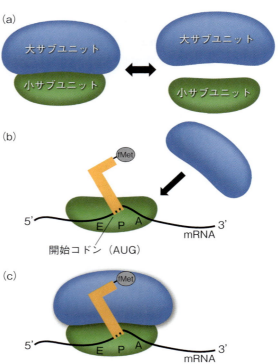

■図8.13　バクテリアの翻訳開始
　バクテリアの翻訳開始においては，ホルミルメチオニン（fMet）を結合したtRNAがPサイトに入り込む．

図 8.14 は翻訳開始からどのように伸長，集結のステップが行われるかを模式的に示している．翻訳にかかわる因子群は，この図のように，一連の決まった離合集散を繰り返すことで制御されており，これをリボソームサイクルとよんでいる．すなわち，翻訳開始時に mRNA, 開始 tRNA およびリボソームの大小サブユニットが会合し複合体を形成する（図 8.14 ①〜③）．mRNA 上のリボソームの移動とペプチドの伸長（図 8.14 ③〜④）は停止コドンの直前（図 8.14 ⑤）まで継続されるが，リボソームが停止コドンに至ると，これらの複合体は解離し，翻訳の終結を迎える（図 8.14 ⑥）．しかしながら，解離された翻訳因子は再び新しい mRNA と複合体を形成することができる．

翻訳の伸長と終結のステップに関して，もう少し詳細に見ていこう．図 8.14 ③の段階で P サイトには開始 tRNA がホルミルメチオニンを付加されて結合しているが，A サイトに次のコドンに対応するアミノアシル tRNA が入ってくると，この二つの tRNA のアミノ酸が付加されている側（tRNA の 3' 末端側）が立体構造上で近くなり，アミノ酸とアミノ酸の連結が起こる．この反応を**ペプチジル転移反応**（peptidyl transfer reaction）とよぶが，この酵素活性はほとんど 23 S rRNA が担っている．このことは 23 S rRNA は酵素活性を有するリボザイム（RNA 酵素）であることを物語っている．アミノ酸が連結されたアミノアシル tRNA が P サイトに移る時に，今やアミノ酸を失った開始 tRNA は E サイトに移り，やがてリボソームから解離して

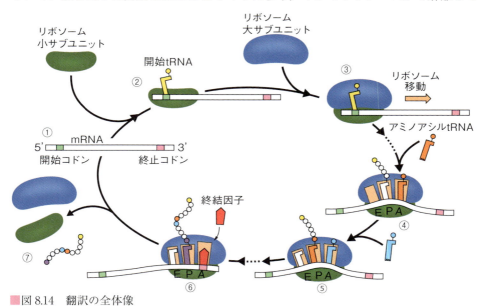

■図 8.14　翻訳の全体像
① mRNA，②〜③翻訳開始，④〜⑤翻訳伸長（新たなアミノアシル tRNA（橙色）は，まず A サイトに入り，ついで P サイトの合成中のペプチドを受け取り，P サイトに移動する．⑥翻訳終結直前（A サイトに終結因子が入る）．⑦翻訳終了．

第 8 講　RNA の機能 1 −翻訳の調節−

いく．これらのステップが繰り返されることで，リボソームが mRNA を移動し，ポリペプチドの伸長が起こる．なお，大サブユニットの内側には合成されたポリペプチドがリボソームの外に出ていくためのトンネルがある．そして小サブユニットの内側には mRNA が通り抜けられるトンネルがある．

　さて，翻訳の終結は終止コドンの上で起こるが，このコドンに対応する tRNA があるわけではない．終止コドンが A サイトに入ると，**終結因子**（Release Factor： RF）というタンパク質が，mRNA 上の終止コドンを識別して，これが P サイトに結合しているペプチドを連結した tRNA から，ペプチドを加水分解して離脱させる． RF の立体構造を解析したところ，それは tRNA の L 型の立体構造と酷似しており，空間的に多くの位置で重なることが明らかとなった．つまり，RF は tRNA の振る舞いをしてリボソームに入り込み，終止コドンを認識してペプチドを離脱させるとともに，リボソームを解離させることで翻訳の終結を制御していたのである．

8.6　真核生物での翻訳制御

　真核生物の翻訳過程も基本的にはバクテリアのそれと同じと考えてもよいが，いくつかの点で異なる．ここでは，その異なる点に焦点を合わせて解説する．まず，真核生物では転写の行われる場所が核で，翻訳の行われる場所が細胞質であるため，バクテリアのように転写と翻訳が共役して制御されていない．また，翻訳開始において mRNA 上の翻訳開始コドンの探し方が大きく異なる．真核生物の mRNA は，Cap 構造やポリ A テールなどを有することは概説したとおりであるが（図 8.3 (b)），真核生物では，リボソームの小サブユニットが開始 tRNA と結合してから，Cap 構造を認識して，そこから下流に mRNA をスキャンしていくことで最初の開始コドンを見出す．この時に開始 tRNA に結合しているのはメチオニンである（バクテリアのように修飾されたメチオニンではない）．したがって，真核生物の翻訳は，ほぼ mRNA 上で最初に出てくる開始コドンから開始される．さらに**図 8.15** にあるように，真核生物の mRNA はその 5' 末端の Cap 構造と 3' 末端のポリ（A）テール領域がさまざまなタンパク質（翻訳開始因子の eIF4G やポリ（A）結合タンパク質など）を介して環状構造を取ると考えられている．そして，このような構造が翻訳開始のステップを促進するとともに，翻訳を終えたリボソームが Cap 構造付近にあることで，新たなる翻訳の開始も促進すると指摘されている．

8.7　翻訳にかかわるさまざまな基本制御因子と多彩な翻訳制御のメカニズム

　これまでに翻訳の基本となる因子やその制御メカニズムに関して，バクテリア系を

8.7 翻訳にかかわるさまざまな基本制御因子と多彩な翻訳制御のメカニズム

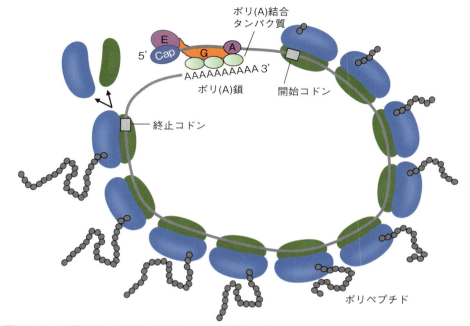

■図 8.15　真核生物の翻訳における mRNA 環状モデル
　真核生物の mRNA は翻訳時にその 5' 側と 3' 側が，特定の翻訳因子を介して環状の構造をつくる．E：翻訳開始因子 eIF4E，G：翻訳開始因子 eIF4G，A：翻訳開始因子 eIF4A．

中心に解説してきた．実際の翻訳制御はもっと複雑であり，より多くの翻訳因子が関与する詳細なメカニズムが報告されている．ここでは，その概略を述べるとともに，翻訳にかかわる制御メカニズムに関してトピック的に紹介したい（詳細は参考文献にある成書を参照されたい）．

8.7.1　翻訳にかかわるさらなる制御因子

　表 8.1 に示した「mRNA の翻訳過程にかかわる主要分子のまとめ」を再度見てみよう．これまでに翻訳制御において言及した因子は，この表において，アミノ酸，tRNA，アミノアシル tRNA 合成酵素に加え，表中のピンクの網がけで示してある制御因子（翻訳開始因子，翻訳伸長因子，翻訳終結因子）の中の転写終結因子であった．全く，あるいは，ほとんど触れなかった制御因子として翻訳開始因子と翻訳伸長因子があるので，この 2 因子に関して簡単に説明したい．まず，バクテリアの翻訳開始時には IF1，IF2，IF3 と命名された三つの翻訳開始因子が働く．図 8.13 (b) で開始 tRNA がリボソーム小サブユニットの P サイトに直接結合することを説明したが，この時に IF1 は A サイトに結合しており，他のアミノアシル化された tRNA が

第 8 講　RNA の機能 1 －翻訳の調節－

結合しないようにしている．また，E サイトには IF3 が結合しており，小サブユニットと大サブユニットの再会合を防いでいる．となれば，開始 tRNA は迷うことなく P サイトに入り込めることになる．さらに，IF2 は IF1 と結合し，P サイトに間違いなく開始 tRNA が入り込めるように制御を行っている．また，翻訳伸長因子として，EF-Tu や EF-G が存在するが，これらの因子もまた翻訳の伸長段階で重要な役割を演じている．例えば，アミノアシル化された tRNA は独力では A サイトに結合できず，EF-Tu によるバックアップ（エスコート）が必要である．EF-G はペプチジル転移反応の終結に必要な因子である．真核生物の翻訳開始因子や翻訳伸長因子に関しては成書を参考にしていただきたい．

8.7.2　普遍遺伝暗号表とその例外

表 8.2 に示した遺伝暗号表は 64 種の遺伝暗号（コドン）とアミノ酸との対応（三つは終止コドン）の関係を示しており，基本的にすべての生物種で共通していることから，普遍遺伝暗号表とよばれている．しかしながら，この暗号表と少し異なる遺伝暗号表を使っている生物種も存在している．特に STOP コドンに特定のアミノ酸が割り当てられることが多い．例えば，ある種のバクテリアや繊毛虫では UGA の STOP コドンがトリプトファン（Trp）をコードしたり，ある種のアーキアでは UAG の STOP コドンがピロリシン（Pyl）という，通常の遺伝暗号表にある 20 種以外のアミノ酸をコードしたりすることが報告されている．また，カンジダや子嚢菌では CUG がロイシン（Leu）ではなくセリン（Ser）をコードすることもある．さらに，細胞内小器官であるミトコンドリアにおいても，異なる遺伝暗号表を用いることが知られており，この意味で遺伝暗号そのものも進化の対象といえる．

8.7.3　Cap 構造非依存的な翻訳の開始（IRES を使った翻訳）

真核生物の Cap 構造に依存した翻訳開始機構に関して説明したが，特に RNA ウイルスの mRNA（ゲノム RNA）の中には，キャップ非依存的な翻訳の開始を可能にする RNA エレメントが存在する．これを IRES（Internal Ribosome Entry Site，RNA 鎖の内部リボソーム進入部位）とよび，C 型肝炎ウイルスや，ポリオウイルスの RNA ゲノムに見出されている．すなわち，IRES はリボソームを mRNA へリクルートすることができる RNA エレメントであり，同 RNA の特徴的な 2 次構造とそこに結合する制御タンパク質がこの翻訳開始に重要であることが研究されている．

8.7.4　低分子 RNA による翻訳の阻害

機能性 RNA であるバクテリアの低分子 RNA（sRNA）や真核生物の microRNA

（miRNA）が翻訳を阻害することはよく知られている．この詳細に関しては，第9講にて説明する．

8.7.5 翻訳の品質管理と修復

さまざまな理由で翻訳過程に障害が出ると，これをそのまま放っておくことは細胞にとって有害なタンパク質を大量に産生することになりかねない．そのため，翻訳に伴うタンパク質の品質管理機構が存在し，場合によっては，原因となる障害を回避するために修復が行われることになる．例えば，rRNAのペプチジル転移反応の活性中心に変異をもつリボソームは機能不全リボソームと認識され，速やかに細胞内で分解される．また，リボソームの翻訳の伸長速度が著しく低下し，翻訳の停滞が起きた場合には，翻訳中のmRNAとその翻訳産物を分解する品質管理機構が誘導される．品質管理が異常分子の分解だけではなく，修復により遂行される場合もある．例えばDNA修復に関与する因子SMUG1はrRNA中の損傷塩基の除去修復に関係することが報告されている．

演習問題

Q1. 次の文章の正誤を判定せよ．誤りとした場合は理由を述べよ．

1. mRNAの翻訳のためには，ノンコーディングRNAが必要である．

2. 翻訳時に使用されるtRNAはアミノ酸ごとにtRNAの種類が決まっている．

3. tRNAにアミノ酸を付加するtRNAアミノアシル合成酵素は生物種あたり5〜6種類が知られている．

4. 生物種によっては，一つのmRNA上に数種類のタンパク質がコードされることがある．

5. リボソームを構築するタンパク質やrRNAは原核生物と真核生物で共通である．

6. 遺伝暗号表でロイシンやグリシンを指定するmRNA上のコドンは1種類に限られ，コドンとアミノ酸の種類は厳密に対応している．

7. リボソームは翻訳の終結後に，大サブユニットと小サブユニットが解離する．

8. リボソームにおいて，mRNAの終止コドンはtRNAに構造がよく似たタンパク質によって認識され，制御される．

9. mRNAによっては，ある読み枠（ORF）から別の読み枠にずれて翻訳を続けるものがある．

10. 一般に真核生物の翻訳は核内で起こり，翻訳産物は核内に残るものと，細胞質に輸送されるものに分かれる．

Q2. mRNAの「翻訳」において，なぜ正確性が重要なのか．そのために翻訳過程にはどのような要因（制御機構）が備わっているだろうか．

第 8 講　RNA の機能 1 －翻訳の調節－

Q3. ある種のバクテリアからクローニングした遺伝子 A を，そのバクテリアで過剰発現させた場合は，SDS 電気泳動法（分子量を調べられる実験技術）にて 50 kDa のタンパク質の誘導が検出されるが，この遺伝子を大腸菌で過剰発現させた場合は，同じ方法を用いても，25 kDa の短いタンパク質が検出されるばかりである．考えられる可能性を二つあげて説明しなさい．

Q4. 真核生物の翻訳過程にかかわる因子を調べるために，mRNA の 5' 末端に存在する Cap 構造に結合する翻訳開始因子 eIF4E の抗体を用いて，免疫沈降法（特定の抗原を認識する抗体を用い，標的抗原を分離する技術．この時，目的とする抗原と相互作用している因子や複合体も解析できる）により eIF4E と相互作用する分子を検索する実験を行った．その結果，eIF4E と同じく翻訳開始因子の eIF4G が同定されたが，これと同時に mRNA の 3' 末端に存在するポリ（A）鎖に結合することが知られるポリ（A）結合タンパク質も同定された．ということは，mRNA 上の 5' 末端に結合するタンパク質と 3' 末端に結合するタンパク質が相互作用しているということになる．一体何が起こっているのか，説明しなさい．

Q5. 「rRNA はリボザイム（RNA 酵素）である」とはどのような意味であろうか．また，このことを証明するにはどのような実験結果が得られたら良いだろうか．

Q6. tRNA や rRNA の 2 次構造（実際には立体構造）が，バクテリアから，アーキア，真核生物までほぼ変わらないこと（例えば，tRNA ならクローバーの葉に似た構造をとる，図 8.7 参照）は，これら RNA 分子の進化を考える上でどのようなことを示しているのだろうか．

Q7. mRNA の翻訳に関連する疾患の中で，翻訳過程のどのようなメカニズムが病態に影響を与えていると考えられるか．

参考文献

1) J. D. Watson 他 著，中村桂子 監訳：ワトソン遺伝子の分子生物学（第 7 版），東京電機大学出版局（2017）
→翻訳制御をはじめとした分子生物学全般の参考書．
2) 大澤省三：遺伝暗号の起源と進化，共立出版（1997）
→遺伝暗号の起源と進化に関する歴史的な教科書．
3) T. A. Brown 著，石川冬木・中山潤一 監訳：ゲノム（第 4 版），メディカルサイエンスインターナショナル（2018）
→ゲノムから見たタンパク質，プロテオーム，翻訳の理解に有用な参考書．
4) J. M. Berg 他 著，入村達郎ら翻訳：ストライヤー生化学（第 8 版），東京化学同人（2018）
→生化学，分子生物学の観点からの翻訳の理解に有用な歴史ある参考書．
5) A. Kanai ed.：Molecular Biology of the Transfer RNA Revisited., Frontiers Media（2014）
→ tRNA の分子生物学の特集号（ISBN 978-2-88919-366-0），上級者向け．

第9講

RNA の機能 2 －機能性 RNA の重要性－

金井　昭夫

本講の概要

　私たちは RNA と聞くと，まず mRNA，ついで tRNA，rRNA を思い出すだろう．遺伝情報がタンパク質へと流れるメインストリームで活躍するプレイヤー達である．さらに，スプライシングに働く核内低分子 RNA（small nuclear RNA：snRNA）を挙げることもあるだろう．一方，21 世紀に入って，新しいタイプの，しかも想像を絶するほどのおびただしい数の RNA が次々と報告されている．これらの RNA は「機能性 RNA」という新たなカテゴリーとして捉えられ，研究の焦点が絞られている．「機能性 RNA」とは，タンパク質に翻訳されることなく RNA 分子のままで機能を発揮するもの（**ノンコーディング RNA**，non-coding RNA）で，上記の古典的とも云うべき tRNA や rRNA に加え，真核生物のマイクロ RNA（microRNA：miRNA），長鎖 ncRNA，また原核生物の低分子 RNA（small RNA：sRNA）などがこれに含まれる．その機能は遺伝情報発現の流れの中で，多くの重要なステップに関与している．本講では，この新しい「機能性 RNA」の多様な働きと，その応用としての RNA テクノロジーについて概説する．

本講でマスターすべきこと

☑ 真核生物の代表的な non-coding RNA（ncRNA）である miRNA や長鎖 ncRNA に関して，その大きさや，作用機序，生物学的な機能に関して理解する．

☑ バクテリアの ncRNA に関して，その大きさや，作用機序，生物学的な機能に関して理解する．

☑ RNA ワールドが意味する概念に関して，分子進化的な観点から考察する．

☑ RNA テクノロジーの代表的な手法（アンチセンス RNA，RNA 干渉，CRISPR-Cas9 システムなど）に関して，その内容を具体的に理解する．

第 9 講　RNA の機能 2 －機能性 RNA の重要性－

9.1　機能性 RNA とは何か

　本講で取り扱う主な機能性 ncRNA に関して**表 9.1** にまとめた．これまでにも，ncRNA として古典的な rRNA や tRNA，さらには前駆体 mRNA（pre-mRNA）のスプライシング反応にかかわる snRNA や rRNA の成熟にかかわる核小体低分子 RNA（small nucleolar RNA：snoRNA）が知られていた．一方，近年，ゲノム領域の大半が転写されていることが明らかになるにつれ，翻訳されず，RNA のままで何らかの機能を遂行する RNA を**機能性 RNA**（functional RNA）と総称するようになった．機能性 RNA とは，真核生物の miRNA や長鎖 ncRNA，原核生物の small RNA や CRISPR RNA（後述）など新たなカテゴリーの RNA を指すことが多いが，上述の古典的な ncRNA も含まれる．さらにこれを拡大解釈して，mRNA 上に存在する機能性の RNA ドメイン（リボスイッチ，IRES[*1] 等）を機能性 RNA に含める論文も多い．そうなると，アンチセンス RNA のようにセンス側の機能を抑えることだけを機能といえるかとか，転写されるが，その配列そのものに意味はなく，該当するクロマチンを広げる役割があるものはどうするか，さらに，ncRNA としては明確だが，機能のわかっていないものはどうかということになる．多くの場合はこれらも総称して機能性 RNA とか，機能性 RNA の候補とされる．一方で，テロメラーゼの RNA 成分，プライマー RNA などは，基本的にはプライマーや鋳型として核酸の合成時に働くだけで，調節機能にあたっていないので，本講では機能性 RNA の範疇に含めてはいない．

9.2　機能性 RNA の種類

　機能性 RNA はバクテリア，アーキア（古細菌）のような原核生物に，また，酵母からヒトに至るまでのすべての真核生物に存在する．このことは，すべての生物種が翻訳されない RNA を調節分子として使用していることを意味している．**図 9.1** は機能性 RNA が遺伝情報の流れ（DNA → RNA → タンパク質）の各ステップに対して調節的な働きをすることを示している．進化の過程では，ncRNA の種類もその制御も真核生物の方が多様性に富んでいるので，まずは真核生物を対象に解説していきたい．

[*1]　IRES：真核生物の Cap 構造に依存した翻訳開始機構に関して第 8 講で説明したが，特に RNA ウイルスの mRNA（ゲノム RNA）の中には，キャップ非依存的な翻訳の開始を可能にする RNA エレメントが存在する．これを IRES（internal ribosome entry site，RNA 鎖の内部リボソーム進入部位）とよび，C 型肝炎ウイルスや，ポリオウイルスの RNA ゲノムに見出されている．すなわち，IRES はリボソームを mRNA へリクルートすることができる RNA エレメントであり，同 RNA の特徴的な 2 次構造とそこに結合する制御タンパク質がこの翻訳開始に重要であることが研究されている（→第 8 講）．

190

9.2　機能性 RNA の種類

■表 9.1　機能性 ncRNA の分類と例

	名称	具体例	（予想される）機能	主な生物種（生物ドメイン）
古典的ncRNA	tRNA	tRNA^{Gly} tRNA^{Ala}	リボソームにアミノ酸を運ぶ. 翻訳に関与.	すべて
	rRNA	23 S rRNA（原核生物） 16 S rRNA（原核生物） 28 S rRNA（真核生物） 18 S rRNA（真核生物）他	リボソームの構成成分. 翻訳に関与.	すべて
微小ncRNA	miRNA	*let-7* *miR-1* *miR-34*　他	標的 mRNA と結合し, その mRNA の翻訳抑制, 分解に関与. その結果として細胞分化, 発生などを制御する.	真核生物
	piRNA	piRNA	生殖細胞のゲノムをトランスポゾンによる変異誘導から保護する.	真核生物
低分子ncRNA	small RNA（sRNA）	DsrA（大腸菌） CsrB（大腸菌）　他	タンパク質をコードする mRNA に対して翻訳の阻害や分解を行う. タンパク質と結合して, その機能を阻害する. 機能が不明なものが数多い.	バクテリア アーキア
	CRISPR RNA	CRISPR RNA	原核生物の生体防御に関与（原核生物の RNA 干渉とよばれる）.	バクテリア アーキア
	SRP RNA	SRP 4.5 S RNA（大腸菌） SRP 7 S RNA（真核生物）	シグナル認識粒子中の RNA 成分. タンパク質の分泌に関与する.	バクテリア アーキア 真核生物
	snRNA	U1, U2, U4, U6　など	RNA スプライシング	真核生物
	snoRNA	boxC/D タイプと boxH/ACA タイプがある	主に rRNA における部位特異的な修飾に関与する. 真核生物では核小体に存在する.	真核生物 アーキア
長鎖ncRNA	lncRNA	*H19* *Xist* *Tsix* *HOTTIP*　他	ゲノムインプリンティング, クロマチンの制御等に関与. マウスやヒトのトランスクリプトームにはこの種の ncRNA がたくさん存在するが, ほとんど機能は不明である	真核生物
その他	リボザイム	リボヌクレアーゼ P rRNA　など	酵素活性を有した RNA. RNA の分解, ペプチドの連結など.	すべて
	IRES	主としてウイルスの 5' 上流非翻訳領域に存在	RNA の内部からのリボソームの結合（侵入）領域	主にウイルス, 真核生物の mRNA にも存在する.
	SECIS	mRNA の 3' 非翻訳領域に存在	セレノシステインの導入, 翻訳終止コドンの読み飛ばしに関与.	すべて
	リボスイッチ	mRNA の 5' 非翻訳領域に存在 TTP リボスイッチ SAM リボスイッチ グリシンリボスイッチ　他	さまざまな代謝物質と結合することで, 該当する mRNA の翻訳等を制御する.	主にバクテリア

第9講 RNAの機能2－機能性RNAの重要性－

図**9.2**は真核生物の全 RNA がどのように分類されるのかを示したものである．RNA は大きくタンパク質をコードする RNA（mRNA）と，しない RNA（ncRNA）に分けられる．タンパク質をコードする mRNA は，RNA の絶対量からすると全 RNA 中

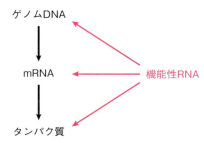

■図 9.1　機能性 RNA は遺伝情報の流れの各ステップに対して調節的な働きを行う

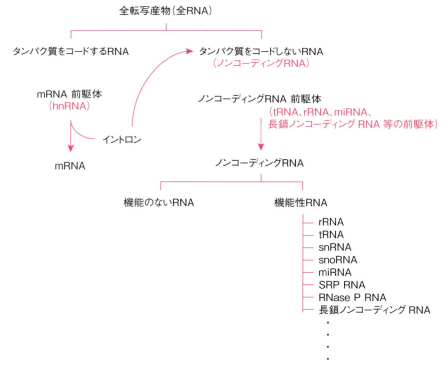

■図 9.2　真核生物の全転写産物の分類
　転写産物は大きくタンパク質をコードする RNA と，しない RNA に二分される．hnRNA：ヘテロ核 RNA，snRNA：核内低分子 RNA，snoRNA：核小体低分子 RNA，SRP RNA：シグナル認識粒子 RNA．

の 1 ～ 2 ％に過ぎず，ほとんどの RNA はタンパク質をコードしない RNA，つまり ncRNA である．mRNA と ncRNA はそれぞれ異なるゲノム領域から転写されると考えられるが，なかには mRNA のイントロン領域から snoRNA や miRNA がコードされているという興味深い報告もある．図から明らかなように，ncRNA には何らかの機能をもつ「機能性 RNA」が数多く存在しており，私たちの RNA の「はたらき」に関する従来の考え方を大きく転換する状況が生まれている．

　代表的な機能性 RNA について見てみよう（表 9.1）．tRNA や rRNA 以外の機能性 RNA については，便宜的にそのサイズで分類するとわかりやすい．まず，微小サイズのものとして，真核生物に存在するわずか 21 ～ 25 塩基程度の **miRNA**（microRNA）がある．これらは，発生，分化，細胞増殖，癌化，生体防御から細胞死までの幅広い現象に関与する．miRNA 情報のデータベースである miRBase（http://www.mirbase.org/）には，ヒトに 2,654 種の，マウスで 1,978 種の miRNA が登録されている（リリース 22.1，2018 年 10 月）．miRNA より少し大きい 26 ～ 31 塩基の piRNA（Piwi-interacting RNA）は，おもに生殖系列で発現しており，ゲノムに内在するトランスポゾンの転移を抑えることが知られている．

　微小サイズの ncRNA より大きい 50 ～ 500 塩基くらいの RNA を **低分子 RNA**（small RNA：sRNA）とよぶ．このカテゴリーには原核生物（バクテリアやアーキア）の機能性 RNA，真核生物のスプライシングに関与する snRNA や，rRNA のプロセシングや塩基修飾に関与する snoRNA が含まれる．原核生物の生体防御にかかわる **クリスパー RNA**（Clustered Regularly Interspaced Short Palindromic Repeat RNA：CRISPR RNA）は 25 ～ 50 塩基なので，サイズ的には微小 RNA と低分子 RNA の間くらいである．微小サイズの RNA というと大半が真核生物由来の 30 塩基以下の miRNA をさすが，原核生物の ncRNA は一般に sRNA とよばれているので，ここでは低分子 RNA に分類している．CRISPR RNA は，外来ファージのゲノム DNA などに対して攻撃的に働く．したがって，この現象は原核生物の RNA 干渉（後述）とも見ることができる．また，この RNA は，他の生物種からの遺伝子の水平伝播を抑制するという報告もある．

　次に，**長鎖 ncRNA**（long non-coding RNA：lncRNA）と総称されるカテゴリーがある．長鎖 ncRNA は通常の mRNA のように Cap 構造を有していたり，スプライシングを受けたりするので，今世紀の初頭までは mRNA 様 ncRNA とよばれていた．これらの ncRNA は，マウスやヒトの完全長 cDNA プロジェクトのいわば予期せぬ大成果として大量に存在することが報告された．cDNA プロジェクトの当初の目的は，タンパク質をコードする mRNA の全貌を高等真核生物で明らかにすることであった．これらの生物種では，ゲノム上でタンパク質をコードする領域が少ないばかりか，イントロンにより分断されているため，ゲノムの配列情報からタンパク質に対応する領

第 9 講　RNA の機能 2 －機能性 RNA の重要性－

域を推定するのが困難であったからである．研究者をも驚かせたことには，マウスでもヒトでも，タンパク質をコードする遺伝子と同程度（2 万種，あるいはそれ以上）の長鎖 ncRNA が見出されたのである．これら長鎖 ncRNA の多くについてはその機能がまだ明らかではないが，ゲノムのインプリンティングや遺伝子の発現制御等において重要な役割を担っていることを示唆する知見が刻々と蓄積されており，疾患の原因になる長鎖 ncRNA も数多く存在する．

　最後に，RNA の特定ドメインが機能性を有する場合をまとめた．これには mRNA に存在する制御ドメイン（IRES，SECIS[*2] の他，さまざまなリボスイッチなど）が含まれる．さらに，tRNA 前駆体のプロセシングに働く酵素リボヌクレアーゼ P はタンパク質と RNA の複合体として知られているが，このうちの RNA 成分は酵素活性をもつリボザイムであり，これも機能性 RNA として取り扱われる．一方で，テロメラーゼの RNA 成分，プライマー RNA などは，基本的にはプライマーや鋳型として核酸の合成時に働くだけで調節機能に直接の関与がないので，本講では機能性 RNA の範疇に含めてはいない．

9.3　真核生物の miRNA と長鎖 ncRNA

　代表的な機能性 RNA について少し詳しく見ていこう．miRNA 研究は 21 世紀になってから爆発的に発展した．その最初の物質的な同定は，1990 年代はじめの線虫の発生研究にさかのぼる．線虫の発生では，卵から 1 ～ 4 齢（L1 ～ L4 とよぶ）の幼虫を経て成虫になるが，*lin-4* や *let-7* とよばれる遺伝子に変異があると発生のタイミングに異常をきたすことが知られていた．図 9.3（a）で示すように，*lin-4*（－）では L1 を繰り返し，*let-7*（－）では L4 を 2 回行う．これらの責任遺伝子をクローニングしてみたところ，その実体は 22 塩基程度の極めて短かく，かつ，タンパク質としての読み枠（ORF）をもたない RNA をコードする遺伝子であることが明らかとなった．これらの RNA は図 9.3（b）のように特定の mRNA の 3' UTR（mRNA の 3' 側の非翻訳領域）と不完全なハイブリッドを形成し，その mRNA の働きを抑えること（詳細な制御機構については後述）で発生のタイミングを調節していたのである．今日，この研究が優れたオリジナリティをもっていることは誰の目にも明らかであるが，当時はどちらかといえば線虫という特殊な生物の，しかも特別な例であると捉えた研究者が多かったように感じられる．そのような見方が根底から覆されたのが，2001 年，Science 誌に発表された大量の miRNA 発見に関する論文からであった．

[*2]　SECIS（selenocysteine insertion sequence）：翻訳終止の代わりにセレノシステイン挿入を指示する配列（セレノシステイン挿入配列）で，約 60 塩基のステム-ループ構造を取ることが知られている．表 9.1 も参照のこと．

9.3 真核生物の miRNA と長鎖 ncRNA

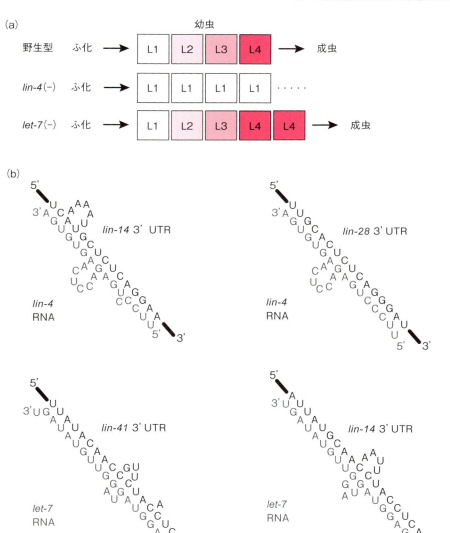

■図 9.3 線虫の発生に関する変異株の表現系と miRNA
(a) 線虫の発生過程における野生型と miRNA 変異型の表現型．(b) *lin-4* および *let-7* miRNA と標的 mRNA との結合様式．3' UTR はおのおのの mRNA（*lin-14* や *lin-28* など）の 3' 非翻訳領域の一部を示している．

第 9 講　RNA の機能 2 －機能性 RNA の重要性－

　ここで，miRNA の進化的保存性に関して言及したい．前述のように，現在ではヒトで 2,600 種以上の miRNA が報告され，その機能は多岐に及んでいる．これだけの数があっても，ある程度離れた種間（例えば，左右対称動物であるヒト，マウス，トリ，ショウジョウバエ間など）で良く保存された miRNA は，その保存性の数え方にもよるが，非常に良く保存されているもの（標的 mRNA との結合に重要な Seed 配列の保存性が完全で，かつ全体の配列の相同性が＞ 75％）が，6 種程度（*miR-1*，*-34*，*-100*，*-124*，*-125* および *let7*），これに次ぐ保存性のものがさらに 10 〜 20 種といったところである（**表 9.2**）．つまり，miRNA の進化的保存性は圧倒的に低いといってよい．一方で，保存された miRNA は，その多くが筋肉や神経といった，かなり分化が進んだ細胞での制御にかかわっていることが理解できる．さらには，その多くががん化などにかかわっている．また，保存された miRNA の遺伝子に関して，ゲノム DNA 上でのコピー数が進化とともに増大していく傾向があることを指摘しておきたい．例えば，ヒトの *miR-1*，*-34*，*-100*，*-124*，*-125* および *let7* のすべてで，各 miRNA をコードする遺伝子は二つ以上ある．**図 9.4** はヒトの *let7* ファミリーの配列を示しているが，全く同じ miRNA 配列をコードする場合も含め 11 遺伝子が報告されている．さらに，保存された miRNA にはクラスターを形成しているものがあることも忘れてはならない．例えば，遺伝子の並びでいえば，*100-let-7-125* や *1-133* がその例であり，協調的な制御機構の存在が示唆されている．まとめると，大半の miRNA は進化的にも保存性が悪く，個々に当面の制御に当たると考えられるが，その中で，重要な役割を得たものは進化的にも保存され，そのファミリーを増やしていくようである．

　さて，miRNA の機能は，基本的には標的となる mRNA の翻訳を抑制したり，また，分解したりすることで遂行される．したがって，生物学的な機能は標的となる

■表 9.2　真核生物で進化的に保存されている miRNA の例

	miRNA	主たる発現場所，生物学的機能
極めて高い種間保存性	*miR-1*	筋肉
	let-7	発生，細胞分化，癌化
	miR-34	細胞増殖，分化，癌化
	miR-100	細胞増殖，癌化
	miR-124	神経，眼，癌化
	miR-125	神経および免疫細胞，分化，癌化
高い種間保存性	*miR-9*	神経，眼，癌化
	miR-10	神経，発生，癌化
	miR-33	脂質代謝
	miR-133	筋肉
	miR-137	神経，統合失調症？，癌化
	miR-153	神経，癌化
	miR-184	眼，乳腺，生殖細胞，癌化

9.3 真核生物の miRNA と長鎖 ncRNA

miRNA 遺伝子名	塩基配列	染色体番号
	5'　Seed　　　　　　　　　3'	
hsa-let-7a-1	UGAGGUAGUAGGUUGUAUAGUU	Ch 9
hsa-let-7a-2	UGAGGUAGUAGGUUGUAUAGUU	Ch11
hsa-let-7a-3	UGAGGUAGUAGGUUGUAUAGUU	Ch22
hsa-let-7b	UGAGGUAGUAGGUUGUGUGGUU	Ch22
hsa-let-7c	UGAGGUAGUAGGUUGUAUGGUU	Ch21
hsa-let-7d	AGAGGUAGUAGGUUGCAUAGUU	Ch 9
hsa-let-7e	UGAGGUAGGAGGUUGUAUAGUU	Ch19
hsa-let-7f-1	UGAGGUAGUAGAUUGUAUAGUU	Ch 9
hsa-let-7f-2	UGAGGUAGUAGAUUGUAUAGUU	Ch X
hsa-let-7g	UGAGGUAGUAGUUUGUACAGUU	Ch 3
hsa-let-7i	UGAGGUAGUAGUUUGUGCUGUU	Ch12

■図 9.4　ヒト let-7（miRNA）ファミリーの塩基配列比較
has-let-7a-1 と異なる塩基を赤色で示す．染色体番号は該当する miRNA の遺伝子が存在しているヒトの染色体の番号である．Seed は miRNA の 5′ 側から数えて 2 番目から 7 〜 8 番目に相当する 6 〜 7 塩基の配列であり，標的 mRNA との結合に重要な役割をもつ．

mRNA がコードするタンパク質が担っているといってもよい．制御機構を模式的に表したのが**図 9.5** である．miRNA は単独で働くのではなくさまざまな制御タンパク質と複合体を形成しており，その主体は **AGO**（argonaute）タンパク質である．ここで，多くの miRNA は標的となる mRNA と部分的なハイブリッドを形成する（図 9.5（a）），標的 RNA と塩基配列が完全に相補の関係にある時，その miRNA を特に **siRNA**（small interfering RNA）とよぶ（図 9.5（b））．また，前者のタンパク質複合体を **miRNA 誘導サイレンシング複合体**（miRNA-Induced Silencing Complex：miRISC），後者の複合体を **siRNA 誘導サイレンシング複合体**（siRNA-Induced Silencing Complex：siRISC）とよぶ．制御機構としては miRNA ごとにいろいろな例が報告されている．大まかには miRNA の場合には，標的 mRNA の翻訳の阻害（分解も起こる）を，また，siRNA の場合には標的 mRNA の分解を介して行われる．21 〜 25 塩基程度の合成二本鎖 RNA を，人為的に細胞に導入することにより，標的遺伝子のノックダウン（mRNA の分解）を引き起こすことを **RNA 干渉**（RNA interference：RNAi）というが，RNAi は siRNA の経路を利用しているのである．

　2006 年に miRNA より少し大きい 24 〜 32 塩基の RNA が複数のグループにより報告された．この RNA は生殖細胞に特異的な発現がみられる．miRNA や siRNA が RISC 中の AGO と相互作用するのに対して，この RNA は **PIWI**（P-element

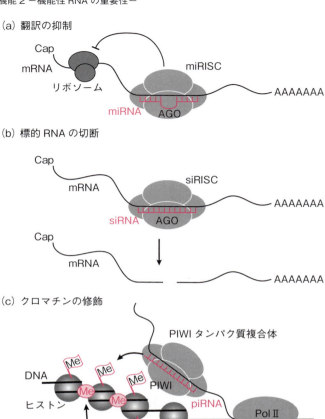

■図 9.5　miRNA の主な機能

Induced Wimpy Testis）タンパク質とよばれるタンパク質と相互作用するので **piRNA**（PIWI-interacting RNA）とよばれる（図 9.5 (c)）．進化的には AGO も PIWI も同じ AGO ファミリーの中のサブファミリーを形成している．piRNA の働きもまた，遺伝子の働きを抑えることにあるが，それは DNA をパッケージしているヒストンのメチル化や，ヒストンがメチル化することでリクルートされる酵素複合体による DNA のメチル化を介して行われる．この時の主たるターゲットはゲノムに内在しているトランスポゾンである．生殖細胞においてトランスポゾンが動き回れば，次世代への影響は最悪となる．これを防ぐのが piRNA の役割と考えられている．

　さて，miRNA や piRNA は第一次転写産物から一連の RNA プロセシングを経て成

9.3 真核生物の miRNA と長鎖 ncRNA

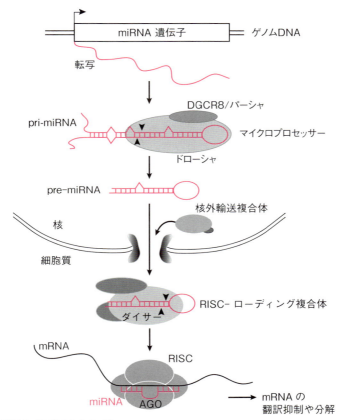

■図9.6 miRNAのプロセシング
miRNAは段階的なRNAのプロセシング過程を経て、機能を有したRNAになる。まず、核内にて特徴的なRNAの2次構造をもつ pri - miRNA として転写され、次に、ドローシャを代表とするRNA分解酵素複合体で前駆体miRNA（pre - miRNA）に加工される。
pre-miRNAは細胞質にて、ダイサーを主とするこれもRNA分解酵素複合体で成熟型のmiRNAに加工される。成熟miRNAはRISCとよばれる複合体中で標的mRNAの翻訳抑制や分解にかかわる。

熟型の RNA になることが解明されている。**図 9.6** は miRNA 遺伝子が核で転写されて一次転写 miRNA（primary-miRNA：pri-miRNA）から、主にドローシャやパーシャというタンパク質の複合体によってプロセスされ前駆体 miRNA（pre-miRNA）となり、その後、細胞質で主にダイサーという酵素によりさらにプロセスされ miRISC を形成するまでを描いている。機能性 RNA というと、RNA だけで機能を遂行しているように受け取られがちだが、機能性 RNA が働くためにはその生合成や調節にかかわるさまざまなタンパク質との共同作業が必要である。

第9講 RNAの機能2 －機能性RNAの重要性－

最後に長鎖ncRNAについて簡単にまとめておきたい．前述のように，膨大な数の長鎖ncRNAの存在はマウスやヒトのcDNAプロジェクトからもたらされた．現在では，長鎖ncRNAは酵母，ショウジョウバエ，線虫，シロイヌナズナをはじめとしたすべての真核生物種に存在すると考えられる．一方，長鎖ncRNAでその機能が明らかになっているものは限られているのが現状である．しかし，明らかにされ報告された機能からは，このRNA分子の少なくとも一部は重要な生体機能に直結していることがわかる（表9.3）．それは，転写の調節，転写後調節，RNA分子が構造体をつくる機能，ゲノムの恒常性など多岐にわたっている．例えば，転写の調節についての例をあげよう．図9.7は長鎖ncRNAが遺伝子の転写促進機能（エンハンサー活性）を有する例を示している．HOXは生物の発生に重要な転写因子をコードする遺伝子であるが，その転写活性化に同遺伝子の近傍にあるHOTTIPとよばれる長鎖ncRNA

■表9.3 長鎖ノンコーディングRNAの多彩な機能

大区分	長鎖ノンコーディングRNAの例	機能
転写調節	*HOTTIP*	発生を制御するHOX遺伝子の活性化
	XIST	X染色体不活性化
転写後調節	*AS-Uchl1*	脱ユビキチン化酵素Uchl1のmRNAと相互作用をしてその翻訳を活性化する
	TINCR	RNA結合タンパク質STAU1と複合体をつくり，分化遺伝子のmRNAの安定性を制御する
構造としての機能	*NEAT1*	パラスペックルとよばれる核内構造体の構造の骨格となる
	sno-lncRNAs	rRNA前駆体の転写調節およびmRNA前駆体の選択的スプライシングに関与
ゲノムの恒常性	*CONCR*	DNAヘリカーゼDDX11と相互作用して，細胞周期の進行とDNA複製を調節
	DINO	p53タンパク質と相互作用し，p53の標的となる遺伝子を活性化する

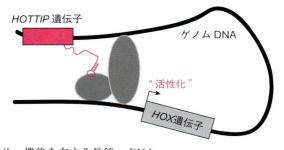

■図9.7 エンハンサー機能を有する長鎖ncRNA
HOX遺伝子は生物の発生に重要な働きをもつが，この遺伝子の活性化にHOTTIPとよばれる長鎖ncRNAが関与している．

遺伝子が必要である．転写された HOTTIP RNA は，特定の DNA/RNA 結合タンパク質等と HOX 遺伝子の近傍でゲノム DNA のループをつくるように複合体の形成に関与する．この複合体がヒストンの修飾（ヒストン H3 の 4 番目のリジン残基のトリメチル化）を促進することで，転写を活性化する．その他の機能として，RNA の安定性に関与するもの，転写の制御や遺伝子量補償に関与するもの，核の中の新しく見いだされた構造体形成に関与するもの，などがある．最近では大腸がん等と関連する長鎖 ncRNA の例も報告され疾病との関連研究も進展している．

9.4 原核生物の低分子 RNA

原核生物のゲノムにはタンパク質をコードする遺伝子が，ほとんど隙間なく並んでいて，機能性 RNA の遺伝子はそんなに多くはないと考えられていた．遺伝子の発現をゲノムレベルで解析する，タイリングアレイ[*3]や RNA-seq 技術の発展は，これまで遺伝子間領域として転写物が想定されていなかった領域や，タンパク質をコードする RNA とは逆鎖側の**アンチセンス RNA**（antisense RNA）に相当する数多くの機能性 RNA を見出すこととなった．これらは前述のように sRNA とよばれる．大腸菌を例にとってもその数は 100 種以上になると考えられているが，その全体像は未だに明らかとはいえない．

大腸菌などで見出された sRNA のうち，制御機構が比較的よく解明されているものの例を**図 9.8** に示した．この種の sRNA は RNA シャペロンとして知られる **Hfq タンパク質**（Hfq protein）に依存してその機能を発揮する．Hfq タンパク質はホモ六量体のドーナッツ型構造を形成し，sRNA と結合することで sRNA の構造を変え，標的となる mRNA に対する特異的な結合に関与すると考えられている．ここで，一部の sRNA は mRNA のリボソームの結合サイト（Ribosome Binding Site：RBS，8.2 節で解説した翻訳開始の目印（共通配列）であるシャイン・ダルガノ（SD）配列と同一と考えてよい）にハイブリダイズし，標的 mRNA がリボソームと結合するのを阻害することで翻訳を制御している．また，他の sRNA は，RNA 分解酵素であるリボヌクレアーゼ E（RNase E）をリクルートすることで標的 mRNA の分解に関与している．このような sRNA にはストレス応答や環境順応にかかわるものが数多くある．

sRNA が既知のものであれ，新規のものであれ，汎用の配列相同性解析プログラムを用いると，その進化的な保存性は極めて近縁の種に限定されているようであ

[*3] タイリングアレイ：ゲノムの塩基配列が決定済みの領域から，等間隔に（タイル状に）抜き出した塩基配列を検出用プローブとして搭載した DNA アレイ（DNA チップともよぶ）のこと．タンパク質のコード領域を並べた，通常のマイクロアレイと比較して，ゲノム全体をカバーするようにプローブが並んでいるので，未同定の RNA 産物でもそのシグナルを捉えることができ，2000 年代初めには，新しい機能性 RNA の同定に貢献した．

第9講　RNAの機能2－機能性RNAの重要性－

(a) Hfq結合型sRNA

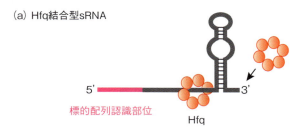

(b) Hfq結合型sRNAの機能の例

■図9.8　バクテリアの低分子RNA（sRNA）とその働き
(a) バクテリアのsRNAとRNAシャペロンであるHfqタンパク質の結合．(b) バクテリアのsRNAの働き．標的となるmRNAに対してsRNAが部分的な塩基対をつくり，標的mRNAの分解やリボソームのとの結合阻害を通して，翻訳の抑制を行う．

る．大腸菌の *SgrS* というsRNAを例にとってその進化を説明したい（**図9.9**）．大腸菌 *SgrS*（sugar transport-related sRNA）は250塩基弱のRNAであり，グルコースリン酸の蓄積など，糖リン酸ストレスに応答して転写が誘導される．*SgrS* の標的となるのはグルコースの主要なトランスポーターである *ptsG* mRNAであり，このmRNAと塩基対の形成をし，その翻訳の阻害やmRNAの分解を介してトランスポーターの量を減少させ，ひいては菌体内のグルコースの量を減らすことで，糖リン酸ストレスの回避を行うと考えられている．図9.9の大腸菌 *SgrS* の構造を見てもらいたい．ここで，BP（Base Paring）で示した領域が標的である *ptsG* mRNAと塩基対形成を行う領域であり，Termは転写の終結にかかわるステム-ループ構造である．おもしろいことに *SgrS* RNAにはSgrTという43アミノ酸残基より構成されるペプチドがコードされており，このペプチドは先のグルコーストランスポーターの活性を阻害する．したがって，*SgrS* は，sRNAとしてもまたmRNAとしても働く両機能性の分子である．図9.9では大腸菌と同じガンマプロテオバクテリア綱に属する他の4種の菌に由来する *SgrS* の構造も示してあるが，通常の相同性解析ではこのうちネズミチフス菌の *SgrS* までしか同定できないであろう．その理由の一つは，短いsRNA領域の中で上述の機能を担うユニットが短期間の進化過程のうちに，挿入，欠失，移

9.5 RNA と酵素活性そして RNA ワールド仮説

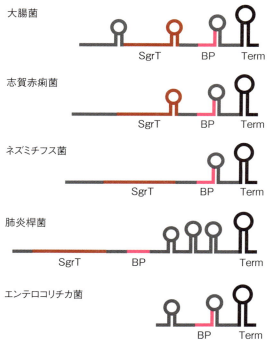

■図 9.9　原核生物 sRNA の段階的な進化
大腸菌と近縁バクテリア種のSgrS sRNAの構造を比較した．図中ではRNAのステム-ループ構造を模式的に示している．SgrT は同 sRNA 中に存在するペプチドをコードする領域を，BP は同 sRNA が標的の mRNA とハイブリダイズ（Base Paring）する領域を，また Term はターミネーター（転写終結）配列を示している．ここに挙げたバクテリアはすべて大腸菌と同じガンマプロテオバクテリア綱に属するが，大腸菌から下に離れるに従って進化的な距離は離れている．（出典：R. S. Horler et al.：Nucleic Acids Res., 37, 5465 (2009)）

動するからである．したがって，sRNA も進化的な保存性は近縁種に限られることになる．ここまでをまとめると，機能性 RNA の中で，翻訳に直接かかわる rRNA や tRNA（古典的 ncRNA）は極めて高い進化的な保存性を有する一方，前項で言及した真核生物の miRNA や長鎖 ncRNA，そして本章の原核生物の sRNA は，一部の例外を除けば，近縁種でのみ保存されることが多いということになる．

9.5　RNA と酵素活性そして RNA ワールド仮説

RNA には特定の酵素活性を有したものがあり，それを**リボザイム**（ribonucleic acid + enzyme → ribozyme）とよぶ．リボザイムの提唱以前は，すべての酵素はタンパク質であると考えられていた．1980 年代に，T. Cech が原生動物テトラヒメナ

を用いた rRNA 前駆体のプロセシングを研究中，この前駆体からイントロンを切り出すのに，タンパク質の因子はいらず，精製してきた rRNA 前駆体のみでイントロンの除去が進行してしまうことを見出した．また，S. Altman は tRNA 前駆体のプロセシングを行なうリボヌクレアーゼ P という酵素，これは RNA と複数のタンパク質の複合体であるが，その研究の過程で本酵素の活性も RNA 分子のみで再構成可能であることを見出した．これらリボザイムの発見により，両博士は 1989 年のノーベル化学賞を受賞している．

 現在，リボザイムには前述の例のほかに，23 S rRNA がもつペプチドを結合する活性（→第 8 講）や RNA を連結する活性等が知られている．また，人工的なリボザイムも数多く作製されている．図 9.10 は RNA 分解活性をもったリボザイムを模式的に示したものである．リボザイムには RNA に特徴的なきわめて特異的な高次構造を有するものが多い．そのような構造が基質との相互作用や酵素反応に関する特異性を高めることに役立っている．また，反応には Mg^{2+} イオンなどの 2 価金属イオンが必要である．リボザイムの発見により，「酵素反応はタンパク質によってなされる」というそれまでの概念が打ち破られ，生命の起源における「RNA ワールド仮説」の提唱に繋がった．

 RNA ワールド仮説（RNA world hypothesis）とは，原始の遺伝情報は DNA ではなく RNA による自己複製系により担われており，後に DNA に取って代わられた，とする仮説である．この主たる根拠は，①ある種の RNA は酵素活性をもつことが示されたこと，② RNA は塩基配列なので遺伝情報を担えること，③核酸の情報から

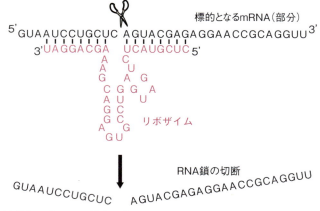

■図 9.10　リボザイムは RNA 酵素である！
　本図は核酸（mRNA）の切断活性を有するリボザイムを模式的に示したものである．この他，リボザイムには核酸やペプチドを連結する活性等が報告されている．本図は S. K. Saxena et al.：J. Biol. Chem., 265, 17106-17109（1990）を参考にして作成した．

アミノ酸の情報へ転換するリボソームにおいて，その活性の主体を rRNA が担うことが明らかになったこと，さらに，④レトロウイルスの逆転写酵素の発見によって，RNA 分子から DNA 分子への転換が示されたこと，などが挙げられる．一方，RNA は DNA に比べて安定性が悪いこと，あるいは，そもそも RNA 分子の構成単位であるヌクレオチドを自然界で合成するのは困難であることなどから，生命の起源と RNA ワールドを結びつける議論にはまだまだ反論も多い．RNA ワールド仮説と平行して，タンパク質ワールド仮説，RNA-タンパク質ワールド仮説等を提唱する研究者もいる．

9.6 RNA テクノロジー

　これまで述べてきたように，機能性 RNA 分子は遺伝子発現にかかわる制御系のさまざまなステップ，すなわち DNA（クロマチン）レベル，転写レベル，翻訳レベルで働いている（図9.1）．さらに，機能性 RNA 分子の中には代謝物質と結合し，制御を行うリボスイッチなどがある．したがって，これらのステップにかかわる RNA をうまく使えば人工的に遺伝子の情報発現をコントロールすることが可能となる．現在，**RNA テクノロジー**（RNA technology）にかかわる主たる技術には，アンチセンス RNA，siRNA や miRNA，リボザイム，RNA アプタマー，**CRISPR-Cas9 システム**（CRISPR-Cas9 system）などが挙げられる．これらすべての技術は，基本的に標的分子と特異的に結合し，その抑制や活性化を介して生物学的に重要な制御を行なうことに基づいている．つまり，標的をうまく選ぶことで，薬学，医学，農学分野等への応用が可能となる．例えば，標的分子が特定の疾病と関連が深ければ，標的分子を介した創薬への道が拓かれることになる．また，これらの技術の多くがノーベル賞受賞の対象になっていることからも，その重要性は明白である．

　アンチセンス RNA はその名前のとおり，通常の mRNA（センス RNA）と相補的な配列を有した RNA である．mRNA とハイブリッドを形成することにより，その翻訳を阻害することが期待される．RNA 分子は分解しやすいので，アンチセンス RNA にさまざまな化学修飾を施したもの，あるいは，RNA のホスホジエステル結合を別の構造に変えその安定性を高めたものなどがつくられている．また，2重らせんの熱力学的安定性を高めることで，結合親和性を高めた人工核酸もある．

　RNA 干渉の発見により，**遺伝子のノックダウン**（gene knockdown）がきわめて簡便に行えるようになった．特定の遺伝子を相同組換え技術等を用いて破壊することを**遺伝子のノックアウト**（gene knockout）とよぶが，一方，遺伝子の破壊はせず，そこから転写される RNA 分子の分解や翻訳の抑制を引き起こし，その遺伝子の機能を低下させることをノックダウンという．siRNA の項で言及したように，特定の RNA

第9講　RNAの機能2－機能性RNAの重要性－

の配列と完全に一致するような短い合成二本鎖RNAを真核生物細胞に導入することで，標的RNAの分解を引き起こすことが期待される．最近，特定のmiRNAが癌の進行やウイルスの感染，増殖と密接な関係があることがわかってきた．すなわち，特定の疾病と関連する内在的なmiRNAの発現を制御することができれば，それは疾病の予防や治療につながる．RNA干渉の研究によって，アメリカのC. C. MelloとA. Z. Fireは2006年にノーベル医学生理学賞を受賞した．

　さらに最近注目されている技術の一つに**RNAアプタマー**（RNA aptamer）がある．RNAアプタマーとは，標的となるタンパク質や低分子の化合物と高親和性で結合するRNA分子のことである．通常はランダムなRNA配列等の中からSELEX法[*4]を介して選別される．アプタマーが認識する領域が標的分子のみに存在するような領域であれば，それだけ特異性の高いものになり，この点では抗体とよく似ている．また親和性はその結合定数にして，数10 pM（ピコモル）〜nM（ナノモル）のオーダーになるので，極めて優れたものといえる．RNAアプタマーの中には，例えば，ATPや特定の色素などに結合するもの，ウイルスの増殖に必要なウイルス由来のタンパク質に結合するものなどがある．この場合，RNAアプタマーの投入でウイルスの増殖阻害が期待できる．

　最後に，CRISPR-Cas9（クリスパー-キャス9）システム（ゲノム編集ツール）について概説する（**図9.11**および→第13講）．本手法はその高い応用性が評価され，2020年，開発者であるマックス・プランク研究所のE. Charpantierとカリフォルニア大学バークレー校のJ. Doudnaにノーベル化学賞が授与されたことは記憶に新しい．簡単にいうと，この技術は生きた細胞が有するゲノムDNAの任意の場所を切断したり，編集したりすることができる技術である．もともと，9.2項（機能性RNAの種類）で述べたように，CRISPR RNAは原核生物の生体防御にかかわる機能性RNAで，これと複合体を構成するCas9とよばれる酵素が，外来に由来するファージDNA等を切断することが知られていた．CRISPR RNAは標的のファージDNAと部分的な相同性をもち，かつCas9とも結合するRNAの2次構造領域を有するので，ファージDNAの場所にCas9をもたらし，これを標的とした切断ができることになる．ここで，CRISPR RNAの標的認識にかかわる領域をゲノムDNAの破壊したい遺伝子と相同にしておけば，その遺伝子を狙った場所でDNA切断が可能になる．このように加工されたCRISPR RNAをガイドRNAとよぶ（図9.11）．切断されたDNAは宿主のDNA修復系で直されることになるが，DNAの2重鎖切断の場合は，

[*4]　SELEX法：Systematic Evolution of Ligands by EXponential enrichment法の略称で，試験管内選択（*in vitro* selection）法ともよばれる．特定の分子標的（色素，アミノ酸，タンパク質など）に強く結合する核酸リガンド（アプタマーとよばれる）を見つけるための方法．

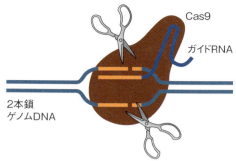

■図 9.11　CRISPR-Cas9 システムによるゲノム切断と遺伝子不活性化
CRISPR-Cas9 システムを用いることで，生きた細胞中のゲノム DNA の二本鎖を切断することができる．切断は細胞の DNA 修復機構で修復されるが，その際に塩基の欠失や挿入が頻繁に起きるので，該当する領域がタンパク質をコードする場合は，読み枠（ORF）がずれてしまい，機能的なタンパク質を産生できなくなる．したがって，本方法で簡便に遺伝子の破壊株を構築できることになる．本システムはガイド RNA とよばれる CRISPR RNA（RNA 中オレンジの部分はゲノム DNA と相同な領域）と DNA 鎖切断（ヌクレアーゼ）活性を有した Cas9 タンパク質より構成される（→第 13 講）．

修復に伴う塩基の挿入や欠失が頻繁に起こり，その結果としてフレームシフトが起こり，その遺伝子の機能を破壊するに至る．また，このシステムの応用として，酵素を Cas9 ではなく，例えば RNA の塩基編集酵素（A-to-I RNA editing enzyme など）にしておけば，標的の塩基配列の改変が生きた細胞で可能になる．

演習問題

Q1. 次の文章の正誤を判定せよ．誤りとした場合は理由を述べよ．
1. ノンコーディング RNA とはタンパク質に翻訳されずに，機能を有さない転写産物の一群を総称している．
2. 一般に，原核生物にはノンコーディング RNA は存在しない．
3. miRNA とその標的となる mRNA があれば，その miRNA の機能を試験管内で再現可能である．
4. ヒトには 2,000 種以上の miRNA が存在すると考えられる．
5. 長鎖ノンコーディング RNA には核内で構造体をつくり，その構造の骨格となるものが存在する．
6. 原核生物は自身のゲノムがコードする CRISPR システムを用いて，様々な遺伝子の編集をおこなっている．
7. RNA 分子を切断するような RNA 分子が知られている．
8. 代謝物質との結合を介して，翻訳を制御する mRNA 上の配列がある．
9. RNA アプタマーは標的となる物質と数ミリモル（mM）オーダーの低親和性で結合

するような RNA 分子の総称である.

10. 真核生物のゲノムには内在的な siRNA をコードする遺伝子は存在しない.

Q2. これまで長鎖ノンコーディング RNA と考えられていたものがタンパク質をコードしている例が見つかってきた. なぜこのようなことが起こったのか.

Q3. ノンコーディング RNA はタンパク質に翻訳されないとすれば, どのようにして細胞内で機能を果たしているのだろうか. miRNA を例にとって説明しなさい.

Q4. 遺伝子のノックアウトとノックダウンについて, それぞれの手法と効果の異なる点について説明しなさい.

Q5. 小さな miRNA を除き, ノンコーディング RNA が RNA の 2 次 (高次) 構造に富んでいるのはなぜだろうか.

Q6. RNA テクノロジーは医学や生物学の分野で革新的な可能性を秘めているが, それにはどのような課題や倫理的な考慮事項が存在すると考えられるか.

Q7. ある mRNA (cDNA) をクローニングし, その全塩基配列を決めたところ, 長い (例えば 50 アミノ酸残基長以上) のタンパク質の読み枠 (ORF) が, どのようなフレームで探しても存在しておらず, ノンコーディング RNA の可能性があった. この RNA がノンコーディング RNA であることを確かめるのにはどのような事象を確認し, どのような実験をしたら良いだろうか.

参考文献

1) 廣瀬哲郎・泊 幸秀 編：ノンコーディング RNA (RNA 分子の全体像を俯瞰する), 化学同人 (2016)
→機能性 RNA 分野の第一人者らが執筆した教科書.
2) 河合剛太・金井昭夫 編, 機能性 Non-coding RNA, クバプロ (2006)
→日本で最初の機能性 RNA の参考書.
3) 菊池 洋 編：ノーベル賞の生命科学入門 RNA が拓く新世界, 講談社 (2009)
→ RNA 分野のノーベル賞にかかわる参考書.
4) T. A. Brown 著, 石川冬木・中山潤一 監訳, ゲノム (第 4 版), メディカルサイエンスインターナショナル (2018)
→ゲノムから見た機能性 RNA の理解に有用な参考書.
5) T. R. Cech, J. A. Steitz, J. F. Atkins eds：RNA Worlds (New Tools for Deep Exploration), Cold Spring Harbor Laboratory Press (2019)
→機能性 RNA の構造と進化に関する第一線級の参考書, 上級者向け.

tRNA 断片は機能性 RNA である

　第 8 講で解説した通り，tRNA は遺伝暗号の翻訳過程で中心的な役割を担う古典的なノンコーディング RNA である．一方，この 10 年の間に，tRNA が特異的な箇所で切断を受け（図を参照），生じた tRNA 断片が翻訳とは異なる新たな生物学的機能にかかわることが数多く報告された．この意味で，tRNA は新しいタイプの低分子機能性 RNA の前駆体ということになってきた．

　21 世紀の初頭から，特定の細菌や細胞の RNA のライブラリー（cDNA ライブラリー）の塩基配列を網羅的に決定する研究方法が開発されてきた．これらライブラリー中には必ずと言ってよいほど数多くの tRNA 断片が検出された．このような tRNA 断片は，初めは tRNA の分解産物であり，取るに足らない分子と考えられた．しかし，断片化される tRNA の種類や切断の位置が，細胞の種類や細胞の生理状態などで異なること，さらに，発生の特定の時期や，細胞のがん化に伴って tRNA 断片の量が変化するなどの知見が増すにつれて，tRNA 断片に何か意味のある役割があるのではないかと考えられるようになった．

　最も重要な知見の一つは，tRNA 断片がマイクロ RNA と同様に RISC 複合体に取り込まれて，遺伝子のサイレンシングに関与していることだろう．その標的遺伝子の機能を反映して，tRNA 断片がかかわる生物学的機能は極めて多様になってきた (S. George et al.：Front. Genet., 13, 997780 (2022))．一方で，tRNA 断片は必ずしもサイレンシグの経路を使うものでないという知見もあり，今のところ統一的な制御機構を述べる段階にな

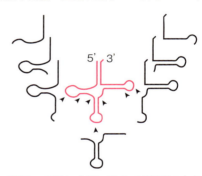

■図　tRNA（赤）はその種類によりさまざまな切断を受け機能的な tRNA 断片をつくり出す
矢頭は主な切断箇所を示している．

い．さらに，2016 年に Science 誌に掲載された二つの論文は驚愕すべきものであった (U. Sharma et al.：Science, 351, 391-396 (2016), Qi Chen et al.：Science, 351, 397-400 (2016))．著者らはマウスの tRNA 断片が精子に入り込み子孫に伝わる可能性を示した．また，マイクロ RNA が精子に入り子孫に伝わる可能性も述べている．論文には，父親となるマウスが高脂肪食などを摂取することで tRNA 断片の量が変化すること，さらに，このように変動があった tRNA 断片を受精卵に打ち込むと生まれた子供に代謝異常が生じることも記述されている．こうなってくると，tRNA 断片やマイクロ RNA が遺伝性の因子としての側面ももつことになり，拡大解釈すると父親の獲得形質が遺伝する可能性を示唆している．これまでの遺伝学では核の DNA やミトコンドリアの DNA が主役であったが，精子に存在する tRNA 断片やマイクロ RNA が生命科学の新たな扉を開くのにそんなに時間はかからないのかもしれない．　　　　　　（金井昭夫）

イントロンの起源とその意義

真核生物の遺伝子はイントロンによって分断されていることが多い．したがって，成熟した mRNA を構築するためには，前駆体 RNA からイントロンを取り除き，エキソンを連結する必要がある（スプライシング反応）．これまでの考え方として，最も重要なのは最終的に構築された成熟 mRNA であり，切り離されたイントロンは，「機能のないもの」という印象がある．イントロンになんらかの機能があるのだろうか．

まず，原核生物でもイントロンが存在することにふれておきたい．これはグループ Ⅰ あるいは Ⅱ とよばれるタイプのイントロンで，特に rRNA や tRNA 遺伝子を分断する形でゲノムに入り込んでいる（図 (a)）．この領域が転写されて RNA になると，そこから自己スプライシング（リボザイムの反応）で自身であるイントロン領域を切り出す．これらのイントロンはゲノム上で転移することができ，転移過程で必要となる酵素が同イントロンにコードされることがある．興味深いことに，グループ Ⅱ イントロンの高次構造と，前駆体 mRNA スプライシング複合体の高次構造が酷

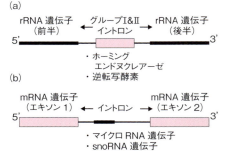

■図　イントロンにコードされる遺伝子の例

似していることより，両者には進化的な関連が指摘されている[1]．つまり，真核生物のイントロンはグループ Ⅱ イントロンの数が真核生物の起源で増加したことによりもたらされた可能性がある．同様に，イントロン領域に入れ子状に遺伝子がコードされることは機能性 RNA においても知られている．例えば，mRNA タイプのイントロンにマイクロ RNA 遺伝子や核小体に存在する snoRNA 遺伝子がコードされる場合がある（図 (b)）．

2019 年に Nature 誌に発表された二つの論文はイントロンの存在意義に新たな視点を与えた．まず，J. T. Morgan らは，出芽酵母の約 300 のイントロンのうち，34 の切り出されたイントロンが細胞の増殖が飽和期になったりストレスにさらされたりすることで，直鎖状イントロンとして安定化されることを見出している．安定化したイントロンは TOR とよばれる増殖制御シグナルを調節するようだ[2]．さらに，J. Parenteau らは，イントロンが一つか二つ欠失したような酵母の変異体ライブラリーを系統的につくり出した．変異体酵母は，栄養状態が高い培地では野生型の酵母と変わらない増殖を示したが，栄養の枯渇状態では，このような状況に対する耐性が低下した．すなわち，イントロンは細胞増殖の調節や飢餓状態での生存に重要な働きをするのである．　　　　（金井昭夫）

参考文献：1) C. M. Smathers et al：BBA, 1862, 194390 (2019)
　　　　　2) J. T. Morgan et al：Nature, 565, 606-611 (2019)
　　　　　3) J. Parenteau et al：Nature, 565, 612-617 (2019)

第10講

DNA 損傷と修復

香川　亘

本講の概要

　生命の設計図である DNA は，紫外線や化学物質，さらには DNA 複製時のエラーや呼吸の副産物として発生する活性酸素によって日常的に損傷を受ける．DNA が損傷を受けると，遺伝子に変異が生じる可能性があり，損傷が修復されないまま放置されると，遺伝子の機能不全によりがんや遺伝性疾患などの病気が発症することがある．生物はこれらの脅威から身を守るために，複数の DNA 修復経路を進化させてきた．ミスマッチ修復，塩基除去修復，ヌクレオチド除去修復，二重鎖切断修復など，それぞれ異なるタイプの DNA 損傷に特化したいくつかの修復経路が存在する．これらの修復経路ではたらくタンパク質は，細胞のメンテナンス・クルーのようなもので，常に DNA をパトロールし，遭遇した損傷を修復する．DNA 修復はゲノムの安定維持に欠かせないものであり，個体の健康維持と次世代への正確な遺伝情報の伝達に重要な役割を担っている．DNA 修復経路の基本的な分子メカニズムはヒトを含むあらゆる生物の間でよく似ていることからも，DNA 修復がいかに重要な役割を担っているのかが想像できる．DNA 修復のメカニズムを理解することは，分子生物学の基礎を理解する上で不可欠であるだけでなく，癌研究，遺伝子工学，個別化医療などの分野においても大きな意味をもつ．本講では，DNA 損傷とその修復のメカニズム，およびヒトの健康における重要性について述べる．

本講でマスターすべきこと

- ☑ DNA 損傷を引き起こす化学的要因，物理的要因，および生物学的要因を理解する．
- ☑ 突然変異がゲノムに及ぼす影響を理解する．
- ☑ ミスマッチ修復，塩基除去修復，ヌクレオチド除去修復に共通する分子メカニズムと，損傷を認識する分子メカニズムの違いについて理解する．
- ☑ 非相同末端結合と相同組換え修復の長所と短所を理解する．
- ☑ DNA 修復が転写と共役することの重要性について理解する．
- ☑ DNA 修復と細胞周期の関係について理解する．
- ☑ 損傷乗り越え修復の重要性について理解する．
- ☑ DNA 損傷と遺伝性疾患の関係について理解する．

第 10 講　DNA 損傷と修復

10.1　DNA 複製だけではゲノム DNA の正確なコピーをつくれない

　ゲノム DNA は，地球上のあらゆる生物を形づくる「設計図」であり，その「情報」は DNA の塩基配列として細胞核内に保持されている．第 6 講にもあるとおり，ゲノム DNA の特定の領域（遺伝子）が転写というプロセスにより読み取られて RNA が合成される．そして RNA にコピーされた「設計図」の「情報」をもとに，翻訳というプロセスによってその生物特有のタンパク質がつくられる．つまり，ゲノム DNA の重要な役割の一つは，その塩基配列によって細胞内ではたらくさまざまなタンパク質の構造や機能を規定することにある．

　DNA にはもうひとつ重要な役割がある．それは，塩基配列に蓄えられた「情報」を親細胞から娘細胞に正確に伝えることである．ゲノム DNA に蓄えられた「情報」が娘細胞へ受け継がれる際に，細胞分裂が行われる．細胞分裂は，一つの親細胞が二つの娘細胞に分裂するプロセスのことで，減数分裂の時を除き，原理的には親細胞と娘細胞のゲノム DNA はまったく同じ塩基配列を有する．つまり，親細胞は分裂するまでに，自身のゲノム DNA とまったく同じコピーをつくり，それらを娘細胞に分配している．第 5 講では，ゲノム DNA が複製されるしくみについての概説があった．DNA 複製は，DNA ポリメラーゼとよばれる酵素（タンパク質）によって極めて正確に行われるが，およそ 100 万塩基に 1 回の頻度で誤った塩基を取り込んでしまう．ヒトのゲノム DNA の場合（約 30 億塩基対）で考えると，1 回の複製に，3,000 か所に変異（DNA 塩基配列の変化）が生じる計算になる．この変異の頻度を減らすしくみとして DNA ポリメラーゼの**校正機能**（proofreading function）があり，鋳型の DNA 鎖に対して正しく塩基対を形成していないヌクレオチドを除去する．DNA ポリメラーゼの校正機能により，変異が生じる頻度が 100 分の 1 程度に低下するが，ヒトのゲノム DNA の場合で考えると，それでも 1 回の複製あたり 30 か所に変異が生じることになり，DNA ポリメラーゼのはたらきだけでは，ゲノム DNA の完璧なコピーをつくることは難しいことがわかる．

10.2　ゲノム DNA はさまざまな種類の損傷を日常的に受けている

　細胞がゲノム DNA の完璧なコピーをつくる際に直面するさらなる課題として DNA 損傷がある．ヒトでは，1 日 1 細胞あたり数万〜十万個の DNA 損傷が起こるといわれている．DNA は，生物の長い進化の歴史の中で遺伝情報を安定に保持するための物質として使われてきた．その一方で，DNA 分子の中には化学的に反応性の高い官能基（カルボニル基，アミノ基など）が含まれているために，通常の細胞内環

212

10.2　ゲノム DNA はさまざまな種類の損傷を日常的に受けている

■表 10.1　DNA 損傷の要因と種類

DNA損傷の要因		DNA損傷の種類
内的要因	水による加水分解	脱プリン
		脱ピリミジン
		シトシンからウラシルへの変換
	代謝産物　活性酸素による酸化	グアニンから8-oxo-dGへの変換
	代謝産物　S-アデノシルメチオニンによるアルキル化	シトシンのメチル化
	代謝産物　活性酸素によるDNAリン酸骨格の切断	一本鎖切断，二重鎖切断
外的要因	太陽光に含まれる紫外線	ピリミジン二量体の形成
	放射線	二重鎖切断
	抗がん剤	種類によって塩基のアルキル化・酸化，二重鎖切断などを引き起こす
	環境汚染物質，タバコの煙に含まれる発がん物質	塩基へのDNA付加体の結合

境下であっても DNA は自然発生的な損傷（化学構造の変化）を受ける．DNA に生じる主な損傷とその要因を**表 10.1** に示す．例えば，ヒトの DNA は，デオキシリボースとプリン塩基（アデニン，グアニン）とのグリコシド結合が加水分解される脱プリン化反応により，1 日 1 細胞あたり約 10,000 個のプリン塩基が失われるといわれている（**図 10.1**（a））．また，DNA 中のシトシンのウラシルへの脱アミノ化も，1 日 1 細胞あたり約 200 塩基の頻度で起こる（図 10.1（b））．さらに，DNA 塩基は，活性酸素や高エネルギーのメチル基供与体である S‐アデノシルメチオニンなど，細胞内で生成される反応性の高い代謝産物にさらされることによっても損傷することがある（図 10.1（c））．いずれの損傷も，DNA 複製の正常な進行を妨げる．

　DNA は外的要因によっても損傷を受ける（**図 10.2**）．太陽から降り注ぐ紫外線は，DNA 鎖の中で隣接する二つのピリミジン塩基（チミン，シトシン）の間に共有結合を生じさせ，例えばチミン二量体の形成を誘発する（図 10.2（a））．この状態で DNA 複製が行われると，DNA ポリメラーゼはチミン二量体を通常のチミンとして認識できず，合成途中の相補鎖に誤った塩基を取り込んでしまう．紫外線よりエネルギーが高い電磁波である放射線やガンマ線は，DNA 損傷の種類の中で最も深刻な損傷であ

第 10 講　DNA 損傷と修復

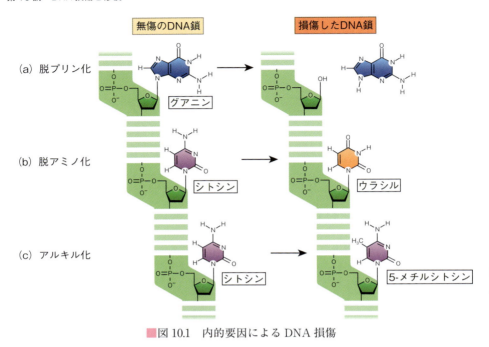

図 10.1　内的要因による DNA 損傷

る **DNA 二重鎖切断**（DNA double-strand break）を引き起こす（図 10.2 (b)）．二重鎖切断は DNA 二重らせんの両方の鎖が切断された損傷であり，細胞死やがんを誘発することが知られている．その他にも，環境汚染物質やタバコの煙に含まれるベンゾピレンは DNA 塩基の塩基対形成に必要な部位と結合し，DNA 複製の妨げとなることが知られている（図 10.2 (c)）．

10.3　DNA 損傷によって誘発される突然変異

　突然変異は，ゲノム DNA の塩基配列に起こるランダムな変化である．突然変異には，染色体の構造変化を伴うような大規模なものから，一つの塩基が変化する小規模なものまである．突然変異は，前節で概説したようにさまざまな種類の DNA 損傷によって引き起こされる．最も一般的な変異は，DNA ポリメラーゼが複製の際に起こすミスによって生じる（**図 10.3**）．複製中に DNA ポリメラーゼが鋳型 DNA の中の損傷塩基に遭遇すると，正しくないヌクレオチドを相補鎖に取り込むことがある．例えば，アデニンは正しい塩基対であるかどうかにかかわらず，しばしば損傷塩基の向かい側に取り込まれる（図 10.3 (a)）．これにより，転移型突然変異が発生す

10.3 DNA損傷によって誘発される突然変異

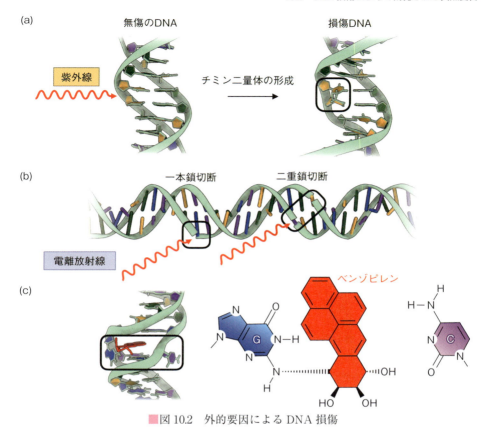

■図10.2 外的要因によるDNA損傷

る．**転移型突然変異**（metastatic mutation）とは，プリンヌクレオチドが別のプリン（A → G または G → A）に，またはピリミジンヌクレオチドが別のピリミジン（C → T または T → C）に変化する変異のことである．一方，**転換型突然変異**（conversion mutation）とは，プリンがピリミジンに，またはその逆に置換されることを指す．

ここで重要なのは，DNAが損傷しても，それだけでは必ずしもDNAに突然変異が生じるわけではないということである（図10.3 (b), (c)）．それは，ゲノムDNAに起こるDNA損傷のほとんどがDNA二重らせんの片側の鎖で起こるからである．つまり，損傷部位の相補鎖側は無傷の状態である．DNAの塩基は必ずアデニンとチミン，グアニンとシトシンがそれぞれ水素結合を形成し塩基対をつくることから，DNAの片側の鎖の情報から，もう一方のDNA鎖の情報を得ることができる．これを**相補性**（complementality）とよび，DNAの複製や転写を理解する上で極めて重要な原理である．DNA修復においても，相補性が利用されている．その機構は後述す

215

第 10 講　DNA 損傷と修復

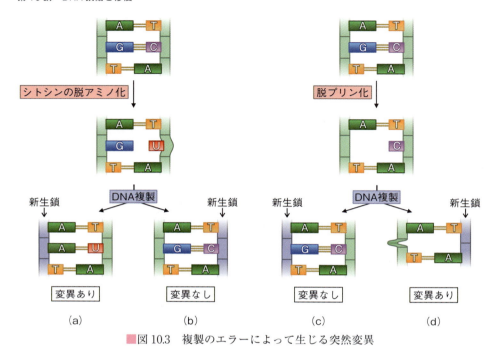

■図 10.3　複製のエラーによって生じる突然変異

るが，内的または外的要因によって一方の DNA 鎖が損傷しても，相補的な DNA 鎖に同じ情報のコピーが残っているので，このコピーを利用して損傷した DNA 鎖に正しい塩基配列を復元することが可能である．生物には，さまざまな種類の DNA 損傷を認識して修復するための DNA 修復機構が存在し，実際に DNA に変異が残るのは，1,000 個の DNA 損傷のうち 1 個にも満たないといわれている．

10.3.1　突然変異の種類

突然変異にはさまざまな種類があるが，まず**生殖細胞変異**（germline mutation）と**体細胞変異**（somatic mutation）の 2 種類に大別することができる．生殖細胞変異は，卵や精子などの生殖細胞である配偶子に発生する．これらの突然変異は子孫に伝わり，その子孫のすべての細胞がその突然変異をもつことになるのでその影響は大きい．体細胞の突然変異は，生殖細胞以外の細胞で起こる．この種の突然変異は，変異が生じた細胞とその娘細胞だけに限られているため，生物への影響はほとんどないことが多い．また，体細胞変異は子孫に受け継がれることはない．

突然変異は，その種類によって変異の規模が異なる．染色体変化は，比較的規模の大きい突然変異であり，表 10.1 に示す内的または外的要因によって切断された染

10.3 DNA損傷によって誘発される突然変異

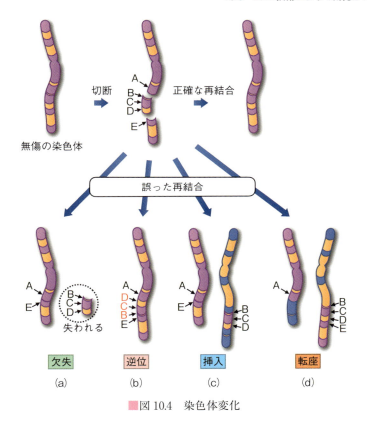

■図 10.4　染色体変化

色体が元通りにならない形で再結合することで発生する．染色体変化には欠失，逆位，挿入，転座などがある（**図 10.4**）．欠失では，染色体の一部の領域が失われる（図 10.4 (a)）．失われる領域の大きさは染色体の切断部位に依存し，数百万塩基対に及ぶことがある．逆位では，切断によって生じた染色体の断片が逆向きに再結合する（図 10.4 (b)）．挿入や転座では，切断によって生じた染色体の断片が他の染色体と再結合する（図 10.4 (c)，(d)）．染色体変化は深刻な変異であり，多くの場合，発生した細胞や生物は死に至る．生物が生き残ったとしても，その後の個体の機能に大きな影響を及ぼす可能性がある．

　染色体変化と比べて小規模な突然変異としては，点変異，塩基の挿入や欠失がある．点変異では，一つの塩基が別の塩基に置き換えられる．挿入では一つ以上の塩基が追加され，逆に欠失では一つ以上の塩基が取り除かれる．いずれの種類の変異でも，タンパク質の機能に影響を及ぼす可能性がある（**図 10.5**）．しかし，ほとんどのアミノ

第 10 講　DNA 損傷と修復

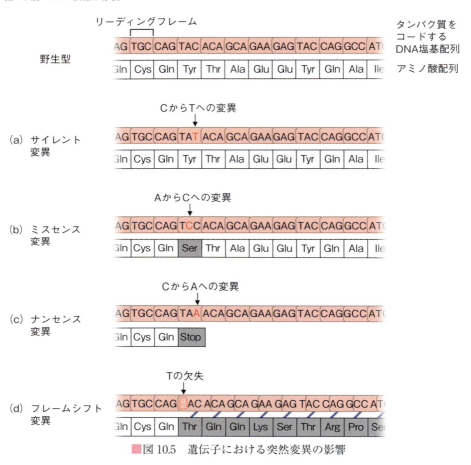

図 10.5　遺伝子における突然変異の影響

酸については複数のコドンが存在するため，突然変異により配列が変わっても同じアミノ酸がポリペプチドに取り込まれる場合がある（→第 8 講，図 8.4）．このような変化は，タンパク質の構造に影響を与えないため，**サイレント変異**（silent mutation）とよばれる（図 10.5（a））．一方，**ミスセンス変異**（missense mutation）では，異なるアミノ酸がポリペプチドに取り込まれる（図 10.5（b））．ミスセンス変異の影響は，新しいアミノ酸が野生型のアミノ酸とどれだけ化学的に異なるかによって決まる．また，変化したアミノ酸のタンパク質内での位置も重要である．例えば，変化したアミノ酸が酵素の活性部位の一部であったり，酵素の形状に大きく影響したりする場合には，ミスセンス変異の影響が大きくなる可能性がある．一方，ミスセンス変異が活性部位やタンパク質の構造形成に重要な部位以外の位置で生じ，新しいアミノ酸が野生

型のアミノ酸と化学的性質が類似している場合はタンパク質が正常に機能することが多い。

　塩基の欠失や挿入においても、発現するタンパク質の機能にさまざまな影響を及ぼす可能性がある。コドンは三つのヌクレオチドで構成されているため、3の倍数の数のヌクレオチドが挿入または欠失した場合、一つまたは複数のアミノ酸が挿入または欠失される。一方、3の倍数ではない数のヌクレオチドの挿入または欠失は、リーディングフレーム（読み枠）のずれを引き起こす。変異が生じた箇所以降の遺伝子は野生型とは異なるアミノ酸配列をコードする（図 10.5 (d)）。このような変異を**フレームシフト変異**（frameshift mutation）とよぶ。フレームシフト変異をもつ遺伝子からつくられるタンパク質は、ほとんどの場合、機能しない。もう一種の点突然変異は、**ナンセンス変異**（nonsense mutation）とよばれ、アミノ酸をコードするコドン（センスコドン）をストップコドン（ナンセンスコドン）に変換するものである（図 10.5 (c)）。ナンセンス変異では、野生型よりも短いタンパク質が合成され、そのタンパク質は通常は機能を失う。

10.3.2　突然変異の影響

　生物にとって有害ではない突然変異を中立的な突然変異とよぶ。例えば、サイレント変異は、コードされるタンパク質のアミノ酸が変化しないため中立的な変異である。一方、正常に機能しない、あるいは全く機能しないタンパク質の生成につながるような有害な突然変異は、遺伝性疾患やがんの原因になることがある。**遺伝性疾患**（genetic disease）とは、一つ以上の遺伝子の突然変異や染色体の変化によって引き起こされる病気、症候群、その他の異常な状態のことである。遺伝性疾患は、通常、生殖細胞内で発生した遺伝子の突然変異によって引き起こされ、自然に遺伝する。一方、がんは子孫には受け継がれない体細胞内の突然変異が蓄積されて起こる病気である。突然変異が蓄積した細胞が暴走し、腫瘍とよばれる異常な細胞の塊を形成してしまう。一般的には、細胞周期、DNA修復、血管新生など、細胞の成長や生存にかかわる遺伝子の変異が原因とされている。このような変異をもつがん細胞は、制限なく分裂し、免疫系から隠れ、薬剤耐性をもつように進化しており、治療が困難とされている。

　突然変異の中には、稀に、それが起こった生物に良い影響を与えるものがある。これらが生殖細胞（卵や精子）で発生した場合、その形質は遺伝し、次の世代に受け継がれる。有益な突然変異は、通常、生物が環境に適応する上で有利にはたらくようなタンパク質の機能変化をもたらす。それが生物の生存や繁殖の可能性を高めるものであれば、時間の経過とともに集団内でより多くみられるようになる。

第 10 講　DNA 損傷と修復

10.4　DNA 損傷を修復するしくみは複数存在する

　生物には複数の DNA 修復経路が備わっており，それらは DNA の片側の鎖に生じた損傷を修復する経路と，両方の鎖に生じた損傷を修復する経路に大別できる．前者の修復経路に共通する特徴として，無傷の相補鎖を鋳型にして損傷部位の塩基配列を正確に復元することが挙げられる．一方，後者の修復経路では，DNA 損傷は両方の鎖に及んでいるのでどちらの鎖も修復の鋳型として用いることはできない．二重鎖切断など，両方の鎖に生じた損傷の修復は時として，相同な塩基配列を有する他の DNA（姉妹染色分体など）を巻き込んだ大掛かりなものとなる．本節では，これまで明らかにされている DNA 修復経路の分子機構を概説する．

10.4.1　相補鎖を鋳型にした修復

（1）ミスマッチ修復

　10.1 節で述べたように，DNA 複製時に DNA ポリメラーゼによって誤ったヌクレオチドが新生鎖に偶発的に取り込まれる．この時に生じる「非 Watson − Crick 型」塩基対を**ミスマッチ塩基対**（base pair mismatch）とよぶ（**図 10.6 (a)**）．誤って取り込まれたヌクレオチドの多くは DNA ポリメラーゼの校正機能によって正しいヌクレオチドに置き換えられる．しかし，すべてのミスマッチが DNA ポリメラーゼの校正機能によって解消されるわけではない．

　ミスマッチ修復（mismatch repair）は，DNA ポリメラーゼの校正機能によって修復されなかったミスマッチ塩基対を「Watson − Crick 型」塩基対に戻す機構である．この DNA 修復機構は原核生物から真核生物まで生物界において高度に保存されており，ミスマッチ塩基対の他にアルキル化などの化学修飾を受けたヌクレオチドを修正する．大腸菌では，ミスマッチ修復によって DNA 複製の精度が 20 〜 400 倍に向上するといわれている．またヒトでは，遺伝性非ポリポーシス大腸がんの患者の約 90 ％においてミスマッチ修復で機能する遺伝子に変異が見つかっている．これらの知見は，ミスマッチ修復がゲノムの安定維持に大きく貢献していることを示している．

　ミスマッチ修復では，まずゲノム DNA の中からミスマッチ塩基対が見つけ出される．次に，ミスマッチ塩基対を構成する二つのヌクレオチドのうち，誤って取り込まれたヌクレオチドとその周辺のヌクレオチドを識別して取り除く（図 10.6 (b)）．その際に，鋳型鎖と新生鎖を判断するしくみが必要である．大腸菌では，複製後に DNA がメチル化修飾を受けるが，複製直後の新生鎖にはメチル基が付加されていない．大腸菌におけるミスマッチ修復では，メチル化されていない鎖が新生鎖として認識され，メチル化された鎖がミスマッチを修復するための鋳型として用いられる．

220

10.4 DNA損傷を修復するしくみは複数存在する

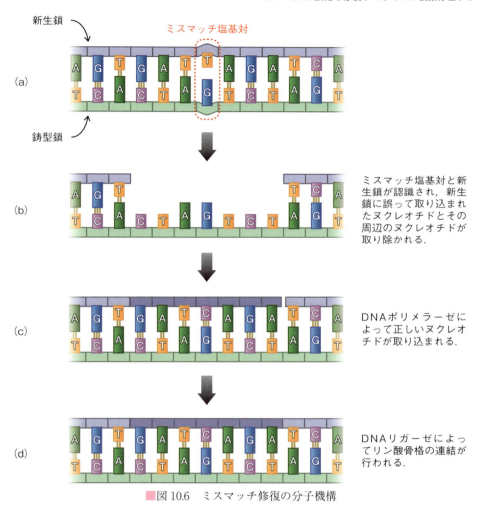

図10.6 ミスマッチ修復の分子機構

　図 **10.7** に大腸菌におけるミスマッチ修復の分子機構を示す．ミスマッチ塩基対を見つけ出すのは MutS タンパク質である．MutS は輪っかの形をしており，中心付近の穴の中に DNA を通してゲノム DNA 上を移動すると考えられている（図 10.7 (a)）．MutS がミスマッチ塩基対に遭遇すると，MutL タンパク質と結合する（図 10.7 (b)）．MutS・MutL 複合体は，近傍の鋳型鎖に付加されたメチル基を認識する MutH タンパク質と結合する（図 10.7 (c)）．この結合によって MutH はメチル基が付加されていない新生鎖を切断する．その後，MutS・MutL 複合体はエキソヌクレアーゼ（DNA鎖を末端からヌクレオチドに分解する酵素）を呼び込み，ミスマッチ塩基対周辺の新

第 10 講　DNA 損傷と修復

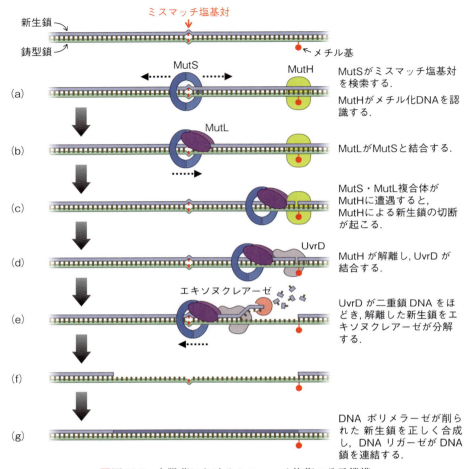

■図 10.7　大腸菌におけるミスマッチ修復の分子機構

生鎖の除去を促進する（図 10.7 (d), (e), (f)）．最後に，DNA ポリメラーゼが鋳型鎖をもとに相補鎖を合成し，DNA リガーゼがリン酸骨格をつなぐことにより，修復が完了する（図 10.7 (g), 図 10.6 (c), (d)）．

　ヒトをはじめとする真核生物のミスマッチ修復も，大腸菌のそれとよく似た分子機構で行われている．その一方で，両者の分子機構の違いも明らかにされている．真核生物のミスマッチ修復では新生鎖を識別する方法として DNA 鎖の末端を認識すると考えられている．

(2) 塩基除去修復

塩基除去修復（base excision repair）は，活性酸素などの代謝産物や水分子によって損傷した DNA 塩基（表 10.1 を参照）を取り除き，元の正しい塩基を復元する機構である．ヒトを含むほとんどの生物は酸素を使ってエネルギーを産生しているが，その副産物としてヒドロキシルラジカルをはじめとする活性酸素が発生する．グアニンは DNA 塩基の中で最も酸化されやすく，活性酸素と反応すると 8-オキソグアニン（8-oxoG）に変換される（**図 10.8**（a））．8-oxoG を含む DNA が複製されると，ほとんどの場合，新生鎖にシトシンではなくアデニンが取り込まれる（図 10.8（b））．結果的に，グアニンから 8-oxoG への変換は，G-C 塩基対から T-A 塩基対への変異を引き起こす．水分子によってシトシンが脱アミノ化しウラシルに変換される場合も（図 10.1（b）），ウラシルはアデニンと塩基対を形成するため，DNA 複製に伴い C-G 塩基対が T-A 塩基対に変化する．

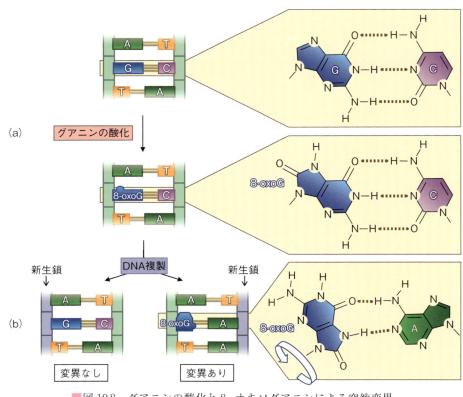

■図 10.8　グアニンの酸化と 8-オキソグアニンによる突然変異

第10講 DNA損傷と修復

塩基除去修復ではまずDNAに生じた8-oxoGやウラシルの塩基の部分が取り除かれる（**図10.9**(a)）．8-oxoGやウラシルはそれぞれ8-オキソグアニンDNAグリコシラーゼ（OGG1）とウラシルDNAグリコシラーゼ（UNG）によって特異的に認識され，リボースと塩基をつなぐグリコシド結合が切断される．OGG1やUNGによって塩基が取り除かれたDNAは「歯抜け」の状態である．次に，この「歯抜け」の部分をAPエンドヌクレアーゼが認識する．そしてAPエンドヌクレアーゼはホスホジ

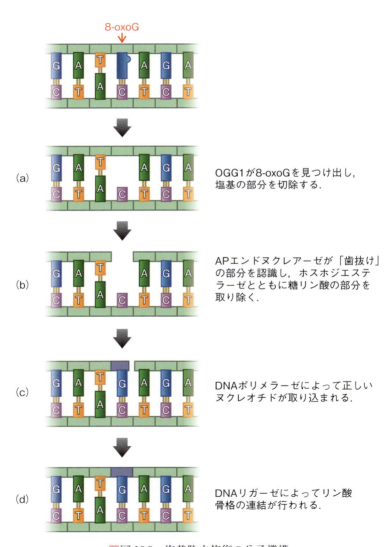

(a) OGG1が8-oxoGを見つけ出し，塩基の部分を切除する．

(b) APエンドヌクレアーゼが「歯抜け」の部分を認識し，ホスホジエステラーゼとともに糖リン酸の部分を取り除く．

(c) DNAポリメラーゼによって正しいヌクレオチドが取り込まれる．

(d) DNAリガーゼによってリン酸骨格の連結が行われる．

■図10.9 塩基除去修復の分子機構

エステラーゼとともに塩基の欠落した糖リン酸部分を切除する（図10.9 (b)）．その後，DNAポリメラーゼによって鋳型のDNA鎖をもとに正しいヌクレオチドが取り込まれる（図10.9 (c)）．最後に，DNAリガーゼによってDNAのリン酸骨格が連結され，修復が完了する（図10.9 (d)）．

(3) ヌクレオチド除去修復

ヌクレオチド除去修復（nucleotide excision repair）はミスマッチ修復および塩基

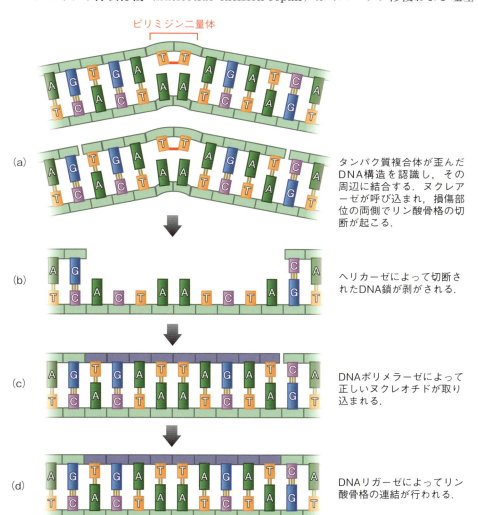

■図10.10　ヌクレオチド除去修復の分子機構

除去修復と並んで，DNA の片側の鎖に生じた損傷を修復する主要な経路の一つである．この修復経路では，DNA の二重らせん構造を変化させる損傷が修復される．例えば，ベンゾピレンのような炭化水素と DNA 塩基が共有結合したものや（図 10.2 (c)），太陽光（紫外線）によって生じる**ピリミジン二量体**（pyrimidine dimer，図 10.2 (a)）などは二重らせん構造を変化させる例として知られている。

ヌクレオチド除去修復はヒトを含む生物が日常的に浴びる紫外線によって誘発される DNA 損傷を除去する重要な機構である．日光にさらされた皮膚では，1 秒間に 1 細胞あたり最大 50 ～ 100 か所でピリミジン二量体の形成反応が起こる可能性がある．通常はフォトリアーゼとよばれる酵素によるピリミジン二量体の分解やヌクレオチド除去修復によって数秒以内に修復される．一方，修復されないピリミジン二量体は，複製や転写の際にエラーを引き起こしたり，複製や転写の停止につながったりする．ピリミジン二量体は，ヒトのメラノーマの主な原因となっている．

ヌクレオチド除去修復では，まず多種類のタンパク質からなる複合体が，特定の損傷した塩基ではなく，二重らせん構造のゆがみをゲノム DNA 上で検索する（**図 10.10** (a)）．二重らせん構造のゆがみが見つかるとその近傍にヌクレアーゼが結合し，ゆがみの両側において損傷した塩基を含む DNA 鎖のリン酸骨格を切断する．その後，DNA ヘリカーゼが切断された DNA 鎖を相補鎖からはがす（図 10.10 (b)）．最後に DNA ポリメラーゼが取り除かれた DNA 鎖の部分を合成し，DNA リガーゼがリン酸骨格をつなぐことにより修復が完了する（図 10.10 (c)，(d)）．

10.4.2　二重鎖切断の修復

生物にとって DNA 損傷の中でも特に危険なのは，二重らせんの両方の鎖が切断され，正確な修復を可能にする無傷の鋳型鎖が残っていない場合である．電離放射線，複製エラー，細胞内で生成される活性酸素などがこのタイプの切断を引き起こす．もしこれらの損傷が修復されずに放置されると，細胞分裂の際に，分断された染色体は正しく娘細胞に分配されず，結果的に遺伝子が失われることになる．

（1）非相同末端結合：二重鎖切断の効率的な修復

ヒトを含む真核生物には，二重鎖切断を修復する方法として**非相同末端結合**（non-homologous end joining）が存在する．非相同末端結合は，二重鎖切断を修復するための「手っ取り早い」解決策ともいえ，哺乳類の体細胞で発生するほとんどの二重鎖切断は非相同末端結合によって修復されると考えられている．ヒトにおける非相同末端結合では，まず Ku ヘテロ二量体タンパク質が二重鎖切断部位の近傍に結合する（**図 10.11** (a)）．次に，Ku ヘテロ二量体によって DNA-PKcs タンパク質が切断末端に呼

10.4 DNA損傷を修復するしくみは複数存在する

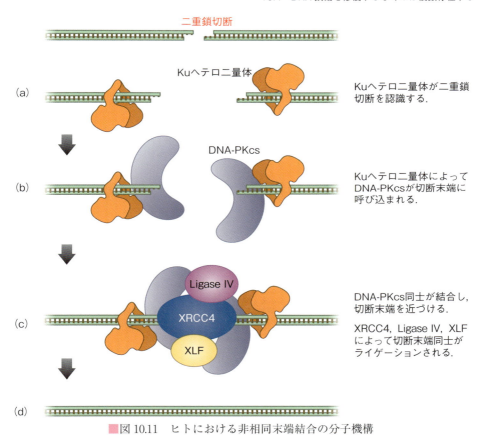

■図10.11 ヒトにおける非相同末端結合の分子機構

び込まれる（図10.11 (b)）．その後，DNA-PKcs同士が結合することにより，切断末端同士が近づく（図10.11 (c)）．最終的に末端同士がDNAライゲーション（DNA末端同士がホスホジエステル結合によりつながる反応）によって直接結合する（図10.11 (d)）．この反応はXRCC4，Ligase IV，XLFの3種類のタンパク質によって触媒される．非相同末端結合の問題点としては，二重鎖切断が生じた際に，ヌクレオチドの欠落により塩基配列の一部が失われた場合，正確に修復できないことが挙げられる．このような不正確な修復により，ヒトは加齢とともにゲノムDNAの至る所に修復の「傷跡」が蓄積すると考えられている．

(2) 相同組換え修復：姉妹染色分体を鋳型にした正確な修復
前項では無傷の鋳型DNAが使われずに，二重鎖切断が修復される機構について説

明した．一方，無傷の鋳型DNAを利用した二重鎖切断の修復機構も存在する．その機構を**相同組換え修復**（homologous recombinational repair）とよぶ．細胞周期のS期後半からM期前半までは，複製によって各染色体が2コピーずつ存在する．それらを姉妹染色分体とよび，一方に二重鎖切断が生じても，もう一方が無傷であれば，それを鋳型として二重鎖切断を正確に修復することが可能である．相同組換え修復では，切断されたDNAを修復するために，無傷の姉妹染色分体を損傷部位に接近させる必要がある．DNA複製の直後は姉妹染色分体同士が近くにあり，互いに修復の鋳型になるのに都合が良いため，相同組換え修復はDNA複製と並行して起こることが多い．

相同組換え修復の進行はそこではたらくタンパク質によって高度に制御されている．まず，二重鎖切断の3'末端が突出する形で相補鎖が分解されて一本鎖領域が生

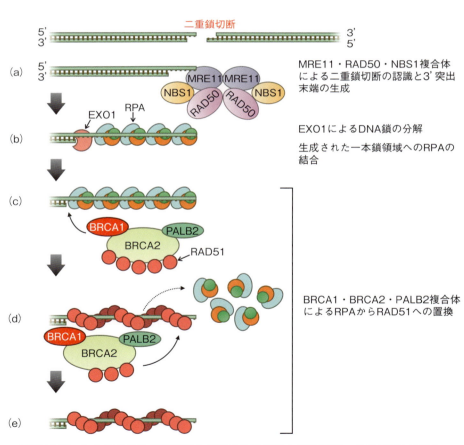

■図10.12　ヒトにおける相同組換え修復の分子機構：損傷部位へのRAD51の結合

成される．この反応ステップでは，MRE11，RAD50，NBS1 タンパク質を含む複合体によって二重鎖切断の末端が認識され，3' 末端が少しだけ突出する形で相補鎖が分解される（**図 10.12**（a））．その後，EXO1 などのエキソヌクレアーゼにより，より長い領域に渡って相補鎖が分解される．そして生成された一本鎖領域に replication protein A（RPA）タンパク質が結合する（図 10.12（b））．次に，BRCA1・BRCA2・PALB2 複合体によって RPA が RAD51 リコンビナーゼ（相同組換え反応を触媒するタンパク質）に置換される（図 10.12（c），（d），（e））．

RAD51 は，相同組換え修復において最も重要な反応ステップを触媒する．それは損傷 DNA 由来の一本鎖領域と，修復の鋳型となる DNA（姉妹染色分体）との相同な塩基配列における塩基対の形成（相同的対合反応）である（**図 10.13**（a））．鋳型 DNA に一本鎖領域が対合すると，DNA ポリメラーゼが一本鎖領域の 3' 末端に結合し，

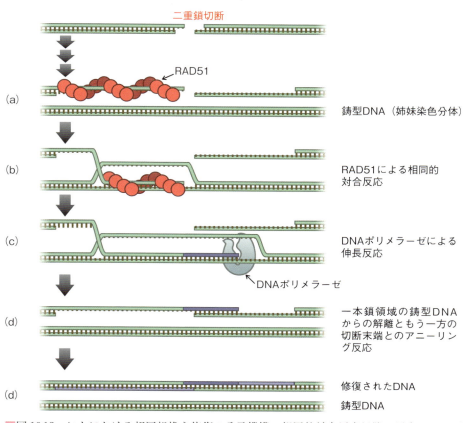

■図 10.13　ヒトにおける相同組換え修復の分子機構：相同的対合反応以降の反応ステップ

第 10 講　DNA 損傷と修復

DNA 合成反応を行う（図 10.13 (b)）．そして DNA ポリメラーゼによって伸長した一本鎖領域が鋳型 DNA から解離し（図 10.13 (c)），もう一方の切断末端と相補的な塩基配列において二重鎖を形成する（アニーリング反応）（図 10.13 (d)）．最後に，DNA ポリメラーゼと DNA リガーゼによってギャップが埋められ，修復が完了する（図 10.13 (e)）．

10.5　転写が活発に起こるゲノム領域に生じた損傷を優先的に修復するしくみ

　細胞内のゲノム DNA は全領域において損傷がないかどうか常に監視されている．一方，DNA 修復を緊急に必要とするゲノム DNA 領域において修復が優先的に行われる機構も存在する．**転写共役ヌクレオチド除去修復**（transcription-coupled nucleotide excision repair）がその一例である．この修復は RNA ポリメラーゼⅡが転写の途中で DNA 損傷に遭遇し，失速することで活性化される．RNA ポリメラーゼⅡが DNA の損傷部分で停止すると，RNA ポリメラーゼⅡと特異的に相互作用するタンパク質（CSB など）によって，ヌクレオチド除去修復ではたらく酵素が損傷部位に誘導される．遺伝子が非常に長い真核生物では，このような複雑な反応機構を利用して RNA ポリメラーゼⅡを一時的に停止させ，損傷を修復してから転写を再開させる．

　転写共役ヌクレオチド除去修復の重要性は，この修復の欠損によって引き起こされるコケイン症候群の人々にみられる（**表 10.2**）．コケイン症候群の患者は，成長遅延，骨格異常，進行性神経遅延，日光に対する強い感受性などの問題を抱えている．これ

■表 10.2　DNA 修復の欠損が認められているヒトの遺伝性疾患

DNA修復の欠損	遺伝性疾患	症状
WRNタンパク質の変異 （二重鎖切断修復に関与）	ウェルナー症候群 （Werner syndrome）	早老症，がん
BRCA1または BRCA2タンパク質の変異 （二重鎖切断修復に関与）	遺伝性乳癌卵巣癌 （hereditary breast and ovarian cancer syndrome）	乳がん，卵巣がん
XPタンパク質群の変異 （ヌクレオチド除去修復に関与）	色素性乾皮症 （Xeroderma pigmentosum）	紫外線過敏症、皮膚がん、 神経障害
CSAまたはCSBタンパク質の変異 （ヌクレオチド除去修復に関与）	コケイン症候群 （Cockayne syndrome）	紫外線過敏症， 発育・発達遅延
ATMタンパク質の変異 （二重鎖切断修復に関与）	毛細血管拡張性運動失調症 （Ataxia telangiectasia）	運動失調、毛細血管拡張、 細胞性免疫不全

らの疾患の多くは，RNA ポリメラーゼが重要な遺伝子に生じた DNA 損傷部位で停止してしまうことに起因すると考えられている．

10.6　DNA 修復が完了するまで細胞周期が停止するしくみ

真核生物では細胞分裂を超えて DNA が無傷の状態で維持されることが重要である．真核細胞には DNA 修復が完了するまで細胞周期の進行を遅らせる分子機構が備わっている．これにより，DNA 修復酵素はより確実に損傷した DNA を修復することが可能になる．細胞周期は，損傷した DNA が検出されると停止し，損傷が修復されると再開される．哺乳類の細胞では，DNA 損傷が起こると，G1 期から S 期への移行を一時的に止める機構，S 期の進行を遅らせる機構，G2 期から M 期への移行を一時的に停止する機構がはたらくことが知られている．これらの細胞周期の進行を制御する機構は，修復が行われるために必要な時間を稼ぐことにより DNA 修復を促進している．

また DNA 損傷に伴い，一部の DNA 修復酵素の合成量が増加することが知られている．この反応は，DNA 損傷を感知し，適切な DNA 修復酵素のはたらきを促進するシグナル伝達タンパク質（ATM）に依存している．ATM は，多くの種類の DNA 損傷を感知して細胞内シグナルを誘導するために必要なキナーゼであり，このタンパク質が欠損すると，DNA 修復が正常に行われない．ヒトにおいて ATM 遺伝子が欠損すると，毛細血管拡張，運動失調，リンパ腫などの腫瘍発生率の増加等を主徴とする毛細血管拡張性小脳失調症を発症することからも ATM タンパク質の重要性が確認される（表 10.2）．

10.7　緊急時に使われる損傷乗り越え修復

大量の放射線を浴びるなどして細胞の DNA が多くの損傷を受けた場合，これまで解説した修復では対応できないことがある．このような場合には，細胞は多少のリスクを伴う別の方法を利用して細胞死を回避しようとする．通常はたらく DNA ポリメラーゼは，損傷した DNA に遭遇すると失速してしまう．このような時，細胞では複製の精度は低いものの DNA 損傷を乗り越えて複製を行う**損傷乗り越え型 DNA ポリメラーゼ**（error-prone DNA polymerase）とよばれるバックアップ用の DNA 合成酵素が機能する．損傷乗り越え型 DNA ポリメラーゼは，重度の損傷を受けた DNA の複製を可能にするという有用性がある．一方で，ゲノム DNA の塩基配列を変えてしまうリスクももっている．

ヒトでは 7 種類の損傷乗り越え型 DNA ポリメラーゼが見つかっている．各種類の

第10講　DNA損傷と修復

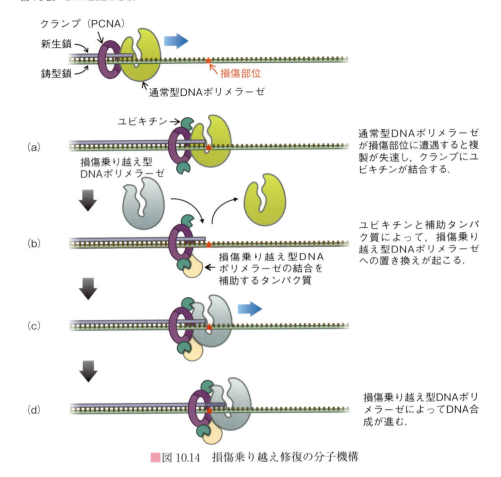

■図10.14　損傷乗り越え修復の分子機構

損傷乗り越え型DNAポリメラーゼがどのように制御され，機能しているかは未だ解明されていないが，図10.14にその機能を説明する概念図を示す．通常型DNAポリメラーゼが損傷したDNAに遭遇し失速すると，クランプタンパク質（PCNA）にユビキチンとよばれるタンパク質が結合する（図10.14 (a)）．ユビキチンの結合により，通常型DNAポリメラーゼが解離し，そこに損傷乗り越え型DNAポリメラーゼが呼び込まれる（図10.14 (b)，(c)）．損傷乗り越え型DNAポリメラーゼの種類によっては元の配列を復元する能力を有するが，特に鋳型鎖の塩基が広範囲に損傷を受けている場合，正しいと思われる塩基配列を「推測」してDNA合成を進めることが知られている（図10.14 (d)）．その後，損傷乗り越え型DNAポリメラーゼは通常型と入れ替わり，複製が継続されると考えられている．

損傷乗り越え型 DNA ポリメラーゼは，損傷を含まない DNA の複製を通常型 DNA ポリメラーゼほど正確に行うことができない．その理由の一つとして，損傷乗り越え型 DNA ポリメラーゼには通常型 DNA ポリメラーゼにある校正機能をもたないことが挙げられる．

10.8　DNA 損傷と疾患の関係

DNA 修復機構の破綻は，さまざまな疾患を招くことが報告されている（表 10.2）．例えば，ウェルナー症候群とよばれる早老症は DNA 修復に関与するヘリカーゼの一種である WRN に変異が生じることが原因である．*BRCA1* および *BRCA2* 遺伝子の変異は，相同組換えによる DNA 修復を阻害し，遺伝性の乳がんや卵巣がんの原因となる．ヌクレオチド除去修復ではたらく遺伝子の変異は，色素性乾皮症（XP），コケイン症候群（CS），トリコチオジストロフィー（TTD）などの紫外線感受性疾患，発癌性疾患，神経変性疾患の原因となる．色素性乾皮症（XP）では，XP 遺伝子に変異が生じ，紫外線によって生じるチミン二量体や大きな DNA 付加体の架橋を修復するヌクレオチド除去修復が正常に機能しなくなる．そのため，紫外線に対して極端に敏感になり，極度の光過敏症，皮膚の萎縮，色素沈着，日焼けによる皮膚癌の発生率の増加などを発症する．また，XP 患者は，健常者に比べて内部腫瘍のリスクが 1,000 倍も高いことが知られている．さらに，この病気はしばしば神経障害を伴う．現在，これらの病気に対する有効な治療法はない．

演習問題

Q1. 次の文章の正誤を判定せよ．誤りとした場合は理由を述べよ．
 1. DNA は安定な構造を有しており，自然な条件下ではほとんど損傷を受けない．
 2. 化学療法剤の一部は，がん細胞の DNA を標的にするが，正常細胞の DNA には損傷を与えない．
 3. ミスマッチ修復は主に DNA 損傷に対処するためのメカニズムであり，DNA 複製における誤った塩基対合の修復には関与していない．
 4. 塩基除去修復は，特定の損傷を受けた塩基を認識して切り取り，それを修復するメカニズムである．
 5. ヌクレオチド除去修復は DNA 鎖上に挿入されたヌクレオチドを切り取り，代わりに新しい DNA 鎖を合成するプロセスである．
 6. 身体の広範囲に高線量の放射線を被曝したヒトの体内では，大量の二重鎖切断が生じるので，非相同末端結合より相同組換え修復が優先されることが考えられる．
 7. *BRCA2* 遺伝子に変異がある細胞は，DNA 修復が正常に行われないことが原因でが

第 10 講　DNA 損傷と修復

　　　ん化する可能性がある．

　8. 転写共役ヌクレオチド除去修復は，主にゲノムの安定性を維持するためのメカニズ
　　　ムではなく，転写の正確性を保つためのものである．

　9. 損傷乗り越え修復は，DNA ポリメラーゼのエキソヌクレアーゼ活性を利用して，
　　　損傷した塩基を切り取りながら修復を行う．

　10. 高齢になると，DNA 損傷の蓄積により，細胞の DNA 修復機能が低下する可能性
　　　がある．

Q2. ヒトにおいて，1 個の体細胞あたり，1 日 20 回程度 DNA 二重鎖切断が起こると推
　　　定されている．タンパク質をコードする遺伝子領域に二重鎖切断が生じる体細胞は，
　　　1 日に何個か．ただし，二重鎖切断はゲノム上でランダムに起こるとする．

Q3. 化学療法剤であるシスプラチンに DNA が暴露されると，DNA 鎖内の隣り合ったグ
　　　アニン同士が架橋されることがある．この架橋は，塩基除去修復ではなくヌクレオ
　　　チド除去修復によって修復される．その理由を説明せよ．

Q4. ヌクレオチド除去修復が正常に機能しない変異体と，損傷乗り越え修復が正常に機
　　　能しない変異体がある．それぞれの変異体と野生型に紫外線を照射した後に，DNA
　　　損傷の程度，変異体の生存率，および変異の発生率を調べた．以下の表に，それぞ
　　　れの変異体につき野生型と比べて DNA 損傷の程度，変異体の生存率，および変異
　　　の発生率が増加したのか，減少したのか，それとも同程度だったのかを記入し，そ
　　　の理由を説明せよ．

	DNA 損傷の程度	変異体の生存率	変異の発生率
ヌクレオチド除去修復が正常に機能しない変異体			
損傷乗り越え修復が正常に機能しない変異体			

Q5. ヒトの 2 種類の DNA ポリメラーゼ（DNA ポリメラーゼ #1 と #2）を発見し，その
　　　機能を調べたい．まず，2 種類の DNA ポリメラーゼをそれぞれ大量の培養細胞か
　　　ら単離した．次に，5' 末端を ^{32}P で標識した短いプライマーを，相補的な配列を有
　　　する環状の一本鎖 DNA にアニーリングさせ，これを DNA ポリメラーゼの基質と
　　　した（A）．また，アニーリングしたプライマーの 3' 末端のすぐ隣には，環状の一
　　　本鎖 DNA 上にピリミジン 2 量体が存在するものと，存在しないものを 2 種類準備
　　　した．DNA ポリメラーゼ #1 と #2 による DNA 伸長を調べるために，上記の基質
　　　を DNA ポリメラーゼと混合し，補助タンパク質である PCNA，RFC，RPA および
　　　dNTP を反応液に加えた．37℃ で 10 分間反応させた後，SDS（界面活性剤）を加
　　　えて反応液に含まれるすべてのタンパク質を変性させた．次に 95℃ で 2 分間熱し
　　　た後に氷上で急冷して，プライマーを環状の一本鎖 DNA から解離させた．最後に，
　　　反応液をポリアクリルアミド電気泳動でプライマーを分離し，^{32}P の検出によりプラ

234

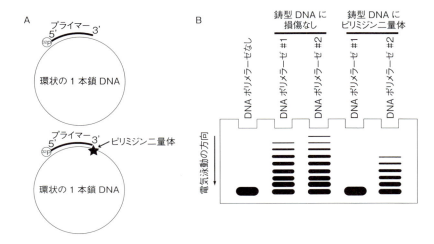

イマーを可視化した（B）．得られた結果を元に，DNAポリメラーゼ#1と#2の機能について考察せよ．

Q6. 転写と共役したDNA修復経路が正常にはたらかなくなった細胞では，すぐにどのような影響が現れるだろうか．分子レベルで説明せよ．

Q7. DNA修復経路の破綻が引き起こす遺伝病では，一つの病態に多数の原因遺伝子が報告されている．例えば，ヒトのファンコニ貧血症の原因遺伝子として15種類の遺伝子が報告されている．一つの病態に複数の原因遺伝子が存在する理由を説明せよ．

参考文献

1) 生田 哲：がんとDNA，ブルーバックスシリーズ，講談社（1997）
   → DNA損傷・DNA修復とがんの関係をわかりやすく解説．
2) 中村桂子・松原謙一監訳：細胞の分子生物学（第6版），Newton Press（2017）
   → DNA修復の分子機構についてもっと詳しく知りたい方におすすめする．
3) E. C. Friedberg：A brief history of the DNA repair field, Cell Research, 18, 3-7（2008）
   → DNA修復に関する研究の歴史を簡潔かつわかりやすくまとめた総説．
4) 真木寿治：DNA損傷とDNA修復　古くて新しい研究課題，生物工学会誌，第95巻，第2号（2017）
   → DNA損傷とDNA修復の全体像とその研究の歴史を解説．
5) http://www.nobelprize.org/nobel_prizes/chemistry/laureates/2015/　The Nobel Prize in Chemistry 2015
   → DNA修復に関する研究でノーベル化学賞を受賞したトーマス・リンダール博士，ポール・モドリッチ博士，アジズ・サンジャル博士の紹介ページ．顔写真をクリックすると，業績の紹介と自伝にアクセスできる．

第10講 DNA損傷と修復

クロスワードパズル2

ヒントから連想されるマス目の数に合う英単語を記入してください．

注）複数の英単語のからなる用語の英単語間のスペース，「-」等は無視
　　Covalent bond → COVALENTBOND
　　Co-repressor → COREPRESSOR

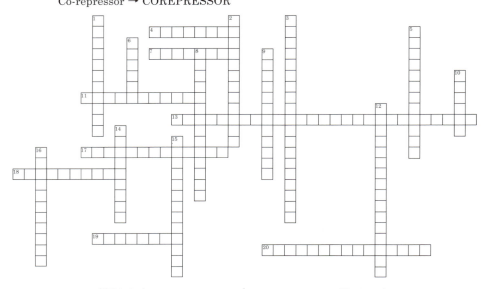

横のヒント

- 4：酵素活性をもつRNA
- 7：細胞内におけるタンパク質合成の場
- 11：*trp*オペロンにおいてレプレッサーの関与しない転写制御様式
- 13：M. MeselsonとF. W. Stahlにより実験的に証明されたDNA複製様式
- 17：DNAを合成する酵素
- 18：大腸菌の場合，コア酵素にσ因子が結合した構造を持つ酵素
- 19：転写レベルを上昇させるDNAの一領域で，最初SV40において見つかった
- 20：鍵と鍵穴のような関係性でDNAの複製や転写の際の基本原則

縦のヒント

- 1：mRNAの塩基配列の情報をタンパク質のアミノ酸配列に変換する過程
- 2：人為的に狙った遺伝子を破壊すること
- 3：mRNA前駆体のエキソンを異なる組合せでつなぐ様式
- 5：テトラヒメナrRNAで発見された酵素が関与しないRNAプロセシング
- 6：一つの調節遺伝子の支配下に共通の制御を受ける遺伝子群
- 8：突然変異をもつにもかかわらず表現型に現れない突然変異
- 9：誤って取り込まれたヌクレオチドをDNAポリメラーゼが除去すること
- 10：RNAの最終産物に残らないDNA領域
- 12：開始コドンから終止コドンまで続くひとつながりの読み枠
- 14：オペレーターに結合して転写を抑制するタンパク質
- 15：複製フォークの進行と同じ方向に連続的に合成されるDNA鎖
- 16：RNAスプライシング装置

（解答は「演習問題 解答例・解説」参照）

第11講

ウイルス

武村　政春

本講の概要

　ウイルスは，細胞より単純な構造をしている．リボソームをもたないため自らタンパク質を合成できず，細胞（宿主）に感染し増殖する．例外はあるが，ウイルス粒子の基本的な構造は，ゲノムであるDNAもしくはRNAをカプシドタンパク質が取り囲んだものである．一部のウイルスはその周囲をさらにエンベロープが覆っている．ウイルスはボルティモア分類に依拠し，六つないし七つの群に分類される．環境中には非常に多くのウイルスが存在しているが，よく研究されているウイルスのほとんどはヒト病原性ウイルスで，普通感冒，インフルエンザ，ノロウイルス感染症，ウイルス性のがん，そして新型コロナウイルス感染症など，多くの感染症の病原体として知られる．ウイルスも生物と同じく，ゲノムの複製に伴い突然変異を起こし，感染機会が多くなるほど多くの変異株が現れる．ウイルスの起源と進化はほとんど解明されていないが，そのさまざまな特徴からいくつかの仮説が提唱されている．さらに近年の研究から，ウイルスは我々の単なる“敵”ではなく，生物の長い進化の歴史に深くかかわってきたことも明らかになってきており，哺乳類の胎盤形成や神経系，表皮の機能などにもウイルス由来の遺伝子がかかわっている．

本講でマスターすべきこと

- ☑ ウイルスは細胞からできておらず，リボソームをもたないため，細胞に感染しなければ増殖することができない．
- ☑ ウイルスの構造の基本は，核酸をカプシドが包み込んだ形をしているが，その様式はさまざまである．
- ☑ ウイルスは，核酸としてDNAをもつかRNAをもつか，ならびに複製様式によって六つもしくは七つのグループに大別される．
- ☑ インフルエンザや新型コロナなど，ウイルスが感染することにより，宿主にさまざまな病気を引き起こすことが多い．
- ☑ ウイルスは環境中に大量に存在し，生態系の一翼を担うとともに，生物の進化と密接にかかわってきたと考えられる．

第 11 講　ウイルス

11.1　ウイルスとは

11.1.1　ウイルスとは何か

ウイルス（virus）は細胞と同じ構造をもたず，細胞より単純な構造をしている．リボソームをもたないため自らタンパク質を合成できず，細胞（宿主）に感染することで，その細胞の機能に完全に依存して複製・転写・翻訳を行い増殖する[*1]．このような細胞依存性はウイルスの大きさにも反映しているといえる．おおむねウイルスは10 ～ 100 ナノメートル（nm）程度の大きさしかなく，またウイルスのゲノムサイズも生物よりも格段に小さい．ウイルスゲノムはDNA もしくはRNA であり，その複製の仕方とともにウイルス分類の基本になっている．

その語源（virus ＝毒）からも明らかなように，ヒトに病気をもたらす何らかの毒性のものが存在することは古くから知られていた．それが現在のウイルスである．しかし，ウイルスは光学顕微鏡をもってしても見ることができないため，その実態が明らかにされ始めるのは19 世紀の終わり頃を待たねばならなかった．その頃になって F. Loeffler と P. Frosch により，口蹄疫が細菌をろ過して除去することができる「ろ過器」を通したろ液を接種しても感染すること，D. I. Ivanovski により，タバコモザイク病が同じく細菌ろ過器を通したろ液を接種しても感染することがそれぞれ明らかにされた．これに基づいて 1898 年，M. Beijerinck は，細菌をろ過する装置を通り抜けるこの病原体（ろ過性病原体）は，細菌とは異なるものであることを提唱し，このとき初めて「ウイルス」という名が用いられた．

11.1.2　ウイルスとファージ

細菌（bacteria）に感染するウイルスを**バクテリオファージ**（bacteriophage），あるいは単に**ファージ**（phage）という．ファージは，分子生物学の発展には欠かせないものとして，20 世紀の早い段階から研究が行われてきた．ファージは本質的にはウイルスであり，1917 年，F. H. d' Hérelle によって発見され，「ファージ（むさぼり喰うもの）」という名が与えられた．知られているほとんどのファージは，二本鎖DNA をゲノムとしてもつウイルスである．

11.1.3　ウイルスの構造

ウイルス粒子（virion）の基本的な構造は，ゲノムである DNA もしくは RNA を，

[*1] P. Forterre は，ウイルスの本体は「ウイルスに感染した状態の細胞」であり，ウイルス粒子は生殖細胞のようなものに過ぎない，とする「ヴァイロセル（ヴィロセル）仮説」を提唱している．

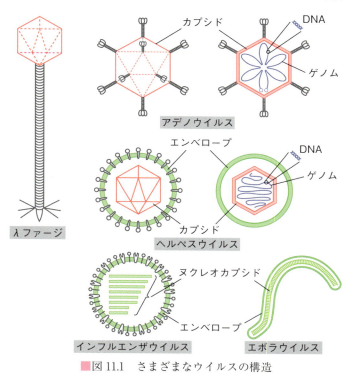

■図 11.1　さまざまなウイルスの構造

カプシドタンパク質（capsid protein）が取り囲んだものである（**図 11.1**）．アデノウイルスやバクテリオファージのように，ゲノムを多数のカプシドタンパク質でできた正二十面体の**カプシド**（capsid）が包みこんだものもあれば，インフルエンザウイルスやコロナウイルスのように，ゲノムにカプシドタンパク質が直接結合して複合体を形成し，**ヌクレオカプシド**（nucleocapsid）を形成しているものもある．後者では，ほとんどの場合，その周囲をさらに脂質二重層でできた**エンベロープ**（envelope）が覆っている．このエンベロープはそのウイルスが感染し増殖した細胞膜に由来する．前者の場合でもヘルペスウイルスのように，エンベロープをもつ場合もある．タバコモザイクウイルスやエボラウイルスのように，ゲノムの周囲をカプシドタンパク質がらせん状に配置されたウイルスもある．

11.1.4　ウイルスのゲノム

ウイルスには，私たち生物と同じく DNA をゲノムとしてもつ **DNA ウイルス**（DNA virus）と，RNA をゲノムとしてもつ **RNA ウイルス**（RNA virus）がある．さらに，同じ DNA であっても二本鎖 DNA をもつものと，一本鎖 DNA をもつもの，同じ

第 11 講　ウイルス

RNA であっても二本鎖 RNA をもつもの，一本鎖（プラス鎖もしくはマイナス鎖）[*1]
RNA をもつものなど，さまざまなものがある．ゲノムサイズはウイルスによってさ
まざまで，1 kb（1,000 塩基）程度のものから，最も小さな真核生物のゲノムサイズ
をも凌駕する 2.5 Mb（250 万塩基）程度のものまである．ウイルスは細胞依存的に増
殖するため，そのゲノムがコードする遺伝子は必要最低限のものであることがほとん
どであり，最も小さなウイルスの一つであるサテライトタバコモザイクウイルスは，
ゲノムサイズが 1.1 kb でコードする遺伝子は 2 種類のみである．これに対して，最
も大きなウイルスであるパンドラウイルスは，ゲノムサイズが 2.47 Mb でコードす
る遺伝子は 2,556 種類もある．

11.1.5　ウイルスの生活環

　前述したように，ウイルス粒子内には**リボソーム**（ribosome）が存在しないため，
ウイルスはリボソームをもつ細胞（宿主という）に感染し，その翻訳の仕組みを利用
して増殖する．そのため，ウイルスの生活環とは，ウイルス粒子が細胞に感染してか
ら細胞内で増殖して細胞外へと放出されるまでを指す．その過程は大きく六つに分け
られる（**図 11.2**）．まずウイルス粒子が宿主となる細胞の細胞膜に「吸着」する過程
があり，その次に細胞内に「侵入」する過程がある．細胞内に侵入したウイルス粒子は，
カプシドが分解されるなどの「脱殻」過程によりゲノムを細胞内に放出する．放出さ
れたゲノムは，細胞内で複製され，さらにカプシドなどのウイルスタンパク質がつく
られる「合成」過程を経て，子孫ウイルス粒子の材料が大量につくられる．合成され
たゲノムやウイルスタンパク質は，多くの場合，宿主の細胞内で「成熟」過程を迎え
てウイルス粒子がつくられ，細胞外へ出される「放出」過程を迎える．このような増
殖方法では，生物の主たる増殖方法である細胞の二分裂に比べて，一個のウイルスか
ら数百個から数千個といったレベルのはるかに大量のウイルス粒子がつくられる．

11.1.6　ヴァイローム（ヴィローム）

　ウイルスを生命体とみなすなら，地球上で最も大量に存在する生命体は生物では
なくウイルスである．ある環境に存在するウイルスの全体を**ヴァイローム**（ウイルス
叢：ヴィローム）（virome）という．たとえば，腸内細菌の全体を腸内細菌叢（フロー
ラ）というが，そこでは腸内細菌に感染し，その細胞数を調節していると考えられる
バクテリオファージの一群がヴァイロームを形成していると考えられる．さらに人

[*1]　プラス鎖は，それ自体が mRNA で働くものであり，マイナス鎖は，プラス鎖の相補鎖で，それ
　　　自体は mRNA としては働かず，鋳型としてプラス鎖がつくられて初めて mRNA として働くも
　　　のを指す．

11.1 ウイルスとは

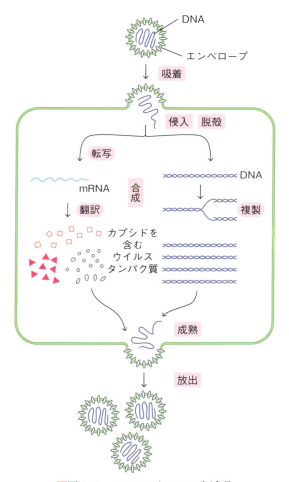

■図 11.2 DNA ウイルスの生活環

体の随所には無数のウイルスが，何の症状も起こさずに存在していることが知られてきており，これも一種のヴァイロームを形成しているといえる．同様に，池，川，土壌，そして海洋にも多数存在するウイルスが，それぞれ独自のヴァイロームを形成していると考えられている．こうした環境中に存在するウイルスを**環境ウイルス**（environmental viruses）といい，そのほとんどはヒト以外の生物に感染する．したがって，ウイルスは地球生態系の重要な構成員でもあり，近年ではそのバランスの制御などに重要な役割を果たしていると考えられるようになってきた．ヒトに感染し感染症を引き起こす**病原性ウイルス**（pathogenic viruses）もまた，環境ウイルスの一

241

第 11 講　ウイルス

種であるともいえる.

11.2　ウイルスの分類

11.2.1　ボルティモア分類

　ウイルスの分類は，国際ウイルス分類（命名）委員会（International Committee on Taxonomy of Viruses：ICTV）により数年に一度見直されている．その基本は常に，D. Baltimore によって提唱されたウイルスの分類法である**ボルティモア分類**（Boltimore classification）に依拠している．ボルティモア分類では，ウイルスはゲノムの種類ならびに mRNA をつくる方法と，ゲノムの複製様式を基準として七つの群に分類された．2023 年現在，ウイルスの最も大きな分類群である六つの「**域**（Realm）」が，ボルティモア分類による七つの群を再編する形で設定されている（**図11.3**）．

（1）DNA ウイルス

　DNA ウイルスは，二本鎖 DNA もしくは一本鎖 DNA をゲノムとしてもつウイルスの仲間で，ボルティモア分類では第 1 群と第 2 群を構成する．域では，アドナウイルス域，デュプロドナウイルス域，ヴァリドナウイルス域が第 1 群に入り，第 2 群はモノドナウイルス域である．そのゲノムの複製には **DNA ポリメラーゼ**（DNA polymerase）を必要とし，自らのゲノムにその遺伝子をコードしているウイルスもあれば，宿主の DNA ポリメラーゼを利用するウイルスもある．

（2）RNA ウイルス

　RNA ウイルスは，二本鎖 RNA，一本鎖 RNA（プラス鎖），一本鎖 RNA（マイナス鎖）のいずれかをゲノムとしてもつウイルスの仲間で，ボルティモア分類では第 3 群から第 5 群を構成する．域では，リボウイルス域ならびにリボザイウイルス域に大きく再編されており，次項のレトロウイルスも含め，ほとんどの RNA ウイルスはリボウイルス域に入った．これは，最近の分子系統学的研究により，RNA ウイルスのほとんどが単系統（共通祖先がいる）であることが明らかになってきたからである．そのゲノムの複製には **RNA ポリメラーゼ**（RNA polymerase）を必要とし，ほとんどの RNA ウイルスは，自らのゲノムにその遺伝子をコードしている．

（3）レトロウイルス

　レトロウイルス（retrovirus）は，ボルティモア分類では第 6 群と第 7 群を構成する．第 6 群ウイルスは一本鎖 RNA をゲノムとしてもち，第 7 群は一部が一本鎖となっ

242

11.2 ウイルスの分類

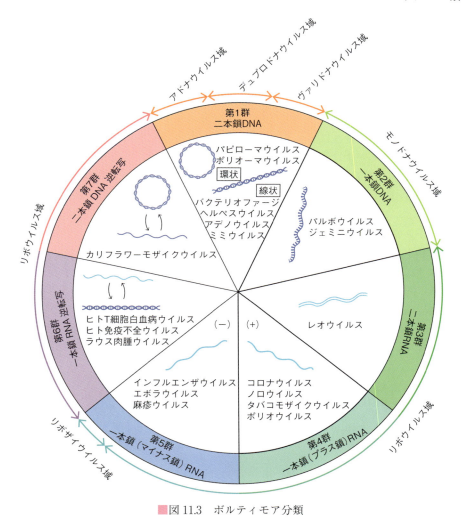

図 11.3　ボルティモア分類

た二本鎖 DNA をゲノムとしてもつ．ともに，**逆転写酵素**（reverse transcriptase）により RNA を DNA へと変換する過程をもつことが共通しており，レトロ（retro-）という名称は，**逆転写**（reverse transcription）反応を有することに由来する．なお，狭義のレトロウイルスは，第 6 群のウイルスを指す．H. Temin と D. Baltimore は，レトロウイルスの逆転写酵素の発見により，1975 年ノーベル生理学・医学賞を受賞した．前述したように，第 6 群，第 7 群とも，域ではリボウイルス域の中に組み込まれた．

11.2.2 代表的なウイルス

(1) ポックスウイルス

二本鎖 DNA ウイルスである**ポックスウイルス**（poxvirus）は，ポックスウイルス科（family *Poxviridae*）ウイルスの総称である．1980 年，WHO によって撲滅宣言が出された**天然痘（痘瘡）ウイルス**（variola virus）をはじめ，古来，牛痘ウイルス（cowpox virus），ワクシニアウイルス（vaccinia virus）など多くのウイルスが知られてきた．近年では，サルに感染するポックスウイルスがヒトに対しても感染を拡大させ，エムポックスとよばれる急性発疹性疾患を引きおこすことでも知られる．宿主域は非常に広く，昆虫に感染するものからヒトに感染するものまで多様なウイルスが知られている（**図 11.4** (a))．

(2) インフルエンザウイルス

一本鎖 RNA（マイナス鎖）ウイルスである**インフルエンザウイルス**（influenza virus）は，オルソミクソウイルス科（family *Orthomyxoviridae*）に属するウイルスである（図 11.4 (b))．よく知られるように主に A 型，B 型，C 型の三つのタイプがヒトに感染するインフルエンザウイルスとして知られる．最近になって，D 型という新たなタイプの存在が知られるようになった．このうち，毎年のように流行する季節性インフルエンザの原因は A 型である．詳細は後述する．

(3) タバコモザイクウイルス

一本鎖 RNA（プラス鎖）ウイルスである**タバコモザイクウイルス**（tobacco mosaic virus）は，D. I. Ivanovski により見出されたタバコモザイク病の病原体である．

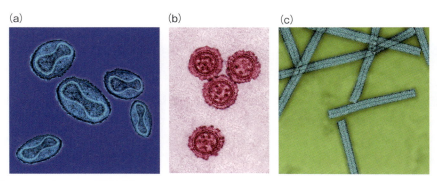

■図 11.4　ウイルスの電顕写真
　(a) ポックスウイルス，(b) インフルエンザウイルス，(c) タバコモザイクウイルス．
　(出典：(a)，(c) PPS 通信社，(b) 写真：BSIP agency/ アフロ)

1935 年，W. Stanley によりはじめて結晶化に成功し，1939 年初めて電子顕微鏡で観察された．ビルガウイルス科（family *Virgaviridae*）に属する．ゲノムサイズはおよそ 6.4 kb である．ゲノム RNA の周囲をカプシドタンパク質をらせん状に取り巻いた棒状の構造をしており，幅は 15 ～ 18 nm，長さはおよそ 300 nm である．感染したタバコの葉に色の薄い斑点を生じることが知られている（図 11.4 (c)）．

11.3　ウイルスと病気

11.3.1　風邪（普通感冒）

いわゆる通常の風邪のほとんどはウイルスの感染によるものであり，**ライノウイルス**（rhinovirus）や**コロナウイルス**（coronavirus）などが原因であるとされる．ライノウイルスは，一本鎖 RNA（プラス鎖）ウイルスであるピコルナウイルス科（family *Picornaviridae*）に属するウイルスで，「ピコルナ（小さい RNA）」という命名からもわかる通り，粒子サイズは極めて小さく 30 nm 程度しかなく，ゲノムサイズも 7,000 塩基程度である．一方，コロナウイルスは，一本鎖 RNA（プラス鎖）ウイルスであるコロナウイルス科（family *Coronaviridae*）に属するウイルスで，粒子サイズはおよそ 100 nm である．ゲノムサイズは 30 kb 程度と，RNA ウイルスの中では最大のゲノムサイズをもち，RNA ウイルスとしてはめずらしくゲノム修復機構を有する．どちらのウイルスも，飛沫感染によって主に上気道の上皮細胞に感染し，上気道炎を引き起こす．これが「風邪」である．

11.3.2　ヘルペスウイルスがかかわる病気

ヘルペスウイルス（herpesvirus）は，ヘルペスウイルス目（order *herpesvirales*）ウイルスの総称で，単純ヘルペスウイルス 1，水痘・帯状疱疹ウイルス，サイトメガロウイルスなど多くのウイルスがある．100 ～ 150 nm の粒子サイズ，150 kb のゲノムサイズをもち，正二十面体のカプシドがエンベロープで包まれている（**図 11.5** (a)）．エンベロープを宿主細胞膜に融合させるようにして細胞内に侵入し，放出されたゲノムは細胞核に入り込み，そこで**複製中心**（replication center）とよばれる区画を形成する．**水痘・帯状疱疹ウイルス**（varicella zoster virus）は，初めて感染した後，神経節などに潜伏してそのヒトが死ぬまで共生し，ストレスなどにより増殖し帯状疱疹を引き起こすことで知られる．

11.3.3　ノロウイルス感染症

ノロウイルス（norovius）は，一本鎖 RNA（プラス鎖）ウイルスであるカリシウイ

第 11 講　ウイルス

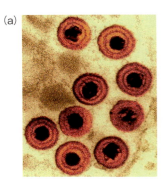 

■図 11.5　ウイルスの電顕写真
(a) ヘルペスウイルス，(b) エボラウイルス．(出典：PPS 通信社)

ルス科（family *Caliciviridae*）に属するウイルスのグループ（ノロウイルス属）である．粒子サイズは 30 〜 40 nm と極めて小さく，エンベロープをもたないノンエンベロープウイルスで，ゲノムサイズは 5 〜 8 kb 程度である．飲食物による経口感染が主たる経路だが，糞便や嘔吐物を介してもヒトからヒトへと感染する．ノロウイルスは，十二指腸から小腸上部にかけての上皮細胞に侵入する．細胞に侵入したノロウイルスは，細胞質においてゲノムの複製とウイルスタンパク質の合成を行う．その後，小腸上皮細胞の細胞死を伴って放出されるため，特有の胃腸炎の症状を呈する．

11.3.4　エボラ出血熱

エボラウイルス（ebolavirus）は，フィロウイルス科（family *Filoviridae*）に属するウイルスで，エボラ出血熱の病原体として知られる（図 11.5 (b)）．1976 年，P. K. Piot らによりザイール（現在のコンゴ民主共和国）のエボラ川流域の村で発生した感染症の原因ウイルスとして発見された．粒子は細長い紐状の構造を呈しており，約 19 kb の一本鎖 RNA（マイナス鎖）ゲノムをカプシドタンパク質がらせん状に取り巻いてヌクレオカプシドを形成する．ヌクレオカプシドの外側はエンベロープが覆っている．ウイルス粒子の幅は 80 〜 100 nm であるが，長さは長いもので 1.5 μm にも及ぶ．エンベロープには長さ 10 nm ほどのスパイクタンパク質が規則正しく並んでおり，これを細胞表面受容体に結合させて細胞内へと侵入する．細胞質に放出された RNA ゲノムは，RNA ポリメラーゼにより複製されるとともに，相補的に合成された mRNA からウイルスタンパク質を宿主リボソームで合成する．そして，ヌクレオカプシドの構築ならびに細胞膜へのスパイクタンパク質の埋め込みが行われる．その後，スパイクタンパク質が埋め込まれた細胞膜をヌクレオカプシドが押し上げるようにして**出芽**（budding）が起こり，ウイルス粒子が放出される．血管内皮細胞にこのウイ

ルスが感染すると，全身性の出血症状が起こり，宿主は 50 〜 80％の高い確率で致死となる．

11.3.5 がんとウイルス

ラウス肉腫ウイルス（Rous sarcoma virus）は，1911 年に P. Rous によりニワトリに肉腫をもたらすウイルスとして発見されたレトロウイルス科（Family Retroviridae）ウイルスである．このウイルスのゲノムには，レトロウイルスに特有の gag 遺伝子，pol 遺伝子，env 遺伝子のほかに，v-src 遺伝子とよばれるチロシンキナーゼ活性をもつタンパク質をコードする遺伝子があり，これがウイルス性のがん遺伝子として最初に同定されたものとなった（**図 11.6**）．さらに，この v-src 遺伝子と相同な配列をもつ遺伝子が正常な細胞のゲノムに存在することが明らかとなり，c-src 遺伝子と名付けられた．このことから，ウイルス性がん遺伝子 v-src は，ラウス肉腫ウイルスが正常細胞から c-src 遺伝子を**水平移動**[*2]（horizontal movement）により取り込

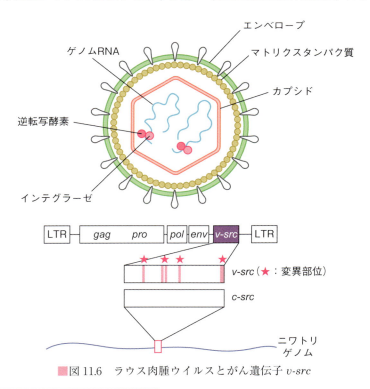

■図 11.6　ラウス肉腫ウイルスとがん遺伝子 v-src

[*2] 水平移動は，同種内で親から子へと遺伝子が伝わる垂直移動とは異なり，種と種をまたいで遺伝子が移動することである．多くの場合，ウイルスが介在すると考えられる．

んで獲得したものであり，その遺伝子が正常細胞をがん化させていることが明らかとなった．この発見により，**がん遺伝子**（oncogene）と，その元になる正常な遺伝子である**がん原遺伝子**（proto-oncogene）という概念が生まれた．

11.3.6 ヒト免疫不全（エイズ）

1983年，L. A. Montagnier と F. Barré-Sinoussi により発見された**ヒト免疫不全ウイルス**（human immunodeficiency virus：HIV）は，一本鎖 RNA をゲノムとしてもつレトロウイルス科のウイルスで，粒子サイズは 110 nm，ゲノムサイズは 9.7 kb である．RNA ゲノムを含むコアが，マトリックスタンパク質ならびにエンベロープに包まれた構造を有する（**図 11.7**（a））．ヒト免疫不全症候群の原因ウイルスとして知られ，ヒトの免疫細胞のうちヘルパー T 細胞など CD4 陽性細胞を標的として感染する．そのため，このウイルスに感染して潜伏期間の後に発症すると免疫不全の状態になる．ゲノムには *gag* 遺伝子，*pol* 遺伝子，*env* 遺伝子以外にも転写調節因子をコードする *tat* 遺伝子，*rev* 遺伝子，アクセサリー因子をコードする *vif* 遺伝子，*vpr* 遺伝子，*vpu* 遺伝子，*nef* 遺伝子をもつ．

11.3.7 新型コロナウイルス感染症

20 世紀までにヒトに感染するコロナウイルスは 4 種類が知られていた．21 世紀になってから SARS コロナウイルス，MERS コロナウイルスが流行し，さらに 2019 年末から 2023 年に至るまで，**SARS コロナウイルス 2**（新型コロナウイルス：SARS-CoV-2）が世界的大流行（pandemic）を引き起こした（図 11.7（b））．その大きな特徴は，エンベロープに埋め込まれたスパイクタンパク質（S protein）とよばれる表面タンパク質の存在で，コロナウイルスはこのスパイクタンパク質を介して細胞表面受容体 ACE2 に結合する．ACE2 近傍にあるプロテアーゼによりスパイクタンパク質が切断されることがきっかけとなって細胞膜とエンベロープが融合し，ヌクレオ

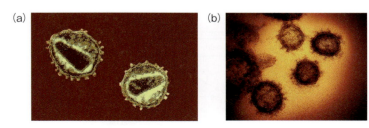

■図 11.7　ウイルスの電顕写真
（a）エイズウイルス，（b）新型コロナウイルス．
（出典：（a）PPS 通信社，（b）提供：NIAID-RML/SCIENCE SOURCE/AFLO）

カプシドが宿主細胞内に放出される．ACE2，ならびにプロテアーゼを保有する細胞は上気道，肺を中心に存在するため，新型コロナウイルス感染症では呼吸器系が特に大きく損傷する．

11.4 ウイルスの変異

11.4.1 ウイルスの変異とその原因

ウイルスも生物と同じく，自らのゲノムを複製して増殖するため，やはり生物と同じく**突然変異**（mutation）を起こし，ゲノムの塩基配列は徐々に変化する．DNAウイルスの場合，DNAポリメラーゼによる**複製エラー**（replication error）などに起因する突然変異が生じる．RNAウイルスの場合，RNAポリメラーゼによる複製エラーをはじめ，後述するインフルエンザウイルスのように分節化したRNAの入れ替えによる大規模な変異が起こる場合もある．通常，DNAウイルスには修復機構が備わっているが，RNAウイルスには備わっていないため，前者よりも後者の方が突然変異が生じやすいとされている．ウイルスは，宿主に感染して増殖する機会が多ければ多いほど，変異する機会が増えるため，2019年から2023年まで世界的に流行した新型コロナウイルスは，常に多くの変異株が生じる環境にあったといえる．

11.4.2 新型コロナウイルスの変異

ウイルスゲノムに生じる変異の多くは複製エラーに起因する一塩基の置換であると考えられ，それがタンパク質のコード領域に生じると，アミノ酸の置換が生じることがある．新型コロナウイルスでは，スパイクタンパク質に生じるアミノ酸置換がよく

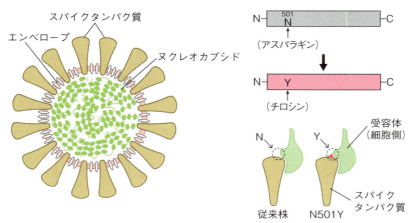

図11.8　新型コロナウイルスの構造と変異株N501Yの特徴

第 11 講　ウイルス

知られている．スパイクタンパク質は，コロナウイルスにとって宿主細胞に吸着する重要な道具であり，かつ粒子の外側に向いて突出しているため宿主の免疫のターゲットになりやすい．したがって，スパイクタンパク質に生じた変異のうち免疫から逃れやすくなる変異が生じると，その変異株が生き残りやすくなる．たとえばパンデミックの初期にみられた「N501Y」という変異は，スパイクタンパク質の 501 番目のアミノ酸である N（アスパラギン）が Y（チロシン）に置換したものである（**図 11.8**）．

11.4.3　インフルエンザウイルスの変異

　毎年のように流行する季節性インフルエンザの原因は **A 型インフルエンザウイルス**（influenza A virus）である．そのエンベロープに埋め込まれた**ヘマグルチニン**（hemagglutinin）ならびに**ノイラミニダーゼ**（neuraminidase）の型に応じて，いくつかの亜型（H1N1 亜型，H5N2 亜型など）がある．1918 年から 1920 年にかけて世界的に大流行した「スペイン風邪」は，H1N1 亜型によるパンデミックであったことが現在では明らかとなっている．インフルエンザウイルスには二種類の変異の仕方がある．ゲノム RNA の複製時におこる複製エラーにより引き起こされる**連続変異**（continuous mutation）では，前述した新型コロナウイルスにおけるスパイクタンパク質の変異と同様に，それぞれの亜型内での微小な変異が引き起こされる．これに加えて，一つの宿主細胞に異なるタイプのウイルスが二つ以上感染し，そこで八つの分節 RNA が混ぜ合わされ，新しいタイプのウイルスが生じることもあり，これを**不連続変異**（discontinuous mutation）という．発生が予想されている高病原性インフルエンザウイルスは，こうした不連続変異によって生じると考えられている．

11.5　ウイルスの進化と生物とのかかわり

11.5.1　ウイルスの進化に関する仮説

　ウイルスがどのようにして生まれ，どのようにして進化してきたかは，ほとんど解明されていない．しかしながら，現在のウイルスがもつ強固な細胞依存性と，ウイルスが増殖するために必要なさまざまな遺伝子のうちごく一部しか保有していない「ミニマリスト」であること，ウイルスによく似た振舞いをする環状 DNA などが細菌や植物など一部の生物に存在することなどから，ウイルスの起源と進化に関するいくつかの仮説が提唱されている．

　1946 年，F. M. Burnet は，ウイルスの起源に関する三つの仮説を提唱した．第 1 の仮説は，ウイルスは細胞から逃げ出した遺伝因子であるというものである．たとえばバクテリオファージが大腸菌内で溶原化し，宿主のゲノムに入り込んでプロファージになる現象が知られている．こうした事実をもとに，かつて生物のゲノム中に存在

していたプロファージの原型のようなものが，いつしかカプシドを身にまとって外へ飛び出しウイルスとなった，というものである．第2の仮説は，細胞が出現するより前から存在していたものが，その姿をとどめたものがウイルスだというものである．これは，細胞とは独立してウイルスの祖先が誕生していたことを意味している．細菌から哺乳類に至るまで幅広く感染するウイルスのカプシドタンパク質の基本構造が，いずれも**ジェリーロール構造**（jelly-roll structure）とよばれる構造をもつことから，少なくとも現在のウイルスの共通祖先が，生物の共通祖先が誕生した頃あるいはその前に，独立して誕生したことが示唆されていると考えることができる．ただ生物とは独立したウイルスが誕生したと考えた場合，現在のウイルスが完全に細胞依存的であることの説明が難しい．第3の仮説は，もともと細菌のような生物だったものが退化してウイルスになったと考えるもので，**還元仮説**（reduction hypothesis）ともよばれる．この仮説では，もともと生物であったウイルスの祖先が，徐々に不要な遺伝子を排除していきウイルスへと進化したと考える．Burnet が提唱したこれらの仮説はいずれも棄却されておらず，少しずつ内容を変えながら今でも議論は続いている．

11.5.2 巨大ウイルスの進化

21 世紀に入り，真核単細胞生物アカントアメーバ属に感染する巨大な二本鎖 DNA ウイルスの存在が明るみになってきた．2003 年の B. La Scola らによる**ミミウイルス**（mimivirus：Family *Mimiviridae*）の発見を皮切りに，2009 年にマルセイユウイルス（Family *Marseilleviridae*），2013 年にパンドラウイルス，2019 年にメドゥーサウイルス（Family *Mamonoviridae*）など，多くの巨大ウイルスが水環境などから分離されてきた．なかでも**パンドラウイルス**（pandoravirus）は，粒子サイズが 1 μm にも及び，ゲノムサイズも 247 万塩基対と，最も小さな真核生物よりもゲノムサイズが大きい．生物にも匹敵する複雑さを有する巨大ウイルスがどのように進化してきたかについては，今でも議論が続いている．

（1）核細胞質性大型 DNA ウイルス

巨大ウイルスは，**核細胞質性大型 DNA ウイルス**（Nucleocytoplasmic Large DNA Virus：NCLDV）とよばれる大型の二本鎖 DNA ウイルスに分類される（**図11.9**）．このウイルスのグループには 2023 年現在，ヴァリドナウイルス域（Realm *Varidnaviria*），バンフォードウイルス界（Kingdom *Bamfordvirae*），核細胞質性ウイルス門（Phylum *Nucleocytoviricota*）という分類群が設定されている．NCLDV には，ポックスウイルス科，イリドウイルス科（Family *Iridoviridae*），アスファウイルス科（Family *Asfarviridae*），アスコウイルス科（Family *Ascoviridae*），

第11講 ウイルス

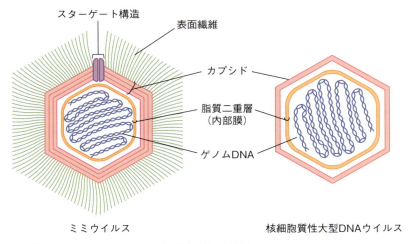

■図11.9 ミミウイルスの構造と核細胞質性大型DNAウイルスの特徴

フィコドナウイルス科（Family *Phycodnaviridae*），アロミミウイルス科（Family *Allomimiviridae*），メソミミウイルス科（Family *Mesomimiviridae*），ミミウイルス科，シゾミミウイルス科（Family *Schizomimiviridae*），マルセイユウイルス科，そしてマモノウイルス科が含まれる．パンドラウイルスもこれに含まれると考えられるが，正式には分類がなされていない．

(2) 巨大ウイルスの特徴的な遺伝子

巨大ウイルスのゲノムには，それまでのウイルスには存在しなかった遺伝子が数多くみられる．たとえばマルセイユウイルス，メドゥーサウイルスなどにみられる**ヒストン**（histone）遺伝子が挙げられる．マルセイユウイルスには，真核生物のH2A，H2Bに該当するHα，Hβが，ゲノム上では遺伝子が融合して一つのタンパク質をつくり，真核生物のH3，H4に該当するHγ，Hδも，やはりゲノム上では融合遺伝子として存在して一つのタンパク質をつくる．一方，2019年に日本の研究チームにより発見されたメドゥーサウイルスのゲノムには，真核生物と同じくlinker H1と，コアヒストンH2A，H2B，H3，H4に該当するフルセットのヒストン様遺伝子が存在する．こうしたウイルスがヒストン遺伝子をもつ生物学的意義は未だ不明だが，分子系統解析により真核生物の共通祖先とこれらウイルスの祖先との間で相互作用が生じ，遺伝子の水平移動が生じたことが示唆されている．また，ミミウイルス科ではアミノアシルtRNA合成酵素遺伝子が宿主からの水平移動により獲得されたことが示唆されており，これらのことから，巨大ウイルスは，かつてはより単純なウイルスであったものが，宿主から遺伝子をたびたび獲得し，その数を増やしてきた結果，構造

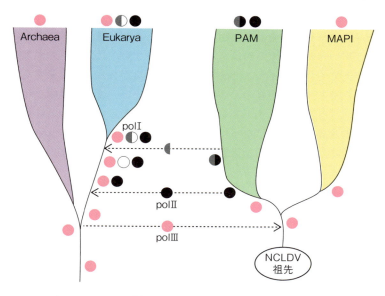

■図11.10 RNAポリメラーゼの進化と巨大ウイルスとの関係
（出典：J. Guglielmini, et al.：Diversification of giant and large eukaryotic dsDNA viruses predated the origin of modern eukaryotes. PNAS, 116, 19585-19592（2019））

や機能の複雑化，サイズの巨大化が生じたものではないかと考えられている．

（3）RNAポリメラーゼの遺伝子水平移動

　遺伝子の水平移動は，巨大ウイルスの進化のみならず，その宿主である私たち真核生物の進化にも深くかかわっているかもしれない．真核生物のRNAポリメラーゼには，Ⅰ，Ⅱ，Ⅲという3種類のものがあるが，これらの進化に巨大ウイルスとの間に生じたRNAポリメラーゼ遺伝子の水平移動がかかわってきたとする仮説が提唱されている（**図11.10**）．すなわち，RNAポリメラーゼⅢが最も祖先的であり，それがまず生物の祖先から巨大ウイルスの祖先へと水平移動した．そこで別のRNAポリメラーゼⅡが進化して今度は生物へと水平移動し，さらに生物と巨大ウイルスの双方で進化した別のRNAポリメラーゼの一つが巨大ウイルスから生物へと移り，キメラタイプのRNAポリメラーゼⅠを生じた，とするものである．

11.5.3　生物とのかかわり

　ウイルスは"敵"か"味方"かと問われれば，あるものは"敵"であるし，あるものは"味方"であると答えるしかないだろう．"敵"であるウイルスとは，言うまでもなく新型コロナウイルスをはじめ，私たちヒトに対して病原性を発揮するウイルスである．では，"味

第 11 講　ウイルス

方"であるウイルスとはどのようなものをいうのだろうか．人工的に，バクテリアを殺すバクテリオファージを食品添加物として利用したり，遺伝子医療においてウイルスベクターが用いられたりする例はある．わかりやすいのは，宿主の生理的な機能に良い影響を与えてくれるウイルスであろうが，残念ながらヒトに感染するウイルスにおいてそうしたウイルスは現在のところ知られていない．また，健康なヒトの体内に多くのウイルス（ヘルペスウイルスが特に多い）が存在していることは知られているが，その生理的意義は明らかになっていない．その代わり，生物の長い進化の歴史にウイルスが深くかかわり，その結果として今私たちがここにいるということは明らかになってきている．

（1）ヒトゲノムとウイルス

私たちヒトゲノムのゲノムサイズは 32 億塩基対にも及ぶが，そのうちタンパク質をコードする**エキソン**（exon）はわずか 1.5 〜 2% 程度に過ぎない．ヒトゲノムの40% はウイルスに由来する塩基配列であることが明らかとなっている．こうした塩基配列は，ヒトの進化の過程において，レトロウイルスの一種が祖先の生殖細胞に偶然感染し，逆転写された DNA が祖先のゲノムに組み入れられた結果，それが子孫へと受け継がれてきたものであると考えられている．こうした宿主のゲノム中に入り込んだレトロウイルスを**内在性レトロウイルス**（endogenous retrovirus）という．ヒトゲノムに存在するウイルス由来の塩基配列はほとんどウイルスとしての機能を失っているが，後に述べるように，レトロウイルスだった頃の遺伝子が突然変異により変化し，ヒトの生理的機能に用いられている例がいくつか知られている．

（2）胎盤とウイルス

内在性レトロウイルス遺伝子に由来すると考えられる代表的な機能遺伝子として，哺乳類の胎盤を形成する遺伝子が知られている．**シンチン-1**（syncitin-1），シンチン-2 と名付けられた遺伝子は，内在性レトロウイルスの *env* 遺伝子に由来し，それがコードする Env タンパク質がもっていた細胞融合能が転用され，胎盤のシンチチウム（合胞体）形成をつかさどるよう進化したと考えられる．胎盤の発達に不可欠な遺伝子である *peg10* も，内在性レトロウイルスに由来すると考えられており，哺乳類の祖先におけるレトロウイルスの感染が，胎盤の発達に寄与したことは明らかである．

（3）表皮とウイルス

哺乳類の表皮細胞において発現しているアスパラギン酸プロテアーゼ **SASPase**（skin aspartic protease）もまた，内在性レトロウイルスに由来する遺伝子によって

コードされていることが知られている．レトロウイルスの gag，pol，env タンパク質などがポリプロテインとしてまとまって翻訳された後，それぞれのタンパク質を切り出す役割をもつのがレトロウイルス型プロテアーゼであり，SASPase はそのプロテアーゼ遺伝子に由来すると考えられる．SASPase は，皮膚の顆粒層に特異的に発現するプロフィラグリンというタンパク質を分解してフィラグリンを生成する酵素である．フィラグリンが分解されてアミノ酸が生成すると，それが皮膚の角質層における保湿成分としてはたらく．すなわち，レトロウイルスが私たちの祖先に感染することにより，その遺伝子から *SASPase* 遺伝子が進化し，現在の哺乳類における皮膚の水分量調節機能をもたらしたことが示唆される．

（4）神経系とウイルス

　神経細胞間の情報伝達に使われるある種のタンパク質が，ウイルス様の構造を呈していることが知られている．2018 年，マウスならびにショウジョウバエにおいて，Arc とよばれる神経細胞間情報伝達に用いられるタンパク質の遺伝子が，レトロウイルスの gag 遺伝子に似た配列を有し，自身がつくるカプシド様構造に包まれて，その mRNA を別の神経細胞や筋肉細胞に輸送することが見出された．この Arc mRNA の輸送が，神経系における長期記憶にかかわっていることが示唆されており，ウイルス由来と思われる遺伝子が，動物の神経系の形成と機能に重要な役割を担っていると考えられている．

演習問題

Q1. 次の文章の正誤を判定せよ．誤りとした場合は理由を述べよ．

1. ウイルスは，細胞より単純な構造をしている．
2. ウイルスはリボソームをもたないため自らタンパク質を合成できず，細胞（宿主）に感染し，増殖する．
3. ノロウイルス粒子の基本的な構造は，遺伝子である DNA をカプシドタンパク質が取り囲んだものである．
4. ウイルスの中には，カプシドの周囲をさらに，細胞膜に由来するエンベロープが覆っているものもある．
5. インフルエンザウイルスの変異の仕方の一つは，ゲノムの複製時におこる複製エラーによるもので，それぞれのタイプ内での微小な変異が引き起こされる．
6. ウイルスの起源に関する仮説のうち，もともと細胞だったものが退化してウイルスになったとする説をウイルス・ファースト説という．
7. ボルティモアは，ゲノムの種類や複製のされ方をもとに，ウイルスを八つのグループに分けた．

第 11 講　ウイルス

8. 地球生態系の多様な場所に生息するウイルスを総称して環境ウイルスという.

9. エボラウイルスはミミウイルス科に属する病原性ウイルスで，エボラ出血熱の病原体として知られる.

10. 新型コロナウイルス（SARS-CoV-2）の変異には，カプシドタンパク質における変異がよく知られており，それによりヒトの体内でつくられた抗体が結合しなくなることがある.

Q2. インフルエンザウイルスは，不連続変異を起こして高病原性となる場合がある．その時，インフルエンザウイルスのゲノムにはどのような変化が起こっているだろうか.

Q3. プラス鎖 RNA ウイルスは，RNA ウイルスの中でも最も古くから存在すると考えられており，その中から二本鎖 RNA ウイルスが進化し，さらに二本鎖 RNA ウイルスの中からマイナス鎖 RNA ウイルスが進化したと考えられている．このような進化が起こった理由について，宿主との相互作用の観点からどのようなことが考えられるか.

Q4. ウイルスが細胞に感染し増殖する過程で，電子顕微鏡を使ってもその姿が見えなくなる時期がある．その時期に，ウイルスはどのような状態になっていると考えられるか.

Q5. コロナウイルスは RNA ウイルスとしては珍しくゲノム修復機構をもっているにもかかわらず，新型コロナウイルスは非常に多くの変異株を生み出してきた．その理由はなぜだと考えられるか.

Q6. コロナウイルスは宿主の小胞体の中，ヘルペスウイルスは細胞核の中，そしてミミウイルスは細胞質の中に，周囲から隔てられた区画をつくり，その内部で自らを複製することが知られている．なぜウイルスたちはこうした区画をつくるのか，その理由として何が考えられるか.

参考文献

1）D. R. Harper, 下遠野邦忠・瀬谷 司監訳：生命科学のためのウイルス学，南江堂（2015）
　→大学 1 年生など初学者向けのウイルスの教科書.

2）武村政春：生物はウイルスが進化させた，講談社（2017）
　→一般向けに書かれた，「ウイルスのよい面」に焦点を当てた読み物.

3）山内一也：ウイルスの意味論，みすず書房（2018）
　→ウイルスという存在の意味をさまざまな角度から問い掛けた読み物.

4）M. J. Roossinck, 布施 晃監修, 北川 玲訳：美しい電子顕微鏡写真と構造図で見るウイルス図鑑 101，創元社（2018）
　→電子顕微鏡写真が豊富な，文字通り「ウイルスの図鑑」.

5）中屋敷均：ウイルスは生きている，講談社（2016）
　→一般向けに書かれた，ウイルスに対する新しい考え方を紹介した読み物.

第12講

動く DNA

桑山　秀一

本講の概要

　生物は世代を継続しながらその形質を子孫へとつなげていく．細胞も細胞分裂を経過しつつその形質を大きく変化させることはなく，その形質の司令塔である遺伝子セットを娘細胞へと受け継いでいく．このような観察と記述に基づき，古来よりゲノムは世代を通じて不変であると考えられてきた．もちろん，このことを支持する分子生物学に基づく証拠も十分に存在する．一方，歴史的にはゲノム DNA が変化することも知られていた．近年の遺伝子解析手法の発展により，ゲノム DNA はいろいろな局面でダイナミックに変化し，またその変化様式も多様であることがわかってきた．同時に，これらの DNA のダイナミックな構造変化は，細胞の機能に関して重要な制御機構の一つと考えられるようになってきた．

　本講では，「動く DNA」として最初に認定されたバクテリアの転移性遺伝因子についてまず解説する．次に，真核生物の転移性遺伝因子が関与するトウモロコシの斑入り現象、ショウジョウバエの P エレメントなどについて記述する．続いて，遺伝子が動き回った痕跡ともいえるレトロトランスポゾン，酵母でみられる接合型スイッチ現象，ある特定の遺伝子が発生過程で膨大に増える遺伝子増幅，免疫系での遺伝子再編成，繊毛虫での信じられないような遺伝子スクランブルなどの現象を紹介する．これらの現象の紹介を通じて，いかに DNA が「やわらかい」側面をもつかを理解してほしい．

本講でマスターすべきこと

- ☑ 挿入配列とは何か，また，転移性遺伝因子とは何かについて理解する．
- ☑ 転移性遺伝因子の転移の分子機構について理解する．
- ☑ 真核生物の転移性遺伝因子が関与するトウモロコシの斑入り現象，また，ショウジョウバエの P エレメントについて理解する．
- ☑ レトロトランスポゾンとは何か，また，その生物学的意義を理解する．
- ☑ 接合型スイッチ（酵母），遺伝子増幅（アフリカツメガエルやショウジョウバエ），遺伝子スクランブル現象（繊毛虫）の具体例を見る．
- ☑ 免疫系における抗体の多様性が遺伝子再構成によることを理解する．

第 12 講 動く DNA

12.1 変化するゲノム DNA

第 5 講「DNA 複製」で解説したように，世代が引き継がれる時ゲノム DNA は変化することなく安定して受け継がれる．特に多細胞生物では，体細胞（somatic cell）の核を卵細胞に移植し個体を形成させることができることから，個体の中の分化した各細胞は発生過程における細胞分裂においてゲノム DNA は安定して維持されていると考えられていた．このことは，1962 年に J. B. Gurdon によりアフリカツメガエルオタマジャクシの体細胞から核を抽出し，核を不活化した卵細胞に移植することによりクローンガエルが作製されたことによって証明された．同様の結果は，ショウジョウバエの胚の一部の細胞からショウジョウバエ個体ができること（1972），ニンジンの根の細胞から植物全体ができること（1964），クラゲの傘の細胞から分化した栄養・生殖器官である口柄ができること（1985）等の実験により示された．それ以来，羊をはじめ，多くの哺乳類や他の生物でクローン個体が作製されるようになったことからもゲノムの安定性は広く支持されることとなった．

一方で，発生や細胞分化を通じてゲノムが不安定になる現象も知られている．例えば，ウマカイチュウの生殖細胞（germ cell）ではすべての染色体が保持されているのに対し，体細胞では一部の染色体が失われる**染色体削減**（chromosome diminution）という現象が 1986 年に報告されている．また，我々ヒトを含む哺乳類が多様な抗原に対応して**免疫グロブリン**（immunoglobulin）を産出するプロセスにおいては，遺伝子の**再構成**（rearrangement）が起こることも知られている．DNA クローニングやゲノムにおける遺伝子の配列や位置の解析が可能となったことにより，生物にはゲノム DNA を質的かつ大規模に変化させる機構が備わっていることが明らかになってきた．また，第 13 講で紹介されるように現在では実際に DNA ゲノムを任意に編集する技術も登場している．

12.2 転移性遺伝因子

ゲノムは質的に変化することがあるということは上述した．最初にゲノム DNA が変化することは，ゲノム上を動く**転移性遺伝因子**（transposon）が存在することにより証明された．20 世紀半ばにこの「動く DNA」を提唱したのは，アメリカの遺伝学者 B. McClintock であった．彼女はトウモロコシの種（粒）の色がモザイク状に変化する斑入り（variegation，**図 12.1**）の調節機構を研究していた．彼女は粒の色の形質は遺伝の法則に従うことなく不安定に調節されていることを発見した．そして，その不安定性の本質がゲノム DNA の一部が動き他の領域に転移する，つまり「**動く DNA**」

■図 12.1　種（粒）の色がモザイク状に変化する斑入りのトウモロコシ
（出典：http://ncdnaday.org/2020/08/variegated-varietals/）

に起因することを提唱した．後述するようにこの先駆的な業績が正しく評価されたのは，原核生物の転移性遺伝因子やトウモロコシの斑入りの転移因子 DNA の分子的実体の解明がなされた後であった．今日では，原核生物のみならず，動物などの真核生物にもゲノム DNA 中を「動く」ことのできる DNA 因子が多数見つかっており，それらが動く分子機構も進化の原動力の一つであることが明らかになってきている．以下，ゲノム中を「動く DNA」因子について紹介する．

12.2.1　大腸菌の IS と Tn

　原核生物である大腸菌は培養を続けていると表現型が不安定になることがある．1970 年代に入り分子生物学の技術が確立されてきたことと併行して，この大腸菌の表現型不安定性の原因が大腸菌ゲノム上のオペロン中に挿入されたある DNA 配列によることが明らかになった．この DNA 配列を**挿入配列**（Insertion Sequence：IS）とよぶ．これまでいくつもの IS が明らかになったが，共通する構造的特徴として，両末端に短い**逆方向反復配列**（Inverted Repeat：IR）があり，それらに挟まれて中央部には転移に必要な**トランスポゼース**（transposase）をコードする遺伝子をもつことがわかった．トランスポゼースは，DNA を切ってつなぐ機構に必要なタンパク質であり，転移因子をその両末端を切断して切り出した後，宿主 DNA の他の部位につなぐ（挿入する）ことによって移動させる．IS のサイズは 750 〜 1,500 bp である（**図 12.2**）．トランスポゼースをコードする遺伝子に突然変異が起きて転移酵素としての活性がなくなったり，両端にある逆方向反復配列に突然変異が起きると転移する能力を失うことから，トランスポゼースそのものと逆方向反復配列が転移に必須である

第 12 講　動く DNA

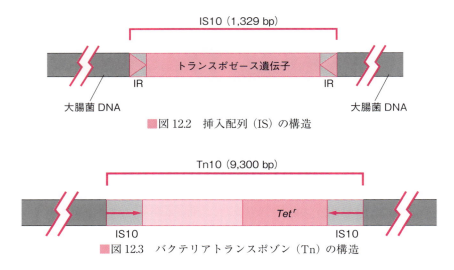

■図 12.2　挿入配列 (IS) の構造

■図 12.3　バクテリアトランスポゾン (Tn) の構造

ことがわかる.

　二つの IS が比較的近接して存在すると，それらに挟まれた DNA が転移することが明らかになっている．これらは**トランスポゾン** (transposon：Tn) とよばれる．これは，二つの IS に挟まれた DNA 部分に含まれる薬剤耐性遺伝子によりその転移が確認された．例えば，Tn10 は二つの IS10 がテトラサイクリン耐性遺伝子 (Tet^r) を挟んでいる (**図 12.3**)．このトランスポゾンに着目して，次世代のゲノムにおいてその因子がもとの位置に認められなくなる頻度を指標としたトランスポゾンの転移頻度は，一因子で一世代あたり 10^{-3} ～ 10^{-4} 程度である．これは動く遺伝子によらない遺伝子の変異率と比べるとはるかに高い値である．

12.2.2　トウモロコシのトランスポゾン

　大腸菌等の細菌からトランスポゾンが同定されてから約 10 年後の 1983 年，N. Fedoroff がトウモロコシの斑入り現象を分子生物学的に研究し，その動く DNA 調節因子としての実体として，**Ac** (activator) **エレメント**と **Ds** (dissociation) **エレメント**を同定した．この研究により，斑入り現象は色素合成にかかわる遺伝子の働きがトランスポゾンの転移によって変化することが原因であることが証明され，同年，その 30 年前に存在を示唆した McClintock がノーベル生理学・医学賞に輝いた．

　Ac エレメントは自律的に転移し，Ds エレメントは非自律的に転移する．Ac エレメントのサイズは約 4,300 bp であり五つのエキソンにコードされたトランスポゼース遺伝子両端の 11 bp の IR により挟まれた構造をとっている．この構造から示唆さ

12.2 転移性遺伝因子

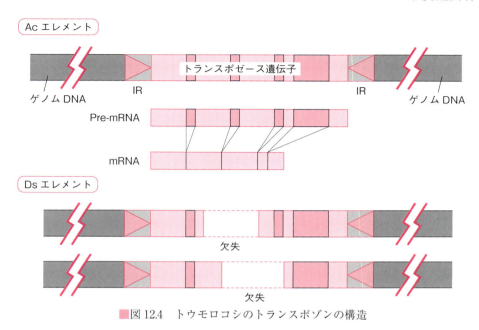

■図 12.4　トウモロコシのトランスポゾンの構造

れるように，Ac エレメントは自律的に転移することができる（**図 12.4**）．それに対して，Ds エレメントはトランスポゼース遺伝子の一部を欠失しているので，自律的に転移することができない．さらに，サイズにも多様性がみられる．構造的には Ac エレメント同様に両端に IR をもっているため転移は可能である．Ds エレメントが転移するためには Ac エレメントでコードされる完全なトランスポゼースの供給が必要となる．このことは，Ac/Ds 各エレメントの転移が，大腸菌の IS と同様に，末端の IR とそこに作用するトランスポゼースの活性によって調節されることを示している．

12.2.3　キイロショウジョウバエのトランスポゾン

　遺伝学や発生生物学，近年では生物時計や行動学，脳の研究にもモデル生物として重要なキイロショウジョウバエ（*Drosophila melanogaster*）にも，後述する**レトロトランスポゾン**（retrotransposon）などを含む多種類のトランスポゾンが知られている．なかでもよく研究されたトランスポゾンの一つが **P エレメント**（P element）である．P エレメントの発見の発端となったのは，研究室において長期間飼育維持されていたキイロショウジョウバエの雌に，野外で新たに採取した雄を交配させると子孫が得られないという現象（交雑発生異常，hybrid dysgenesis）であった．トウモロコシの Ac/Ds エレメントの構造が明らかになった 1983 年，P エレメントの構造も解

第12講 動くDNA

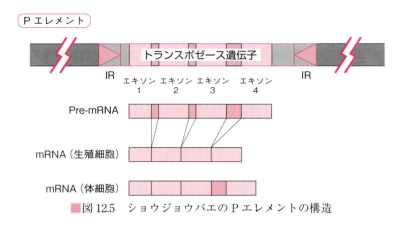

■図 12.5 ショウジョウバエのPエレメントの構造

明された．Pエレメントの構造はAcエレメントと似て，両端の31 bpのIRがトランスポゼースの遺伝子を挟む全長約2,900 bpのDNA断片である．87 kDaのトランスポゼースをコードする遺伝子は四つのエキソンを含み，3番目と4番目のエキソンの間のイントロンは生殖系列の細胞でのみスプライシングを受けることにより除去され，体細胞では除去されない．イントロンに終止コドンがあるため体細胞でつくられるタンパク質はトランスポゼース活性をもたず，むしろ転移を抑制する遺伝子が活性化される（**図12.5**）．このため体細胞ではPエレメントの転移は起こらない．前述の交雑発生異常は，活発に転移する多数のPエレメントによって，多くの遺伝子に引き起こされる突然変異が原因である．もちろん，Ac/Dsエレメントの場合と同様に，トランスポゼースが別のルートにより供給されれば，トランスポゼース遺伝子が欠損した不完全なPエレメントでも転移することができる（この場合，IR配列を両端に有していることが必須となる）．この機構を利用して，任意の遺伝子を高い確率でゲノムDNAに挿入することができる（後述）．

12.2.4 レトロトランスポゾン

トランスポゾンは，DNA断片の切り出しと挿入によってゲノム上の位置を変える転移因子のことを指す．しかしながら，DNA断片の切り出しを必要としないで転写と**逆転写酵素**（reverse transcriptase）の作用過程を経るものもある．つまり自らのコピーをつくり出し，複数のコピーが他の位置に移動していく現象として知られている．この様式を，**レトロポジショニング**（retropositioning）といい，転移する因子を**レトロポゾン**（retroposon）あるいはレトロトランスポゾン（retrotransposon）とよぶ．レトロトランスポゾンは，最初，RNAに転写されるため，転移するときは必ず移動元にコピーを残す．

(1) レトロトランスポゾン

レトロトランスポゾンの例として，酵母のTyエレメントやショウジョウバエのコピア（copia）が挙げられる．これらのエレメントは逆転写酵素や**インテグラーゼ**（integrase）遺伝子をもち，両端に**同方向反復配列**（direct repeat）をもつなど，レトロウィルスDNAと似た構造をもつ因子である．出芽酵母には五つのTyエレメントが存在することがわかっており，各Tyエレメントの両末端には同方向反復配列が存在することが知られている．Tyエレメントには二つのORFが存在する．一つは，DNA結合タンパク質をコードし，もうひとつは逆転写酵素と相同性の高いタンパク質をコードする（**図12.6**）．一倍体ゲノム当たりのコピー数が最も多いのはTy1であり，約30コピー存在する．サイズは約6,000 bpである．ショウジョウバエのコピアは構造的にTy3と相同性があり，サイズが5,000 bpでゲノム当たり約50コピー存在することが知られている．

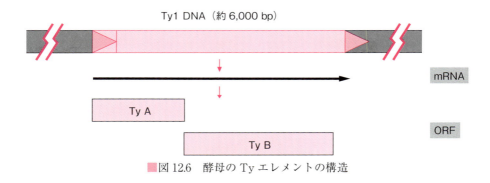

■図12.6　酵母のTyエレメントの構造

(2) LINEとSINE

多くの真核生物にみられる分散型反復配列は，長い**LINE**（Long Interspersed Nuclear Element）と短い**SINE**（Short Interspersed Nuclear Element）の二つに分けられる．LINEは1,000～5,000 bp，SINEは数百bpのDNA長をもち，それぞれ数千回反復している．LINEはレトロウィルスゲノムとよく似ているがSINEは構造的にレトロウィルスとの共通点はない．有名な配列として，ヒトのゲノムにみられるAluファミリー配列が挙げられる．Aluファミリーはヒトを含む霊長類ゲノム中にみられる反復配列であり，SINEの一つと考えられている．その長さは約300 bpであり，ゲノム中に100万以上のコピーが散在している．これらのエレメントはおそらくコピーと転移によって広くゲノム中に分散したものと考えられている．LINEやAlu配列を含むSINEは突然変異をおこしているものがほとんどであり，自律的に転移するものは少ないと考えられている．

第12講　動く DNA

(3) プロセス型偽遺伝子

移動した DNA 配列の中には，興味深い配列を有するものがある．**プロセス型偽遺伝子**（processed pseudogene）がその例である．プロセス型偽遺伝子とは，真核生物においてイントロンを有さずにエキソンのみが連続し，ポリ（A）配列を末端に有する因子である．その構造から予想されるように，転移する仕組みとしてはレトロトランスポゾンのようであるが，プロセシング（スプライシング）を受けた mRNA が逆転写された後，ゲノム DNA 中に挿入されたものと考えられる（**図 12.7**）．最初に発見されたのはグロビン偽遺伝子であり，他にも多くの種類が見つかっている．このグループの因子がさらに他の場所へ転移することはないが，逆転写された DNA が動いた証拠として考えられている．

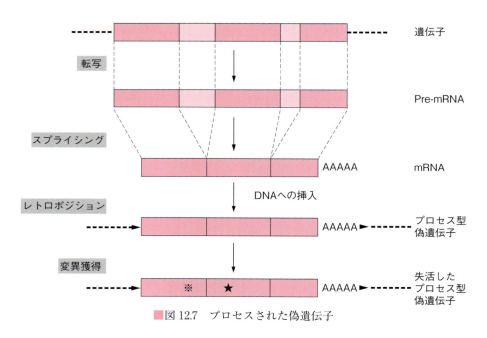

■ 図 12.7　プロセスされた偽遺伝子

12.2.5　トランスポゾンが生物に及ぼす影響

(1) 突然変異

トランスポゾンが転移する先が遺伝子領域，もしくは遺伝子活性調節領域であれば，その遺伝子に突然変異が誘発される．これを**挿入突然変異**（insertional mutation）という．トランスポゾンの転移による突然変異には，トランスポゾンの一部を残して，あるいは隣接する DNA を伴って転移する場合がある．挿入部位が遺伝子そのもので

はなく遺伝子の近傍である場合には，遺伝子の発現調節に影響を与えることもある．これらの現象を利用して，ある表現型の原因となる突然変異に関連した遺伝子を単離することができる．

(2) 組換え

ヒトゲノムの解析により，ゲノム全体の約50%がトランスポゾン，あるいはそれに関係する塩基配列で占められていることが明らかになった．植物では一般にその割合が高く，トウモロコシや小麦ではゲノムの80%ほどがトランスポゾンと考えられている．多くのトランスポゾンの存在のために，ゲノムの異なる部位の同じ種類のトランスポゾン間でDNAの相同性を基盤としたゲノムの**組換え**（recombination）も引き起こされる．このようなゲノム領域間での組換えは，進化の上でゲノムの構造に劇的な変化を与える原因になったと想像される．

12.2.6 トランスポゾンの利用

(1) ベクター

ゲノムDNA上を転移するトランスポゾンは，生物に人為的に遺伝子を導入するための**ベクター**（vector）として利用される．たとえば，前述のPエレメントトランスポゼース遺伝子を他の遺伝子と組み換え，これを完全なトランスポゼース遺伝子を含むヘルパープラスミドとともにショウジョウバエの生殖細胞に導入すると，任意の遺伝子を高い効率でゲノムDNAに導入することができ，トランスジェニックショウジョウバエを作製することができる．これを応用し食用植物についても，良い形質を示す遺伝子を効率良く導入するために，トランスポゾンを利用したベクターの開発が進められている．

(2) トランスポゾンタッギングによる遺伝子分離

ある遺伝子にトランスポゾンが挿入されるとその遺伝子は多くの場合失活する．これを利用して変異の原因となる遺伝子分離が可能である．この手法をトランスポゾンタッギング法とよぶ．いま，あるY遺伝子にトランスポゾンが挿入されY⁻となった突然変異体からランダムに分断されたゲノムライブラリーを作製する．ついで，トランスポゾンDNAをプローブとして遺伝子ライブラリーをスクリーニングすると，Y遺伝子にトランスポゾンが挿入されたクローンをピックアップすることができる．Y遺伝子を得るためには得られたクローン中のY遺伝子部分の断片をプローブとして，野生型ゲノムライブラリースクリーニングすればよい（**図12.8**）．そのクローンのDNA配列を解読すれば，挿入された遺伝子領域を同定することができる．現在で

第 12 講　動く DNA

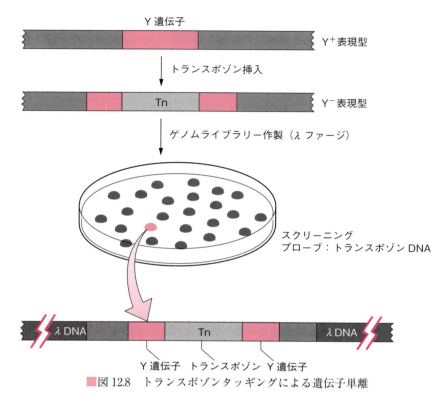

■図 12.8　トランスポゾンタッギングによる遺伝子単離

はゲノムデータベースが整っていることから，Y 遺伝子の一部分でも解読できれば，Y 遺伝子全体が明らかになることが多い．

(3) 生物の類縁関係の解析

ゲノム中に反復して存在する転移性の遺伝因子は個体ごとに挿入部位や数が異なるので，生物種間の系統関係や個体間の関係を解析する指標として利用される．PCR 法を利用したヒトの DNA 鑑定にも用いられる．

12.3　遺伝子増幅

12.3.1　遺伝子増幅とは

特定の遺伝子の数が増えることがある．これを**遺伝子増幅**（gene amplification）という．アフリカツメガエル（*Xenopus laevis*）やハマグリの卵母細胞（oocyte）の核小体では体細胞に比べて rRNA 遺伝子のみが 1,000 倍以上にも増えていることが知

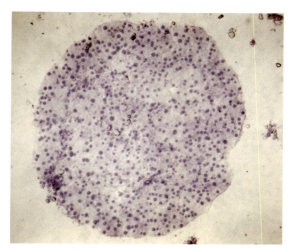

■図 12.9　アフリカツメガエル卵母細胞の卵核胞（体細胞の核に相当）
rRNA 遺伝子の増幅により形成された膨大な数の核小体が示されている．
（写真提供：東中川 徹）

られている（**図 12.9**）．これは受精後に必要とされる多くのタンパク質を卵形成過程で合成し準備するためと考えられる．ショウジョウバエの発生のある時期には濾胞細胞（follicle cell）の卵殻タンパク質（chorion protein）遺伝子が約 60 倍に増幅する[*1]．また，体細胞でもこのような増幅がみられることがある．例えば，ある種の薬剤耐性を獲得した培養細胞では，その薬剤を代謝する遺伝子が増幅している例や，がん細胞においてがん遺伝子が増幅している例などが知られている．

12.3.2　コピー数多型

　通常では，ヒトの細胞の対立する常染色体ゲノムには母親，父親由来の遺伝子はそれぞれ 1 コピー，合計 2 コピー存在する（**図 12.10**）．近年，この遺伝子のコピー数が一つしかなかったり，三つ以上存在したりすることが大きく進展したゲノム解析技術により明らかになってきている．このようにゲノムに生じた遺伝子増幅のうち個人間において染色体上のコピー数が違うことを，**コピー数多型**（Copy Number Variation：CNV）という．CNV においては，ゲノム上で遺伝子の配列が重複もしくは欠損しており，数百 bp 対～数百万塩基にもなる大きな領域が，個人間で異なることがある．CNV には生まれつきのもの（*de novo*）と，出生後の突然変異によるもの

[*1] このように発生過程において，遺伝子のコピーが増える現象を *de novo* CNV（*de novo* copy number variation）とよぶ．

第 12 講　動く DNA

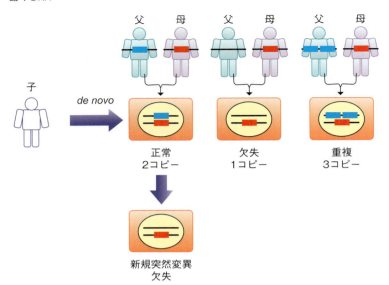

■図 12.10　ゲノムコピー数変異（CNV）
染色体上の 1 kb 以上にわたるゲノム DNA が，通常 2 コピーのところ，1 コピー以下（欠失），あるいは 3 コピー以上（重複）となる変化．

がある（図 12.10）．現在では，CNV は遺伝病や感染症にかかりやすさの指標として利用されたり，さまざまな薬の効きやすさや副作用の違いといった個人の体質差を生み出す診断材料して注目されている．例えば，*CCRL1* 遺伝子領域の CNV が HIV の感染症に関連したり，*FCGR3* 遺伝子領域の CNV が自己免疫疾患である全身性エリテマトーデスにおける糸球体腎炎の発症リスクと関連するという報告がなされている．

12.4　遺伝子再構成

12.4.1　免疫グロブリン遺伝子の再構成

遺伝子の再構成としてよく知られている現象に，免疫グロブリン遺伝子がある．**免疫グロブリン**（immunoglobulin）は生体防御反応を担う抗体（antibody）タンパク質である．すべての抗体は**可変領域**（variable region）と**定常領域**（constant region）をもつ 2 本の H 鎖（heavy chain）と 2 本の L 鎖（light chain）からなる基本構造をもつ．抗原は無尽蔵に存在するが，それらの抗原のすべてに対して限られたゲノム量でどのように抗体が作製されるか，つまり抗原-抗体反応の多様性がどのようにして分子レベルで説明できるかは長い間の謎であったが，ゲノムの再構成がこの機

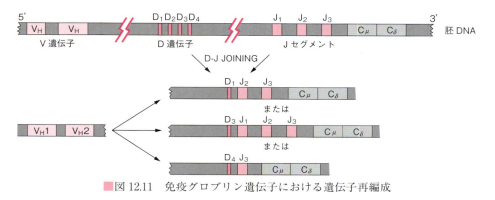

■図 12.11　免疫グロブリン遺伝子における遺伝子再編成

構をうまく説明することがわかった．この機構の解明を行ったのが，穂積信道と利根川進であった．彼らは，ゲノム上の異なる位置に抗体の多様性を司る領域が分散しており，ゲノムの組換え，つまり遺伝子の**再構成**（gene rearrangement）によってそれらが一つの抗体をコードする遺伝子となることを，制限酵素を巧みに利用した実験により証明した（コラム「免疫グロブリン遺伝子における遺伝子再構成の発見」参照）．現在では，ヒトの H 鎖可変領域をコードするゲノム領域には 50 以上の **V**（variable segment）**遺伝子**，27 個前後の **D**（diversity segment）**遺伝子**，6 個の **J**（joining segment）**遺伝子**があることがわかっている．発生において B 細胞が形質細胞（plasma cell）に分化する過程での遺伝子再構成によって，V，D，J 各遺伝子が一つずつ選ばれる組合せを考えただけでも（V‐D‐J joining），一つの B 細胞が産生する H 鎖の可変領域には 8,000 種類以上（50 × 27 × 6）の多様性が生じ得る．引き続き，抗体の定常領域をコードする五つの C（constant segment）遺伝子から一つが選ばれて組み合わされる（**図 12.11**）．一方，L 鎖には κ と λ の 2 種類があり，それぞれ数十個の V 遺伝子，数個の J 遺伝子と定常領域をコードする二つの遺伝子がある．H 鎖と同様に考えると 200 種類以上の多様性が生まれえる．利根川はこの功績によって，1987 年にノーベル生理学・医学賞を授与された．

12.4.2　酵母の接合型（mating type）変換

　出芽酵母（*Saccharomyces cerevisiae*）は一倍体でも二倍体でも増殖ができる単細胞生物である．一倍体では劣性突然変異の表現型があらわになるので遺伝子の機能解析も可能になることから，遺伝学的な研究に適した有用なモデル系として利用されている．出芽酵母二倍体は減数分裂を伴う胞子形成（sporulation）により一倍体となり，一倍体は**接合**（mating）によって二倍体となる．接合は a 接合型と α 接合型の間で起こる（**図 12.12**）．a 接合型と α 接合型は互いに変換することが知られている．つまり，

第 12 講 動く DNA

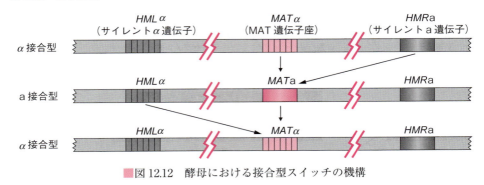

■図 12.12　酵母における接合型スイッチの機構

環境に応じて発現が調節される．以下に示すように，細胞の接合型の決定はカセットモデルとして説明されている．細胞には接合型を決定する *MAT* 遺伝子座があり，その右側には a 型の情報をもつがサイレントな遺伝子座 *HMR*a，左側には α 型の情報をもつがサイレントな遺伝子座 *HML*α がある．*MAT* 遺伝子座に *HMR*a 遺伝子がカセットのように挿入されると a 接合型，*HML*α が挿入されると α 接合型となる（図12.12）．この変換には HO エンドヌクレアーゼが関与していることがわかっており，優性の *HO* 対立遺伝子をもつ細胞では，この接合型変換が高い頻度で起こる．

12.4.3　繊毛中における遺伝子再構成

ゾウリムシ（*Paramecium*）やテトラヒメナ（*Tetrahymena*）などの繊毛虫類は，1個の細胞が，生殖に必要な小核と生存に必要な大核の二つの核を有する．大核は異なる接合型の細胞が接合したのち，分裂した小核から大核原基を経て生成する．小核のゲノムは次世代に伝えられるため完全な遺伝子セットを有するが，大核形成過程では多くの DNA 部分が失われ，大核の機能に必要な DNA 部分にのみテロメア配

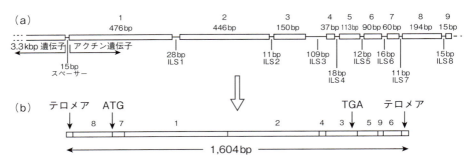

■図 12.13　オキシトリカ（*Oxytricha*）大核形成におけるアクチン遺伝子のスクランブル
大核形成過程で小核のアクチン遺伝子の各部分（1～9）が，大核ではスクランブルされ全く別のオーダーでつながっている．

列が付加され数十倍にも増幅される．つまり，大核では DNA の量は多いが**複雑度**（complexity）が減少しているといえる．また，**図 12.13** に示すような大幅な DNA の再編成がみられる例も知られている．

演習問題

Q1. 次の文章の正誤を判定せよ．誤りとした場合は理由を述べよ．

1. ゲノム DNA 遺伝子は，その場所を変化させることない．
2. 「動く遺伝子」はとうもろこしを用いた研究によりその存在が推察された．
3. トランスポゾンはその転移機構から 2 種類に分類される．
4. トランスポゾンはやっかいなものであるので，生物学の研究にとっては邪魔である．
5. 大腸菌ゲノム上のオペロン中に挿入配列という動く遺伝子が挿入され表現型が変化することがある．
6. まったく違った配列でも相同性組換えを起こすことがある．
7. トランスポゾンの移動は同じ染色体間でしか起こらない．
8. 遺伝子は一か所で増幅して遺伝子産物量を増大させることがる．
9. トランスポゾンは両端に逆方向反復配列を有する．トランスポゼースはこの配列を認識し，トランスポゾンの移動を担う活性を有する．よって，この配列を有しないゲノム上にはトランスポゾンは移動することはできないので，遺伝子が分断されることはない．
10. 抗体の多様性は DNA 遺伝子再編成で説明できる．

Q2. 本講では，ゲノム DNA が大きく変化する例を挙げたが，一般には発生・分化を通じて細胞のゲノムは大きく変化することはないと考えられている．このゲノムの不変性を示す実験を，例を挙げて説明せよ．

Q3. ヒトの正常な発生・分化過程において，ゲノム DNA に大きな変化が起きている例を二つ挙げよ．

Q4. レトロトランスポゾンは転移のたびにゲノム内の元居た場所にコピーを残すため，ゲノムにおいてコピーが増幅すると考えらえる．では，果たして，ゲノムがトランスポゾンであふれてしまい不都合が生じることはないであろうか．その理由を説明せよ．

Q5. 紫色の花が咲くといわれた朝顔の種をまいて育てたところ，すべての花は全体が紫色であった．白色の花が咲くといわれた朝顔の種をまいたところ，全体が白い色の花に交じって，いくつかの花では花弁の付け根から先端に扇状に紫色の部分があらわれた．トランスポゾンの性質を踏まえて，この現象を説明せよ．

Q6. 哺乳類は莫大な種類の抗原に対して抗体を生み出すことができる．その多様性をもたらす機構をゲノムという観点から説明せよ．

Q7. がんの化学療法剤メトトレキセート（MTX）存在下でマウス培養細胞を培養し MTX

第 12 講　動く DNA

耐性細胞が得られた．耐性細胞ではジヒドロ葉酸還元酵素（DHFR）活性が増加していた．この現象を遺伝子増幅，遺伝子発現量の二つの観点から説明したい．どのような実験をすればよいか．ただし，DHFR の遺伝子 DNA 配列は判明しており，その遺伝子も同定されているものとする．

参考文献

1) B. Lewin 著，菊池韶彦他 訳：遺伝子（第 8 版），東京化学同人（2006）
　　→その名の通り遺伝子に関する教科書的な書籍．より詳しい内容を知りたい場合は一読の価値がある．
2) 大坪久子 編：ゲノム上を"動く遺伝子"トランスポゾン，実験医学（2007）
　　→トランスポゾンに関する研究成果をまとめた総説．
3) 笹月健彦・吉開泰信 訳：免疫細胞学（第 9 版），南江堂（2019）
　　→抗体の多様性に関する詳しい内容を知ることができる．
4) T. A. Brown 著，石川冬木・中山潤一 訳：ゲノム（第 4 版），メディカルサイエンスインターナショナル（2018）
　　→最新の知見を踏まえたゲノムに関する内容を網羅した教科書．より深く理解したい人向け．
5) https://www.nig.ac.jp/museum/history10.html
　　→国立遺伝学研究所「遺伝学電子博物館」．
6) https://www.kazusa.or.jp/dnaftb/32/bio.html
　　→バーバラ・マクリントック博士の紹介ページ．

column（コラム）

column

「DNA の動き」のまとめ（遺伝子組換えいろいろ）

　ゲノム DNA は世代を超えて不変であり，「かたい」ものと考えられてきた．1970 年代のトランスポゾンの発見以来その考えは大幅に変わり，ゲノム DNA は「やわらかい」側面をもつという認識が定着した．最近では，ゲノム編集技術によりゲノム DNA も任意に「動かす」ことができるようになった．このコラムでは遺伝子組換えのいろいろと遺伝子増幅についてまとめる．

相同性組換え（homologous recombination）：同一または類似の塩基配列をもつ DNA 分子間の組換え反応を指す．相同性組換えは，交差（cross over）型と遺伝子交換（gene conversion）型に分けられる．交差型は 2 本の DNA 間の相互入れ替え反応により起こる．典型的な例として，減数分裂の二価染色体における相同乗換えと DNA 二重鎖切断の修復が挙げられる．遺伝子交換型は供与側から受容側への一方向的な DNA の移動が起こり，2 本の遺伝情報どちらかが染色体上に残る．酵母の接合型遺伝子の変換，トリパノソーマの表面抗原遺伝子の変換などがその例である．

非相同性組換え（nonhomologous recombination）：類似塩基配列を有しない DNA 分子間の組換え反応を指す．この組換えでは，切断片の損傷部位の切除を行った後，再結合が起こる．外来遺伝子導入による形質転換においては，受容側 DNA にランダムな DNA が取り込まれる．DNA 二重鎖切断の修復における非相同性末端結合（NHEJ）はその例である．NHEJ は免疫グロブリン遺伝子の再構成に関与していることが知られている．

部位特異的組換え（site-specific recombination）：二つの配列が数 10 塩基以上の同一あるいは相同な場合に起こる組換え反応である．これらの配列を認識する特異的なタンパク質が必要である．λファージの溶原化におけるファージ DNA のホストゲノムへの挿入がその一例である．

トランスポジション（transposition）：トランスポゾンとよばれる転移性遺伝因子の移動により起こるゲノムの変化のこと．トランスポゾンには DNA トランスポゾンレトロトランスポゾンの 2 種類がある．

非正統的組換え（illegitimate recombination）：上記以外の組換えの総称．

遺伝子増幅（gene amplification）：ある遺伝子の複製が何度も行われることにより，その遺伝子の多コピーに増幅する現象．アフリカツメガエル卵母細胞の rRNA 遺伝子や，ショウジョウハバエのコリオン遺伝子の特異的増幅が知られている．遺伝子増幅では特定の遺伝子のみが増幅するのであり，ゲノムが全体として増える倍数性（polyploidy）とは異なる．

（桑山秀一）

免疫グロブリン遺伝子における遺伝子再構成の発見

　私たちの体は，さまざまな病原体に対抗するため，多種多様な抗体（免疫グロブリン）をつくり出す．その数は，10^{12} 種類にもなる．ヒトの遺伝子数は約 22,000 個であるので，このように膨大な数の抗体がつくられる仕組みは長い間謎であった．この問題を解明したのが，遺伝子再構成により多様性を獲得すること（ドライヤー・ベネット仮説）を証明した穂積と利根川らの実験である．

　1976 年，穂積と利根川は，マウス胚および L 鎖を合成するミエローマ細胞から DNA を抽出し *Bam*HI で消化し，得られた DNA 断片をゲル電気泳動法で分離した．ゲルを断片化し，各片から DNA を抽出し，L 鎖全体をコードする放射性 RNA プローブと，L 鎖 3' 側領域をコードする RNA プローブでハイブリダイズさせた．マウス胚 DNA で 2 種類，ミエローマ細胞 DNA で 2 種，合計 4 種のハイブリダイゼーションの結果を一枚の図にまとめたものが図 1 である．この結果から，マウス胚では L 鎖 RNA 全体は分子量 600 万と 390 万の二つの DNA 断片に，また，L 鎖 V 領域は分子量 390 万の DNA 断片によりコードされていることが示された．ところが，ミエローマ RNA について同様の実験を行ったところ，L 鎖 RNA 全体も，L 鎖 3' 側領域 RNA も，分子量 240 万の DNA 断片と結合した．つまり，ミエローマでは L 鎖 V 領域 RNA と L 鎖 C 領域 RNA が同じ DNA 断片によりコードされていることが示された．これらの結果は，図 2 のように，V 領域遺伝子と C 領域遺伝子が胚では離れているが，抗体産生細胞の分化の過程で連結される，つまり再構成されることを示している．

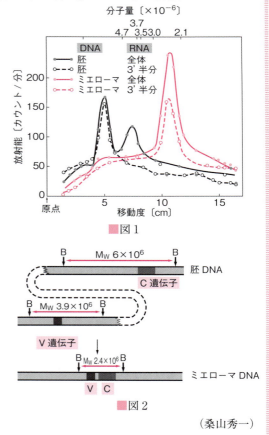

■図 1

■図 2

（桑山秀一）

第13講

DNAを編集する

川村　哲規

本講の概要

　第 12 講の「動く DNA」では，ゲノム DNA が自然に変化する現象について学んだ．本講では，細胞内のゲノム DNA を人工的に改変する技術について解説する．第 4 講の「DNA取り扱い技術」は "細胞外" に取り出したいわば化学物質としてのDNAを切ったりつないだりすることにより，人工的に遺伝子を加工する技術であった．しかし，"細胞内" に存在するゲノム DNA を人工的に改変することは，人々が遺伝子というものを知って以来，いろいろな試みを重ねてきた．しかし，マウスにおける ES 細胞を介した遺伝子ターゲティングなど一部の特殊な例を除いては技術的に困難であった．2010 年を過ぎて，細胞内の DNA 操作に突如として大幅な技術革新がもたらされた．ゲノム編集というマウスでも植物でも魚でも，さらにヒトに対しても適用可能であり，しかも成功率が非常に高い技術の登場である．今日では，ゲノム編集の第一世代 ZFN，第二世代 TALEN を経て，それまでとは全く異なる原理に基づいた第三世代の CRISPR-Cas9 とよばれる技術が開発され著しい発展を見せている．ゲノム編集により，細胞内にある「ゲノム DNA を人工的に動かす」ことは，基礎生物学のみならず農業，水産業，畜産，さらには医学を通じて我々の日常に深く関連しようとしている．本講では，ゲノム編集以前の「ゲノムを動かす試み」を概観し，ついでゲノム編集の原理，そして，その誕生によってどのようなことが可能となったのかを解説する．

本講でマスターすべきこと

- ☑ ゲノム編集以前における遺伝子を変える試みを知る．
- ☑ ゲノム編集のキーポイントは狙った箇所での DNA の二本鎖切断である．
- ☑ ゲノム編集の第一世代 ZFN，第二世代 TALEN，第三世代 CRISPR-Cas9 の基本原理を理解する．
- ☑ ZFN，TALEN と比較して，CRISPR-Cas9 の優れた点を理解する．
- ☑ ゲノム編集の誕生により，何が可能となったのかを概観する．

第 13 講　DNA を編集する

13.1　ゲノム編集以前

　遺伝子の発見以来，人々は遺伝子を変えたらどうなるだろうか，遺伝子を変えてみたい，という思いを抱いてきた．実は，歴史上では遺伝子の本体が明らかになる以前においてもそのような思いに基づいた行動が見てとれる．例えば，自然界にある動物や植物のなかから，何世代もの交配を重ねることで有用性の高い品種をつくり出してきた．我々にとって身近なペットもその例に当てはまる．このような品種改良は，偶発的な，あるいは放射線や化学物質を用いた突然変異を利用し，目的とする形質を選別するため多くの年月を要した．遺伝子の本体が DNA であることが発見されると，「遺伝子を変えてみたい」という欲求はますます加速した．そして，遺伝子研究から得られた技術や知見を駆使して，「遺伝子を変える」さまざまな試みがなされてきた．

13.1.1　外来 DNA のランダムな導入

　1980 年代，組換え DNA 技術が進展し，次々と興味ある遺伝子がクローン化されると，それらを外来 DNA として培養細胞やマウスの受精卵などに導入することが行われた．細胞に導入することは**トランスフェクション**（transfection）とよばれる．例えば，A という酵素をもたない細胞に A に対する遺伝子クローンを導入すると，その細胞は A という酵素活性を示すように変わる，という具合である．この場合，A 遺伝子クローンは，細胞のゲノム DNA のどこに取り込まれているかは調べてみなければわからない．いわゆるランダムな導入である．

　このようなことを個体レベルで行ったのが**トランスジェニック技術**（transgenic technology）である．この技術は現在でも，さまざまな動物，植物で用いられている．例を挙げて説明しよう．害虫によってトウモロコシが食べられるのを防ぐことは，トウモロコシの生産性を高める上でとても重要である．トランスジェニック技術により，害虫に対して毒性をもつタンパク質をコードする遺伝子をトウモロコシに導入することにより，害虫に強い耐久性をもつ**遺伝子組換え作物**（genetically modified crops）を作製することができる．また，トランスジェニック技術は，生物学の基礎研究においても広く普及しており，現在では必須なテクニックの一つといえるであろう．このように，本来生物がもっていない DNA を組み込んだトランスジェニック生物を作製することができる．ただし，この技術の場合も導入された DNA がゲノム上のどの位置に挿入されるのかは制御することができずランダムである．

13.1.2　ゲノム DNA を正確に改変できる遺伝子ターゲティング

　トランスジェニック技術は，外来 DNA を追加する方法で，生物が固有にもつゲノ

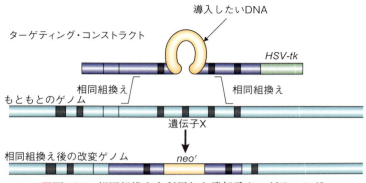

■図 13.1　相同組換えを利用した遺伝子ターゲティング

ム DNA を変えることはできない．ゲノム DNA を自在に変えることを初めて可能にしたのは，**相同組換え**（homologous recombination）を利用した「**遺伝子ターゲティング**（gene targeting）」である[*1]．マウスにおいては，1989 年，M. Capecchi らにより確立された．この方法では，胚性幹細胞である **ES 細胞**[*2]（Embryonic Stem cell）に，改変したい DNA の両側に挿入する箇所の DNA 配列をつけた外来 DNA（ターゲティング・コンストラクトという）を導入して，相同組換えを起こさせる．その確率はとても低いが，狙った部位に導入したい DNA を正確に入れることができる（**図 13.1**）．ひとたび相同組換え ES 細胞が得られれば，ES 細胞の特性とマウスの発生工学の技術により相同組換え ES 細胞に由来するマウスが得られる[*3]．遺伝子ターゲティングは狙った遺伝子領域の改変をたしかに可能にしたが，この技術が利用できるのは，マウスなどの一部のモデル生物に限られていたため，他の高等生物において目的のゲノム DNA を自在に改変する術ではなかった．新たな技術の登場が待たれていた．

13.2　ゲノム編集の仕組み

13.2.1　ゲノム編集とは

ゲノム編集（genome editing）とは，ゲノム DNA の狙った場所にピンポイントで変異や任意の塩基配列を導入する技術である．先に述べた遺伝子ターゲティングとは

[*1] 相同組換えによる遺伝子ターゲティングは，マウスの ES 細胞のほかに，大腸菌や酵母，植物ではヒメツリガネゴケ，ニワトリの DT40 細胞などで利用できる．
[*2] ES 細胞（embryonic stem cell）は，マウスの初期発生ステージの胚盤胞にある内部細胞塊から樹立された細胞であり，生殖細胞を含む体を構成するすべての細胞へと分化できる特徴をもつ．
[*3] マウス ES 細胞を用いた遺伝子ターゲティングの詳細については，「分子生物学 15 講 − 発展編 −」を参照していただきたい．

異なり，この技術はあらゆる生物で利用できる．遺伝子ターゲティングが利用できない生物を扱っていた研究者たちにとっては，これまで不可能であったゲノムを自在に改変できることを可能にした夢のような技術の誕生である．ゲノム編集のポイントは，目的のゲノム部位に **DNAの二本鎖切断**（DNA double-strand break）を引き起こすことである．そこで，まずDNAの二本鎖切断とは何か，について説明する．

13.2.2　DNAの二本鎖切断

　DNAは放射線や紫外線や活性酸素などにより，日常的に損傷を受けている．一方，細胞にはその損傷をすみやかに修復する機構が備わっている（→第10講）．さまざまなタイプのDNA損傷があるが，なかでも，細胞にとって最も脅威となる損傷が2本のDNA鎖が同時に切断される二本鎖切断である．まず，DNAの一本鎖のみが切断された場合を考えてみよう．一本鎖のみが切断された場合は，切断されていない相補鎖に従って修復のためのDNA合成が起きて，元に復することは容易に想像できるだろう（**図13.2**）．しかし，DNA二本鎖切断の場合は大変面倒である．二本鎖が切断された場合，切断されたDNA末端は削り込まれたり分解されたりする．また，切断部位が結合する際に別のDNAのかけらがまぎれ込んだりする．これらのことは修復ミスにつながる（図13.2）．

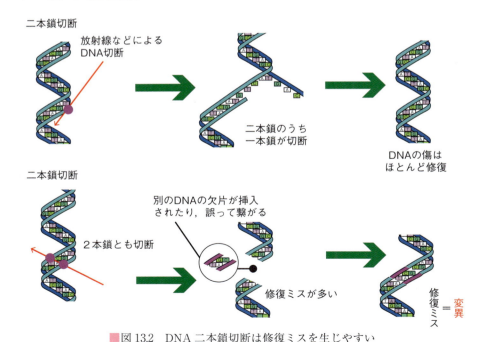

■図13.2　DNA二本鎖切断は修復ミスを生じやすい

13.2.3　ゲノム編集の原理

実は，ゲノム編集はこのDNA二本鎖切断の現象を利用している．例えば，タンパク質をコードする遺伝子領域を標的として，「ある方法」でDNA二本鎖切断を生じさせた場合を考えよう（**図13.3**）．「ある方法」とはゲノム編集の一つのポイントであり後で説明する．前述したように，DNAに二本鎖切断を生じさせると，細胞内のDNA修復系が働き，切断されたDNA末端同士をつなぎ合わせる**非相同末端結合**（Non-Homologous End Joining：NHEJ，詳細は第10講を参照）によって修復される場合がある．このような場合，塩基の欠失・挿入による修復ミスが生じやすく，その結果，アミノ酸配列を指定する読み枠がずれて**フレームシフト変異**（frameshift mutation）を引き起こす（図13.3左）．また，任意の塩基配列を導入したい場合には，導入したいDNA配列の両端に切断周辺の配列と相同な配列をもつドナーDNAを一緒に入れておく．すると，二本鎖切断が生じた後に，**相同組換え修復**（homologous recombination repair）の機構が働き，一定の割合でドナーDNAと置き換わる，いわゆる相同組換えが起こる（**ノックイン**（knock in）ともよばれる）（図13.3右）．このようにゲノム編集は，狙ったDNA部分に特異的に二本鎖切断を誘導することが

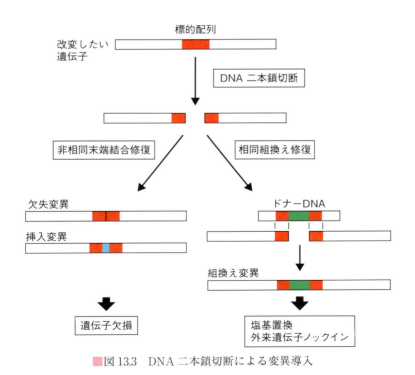

■図13.3　DNA二本鎖切断による変異導入

キーとなる．そして，上述の「ある方法」がそのキーを与えたのである．この「ある方法」を求めて，ゲノム編集がどのように確立されて来たのか，その経緯について以下に解説する．

13.2.4 ゲノム編集技術の第一世代 − ZFN −

放射線をゲノムに照射すると，DNAのさまざまな場所でランダムに二本鎖切断が生じる．そのため，特定のゲノム領域のみを狙い撃ちすることはできない．そこで，研究者たちはゲノム上の狙った特定の部位だけに，二本鎖切断を引き起こすことができる「ある方法」を追究してきた．1990年当時，転写因子の多くは特定の塩基配列を認識するDNA結合ドメインをもっていることがわかっていた．**図13.4**（a）に示す**Zinc（Zn）Finger ドメイン**はその一例である．Zn Finger ドメインとは，転写因子にみられるDNA結合ドメインで，亜鉛イオン（Zn^{2+}）が構造の安定性に寄与することから名付けられた．一つのZn Finger ドメインは約30個のアミノ酸残基からなり三つの連続する塩基に特異的に結合する．つまり，あるZn Finger ドメインはGTCに結合し，他のZn Finger ドメインはAGCに結合するという具合である（図13.4）．

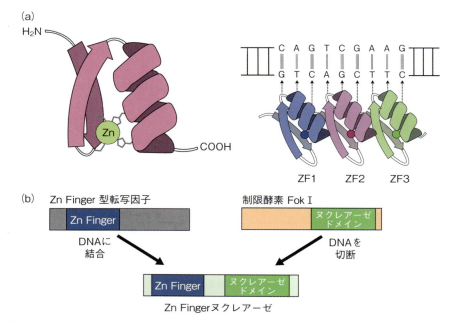

■図13.4 人工制限酵素 Zn Finger ヌクレアーゼ
　(a) 左：Zn Finger ドメイン，右：一つの Zn Finger ドメインが三つの塩基に特異的に結合する．(b) DNA 結合ドメインである Zn Finger ドメインと制限酵素のヌクレアーゼドメインを連結させた Zn Finger ヌクレアーゼ．

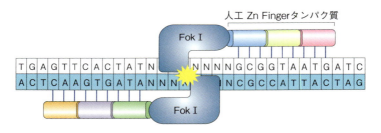

■図 13.5　Zn Finger ヌクレアーゼによるゲノム編集
　人工 Zn Finger タンパク質：Zn FingerDNA 結合タンパク質を連結したもの．一つの Zn Finger ドメインが三つの塩基に結合する．

　一方，第 4 講で学んだように，二本鎖 DNA を切断するには，**制限酵素**（restriction enzyme）という便利な手段がある．そこで研究者たちは転写因子の DNA 結合ドメインと制限酵素の切断ドメインを融合させた**人工キメラ・タンパク質**（artificial chimeric protein）を作製することで，狙ったゲノム部位に二本鎖切断を誘導することを思いついた（これが前述の「ある方法」である）．このアイデアから生まれたのが Zn Finger ドメインと制限酵素 FokⅠの切断活性ドメインを連結させた **Zn Finger ヌクレアーゼ**（Zinc Finger Nuclease：ZFN）で，ゲノム編集技術の第一世代とよばれる（**図 13.5**）．FokⅠは配列特異性なく DNA を切断するので，とにかくこの酵素を狙った切断部位に誘導すれば，そこで FokⅠは仕事をしてくれるわけである．さまざまな組合せの 3 塩基に特異的に結合する Zn Finger ドメインが作出された．例えば，GAA に特異的に結合する Zn Finger ドメイン，ACT であれば別の Zn Finger ドメインという具合である．ターゲットとする配列に応じて，特異的な Zn Finger ドメインを三つ〜五つ連結したものを作製することによりターゲットへの配列特異性を高めることができる．ただし，もうひとつ問題がある．それは FokⅠ単体では，二本鎖 DNA 切断を引き起こすことはできないことである．FokⅠは二量体を形成することで，はじめて二本鎖 DNA 切断が可能となる．そのため，ターゲットとする塩基配列を挟むように二つの ZFN が近接して，それぞれが異なる DNA 鎖に結合した場合にのみ，FokⅠヌクレアーゼが二量体を形成し，はさみのように DNA の二本鎖を切断する．いま，仮に 3 個の Zn Finger ドメインをもった ZFN をペアで使うとすると（図 13.5），3（Zn Finger の数）× 3（Zn Finger 1 個が認識する塩基の数）× 2（1 ペア）＝ 18 個の塩基が認識配列となる．18 塩基からなる特異的塩基配列は理論上約 700 億塩基の長さの塩基配列に一度しか現れない．この数は多くの生物種のゲノムサイズよりはるかに大きい．Zn Finger の数を増やせば特異性はさらに向上する．したがって，ZFN を用いて多くの生物種でゲノム中の一か所に DNA 二本鎖切断を起こ

すことができる．あとは図 13.3 の様式で任意の塩基配列を導入できる．このように，DNA 結合ドメインと制限酵素を人工的にデザインしたヌクレアーゼによってゲノム編集が可能であることを世に広く示した ZFN は革命的な技術であった．しかし，広くは普及しなかった．最も問題となったのが，Zn Finer ドメインを連結すると，Zn Finger ドメイン同士が干渉しあい，その結果，DNA 結合特異性が低下してしまうことであった．この点が大幅に改善されたものが，2010 年に報告された第二世代の **TALEN**（Transcription Activator-Like Effector Nuclease）である．

13.2.5　ゲノム編集技術の第二世代 − TALEN −

TALEN の原理は基本的には ZFN の場合と同じで，異なるのは DNA 結合ドメインとして Zn Finger ドメインの代わりに植物病原細菌キサントモナスから分泌される TAL effecter（TALE）タンパク質の DNA 結合ドメインを用いる点である．**図 13.6** に示すように，このタンパク質は中央部に 34 アミノ酸を 1 単位（モジュール）とするリピート構造をもち，一つのモジュールが 1 塩基を認識することが知られている．そして，各モジュール中の N 末から 12 番目と 13 番目のアミノ酸が可変で**反復可変二残基**（Repeat Variable Diresidue：RVD）とよばれ，そのモジュールがどの塩基に特異的に結合するかを決める，という特徴をもつ．このことを利用して ZFN の場合と同様に，リピート構造の 34 アミノ酸残基のうちの二つのアミノ酸残基を変更したモジュールを連結することにより，任意の長さの塩基配列を認識する人工タンパク質を作製することができる．このような特性をもつ人工 TALE タンパク質と FokI

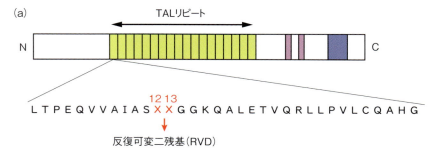

■図 13.6　キサントモナス由来の TALE タンパク質
（a）TALE タンパク質の構造模式図．各モジュールは N 末から 12 番目と 13 番目（XX）を除いてはほとんど同一である．XX は反復可変二残基（Repeat Variable Diresidue：RVD）とよばれ，そのモジュールがどの塩基に特異的に結合するかを決める．（b）RVD と認識塩基の対応．NG，HD，NI，NN はアミノ酸の一文字表記である（→第 2 講）．

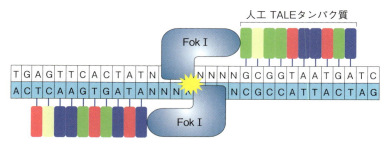

■図 13.7　TALEN によるゲノム編集
　人工 TALE タンパク質：TALE タンパク質の DNA 結合モジュールを連結したもの．一つのモジュールが一つの塩基に結合する．

の DNA 切断活性ドメインを繋げた TALEN が誕生した（**図 13.7**）．先に述べたように，ZFN では Zn Finger ドメインを連結させると，DNA 結合能が低下することが問題となった．しかし，TALEN では，TALE の DNA 結合ドメインを連結した場合でも，一つの DNA 結合ドメインが一つの塩基に対応するため各 DNA ドメイン間の干渉は起きにくく，標的の DNA 配列への結合特異性が高い状態で保たれるという優れた点がある．2010 年の TALEN の発表以降，動物から植物まで広く使用され，数多くの研究成果が相次いで報告されている．問題点を挙げれば，TALEN の作製には大腸菌を用いた遺伝子組換え実験を用いた煩雑な工程が必要となる．例えば，ターゲットとする 18 個の塩基配列に応じて，TALE の DNA 結合ドメインを 18 個連結したものを作製することを想像してほしい．この際，制限酵素による DNA 切断やライゲーションなどを何回も繰り返すための時間や労力は膨大である．しかも，ZFN のように二つ用意する必要がある．これらの問題にすっきりとした解決を与え登場したのが，2012 年に報告されたゲノム編集技術の第三世代と称される **CRISPR**（Clustered Regularly Interspaced Short Palindromic Repeats）**-Cas9**（CRISPR associated protein 9）である．

13.2.6　ゲノム編集技術の第三世代 − CRISPR-Cas9 −

　すでに見てきたように，第一世代の ZFN や第二世代の TALEN では標的配列の認識は DNA に結合するタンパク質を利用していた．これに対して **CRISPR-Cas9** では短い RNA が案内役として塩基対形成により標的遺伝子を認識するという全く新たな仕組みを用いている．そして，DNA を切断するのは FokⅠではなく，この RNA と複合体をつくっている **Cas9 タンパク質**（Cas9 protein）が DNA に二本鎖切断を導入する．この第三世代のゲノム編集ツールは，以下に述べるように ZFN や TALEN と比べて圧倒的に使いやすく短期間のうちに広く普及した．

第13講 DNA を編集する

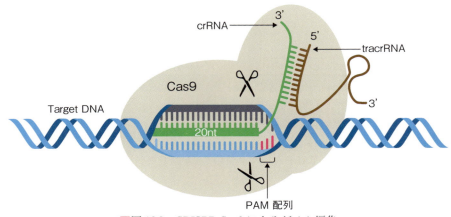

■図 13.8　CRISPR-Cas9 によるゲノム編集

　CRISPR-Cas9 でのプレイヤーは，**図 13.8** に示すように **crRNA**（crispr RNA），**tracrRNA**（trans-activating cr RNA），そしてこれら RNA と複合体をつくっている Cas9 タンパク質である．図 13.8 のように，この複合体中の crRNA の一部である 20 塩基ほどの配列が案内役として狙った DNA 領域に塩基対形成により結合する．このようにして狙った DNA 領域が認識されると，次に Cas9 タンパク質は，自身の中にある二つのヌクレアーゼドメインを利用して，crRNA に相補的な DNA 鎖を切断し，さらにもう一方の DNA 鎖を切断する．その結果，図 13.8 に示すように DNA に二本鎖切断が導入される．ここでもう一点，重要なことがある．それは Cas9 タンパク質が DNA を二本鎖切断するためには，標的配列の直前に **PAM 配列**（Proto-spacer Adjacent Motif sequence）の存在が必須，ということである（図 13.8）．PAM 配列は用いる **Cas タンパク質**（Cas protein）によって異なる．現在，最も多く用いられている化膿性レンサ球菌（*Streptococcus pyogenes*）由来の Cas9 タンパク質（spCas9）は，PAM 配列として 5'-NGG-3' が必要である．NGG の N は，四つの塩基（A, G, C, T）のうちいずれでもよい．PAM 配列が標的配列の直前にあると，Cas9 タンパク質がはさみのように働き DNA の二本鎖を切断する．spCas9 の PAM 配列の出現頻度は単純計算では 1/16 なのでゲノム上に頻繁にみられ，その存在が必須であることは大きなハードルではない．しかし，A や T の塩基が豊富なゲノム領域は標的となりにくい．この問題を解決するため，異なる PAM 配列を認識する Cas9 様のヌクレアーゼが他の菌類などから複数単離されており，ほぼあらゆる配列を標的とすることができる状況になりつつある．一方で，PAM 配列に制約されない Cas9 タンパク質を他の細菌から探索する試みや，既存の Cas タンパク質に変異を導入してアミノ酸を変更し，新たな Cas9 タンパク質を人工的に開発する研究も精力的に行われている．す

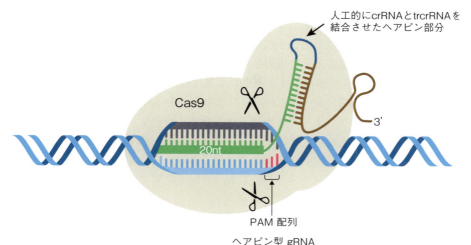

■図 13.9　ヘアピン型 gRNA を用いた CRISPR-Cas9

べての塩基配列をターゲットとできる日も近いと思われる．

　CRISPR-Cas9 の最大の特徴は，RNA を介して特定の DNA 配列を認識することである．第一世代，第二世代のゲノム編集ツールでは，標的遺伝子が変わるたびにその認識のためのタンパク質をコードする遺伝子を作製しなければならなかった．CRISPR-Cas9 では標的配列に応じて RNA を合成するのみでこと足りる[*4]．別のアプローチとして，crRNA の 3' 末端と tracrRNA の 5' 末端を人工的につなぎヘアピン型 RNA を用いることもできる（**図 13.9**）．これは**ガイド RNA**（guide RNA：gRNA）とよばれ，この場合は，一つの RNA を合成するだけでよい．DNA 切断においても，ZFN や TALEN では FokⅠが二量体で働くため二つの異なる人工ヌクレアーゼが必要であったが，Cas9 タンパク質は単体で二本鎖切断ができるため一種類の CRISPR-Cas9 でよいという利点がある（後述するが，負の側面もある）．

13.2.7　ゲノム編集で何ができるようになったのか

　ゲノム編集の誕生の最大のインパクトは，基本的にあらゆる生物において遺伝子改変を可能にしたことにある．ゲノム編集以前においては，目的の遺伝子を改変したい場合，遺伝子ターゲティングのみしかなく，しかも一部の生物に限定されていた．ゲノム編集により，動物，植物をはじめ，ひいてはヒトについても遺伝子改変が可能に

[*4]　crRNA の合成は，TALEN を作製するよりも圧倒的に簡単である．また，目的の crRNA を合成するサービスもあり，PCR 用のプライマーを合成するように簡単に注文することができる．

第13講　DNAを編集する

なった．この影響は大きく，今後，さらにゲノム編集は応用の場を広げていくと思われる．上述した遺伝子ターゲティングにおいても，ゲノム編集は大きな影響を与えた．遺伝子ターゲティングにより遺伝子改変マウスを作製するには，莫大な時間と労力を要する．用いるES細胞の未分化状態を維持するためには細心の注意をはらう必要がある．さらに，ES細胞で相同組換えが生じる頻度は低く，目的の細胞を得るために多くの作業が必要となる．結局，ES細胞の培養から開始して，その遺伝子が欠失したホモ接合体のノックアウトマウスが得られるまでには少なくとも2年の月日がかかる．しかし，CRISPR-Cas9を受精卵にインジェクションすれば，より短期間で目的の遺伝子に変異を生じさせた個体を得ることができる．このように遺伝子ターゲティングがこれまで利用できたマウスにおいても，遺伝子改変マウスを作製する手間が大幅に改善される．

　現在では，標的配列に応じてcrRNAを合成するのみという作業の簡便さと高い変異導入効率から，CRISPR-Cas9がゲノム編集の主流ツールとなっている．2012年，論文が発表された後，マウス，ショウジョウバエ，ゼブラフィッシュやシロイヌナズナなど広範な動植物でCRISPR-Cas9を用いた成功例が相次いで報告された．TALENと比較して，CRISPR-Cas9が優れている点をいくつか紹介しよう．まず，複数の遺伝子に変異を導入することが格段に容易になった．例えば，三つの遺伝子すべてに変異を導入したいとする．TALENの場合，一つの遺伝子に対して二つのTALENが必要であり，三つの遺伝子を標的とすると合計六つのTALENを作製することになる．六つのTALENが用意できたとしても，作用させた際に本来期待しないTALENのペアが対となって機能し，目的の部位とは違う場所を切断してしまう恐れがある．しかし，CRISPR-Cas9であれば，三つの遺伝子について，それぞれ一つずつのcrRNAを用意すればよい．そのため，三つのcrRNAを同時にCas9タンパク質とともに作用させることで三つの遺伝子に同時に変異を導入できる．CRISPR-

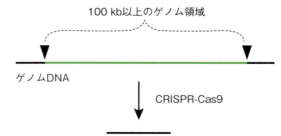

■図13.10　CRISPR-Cas9による大規模なゲノム領域の欠失
　　二つのcrRNA（矢尻）で挟まれたゲノム領域を欠失できる．

Cas9 が発表された翌年には R. Jaenisch らにより，CRISPR-Cas9 を用いて五つの遺伝子を同時に欠損させた ES 細胞の作製も報告されている．また，CRISPR-Cas9 では，通常数 bp 程度の塩基の欠失・挿入が生じさせる場合が多いが，ひと工夫すると広範囲なゲノム領域を欠失させることも可能となる．この場合，欠失させたいゲノム領域の両端をターゲットとする二つの crRNA を用いる．この二つの crRNA がほぼ同時に DNA を切断した場合に，挟まれたゲノム領域を欠失させることができる[*5]（**図 13.10**）．また，この方法で，挟まれたゲノム領域の向きをひっくり返す（逆位）ことも報告されている．

14.2.8　CRISPR-Cas9 は完璧か

では，CRISPR-Cas9 は完璧といえるであろうか．ここで，指摘されているいくつかの問題点に触れておく．最も懸念されることとして，本来，狙ったゲノム部位以外に作用してしまうことが挙げられる．このように目的とは異なる部位に作用することを**オフターゲット効果**（off-target effect）という[*6]．図 13.8 に示したように，crRNA は約 20 塩基の部分でターゲットの相補的なゲノム配列と結合する．しかし，20 塩基のうち数塩基がミスマッチしてもその部位に結合することがある．この点では，TALEN の方が二つの人工ヌクレアーゼが近接して DNA を切断するため標的配列への特異性が高い（図 13.7）．オフターゲット作用を軽減することは，ヒトへの応用を考える上で特に重要であり，現在，さまざまな改良が取り組まれている．例えば，ヒトでは全ゲノム配列が解読されている．その情報を利用して，類似する配列がないかを調べ，オフターゲット作用が起こりにくい配列を選択することもできる．また，Cas9 タンパク質には二つのヌクレアーゼドメインがあることを説明したが（図 13.8），そのうちの一つを失活化させた改良型 Cas9 タンパク質を用いて，TALEN のように Cas9 タンパク質が二量体を形成した場合のみに二本鎖切断活性を有するものなどが提案されている．

CRSIPR-Cas9 で実際に二本鎖切断を生じた後のデータを**図 13.11** に示す．ゲノム編集技術は，DNA に二本鎖切断を特異的に生じさせる仕組みで，その後は細胞内の DNA 修復系に依存する．どのような変異が生じるのかについては制御することはできず DNA 修復系にお任せである．そのため，さまざまな種類の塩基の欠失や挿入が生じる（図 13.11）．例えば，タンパク質をコードする遺伝子領域をターゲットとして

[*5]　crRNA が 2 か所を同時に切断する確率は低い．同時に切断が生じなかった場合には，それぞれのターゲットとする領域に小さな変異が生じるのみで，挟まれたゲノム領域の欠失は生じない．二つの crRNA で挟まれるゲノム領域が大きくなるほど，欠失が起こる確率は低くなるが，1 Mb（100 万塩基対）以上の欠失に成功した例も報告されている．

[*6]　逆に，目的の DNA 部位に作用することを**オンターゲット効果**（on-target effect）という．

第 13 講　DNA を編集する

野生型のターゲット配列

配列	変異の種類・個数
···CCGGATATCACGACACAAGATGCCGGCCGG···	
···CCGGATATCACGACACAA－－TGCCGGCCGG···	−2 bp×4
···CCGGATATCACGACAC－－－－TGCCGGCCGG···	−4 bp×5
···CCGGATATCACGACACA－－－－GCCGGCCGG···	−4 bp×2
···CCGGATATCACG－－－－－－－－TGCCGGCCGG···	−8 bp×3
···CCGGATA－－－－－－－－－－－－－TGCCGGCCGG···	+4 bp×1 （−13/+17）
＋ACCGTAAATACGAATGG	

■図 13.11　CRISPR-Cas9 によりターゲット配列に生じた塩基の欠失と挿入
さまざまなタイプの変異が生じる．塩基の欠失が多いが，塩基が挿入される場合もある．crRNA の標的配列は青，PAM 配列は下線で示す．最下段の例のように，13 塩基が欠失し，標的配列とは関係のない 17 塩基（緑）が挿入されている．

遺伝子機能を破壊したいとする．その場合，塩基の欠失・挿入が生じても 3 の倍数であった時には，フレームシフト変異にはならず，欠失・挿入がタンパク質の機能に必須の場所でない限りは遺伝子の機能が損なわれない．したがって，現状では生じた変異の中から目的の変異を選別する必要があり，今後，目的とする変異を高効率で導入できる方法の開発が期待される．また，現在，最も用いられている化膿性レンサ球菌由来の Cas9 タンパク質は 1,368 のアミノ酸残基が連なったタンパク質であり，分子量がかなり大きい．そのため，より小型の Cas タンパク質の探索・開発が進められている．

13.2.9　CRISPR-Cas9 の実際

CRISPR-Cas9 をどのようにして使うのか，具体的な実験の例でみてみよう．対象としては生物個体や培養細胞などがあるが，ここでは小型魚類ゼブラフィッシュのあるタンパク質をコードする遺伝子の機能を欠損させることを目的とする．まず，インターネット上に公開されているゼブラフィッシュのゲノム配列を利用して，ターゲットとする遺伝子領域内で PAM 配列が近くにあり，かつ他に類似した配列が少ない塩基配列を選択する[*7]．標的とする塩基配列が決まったら，その塩基配列を認識する crRNA と crRNA に結合している tracrRNA を用意する（図 13.8）．crRNA と tracrRNA は研究室で合成するか，あるいは外部メーカーに合成依頼すればよい．Cas9 タンパク質は購入するか，Cas9 タンパク質をコードする mRNA を用いて細胞内で合成させる．これら一式を混ぜ合わせた溶液をゼブラフィッシュの受精卵に細い

[*7] 目的のゲノム領域に作用する crRNA を検索できるさまざまなサイトがオンラインで公開されている．CHOPCHOP（https://chopchop.cbu.uib.no/）はシンプルな検索ツールで，誰でも無料で利用できる．

ガラス管を用いて注入する．その後，発生を進行させれば，注入した CRISPR-Cas9 により目的の部位に DNA 二本鎖切断が生じ，その後，修復エラーによって変異が導入されるはずである（図 13.3）．変異が導入されたかを確かめるには，胚の一部からゲノム DNA を抽出しターゲット配列を挟むプライマー対を用いて PCR を行う．欠失や挿入があれば，PCR 産物の長さが本来の長さと異なるはずである．さらに，どのような変異が導入されたかは，シークエンス解析により確認できる．例えば，フレームシフト変異を起こす塩基の欠失や挿入が認められれば，目的の遺伝子の機能が欠損した変異体を単離できる．また，任意の配列を挿入するノックインを行いたい場合には，図 13.3 に示したドナー DNA を混合液と合わせて注入する．そうすれば，相同組換えにより目的の配列が挿入されたものが単離できる．

13.3　ゲノム編集による社会への波及

　ゲノム編集は，今後，さまざまな方面への応用が期待されている．農林水産物の品種改良に使用する試みがすでに実施されており，今後，さまざまな農林水産物が作出されることが期待される．CRISPR-Cas9 をはじめとするゲノム編集は，生命の根幹をなす DNA を自在に変更できる技術である．ゲノム編集の誕生により，ヒトまでを含めさまざまな生物で遺伝情報を書き換えることができる時代に突入したといえるであろう．ヒトの先天性疾患の多くは，遺伝子の傷（変異）に起因するもので，これまでは遺伝子の「傷」を書き換える根本的な治療法は見出されていなかった．しかしながら，ゲノム編集技術の誕生は，このような遺伝子の変異を正常なものへと書き換えることを可能にすることになるかも知れず，将来的にヒトの**遺伝子治療法**（gene therapy）としての活用が期待されている．ただし，気を付けるべきこととして，ゲノム編集技術はまだ歴史が浅く，上述したように解決すべき問題点も多く残されている．今後，基礎的な研究をさらに積み重ねた上で，安全性を慎重に吟味していく必要があろう．

演習問題

Q1.　次の文章の正誤を判定せよ．誤りとした場合は理由を述べよ．
1. 外来 DNA を細胞に導入すると，ゲノムの狙った場所に導入される．
2. 遺伝子ターゲティングは，DNA 二本鎖切断を利用して行う方法である．
3. マウス ES 細胞を用いた遺伝子ターゲティングにおいて，目的の相同組換えが生じる確率は高い．
4. ゲノム編集技術は，あらゆる生物で原理的に遺伝子改変を可能とした技術である．
5. 遺伝子ターゲティングが確立されていたマウスにおいては，ゲノム編集技術の誕生

第 13 講 DNA を編集する

の恩恵をほとんど受けていない.

6. ZFN, TALEN, CRISPR-Cas9 はいずれも, タンパク質の DNA 結合ドメインを利用した手法であり, 特定の DNA の領域に作用する.

7. ZFN, TALEN, CRISPR-Cas9 はいずれも, DNA 二本鎖切断を生じさせる方法である.

8. CRISPR-Cas9 では, すべての塩基配列を標的とすることができる.

9. CRISPR-Cas9 は, 100％の確率で目的とする DNA 改変を生じさせることができ, 標的以外の部位に作用することはない.

10. 複数の遺伝子に同時に変異を導入したい場合, TALEN を用いる方が, CRISPR-Cas9 よりも効率的である.

Q2. ゲノム編集技術により, タンパク質をコードする遺伝子配列に変異を導入できた場合においても, 遺伝子機能が損なわれない場合がある. どのような場合か.

Q3. ゲノム編集技術ではタンパク質をコードする遺伝子以外の DNA 部分の機能を調べることも可能である. どのような場合が考えられるであろうか.

Q4. ゲノム編集技術を用いる場合, 目的とするところ以外の場所に変異が導入されるオフターゲット効果が問題となっている. なぜだろうか.

Q5. ゲノム編集技術を用いて作出された動植物は, 遺伝子組換え生物には該当しない場合がある. なぜだろうか.

Q6. ゲノム編集技術を用いて, ある遺伝子機能を欠損した動物がすでに作製されている. 例えば, ペット用に 15 kg 程度に小型化したブタや, 養殖用に肉厚に改良したマダイなどがある. ゲノム編集により, それぞれどのような遺伝子を欠損させたか, 考えてみよう.

参考文献

1) 山本 卓：ゲノム編集とは何か, 講談社 Blue Backs（2020）
　→タイトル通り, ゲノム編集について, 初学者にもわかりやすく, かつ詳細に記載されている.

2) J. A. Doudna, S. H. Sternberg, 櫻井祐子訳：CRISPR −究極の遺伝子編集技術の発見−（2017）
　→ CRISPR-Cas9 法の開発者 J. A. Doudna 博士が一般向けに記した手記. CRISPR-Cas9 法が誕生するまでのプロセスなどが語られている.

3) Y. G. Kim, J. Cha, S. Chandrasegaran：Hybrid restriction enzymes: zinc finger fusions to Fok I cleavage domain., Proceedings of the National Academy of Sciences, 93, 1156-1160（1996）
　→ ZFN の基盤となった論文. Zn Finger ドメインと制限酵素 Fok I をつなげた融合タンパク質により, 目的の DNA 配列を切断できることを示した論文.

4) M. Christian, T. Cermak, E. L. Doyle, C. Schmidt, F. Zhang, A. Hummel, A. J. Bogdanove, D. F. Voytas：Targeting DNA double-strand breaks with TAL effector

nucleases., Genetics, 186, 757-761（2010）
→ TALEN法の最初の報告．キサントモナス由来のTALドメインを制限酵素FokIと連結することで，目的のDNAを切断できることを示した．

5) M. Jinek, K. Chylinski, I. Fonfara, M. Hauer, J. A. Doudna, E. Charpentier：A programmable dual-RNA-guided DNA endonuclease in adaptive bacterial immunity., Science, 337, 816-821（2012）
→細菌がウイルスに感染しないようにもっている免疫システムCRISPR-Cas9が，ゲノム編集技術に応用できることを最初に報告した論文．

クリスパー小史
－石野良純らによる発見，獲得免疫に関与，そしてゲノム編集へ－

　クリスパー（Clustered Regularly Interspaced Short Palindromic Repeats：CRISPR，日本語訳では，クラスター化され，規則的に間隔があいた短い回文構造の繰り返し）とよばれる反復クラスターは，実は石野良純（九州大学名誉教授）らによって1987年に大腸菌で初めて記載された．回文とは「最初から読んでも最後から読んでも同じ文章」のことで，たとえば日本語では「たけやぶやけた（竹藪焼けた）」というような文章のことで，CRISPRの場合，A，G，C，Tの並び方が回文構造をしていることを意味する．石野らは大腸菌のアイソザイム変換に関する *iap* 遺伝子を解析している過程で，数十塩基の短い配列が何度も反復するという奇妙な配列を発見した（**図1**）．そして，それら回文構造の間にはスペーサーとよばれる互いに異なる数10 bpの塩基配列が存在した（**図2**）．当時，それはCRISPRとよばれていなかったが，実はクリスパーそのものであった．この配列は，*iap* 遺伝子に関する論文の最後に記載があるのみで，その生物学的役割は不明であった．論文は「so far, no sequence homologous to these has been found elsewhere in prokaryotes, and the biological significance of these sequences is not known.」の一文で終わっている．

　その後，このユニークな塩基配列の機能については謎のままの状態が続いた．1993年，同様の塩基配列が古細菌で初めて見つかると，引きつづき類似の配列がその他の真正細菌や古細菌で見出された．しかし，これまでのところ真核生物ではCRISPR様配列は見つかっていない．2002年，この配列はCRISPRと命名されたがその機能は依然として謎であった．2005年，ファージに抵抗性を示した *Thermophilus* 菌のDNAを解析したところ，そのCRISPRには新たなスペーサーが加わっており，かつ，その塩基配列はファージのDNAの一部と完全に一致した．このようなCRISPRは細菌の増殖において受け継がれ，再度，ファージに感染して生き残るたびにファージの配列がスペーサーに新たに追加されることがわかった．あたかも，スペーサーにはその細

菌を攻撃したファージの記憶が塩基配列として残っており，新たな感染においてその記憶を呼び戻してファージを殺す機構が考えられた．はしかや水疱瘡などにかかると再感染した場合に症状が軽いことが知られている．これは一度感染すると病原体の特徴を免疫細胞が覚えておくメカニズムが備わっているからである．これを獲得免疫という．CRISPR によるファージ抵抗性の図式もこの作用に似ている．ただ，記憶されるのは塩基配列であり，細菌には塩基配列を目印とした獲得免疫機能が備わっていたのである．このように CRISPR の獲得免疫への関与が示唆されたが，決定的に証明されたのは 2007 年であった．

これらの知見と並行して，DNA 修復にかかわるタンパク質をコードするいくつかの遺伝子が CRISPR の近傍に位置することが見出され cas（CRISPR-assosiated）遺伝子と名付けられた．すでにして，CRISPR と cas 遺伝子の産物である Cas タンパク質が共同して細菌の獲得免疫に関与することが示唆されたわけであった（図 3）．

クリスパーのもつ獲得免疫機能をゲノム編集に応用したのが生化学を専門とする J. A. Doudna と，微生物学を専門とする M. Charpentier による共同研究であった．当時，Charpentier は化膿レンサ球菌（Streptococcus pyogenes）のクリスパーの獲得免疫機構の研究を行っていたが，その作用機構の研究で微生物学者としての限界を感じていた．2011 年，プエルトリコで開かれた学会で Charpentier は Doudna に共同研究をもちかけた．Charpentier は Doudna グループのもつ生化学の解析技術がクリスパーの獲得免疫機構の解明に有効であろう，と考えたのであった．

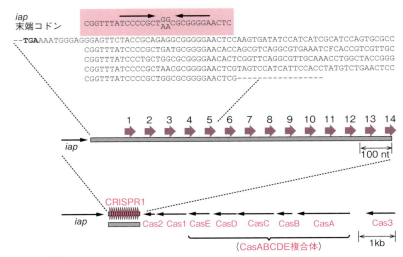

■図 1　大腸菌の CRISPR
最上段の 5 列が石野らが 1987 年に発見し記載したもので，その後の研究により下段に示す構造が明らかにされた．

column（コラム）

第13講　DNAを編集する

　こうして二人の共同研究が始まった．少し前から Charpentier は CRISPR の近くに存在する *cas* 遺伝子群の一つ，Cas9 に着目していた．Cas とは CRISPR assosiated の略で，遺伝子群として Cas1，Cas2，Cas3・・・などがあり，Cas9 はその一つである．*cas9* 遺伝子がコードする Cas9 タンパク質は核酸を分解する酵素の一種である．いくつかの研究により CRISPR と Cas9 タンパク質が共同して機能することが示されていた．2012 年，G. Gasiunas らにより Cas9 タンパク質はスペーサーから転写された RNA と複合体をつくりバクテリアの獲得免疫に関与することを示した．さらに，Charpentier から Doudna のラボに送られてきた化膿レンサ球菌の DNA 断片から Cas9 タンパク質が検出された．これらの知見から，感染したファージをクリスパーが攻撃するには，核酸分解酵素である Cas9 タンパク質とクリスパーのスペーサーから転写された RNA の二つの要素が必要であることが推察された．Charpentier と Doudna はこれらの知見

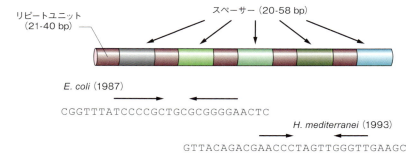

■図2　CRISPR は回文構造をもつリピートとそれらをつなぐスペーサーからなる
1993 年には，古細菌 H. mediterranei から同様の塩基配列が発見された．

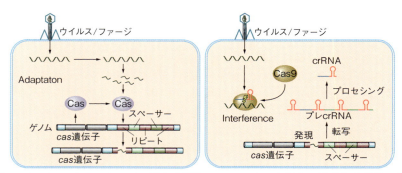

■図3　CRISPR は Cas タンパク質と共同してバクテリや古細菌の獲得免疫機能に働く
左：感染したファージ DNA は断片化され，CRISPR のスペーサーに取り込まれる．
右：再度感染したファージはスペーサーから転写された crRNA と Cas9 タンパク質の複合体により攻撃され分解される．

293

に基づき感染したファージをクリスパーが攻撃する現象を試験管内で再現することに成功した．その仕組みを次に述べる．スペーサーには以前に侵入したファージDNAが断片化され，その一部が取り込まれており，いわば記憶となっている．再び同じ外来核酸が感染した場合，このスペーサーからcrisprRNA（crRNA）とよばれるRNAが転写される．この短いcrRNAが，trans-activating crRNA（tracrRNA）とよばれるRNAとともにクリスパーの近くのCas遺伝子群の一つからつくられる核酸分解酵素であるCas9タンパク質と複合体を形成する．複合体中のcrRNAの塩基配列は過去にこの細菌に感染したファージのDNAの一部を含むので，塩基のもつ相補性によってガイド役としてファージのDNAに結合する．ついで，複合体中のCas9タンパク質がガイド役のRNAが結合したDNAの近くを切断するという仕組みである．このようにして，細菌はファージの再感染を防ぐ．まさに細菌の獲得免疫である．

以上の研究から，CRISPR-Cas9システムではCas9，crRNAおよびtracrRNAが標的DNAの切断に関与することが示唆された．crRNAとtracrRNAは結びつけられガイドRNAと名付けられた．2012年6月，CharpentierとDoudnaはCas9タンパク質，crRNA＋tracrRNA（またはガイドRNA）により構成される複合体が標的DNAを切断するという画期的な報告をScience誌に発表した．

CharpentierとDoudnaはこの結果をさらに発展させ，ファージDNAだけではなく，一般に動物や植物のDNAについても同じデザインで狙った場所で切断できるのではないかと考えた．そこで彼らはクラゲDNAの5か所を狙ってガイドRNAを合成し，Cas9タンパク質およびクラゲDNAを試験管内に入れ反応を見たところ，クラゲDNAの狙った5か所で正確に切断が起っていることを確かめた．この成果は，人工的にデザインされたガイドRNAとCas9タンパク質のコンビネーションが，あらゆる動物，植物のゲノムのある部位を狙い通りに切断できることを示している．

CharpentierとDoudnaの研究の成果は，生物から分離されたDNAに関するものであった．しかし，この技術が真価を発揮するには生きた生物や細胞においてもこのCRISPR-Cas9システムが応用されうることが重要である．CharpentierとDoudnaによる論文発表の後，この目標を目指して世界中の研究者のよる競争が展開された．この競争に勝利を収めたのはアメリカのF. Zhangであった．2013年，彼のグループはヒトとマウスの細胞におけるゲノム編集の成功を告げる論文をScience誌に発表した．この発表にわずかに遅れて（26日後）Doudnaのグループからも同様の実験結果が報告された．

（東中川　徹）

第14講

エピジェネティクス

東中川　徹・川村　哲規

本講の概要

　2003年，J. D. Watson は DNA二重らせんの発見50周年にあたり，「これからはクロマチンが重要だ．10年後には相当のことがわかるだろう．」と述べている．「DNAに関してあと何が残されているだろうか．何か大きな発見があるだろうか．それとも単に隙間を埋めるだけだろうか．」との問いに答えたものである（J. D. Watson：Scientific American, 288, 66（2003））．Watson は別の機会においても，「私たちはDNA の立体構造を明らかにし，その複製様式を予言した．しかし，DNA がいかにしてその機能を発揮するかについては何も明らかにしていない．」と述べている．ヒトゲノムの解明により，ジェネティクスの究極を見たかに思えた途端，指数関数的に増大した複雑さとともにエピジェネティクスが脚光を浴び始めた．実はエピジェネティクスということばと概念は古く，1942年，C. H. Waddinton の "The Epigenotype"と題する論文にみられる（Endeavor, 1, 18（1942））．それ以来，エピジェネティクスは DNA の構造を主眼とするクローニング全盛時代の陰で，主として発生生物学の中心課題として生き続けてきた．遺伝子研究の中心がその機能研究に大きくシフトした21世紀を迎え，Waddinton のエピジェネティクスの提唱が大々的に展開される．エピジェネティクスはこのように古くて新しい学問であり，われわれはまさにその渦中にある．

本講でマスターすべきこと

☑ エピジェネティクスの基本的考え方を具体的な例を通じて理解する．

☑ エピジェネティクスの概念をエピジェネティック・ランドスケープ，細胞分化との関連で理解する．

☑ エピジェネティクスにおける遺伝子発現の調節の分子生物学的基盤を理解する．

☑ エピジェネティックな諸現象について，その具体像，分子的機構，社会的意義などを理解する．

第 14 講　エピジェネティクス

14.1　エピジェネティクスとは

14.1.1　三毛猫の毛色は？

三毛猫の毛色はどのようにして決まるのだろう．また，三毛猫はなぜメスしかいないのだろうか．エピジェネティクスの本論に入る前にこの問題を考えてみよう．

三毛猫の毛色は次の三つの遺伝子の組合せで決まる．

$$ww\ Oo\ S-$$

W は毛色を白にする遺伝子で W（優性）で全身が白くなる．三毛になるには w（劣性）でなければならない．O は O（優性）で茶色，o（劣性）で黒くなる．S は白い部分の程度を左右する遺伝子で，$S-$ は SS または Ss を意味し，SS だと白斑の部分が多く，Ss だと中程度，ss では白斑がまったく出ない．三毛の場合，$S-$ でなければならない．

さて，これらの条件のもと，どのような猫が目に浮かぶだろう．全身が白ではなく（ww だから），白の程度はいろいろで（$S-$ だから），残りの部分は茶色（Oo だから）の二毛猫になるだろう．ところが三毛猫が登場する．しかも，それはメスに限られる．なぜだろう？

それは O（o）遺伝子が X 染色体上にあるからである．猫のメスは X 染色体を 2 本もっており，遺伝子型が Oo の場合，一方の X に O，他方に o が乗っている．不思議なことに猫では発生の初期に 2 本の X 染色体の片方が細胞ごとにランダムに働きを失うという現象が起きる．**X 染色体不活性化**（X-chromosome inactivation）という現象である．O が活性 X 染色体上にあれば O が発現し，o は不活性 X 染色体上にあるので発現しない．したがって，その細胞に由来する体毛は茶色を示す．逆ならば黒となる．つまり，茶あるいは黒の部分になるおおもとの細胞で X 染色体のどちらかがランダムに不活性化し，しかも，**X 染色体不活性化は細胞分裂を経ても維持される**ため，その子孫細胞群が占める部分は茶色か黒になる．このようにして，X 染色体不活性化を考慮に入れずに想定した白と茶色の二毛猫に黒い毛の部分が混ざった三毛猫が誕生する（**図 14.1**）．

ここで忘れてならないのは，不活性化 X 染色体にも DNA は厳然として存在すること

■図 14.1　三毛猫の毛色はどのようにして決まるか
O 遺伝子の乗った X 染色体が不活性化されると毛色は黒となり，o 遺伝子の乗った X 染色体が不活性化されると毛色は茶となる．白い部分は SS で多く Ss で少なくなる．

14.1 エピジェネティクスとは

オスの三毛猫

　三毛猫の毛色決定には X 染色体不活性化がかかわるので三毛猫はメスだけでオスはありえないはずである．しかし，ごくまれにオス三毛猫が誕生する．それは，生殖細胞形成において染色体の分配が均等に行われず XX 卵や XY 精子が生じ，それらが正常な精子や卵との受精により XXY という核型をもつ猫が生まれる．Y には哺乳動物のオス決定遺伝子があるので XXY の猫はまずオスになる．そしてメスの三毛猫と同じ原理で，XXY の XX のどちらかが不活性化されオスの三毛猫の誕生となる．しかし，このような場合ばかりではない．オス三毛猫誕生について実に多様な仕組みが報告されている．調べてみるとおもしろい．
　　　　　　　　　　　　　　　　　　　　　　　　　　　　　　　（東中川　徹）

る．しかし，何らかの理由でその遺伝子は発現されない．そして，いったん生じた不活性化は細胞分裂を経ても子孫細胞まで維持される．実は，この三毛猫の毛色決定の仕組みの中にエピジェネティクスの原理が潜んでいる．

14.1.2　男性不要論？

　図 14.2 は J. McGrath と D. Solter が 1984 年に行った実験を示す．マウスの受精後の一細胞期において，核移植技術を用いて雌性前核を二つもつ胚（雌性発生胚）と雄性前核を二つもつ胚（雄核発生胚）を作製した．雌雄前核を一個ずつもつ胚は正常な発生を示したが（図 14.2 (b)），雌性発生胚と雄核発生胚は発生が途中でストップした．この実験は，マウスの正常発生には両親のゲノムが必要であることを示している．これは一体，どういうことであろうか．

　この実験からスタートして次のようなことが明らかになった．哺乳類では，受精卵は母親と父親から一対の遺伝子セットを受け取る．一般的には，この遺伝子ペアは発生において同等に発現されると考えられてきた．ところが，一部の遺伝子ペアでは片方の発現がスイッチ・オフされる場合が見いだされたのである．この現象は，**ゲノムインプリンティング**（genome imprinting）とよばれる．X 染色体不活性化では性染色体である X 染色体の片方が全体としてオフになり，かつ，その X 染色体が母親由来か父親由来かはランダムであった．これに対して，ゲノムインプリンティングは，常染色体の特定の遺伝子領域にみられる現象で，かつ遺伝子ペアのどちらがスイッチ・オフされるかはその遺伝子が母親由来か父親由来かによって決定される．ここでも X 染色体不活性化と同様に「**遺伝子は存在するが発現が抑えられる**」ことが明らかである（**図 14.3**）．

第14講 エピジェネティクス

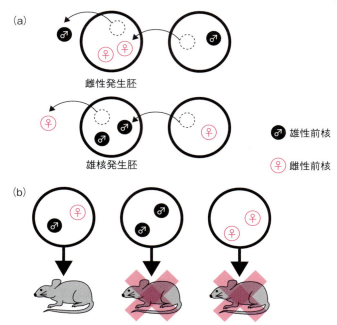

■図14.2 マウスの正常発生には父親，母親両方のゲノムが必要である

図は J. McGrath と D. Solter の実験（1984）を示す．（a）受精後の一細胞期の胚において前核移植技術により雌性前核を二つもつ雌性発生胚と雄性前核を二つもつ雄核発生胚を作出した．（b）前核移植胚およびコントロール胚（他の胚から雌性前核と雄性前核を1個ずつ移植した二倍体胚）をDay1の偽妊娠マウスの卵管に移植し発生を観察した．その結果，コントロール胚では348から18の仔マウスが得られたのに対し，339の雌性発生胚と328の雄核発生胚からの仔マウスはゼロであった．

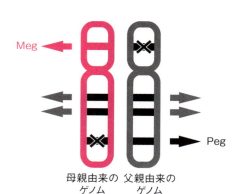

■図14.3 遺伝子の中には片方の親由来のときのみ発現されるものがある
Meg：Maternaly expressed gene，Peg：Paternally expressed gene．

男性不要論？

　2004年，東京農業大学の河野友宏教授らにより，精子を使わず卵子由来のゲノムのみをもつマウス「かぐや」の作製が報告された．「男性はもはや不要？」などというcatchyな報道で一騒ぎをもたらした．いったい，どういうことだろうか．単為発生が可能になったということだろうか．実は「かぐや」は通常の単為発生によるものではなく，ゲノムインプリンティングを回避することにより誕生したのである．2セットの半数体メスゲノムをもつので通常の単為発生と区別するため「二母性マウス」とよばれる．河野教授は，まず新生仔卵母細胞では母性インプリントが樹立されていないことに着目し，新生仔由来の非成長期卵母細胞と成熟卵母細胞から核移植技術を用いて二母性胚を作製しその発生を調べた．結果は，それまで単為発生で到達した胎生9.5日を超えて胎生13.5日まで到達した．この胚のインプリント遺伝子の発現を調べたところ，非成長期卵母細胞では母性インプリントが欠如しており，インプリント遺伝子の発現が一部オスパターンに変化したことにより発生の延長が可能になったことが示唆された．この結果に基づき，非成長期卵母細胞の遺伝子発現をさらに「精子パターン」に変換することが試みられた．そして，*H19-Igf2*ドメインの遺伝子発現パターンをオスパターンに改変した二母性胚を作製しその発生を調べた．結果は457の胚から28匹が生まれ，うち2匹が生存した．1匹は遺伝子解析に供し，残る1匹は「かぐや」と名付け保育した．「かぐや」は成熟個体にまで成長し交配による正常な繁殖能を示した．さらに研究は進められ，2007年には二母性胚の30％が繁殖能をもつ個体にまで発生した．「かぐや」の誕生とそれに続く一連の研究は，哺乳類における単為発生のバリアーはゲノムインプリンティングであること，また，個体発生に必須なのは父方インプリント領域の*Igf2-H19*ドメインと*Dlk1-Dio3*ドメインの二つであることを明らかにした．「男性はやはり必要である」ことが再確認されたわけである．

（東中川 徹）

14.1.3　細胞分化

　図14.4は，1個の受精卵から多種多様な組織や器官がつくられる過程を表している．受精卵からスタートし，いろいろな組織や器官を形成する過程は**細胞分化**（cell differentiation）とよばれる．細胞のゲノムは同一であるのに，なぜ，細胞分化が起こるのだろうか．それは，ゲノム上の遺伝情報の利用のされ方が細胞ごとに異なるからである．この状況は，X染色体不活性化やゲノムインプリンティングとよく似ている．つまり，ゲノム（DNA）が「存在する」ことと「利用される」こととは別問題である．したがって，細胞分化の過程で「ゲノムDNAの塩基配列の変化はなく，発現プロファイルのみが変化し，かつその状況は細胞分裂を経ても引き継がれる」わけで，細胞分化はエピジェネティクスそのものである，といえる（**図14.5**）．

第14講　エピジェネティクス

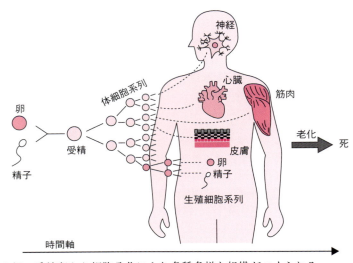

■図14.4　1個の受精卵から細胞分化により多種多様な組織がつくられる
体細胞系列の細胞は老化して死を迎えるが，生殖細胞系列の細胞は再び受精により，そのゲノム情報が次世代に受け継がれる可能性をもつ．今日では，体細胞からのクローン動物作製により体細胞ゲノムも次世代に受け継がれる可能性をもつ．

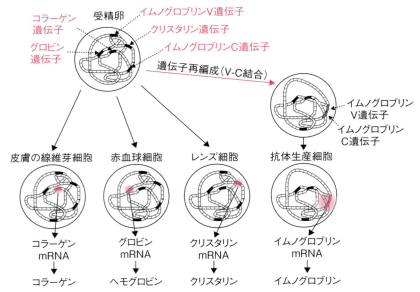

■図14.5　細胞分化におけるゲノム情報の差次的発現
細胞分化においては，大部分の細胞ではゲノムセットは変化せず発現のされ方が異なる（差次的発現という）．しかし，抗体産生細胞ではイムノグロブリン遺伝子の大幅な再編成が起こる．図ではイムノグロブリンV遺伝子とイムノグロブリンC遺伝子が受精卵においては離れているが，抗体産生細胞では遺伝子再編成により結合することを表す．

300

14.1.4 エピジェネティック・ランドスケープ

1957年,Waddington は,細胞分化の概念を比喩的な図で表した.それは,**エピジェネティック・ランドスケープ**(epigenetic landscape)とよばれている.**図 14.6** では,上端の平らな部分に続いて手前に向かってスロープを下り,途中いくつかの分岐点を経て谷を通って下端へ至る地形が描かれている.上端のボールは,いわば初期胚のある細胞の初期条件に相当し,それがスロープを下りつつ,分岐点で二者択一の選択をしつつ下端に達する.下端はそれぞれ眼,脳,脊髄など分化した組織に相当する.図の上部に位置するボールは,すでにいずれかの谷に入ったボールに比べて谷の選択においてより多くの可能性をもち,より多様な分化の可能性をもつことに相当する.

図 14.7 はエピジェネティック・ランドスケープを裏側から見たものである.図の上部がエピジェネティック・ランドスケープの上端に対応する.下方に並ぶ杭は遺伝子を表し,ロープが遺伝子とスロープの各位置をつないでいる.ボールがスロープを通過する過程でその遺伝子によりつくられる産物から影響を受けることを表している.当時,これらの杭に相当する遺伝子は全くわかっていなかったわけで,エピジェネティック・ランドスケープが遺伝子によりコントロールされることは仮想的なことであった.今日の細胞分化機構を概念的に捉えていた Waddington の慧眼に驚かされる.

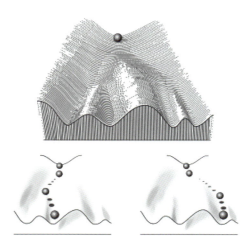

■図 14.6　エピジェネティック・ランドスケープ
1957 年,Waddington が発生における細胞分化のプロセスを絵画的に表した図.
(出典:C. H. Waddington:The Strategy of the Genes, George Allen & Unwin Ltd., London (1957) を改変)

第 14 講　エピジェネティクス

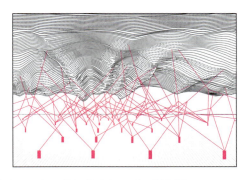

■図 14.7　エピジェネティック・ランドスケープの舞台裏
エピジェネティック・ランドスケープを裏から見たもの．赤い杭は遺伝子を表し，杭とスロープの各位置とつなぐ糸は遺伝子がつくり出す影響（遺伝子産物であるが，原著ではchemical tendency という語が使われている）を表す．スロープの各位置を通過するボール（胚細胞）は，糸を経由して杭（遺伝子）によりコントロールされている様子を表している．（出典：C. H. Waddington：The Strategy of the Genes, George Allen & Unwin Ltd., London（1957）を改変）

14.1.5　エピジェネティクスとは

さて，ここでいよいよ「エピジェネティクスとはどういうことか」を考えてみよう．X 染色体不活性化，ゲノムインプリンティングそして細胞分化において，遺伝子は厳として存在していた．が，その発現のされ方が調節されていた．エピジェネティクス（epigenetics）の一般的な定義は，「**DNA 塩基配列の変化を伴わないで，かつ細胞分裂を経ても引き継がれる遺伝情報発現の変化を研究する学問領域**」とされている．DNA 塩基配列が変化すれば当然の帰結として遺伝情報の発現が変化する．では，DNA 塩基配列の変化を伴わないで，その発現を変化させるにはどのような仕組みが考えられるであろうか．エピジェネティック・ランドスケープの裏に描かれた杭とはどのようなものであろうか．また，ロープを通じて及ぼされる影響とはどのようなものであろうか．20 世紀のジェネティクスの時代につづき，21 世紀はエピジェネティクスの時代といわれ，刻々とその仕組みが解き明かされている．

14.2　エピジェネティクスの分子機構

細胞内のゲノムはクロマチンとよばれる DNA-タンパク質複合体として機能する．したがって，エピジェネティック制御としてクロマチン構造を化学的修飾により変化させ，遺伝情報の発現を調節する仕組みが考えられる．クロマチン構造の制御には，ライター（writer）とイレーザー（eraser）がある．ライターは化学的修飾を加え

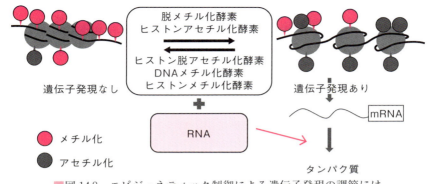

■図 14.8　エピジェネティック制御による遺伝子発現の調節には
いろいろなクロマチンの化学修飾と RNA が関与する

るもので**図 14.8** の DNA メチル化などで，イレーザーはその修飾を取り除く DNA 脱メチル化などである．これら以外に，修飾を読み取る働きをするリーダー（reader），転写された RNA に作用して発現を調節する機能性 RNA（→第 9 講），また，クロマチン全体の構造を変換するクロマチン・リモデリング因子などがエピジェネティック・モディファイヤーとして活躍する．DNA にメチル基が付加されたり，ヒストンの化学修飾などエピジェネティック修飾が加えられたゲノム状態を**エピゲノム**（epigenome）という．エピゲノム状態のアレルを**エピアレル**（epiallele），エピジェネティック修飾が変化することを**エピミューテイション**（epimutation）という（図 14.8）．

14.2.1　DNA メチル化

高等脊椎動物や植物では，DNA のメチル化がみられる（**図 14.9**）．DNA メチル化は，酵母，線虫ではみられず，ショウジョウバエではわずかにみられる．メチル基は

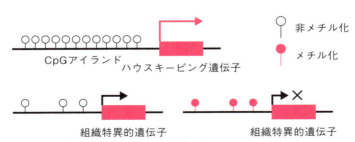

■図 14.9　DNA メチル化による遺伝子のエピジェネティック制御
組織特異的遺伝子は DNA メチル化により発現がコントロールされる．

第 14 講　エピジェネティクス

おもに CpG 配列のシトシンに結合する．多くの細胞で共通して発現するハウスキーピング遺伝子のプロモーター領域には CpG アイランドとよばれる CpG 配列が集中して存在する領域があり，そこに存在する CpG 配列はメチル化されていない．特定の細胞や時期において発現する遺伝子ではプロモーター領域の DNA メチル化により発現が調節される．プロモーター以外の遺伝子内部にも DNA メチル化がみられるが，その意義は推測の域を出ない．DNA メチル化は DNA メチル化酵素により触媒される．これには二種類あり，非メチル化 DNA を新たにメチル化する *de novo* メチル化酵素と，DNA 複製時にメチル化状態を娘鎖において維持するのに働く維持メチル化酵素がある．この場合，DNA 複製においてメチル化というエピジェネティック・マークが維持されることを意味する．メチル化 DNA からメチル基を除去することを脱メチル化といい，脱メチル化酵素により触媒される．プロモーターでの DNA メチル化は転写因子の結合を阻害すると考えられる．また，細胞内にはメチル化に結合する MBD（methyl-CpG-binding domain）タンパク質があり，これがメチル化 DNA に結合して転写因子や RNA ポリメラーゼの結合を妨げると考えられる．MBD タンパク

Box

エピジェネティクスということば

　エピジェネティクスということばは 21 世紀に入って頻繁に耳にするようになった．しかし，この語源は今をさかのぼること 80 年ほどの 1942 年，イギリスの Waddington によって提唱された．彼は 1942 年に発表した "The Epigenotype" という論文のなかでこのことばを用いている．一説によれば，彼は epigenesis と genetics を結びつけてこのことばを考え出したという．epigenesis とは「後成説」と訳されており，複雑な構造は単純なものから徐々に形成されることを意味する．この概念に対抗する考え方が前成説（preformation）で，複雑な構造はもともと小さな形で存在していたものがそのスケールを増大した，と考えるものである．同じ論文の中に V. Haecker が phenogenetics という語を提唱したことが触れられている．しかし，この語はその後残らなかった．

　エピジェネティクスは英語では epigenetics と書く．"epi" は "upon（の上に）" とか "beyond（の向こうに）" という意味を表す接頭辞である．"genetics" は遺伝学であるから epigenetics は epi + genetics，つまり「遺伝学の上に位置する学問分野」あるいは「遺伝学向こうに（越えたところに）位置する学問分野」を表すことばと解することができる．この解釈をエピジェネティクスの語源とする説明が散見されるがそれは正しくない．21 世紀に入り，ゲノムの大要が明らかになり，遺伝子研究の主流は遺伝子機能の研究に大きくシフトした現在，エピジェネティクスの語源に関するこの解釈は時代にちょうど符合する．しかし，たとえば 1970 年代にあってもすでにエピジェネティクスということば（語）は存在したわけであり，その時期にエピジェネティクスを epi + genetics として解釈し語源とすることは明らかに間違いである．

質は化学修飾を読み取るリーダー（reader）の一つである．

14.2.2　ヒストンへの修飾

　エピジェネティック制御において重要なのは，ヌクレオソームから飛び出しているヒストンのN末端領域（ヒストンテール）が重要な役割をもつことである．この部分のリジン，アルギニン，セリンなどの残基にアセチル化，メチル化，リン酸化などの修飾がなされる．一般に転写活性の高い領域ではヒストンH3, H4のN末のリジンがアセチル化され，転写活性の低い領域ではアセチル化の度合いは低い．メチル化についても転写活性との関連がみられる．これらの修飾も，アセチル化酵素，メチル化酵素などの酵素により触媒され，修飾残基の除去は脱アセチル化酵素，脱メチル化などによってなされる（**図14.10**）．リジン残基におけるメチル化には，モノメチル化，ジメチル化，トリメチル化の3状態があり，メチル化のない状態と合わせて異なる効果をもつ．ヒストンテールの修飾は，他のヒストンテールの修飾と相互作用し，クロマチンの機能に多様な影響を及ぼすと考えられる．ヒストン修飾の位置と修飾の種類の組合せは情報を含む暗号と考えられ**ヒストン・コード**（histone code）とよばれる．この他，ヒストン修飾にはユビキチン化，SUMO化，ビオチン化，ポリADPリボシル化，水酸化などが知られている．

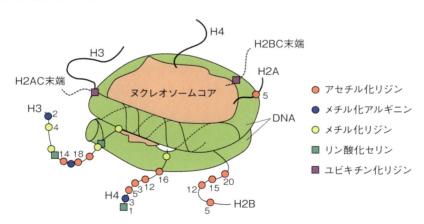

■図14.10　ヌクレオソームのヌクレオソームコアから飛び出ているヒストンテールにはいろいろな化学修飾がなされる

修飾の位置を表すには，H3K4me1（ヒストンH3のN末から4番目のリジンがモノメチル化されていることを表す．ジメチル化，トリメチル化の場合は，それぞれH3K4me2, H3K4me3と表す），H4R5ac（ヒストンH4のN末から5番目のアルギニンがアセチル化されていることを表す）などと表記する．

14.3 その他の要因によるエピジェネティック制御

14.3.1 クロマチンリモデリング複合体

クロマチン上でヌクレオソームを移動（スライド）させたり，除去したりしてクロマチンの構造を変えるタンパク質からなる複合体で SWI/SNF 型，ISWI 型などが知られている．この働きによって，クロマチン上で特定の DNA 部分が露出し，その結果，転写因子を含む複合体が DNA に近づきやすくなることを通じて遺伝情報発現を変化させる（図 14.11）．

14.3.2 ポリコームおよびトライソラックス複合体

この複合体は，最初はショウジョウバエの遺伝学を通じて発見され，そのホモログが広く生物全体に存在することが明らかになった．ポリコーム複合体に含まれるヒストン修飾酵素はヒストン H3 のメチル化やヒストン H2 のユビキチン化などにより転写の抑制状態を維持する．また，トライソラックス複合体中のヒストン修飾酵素はヒストン H3 をメチル化することにより転写の活性化状態を維持する．

14.3.3 ノンコーディング RNA によるエピジェネティック制御

第 9 講で見たように，遺伝子以外の領域から転写されたたくさんのノンコーディング RNA もエピジェネティック制御に一役買っている．ノンコーディング RNA は 20 ～ 30 塩基程度の短鎖 RNA と，数 10 kb もの長さをもつ長鎖 RNA に分類される．短鎖 RNA には，siRNA（small interfering RNA），miRNA（microRNA），piRNA

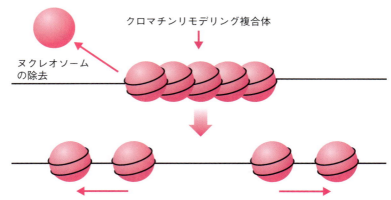

■図 14.11　クロマチンリモデリング複合体によりヌクレオソームが除去され，その結果，ヌクレオソームがスライドし特定の DNA 部分が露出する

（PIWI interacting RNA）などがあり，長鎖 RNA による制御の例として，Xist とよばれるは長鎖ノンコーディング RNA は X 染色体不活性化において 2 本の X 染色体の片方を覆って不活性化を誘導する．

14.4 エピジェネティックな諸現象

エピジェネティクスとはどういうものか，また，その分子基盤について一通り理解したところでエピジェネティクスの諸現象をあらためてみてみよう．

14.4.1 X 染色体不活性化

哺乳類においてメスの 2 本の X 染色体の片方が発生初期にランダムに不活性化され，その状態が細胞分裂を経ても安定に維持される現象である．先行研究に基づいて，1961 年，Mary Lyon により提唱された[1]．その後，X 染色体が「n 本あれば $n-1$ 本が不活性化される」と修正された．不活性化が起きないと，X 染色体による遺伝子産物がメスではオスの 2 倍になる．遺伝子産物は適量が重要である．したがって，X 染色体不活性化はオス・メス間の X 染色体上の遺伝子量の不均衡を是正する**遺伝子量補償**（dosage compensation）の機構と考えられる[2]．

不活性 X 染色体は，顕微鏡下で**バー小体**（Barr body）とよばれる凝縮したヘテロクロマチン構造として核辺縁部に観察される（**図 14.12**）．不活性 X 染色体では，転写不活性を反映してプロモーターやエンハンサーの CpG アイランドの DNA メチル化レベルが高い．不活性化においては，X 染色体不活性化センター（X-inactivation center：Xic）という X 染色体上の特定の領域から Xist（X-inactive-specific transcript）とよばれる長鎖ノンコーディング RNA（lncRNA）が転写され，不活性化されるべき X 染色体から離れず，その量が増えるにつれその X 染色体全域を「雲」のように覆う．同時に，ヒストン H3 の抑制的修飾のレベルが上昇し，これに呼応して転写活性化に関連する修飾のレベルが減少し，さらにヘテロクロマチン化が進む（図 14.12）．

Xic からは転写単位を完全に含むアンチセンス RNA，Tsix（Xist のつづりの逆）が転写される．Tsix は Xist と同様のノンコーディング長鎖 RNA（lncRNA）である．Tsix は，はじめ両 X 染色体の Xic から発現するが，Tsix の発現が維持される X では Xist の発現が抑えられ活性 X 染色体になる．つまり，Tsix は Xist の発現を *cis* に

---

[1] 発見者 M. Lyon にちなんでライオニゼーション（lyonization）ともよばれる．
[2] 遺伝子量補償は他の生物でもみられる．ショウジョウバエではオス（XY）の X 染色体の転写活性がメス（XX）の X 染色体の 2 倍になるように，また，線虫では雌雄同体（XX）の各 X 染色体の転写活性を半減することによりオス（XO）とバランスしている．

第14講　エピジェネティクス

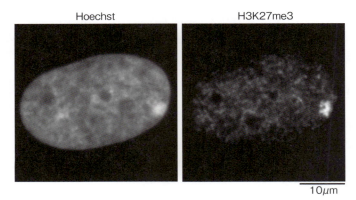

■14.12　バー小体の核周縁部への局在
左：Hoechst染色．HoechstはDNAを染める色素であり，バー小体が凝縮したクロマチン領域であることを示す．
右：抗H3K27me3抗体による免疫染色．H3K27me3はヒストンH3のN末から27番目のK（リジン）残基がトリメチル化されていることを表す．
（写真提供：小布施力史，大久保義真）

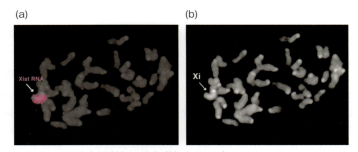

■図14.13　XistRNAのXi（不活性X染色体）への局在
雌マウスの線維芽細胞の中期染色体をローダミン標識Xist RNAをプローブとしてハイブリダイズした．染色体全体はDAPIで染色した（出典：J. T. Lee：Gene. Dev., 23, 1831-1842（2009））．

コントロールする（**図14.13**）．X染色体不活性化は，いったん起きると変更されることはないが，ある条件下では再活性化される．例えば，未分化細胞であるES細胞とマウスのメスの体細胞を融合させると体細胞の不活性X染色体が再活性化される．この現象はES細胞が体細胞のゲノムをリプログラムする因子をもつことを示唆し，iPS細胞の開発のヒントになったといわれている．

14.4.2 ゲノムインプリンティング

インプリンティングとは「しるし付け」とか「刷り込み」を意味する．ゲノムインプリンティングは塩基配列が同一でありながら，その遺伝子が父親由来か母親由来かで発現が異なるエピジェネティックな現象である．図14.2に示したSolterらの実験に続き，インプリントされる遺伝子が続々と明らかとなった．今日では，マウスにおいておよそ150個の遺伝子がインプリントされていることがわかっている．インプリント遺伝子はいくつかのドメインにクラスターとして存在する．各ドメインには**インプリンティング・センター領域**（Imprinting Center Region：ICR）とよばれ，細胞の諸条件によりメチル化の程度の異なる領域 **DMR**[*3] が存在する．インプリンティングの制御様式はドメインごとに異なっている．

理解を助けるため，まずモデル図で説明する．ある遺伝子Aの上流にDMRがある場合を考える．卵子ではDMRはメチル化されず，精子ではメチル化されるとする（**図14.14**）．受精により形成される体細胞では図のように卵子由来，つまり母親由来のアレルからのみ遺伝子Aの発現がみられる．この場合，このDMRが，A遺伝子が属するインプリント・ドメインのICRに相当する．実際の制御様式はこの基本パターンを複雑にしたものである．

では，実際の *H19/Igf2* ドメインについてみてみよう．このドメインは**図14.15**のように三つの遺伝子，エンハンサーおよび二つのDMRからなる．*H19*は母親性発現を示し，*Igf2*と*Ins*は父親性発現を示す．両遺伝子の間にあるDMRがこのド

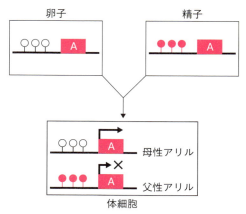

■図14.14　インプリンティングの基本パターン
○：非メチル化，●：メチル化．

[*3] DMRとは，Differatially Methylated Region の略であり，DNAメチル化の程度が個体間やアレル間で異なる領域のことである．

第14講　エピジェネティクス

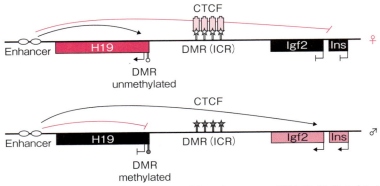

■図14.15　ゲノムインプリンティングドメインの一つ H19/Igf2 ドメインのインプリンティング機構

メインのICRとして機能し，細胞内にあるインスレーター結合タンパク質CTCF（CCCTC-binding factor）の結合配列を含む．父方アレルではICR（DMR）がメチル化されておりCTCFが結合できずエンハンサーの影響は Igf2 および Ins にまで及び発現を誘導する．H19 のプロモーターのDMRは発生後に起こるメチル化によりサイレンスされる．一方，母方アレルではICRがメチル化されてないためCTCFが結合し，エンハンサーの影響はインスレーター作用によりカットされ Igf2 や Ins は抑制され H19 が発現する．父方アレルの二つのDMRのメチル化の有無が Igf2，Ins2 と H19 の発現と抑制を同時に制御していることがわかる．

このほか，Igf2r ドメイン，Kcnq1 ドメインなどについてメカニズムの解析がなされており RNA の関与が示されている．

14.4.3　位置効果斑入り現象（Position Effect Variegation：PEV）

ポジション・エフェクト（position effect，**位置効果**ともいう）とは，遺伝子の染色体上の位置によりその発現が左右される現象である．位置効果には「安定」型と「斑入り」型がある．「安定」型ではすべての細胞で同じ発現がみられるのに対して，「斑入り」型は発現が細胞ごとに異なるため表現型は「まだら」状を示す．つまり，「斑入り」型では遺伝子型は同じであるにもかかわらず細胞ごとに発現が異なるわけで，エピジェネティクス研究の格好の対象となる．

ショウジョウバエの複眼は多数の個眼の集合体である．赤い色素を合成する white 遺伝子がすべての個眼で発現されると赤眼となる（**図14.16**（a））．white がすべての個眼で発現抑制されると白眼となる．ところがX線照射により赤と白の「斑入り」の複眼をもつ個体が得られた．この個体では染色体の逆位が生じ，white 遺伝子がヘ

14.4 エピジェネティックな諸現象

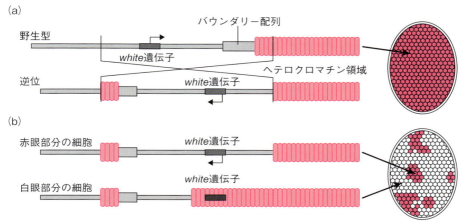

■図14.16　ショウジョウバエの複眼におけるポジション・エフェクト

テロクロマチンの近傍に位置するようになる（図14.16（a））．野生型では，ヘテロクロマチンによる凝縮の影響力はバウンダリー配列により遮断され white まで届かない．逆位により white がヘテロクロマチンに接近し，かつバウンダリー配列の介在がなくなるとヘテロクロマチンの凝縮能は white まで届く．凝縮能の及ぶ程度は個眼ごとに確率論的に異なるので white の発現が個眼ごとに異なることになる．このため複眼は赤い個眼のパッチと白い個眼のパッチのモザイク状を呈する（図14.16（b））．

　PEVにおける「斑入り」の程度は多くの因子で左右される．PEVの研究からヘテロクロマチン形成を制御する多くの遺伝子が見つかった．ショウジョウバエゲノムには約150個のPEVを制御する遺伝子が存在する．$Su(var)$遺伝子群は，その変異がヘテロクロマチン化の広がりを抑制することからヘテロクロマチン形成に必要と考えられる．一方，PEVを促進する遺伝子として，$E(var)$遺伝子群の一つ$E(var)$3-9はクロマチンの脱凝縮に機能すると考えられている．

14.4.4　栄養とエピゲノム

　"You are what you eat." これはあるレストランの壁に大きく書かれていたことばである．また，どこかで"Eating for your epigenome."という表現を見たことがある．いずれも栄養がエピゲノムを左右することを如実に表わしている．近年のエピジェネティクス研究の進歩は，nutriepigenetics という分野を生み出し機構解明の糸口を開きつつある．

　栄養とエピゲノムが直結している例をミツバチに見ることができる．ミツバチの一つのコロニーには，多くのハタラキバチと雄バチ，そして1匹の女王バチが同居し

第14講 エピジェネティクス

ている．ミツバチについては興味ある話題が尽きないが，ここでは次の側面に着目する．それはハタラキバチと女王バチが同じ遺伝子セットの受精卵（2n）から発生することである．巣内の特別室に産み落とされ発生した幼虫はローヤルゼリーを与えられ女王バチ候補に成長する．一方，普通の産室で生まれた幼虫は，最初だけはローヤルゼリーを与えられるが，その後は花粉や蜜で育てられる．これらはやがてハタラキバチとして成長する．同じ遺伝子セットがこれほどドラスティックに異なる生涯をもたらす原因はどうしても発生後の栄養の違いによるようだ．研究者たちはこれを格好のエピジェネティクスのモデルとして研究を進めた．2006年，ミツバチのゲノム解読が完了した．ゲノムにはDNAメチル化酵素に似たDNA配列，また，DNAメチル化酵素の標的となるCpG配列が見つかった．ミツバチの抽出物がDNAメチル化酵素活性をもつこと，さらにメチル化DNAに結合するたんぱく質の存在も示された．ヒストン脱アセチル化酵素をコードするDNA配列も同定された．さらに，幼虫においてDNAメチル化酵素 *Dnmt3* 遺伝子をノックダウン[*4]したところ，ローヤルゼリーを与えたときと同様の効果，つまり女王蜂となった（**図14.17**）．ローヤルゼリーは酪酸フェニルを含んでおり，それはヒストン脱アセチル化酵素を阻害する．つまり，ローヤルゼリーの成分の一つがエピジェネティック酵素の主メンバーを阻害する，という図式が描かれる．

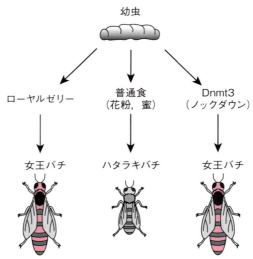

■図14.17　DNAメチル化酵素 *Dnmt3* をノックダウンすると女王バチになる

[*4] 標的遺伝子そのものを改変することなく，その発現を段階的に抑制する方法．RNAi（→第9講）はその一例である．これに対して，遺伝子ノックアウトは，標的遺伝子を改変し，あるいは除去することによりその遺伝子の機能を知る方法である．

14.4 エピジェネティックな諸現象

　栄養とエピゲノムの関連を示すもうひとつの例として**オランダ冬飢餓事件**（The Dutch winter famine）がある．第二次世界大戦の末期，ドイツ軍による食糧封鎖によりオランダは想像を絶する飢餓に見舞われた．この悲劇的な事件は栄養不良に関する研究にとり，きわめてまれなケースとなった．飢餓の生存者は飢餓の始まりと終わりが正確にわかっている特異な集団といえる．さらに，オランダにおける健康管理システムにより個人データが残されていたことは，疫学者たちにとり飢餓の長期にわたる追跡調査を可能にした．この研究は「**オランダ飢餓事件バースコホート研究**」（The Dutch famine birth cohort study）とよばれる．この研究における注目すべき結果の一つが，妊娠中に飢餓に見舞われた妊婦から生まれた子供の健康状態に関するものである．飢餓時に生まれた子供たちを数十年にわたって追跡した疫学者達が見いだしたことは驚くべきことであった．それは妊娠初期に低栄養にさらされた母親からの子供の肥満率が高く，精神的疾病へのリスクも高かったことである．さらに，出生時には健康上問題なくみえたが，胎内にあった時の影響が何十年も後になって現れること

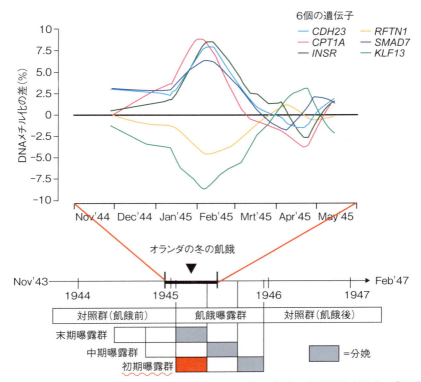

■図 14.18　妊娠初期における飢餓による DNA メチル化の変動が生活習慣病発症の素因となる（出典：E. W. Tobi et al.：Nature Communications（2014））

が判明した．つまり，妊娠初期の3か月がその後の人生を左右するというわけである．**図14.18**は6個の遺伝子についてこの飢餓時にDNAメチル化の変動が生じたことを示す．さらに驚くべきことは，これらの低栄養効果はその母親の子供の子供，つまり孫にまで及んでいたことである．オランダ冬飢餓事件は，胎生期の低栄養状態が生活習慣病の発症に影響するという視点をもたらし，「**生活習慣病胎児期発症説**」（Developmental Origins of Health and Disease 説，DOHaD[*5]と略す）の提唱に至った．妊娠の早期に低栄養により生活習慣病の素因が形成され，それがその後の生活習慣の乱れと合わさり生活習慣病が発症する，というものである．DOHaD 説は，疾病の発症機序を新しい視点から見直すにとどまらず，子供の健康のためには女性の妊娠時および育児における配慮を大きく見直す必要があるというパラダイムシフトを提唱している．

14.4.5 細胞メモリー

エピジェネティック・ランドスケープにおいて，スロープ下端の細胞（最終分化状態）では分裂前後で同じ遺伝子発現パターンを維持している．それは，細胞分裂前のエピゲノムが分裂後においても再構築されるシステムが備わっていることを意味する．これを**細胞メモリー**（cell memory）とよぶ（**図14.19**）．第5講のDNA複製機構によれば，DNAはいったん裸の状態で複製しふたたびヒストンなどと結合すると考えられている．いかにして分裂前のエピゲノムを，そして細胞メモリーを維持することができるのだろうか．

まず，複製時にCpGのメチル化は維持されることはすでに述べた．問題はヌクレオソームの修飾状態の維持である．最近の研究によると，複製前の親ヌクレオソーム状態は修飾を維持したままリーディング鎖とラギング鎖にほぼ均等にそれぞれ別の

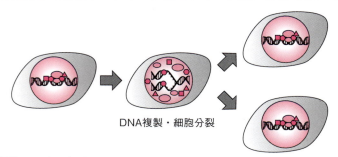

■図14.19　細胞メモリーとは
エピゲノム・パターンが，DNA複製と細胞分裂という二つのステップを超えても維持される現象をいう．

[*5] ドーハッド説とよぶ

ルートで移行し，最終的に親細胞と同じエピゲノム状態が再現されると考えられている．幹細胞や細胞分化などにみられる非対称分裂では，親ヌクレオソーム状態は片方の新生 DNA に偏って受け継がれクロマチンの複製に不均等さを生み出していると考えられる（→第 5 講）．

14.4.6　世代を超えてのエピゲノム遺伝

　一生を通じて確立されたエピゲノム状態は，**リプログラミング**（reprograming）という精巧なメカニズムにより完全に消去され，次の世代には何の寄与もしない，と考えられてきた．リプログラミングは新しい生命の自由度を保証するための必須の方策といえよう．しかし，エピゲノム状態がリプログラミングをバイパスして次世代以降へと伝達されるケースが続々と報告されている．このことは生涯において遭遇するいろいろな環境要因の影響がエピミューテーションとして子や孫に伝わること，また，現在のわれわれのエピゲノムはご先祖様のエピミューテーションの蓄積であることを意味する．

　エピゲノムが世代を超えて遺伝するケースとしては，マウスの毛色を決める遺伝子のメチル化パターンが母マウスから仔マウスに引き継がれる例，トウモロコシやマウスでみられるパラミューテイションなどをはじめ多くの報告がある．

　ここでは，環境によるエピゲノムへの影響が世代を超えて引き継がれる例について解説する．オランダ冬飢餓事件はそのひとつの例といえよう．最近の研究によると，エピゲノムは栄養条件，内分泌撹乱物質など化学物質，社会的ストレス，マイクロバイオームやヴァイロームなどの環境要因によって可塑的に影響を受け，それがエピ

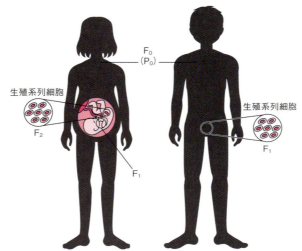

■図 14.20　環境化合物による「世代を超えたエピゲノム遺伝」の判断基準

第14講 エピジェネティクス

ミューテーションとして維持され，時としてそれがリプログラミングをバイパスして次世代以降へと伝達されることが明らかになっている．このことは，次世代における疾患の発症リスクにも関連することが懸念されている．環境因子とエピゲノムを考えるにあたり注意するべき点がある．それは，環境因子に曝された個体（F_0）がメスの場合，胎児は F_1 世代に相当し，胎児のなかでは F_2 世代の生殖細胞形成が進行しており，F_1，F_2 世代がともに環境因子にさらされる．したがって，「世代を超えて」のエピゲノム遺伝による表現型は F_3 世代においてはじめて検出される．F_0 がオスの場合は，精子が F_1 世代に相当する（**図 14.20**）．したがって，F_0 世代の曝露が「世代を超えて」伝達されたかは F_2 世代で判断できる．

　F. Woehler（1828）の尿素合成以来，多くの化学物質がわれわれの生活を豊かにした．一方で，存分にもてはやされた化学物質が，ヒトに望ましくない影響を与えることも明らかになった．「世代を超えてのエピゲノム遺伝」を最初に示した環境化学物質はビンクロゾリン（vinclozolin）である．妊娠中の母親ラット（F_0）をビンクロゾリンに曝すと，F_1 世代は精子形成能の低下，乳がん，免疫系の異常などを示し，異常は少なくとも F_4 世代まで続いた．F_3 世代の精子のエピジェネティック・マークを調べたところ，特徴的な DNA メチル化可変領域（DMR）が同定された．メチル化の

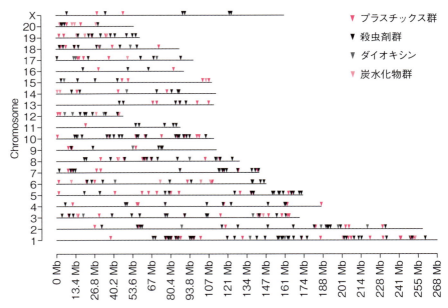

■図 14.21　各環境化学物質による DNA メチル化の染色体上の位置を示す
F_0 での曝露の影響を F_3 世代において検出したもの（出典：M. Manikkam et al.：PLoS One, 7, 1-12 (2012)）．

変化は，精子形成にかかわる遺伝子など既知遺伝子にみられ，ある遺伝子のプロモーターにはコピー数変異（→第12講）も認められた．

　種々の環境化学物質が「世代を超えてのエピゲノム遺伝」において，ゲノムに異なるエピジェネティック・マークをつけることを示す実験を紹介しよう．雌ラットの第1グループには「プラスチックス」群，第2グループには「殺虫剤」群，第3グループにはダイオキシン，第4グループには「炭水化物」群を投与した．前述のように，F_0，F_1，F_2世代の表現型は化合物の直接の影響によるもので，「世代を超えてのエピゲノム遺伝」とみなせるのはF_3以後の表現型である．実験では思春期開始時期と生殖巣機能への影響などを調べたが，それらはさておいて，ここでは精子エピゲノムの変化をDNAメチル化について化合物群間での比較データを紹介する．**図14.21**は各物質群への曝露によるF_3精子のエピゲノムの変化をゲノムワイドのDMRパターンで示す．図14.21から明らかなように，各物質群は，オーバーラップはあるものの指紋のように識別可能な特徴的DMRメチル化パターンを示した．ビンクロゾリンなどでの研究では，「世代を超えてのエピゲノム遺伝は特定の化学物質に限られる」という推論がなされた．しかし，上述の結果は，どのような化学物質でもエピジェネティク・プログラミングに影響をあたえ，「世代を超えてのエピゲノム遺伝」を示すと考えられる．

　環境化学物質が生殖系列に働きかけ，「世代を超えてのエピゲノム遺伝」を促進することは，進化の観点と病気の発症機構の観点から重要な意義をもつといえよう．

演習問題

Q1. 次の文章の正誤を判定せよ．誤りとした場合は理由を述べよ．

1. 特定の細胞や時期において発現する組織特異的遺伝子ではプロモーター領域のDNAメチル化により発現が促進される．

2. 英語ではエピジェネティクスを epigenetics と書く．epi は upon とか beyond を意味する接頭辞である．このことから，エピジェネティクスの用語と概念はゲノムの大要が明らかになった21世紀になってから提唱されたものである．

3. 三毛猫はメスだけにみられ，オスの三毛猫は存在しない．

4. 女王バチとハタラキバチは天と地ほどドラスティックに異なる生涯を過ごすが，その遺伝子構成は同じである．

5. 生涯を通じて確立されたエピゲノム状態は次の世代には何の寄与もしない．

6. ヒトにおいて，ある遺伝子は母親由来のみで発現し，父親由来では発現しないことが知られている．

7. ショウジョウバエの野生型では *white* 遺伝子がすべての個眼で発現されるため赤眼となる．

第 14 講　エピジェネティクス

8. X染色体不活性化においては，2本のX染色体（母方由来と父方由来）のどちらが不活性化するかは個体によって決まっている.

9. ノックダウンとは，標的遺伝子を改変したり除去することによりその遺伝子の機能を知る実験方法である.

10. 受精卵が抗体産生細胞に分化する過程はエピジェネティックなプロセスである.

Q2. メス猫の毛色決定にかかわる遺伝子型が，それぞれ *wwOoss*, *wwOOss*, *wwOOSs*, *wwooss* である猫の毛色を推定せよ.

Q3. ほとんどの競技で男女二元制が採用されているスポーツ界においては，これまでいくつもの方法で性別確認検査が行われてきた. 1967年には，頬の内側の粘膜を採取し，顕微鏡観察による性判定が行われた. その判定法はどのようなものであったと考えられるか.

Q4. エピジェネティック修飾におけるメチル基は細胞内のどのルートで供給されると考えられるか.

Q5. マウスなど哺乳類においては，X染色体不活性化は遺伝子量補償のメカニズムと理解されている. 他の動物でも同じようなメカニズムが働いているであろうか.

Q6. iPS細胞にみられるような細胞の初期化はエピジェネティック・ランドスケープではボールのどのような動きに相当すると考えられるだろうか.

Q7. ある分化した細胞が別の細胞に変わること（分化転換という）は，エピジェネティック・ランドスケープではボールのどのような動きに相当すると考えられるだろうか.

Q8. 政府機関の統計によれば，近年，日本において低出生体重児の増加と妊婦の痩せ過ぎが問題となっている. なぜだろうか.

参考文献

1) C. H. Waddington：The Epigenotype, Endeavour, 1, 18-20（1942）
　→エピジェネティクス（epigenetics）ということばを最初に記述した文献.

2) 大山 隆，東中川 徹：生命科学シリーズ「エピジェネティクス」，裳華房（2016）
　→エピジェネティクスの分子的基盤，エピジェネティクスな諸現象，エピジェネティクスと病気について解説.

3) ネッサ・キャリー 著，中山潤一 訳：エピジェネティクス革命，丸善出版（2015）（原書名 Nessa Carey：The Epigenetics Revolution（2011））
　→エピジェネティックな現象とその仕組みについて，女王バチとハタラキバチとを分けるものは何か，妊婦の栄養状態が子どもの生涯の肥満率に影響するのはなぜか，など具体例について丁寧に解説.

4) リチャード・フランシス 著，野中香方子 訳：エピジェネティクス　操られる遺伝子，ダイヤモンド社（2011）（原書名 Richard C. Francis：Epigenetics（2011））
　→一卵性双生児，食べ物やストレスの遺伝子発現への影響など，エピジェネティックな諸現象の具体例について解説.

5) 仲野 徹：エピジェネティクス－新しい生命像をえがく－, 岩波新書 (2014)
    → エピジェネティクスのハンディーな入門書. エピジェネティックの諸現象の具体例について, その分子的基盤とともに解説.

家族問題となるエピゲノム遺伝！

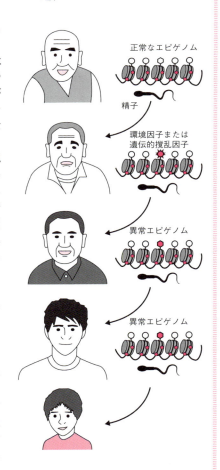

マウスの精子において発生関連遺伝子のヒストン修飾を除去する実験を行った. すると, その精子によって生まれた仔マウスの健康状態に著しい影響がみられた. 継代によりその影響は幾世代にもわたっても持続することが判明した. この結果は, 精子のヒストンメチル化の異常がリプログラミングを免れて「世代を超えて遺伝する」ことを示唆する. 注目すべきは, このエピミューテーションが父親経由で伝達されことである. 精子ではほとんどのヒストンがプロタミンに置き換わる. したがって, ごく小さなヌクレオソーム領域でのヒストン修飾異常の影響が「世代を超えて」遺伝したことを示している. これまで出生異常の原因は多くの場合, 母親側にあるといわれてきたが, 父親ゲノムのエピミューテーションが出生異常や後世代の健康や生存能へのインパクトをもつことになる.「世代を超えてのエピゲノム遺伝」は, ラット, マウス, ハエ, 線虫などで知られており, それらの結果から共通のメカニズムをあぶり出して行くことは, ヒトの健康や疾病リスクの観点から重要であろう. 今日までの研究成果から学ぶべきレッスンは,「われわれは, ある場合においては前世代のエピゲノムを受け取り, それに良きにつけ悪しきにつけ変化を加え, 次世代に渡す立場にある」という認識であろう. それにしても, 一体どの程度のエピゲノムが「世代を超えてのエピゲノム遺伝」を示すのだろうか. また,「世代を超えてのエピゲノム遺伝」は永遠に累積するのだろうか. いずれにしても「世代を超えてのエピゲノム遺伝」は, まさに家族問題にもなってきたようで, 現在もっともホットなエピジェネティクスの分野であるといってよい (出典：Science, 350, 634-635 (2015)).

(東中川 徹)

第14講　エピジェネティクス

クロスワードパズル３

ヒントから連想されるマス目の数に合う英単語を記入してください．

注）複数の英単語のからなる用語の英単語間のスペース，「−」等は無視
Covalent bond → COVALENTBOND
Co-repressor → COREPRESSOR

横のヒント

- 2：多数の遺伝子の中から狙ったものだけを正確に操作する技術
- 5：進化の過程で機能を失った遺伝子
- 7：「動くDNA」が動くために必須の酵素
- 11：HershyとChaseの実験の材料
- 13：免疫反応において抗体としての機能と構造をもつタンパク質
- 15：哺乳動物のメスの細胞で不活化されたX染色体が凝縮した状態で観察される
- 16：初期胚から樹立した多能性をもつ幹細胞
- 17：特定の遺伝子領域のコピーが増加すること
- 18：父母由来の対立遺伝子が識別され異なる発現レベルを示す現象
- 19：1970年代，最初の「動くDNA」として発見された

縦のヒント

- 1：ショウジョウバエにおいて生殖細胞においてのみ転移を起こす
- 3：核酸を人工的に細胞に導入するプロセス
- 4：遺伝子のコピー数には個人差があること
- 6：ゲノム編集において狙ったゲノム部位以外に作用が及ぶこと
- 8：性染色体上の遺伝子の発現量が雄と雌で同じになるように調節されること
- 9：生活習慣病胎児期発症説
- 10：ウイルスのヌクレオカプシドをおおっている脂質二重層の構造
- 12：ヒストンの化学修飾が遺伝子発現制御をコードするという仮説
- 14：変異のうち変異点から下流の読み枠がずれてアミノ酸配列が変化する変異
- 16：1976年，アフリカのある地方で発生した感染症の原因ウイルス

（解答は「演習問題　解答例・解説」参照）

第15講

分子生物学と社会

桑山　秀一

本講の概要

　インターネットが普及している現代において，多様な情報が社会を形成するうえで重要となっている．社会を形成しているのが生物である人間である以上，生物に関する情報も大変重要なものとなっている．生物の情報のほとんどがゲノム DNA に記録されていることを考えると，ゲノム情報を解析することを「すべ」とする分子生物学が社会にとってますますその重要性を増している，と言ってよい．しかし，分子生物学のメインプレイヤーである DNA ということばは巷でよく耳にするけれども，「分子生物学」ということばはそれほどポピュラーではないようである．しかし，1970年代の遺伝子クローニングとシークエンシング技術の開発と，今世紀に入ってからのゲノム編集とよばれるゲノムを操作する技術は，社会を構成する人間（ヒト）にあらゆる角度から多大の影響を及ぼし始めている．本講では，いくつかの分子生物学および分子生物学的技術にスポットを当て，それらの歴史をおさらいし，現代社会に対する影響を俯瞰する．また，着々と進行しつつあるゲノムプロジェクトを解説し，現在問題となっている生活環境の変化に対する分子生物学の役割やマイクロバイオームにも触れる．ゲノム編集技術など生物の性質を制御するような分子生物学的技術が普及するにつれて，どのような功罪がもたらされるのかもあわせて考察する．

本講でマスターすべきこと

- ☑ iPS 細胞とはどのような細胞で，どのように社会の役にたつのか．
- ☑ ゲノム編集技術とはどのような技術であり，社会にどのような影響を与えるだろうか．
- ☑ ゲノムプロジェクトとはなにか．
- ☑ 環境 DNA（eDNA）とはなにか．また，環境 DNA から得られる情報にはどのようなものがあるだろうか．
- ☑ ポストゲノム社会にはどのような未来が待っているのか．
- ☑ マイクロバイオーム解析とはなにか．また，その社会にもたらす影響とはなにか．

321

第 15 講　分子生物学と社会

15.1　分子生物学の現代における進展

　分子生物学や分子生物学に基づいた技術は，新聞等のマスコミにおいても一般に周知されることが多い．では，現代においてはどのような分野において分子生物学の進展がみられるのであろうか．多くは我々の生命に直接かかわってくる医療面と重要な関連性が出てきている．そこで最初に，比較的最近開発された**人工多能性幹細胞**（induced Pluripotent Stem cell：**iPS 細胞**）作製法やゲノム編集技術についての解説をし，それらの社会への影響を説明する．

15.1.1　iPS 細胞

　ヒトの体細胞すべては，一つの受精卵に由来している．この受精卵が有するすべての細胞に分化できる能力を**分化全能性**（totipotency）という．発生初期段階である胚盤胞期の細胞よりつくられる**胚性幹細胞**（Embryonic Stem cell：**ES 細胞**）は，体を構成する胎盤以外の組織や臓器に分化誘導することが可能である．これを**分化多能性**（pluripotency）とよぶ[*1]．したがって，ES 細胞を胎盤以外の任意の体細胞に分化・形態形成させれば，一度失ったあるいは失わざるをえない体組織の再形成とそれを利用した移植医療に大いに役立つとされている．これを再生医療という．ところが，ES 細胞を用いた医療や研究においては，一個体の人間となりうる胚盤胞を利用することに対する倫理的問題がある．この問題を解決したのが iPS 細胞である．

　iPS 細胞は，2006 年，S. Yamanaka（京都大学）らのグループによって初めて樹立された．iPS 細胞は，体細胞へ山中因子とよばれる 4 種類の遺伝子（*Oct*3/4，*Sox2*，*Klf4*，*c-Myc*）を導入・発現させることにより樹立され，また増殖を経てもその形質は維持される（**図 15.1**）．iPS 細胞は，からだを構成する生殖細胞以外のすべての組織や臓器に分化誘導させることが可能である[*2]．つまり，分化多能性（pluripotency）を有する．例えば，患者自身から採取した体細胞より iPS 細胞を樹立すれば，自身の細胞から病変組織に代わる新しい正常組織を再生させることが可能になり，拒絶反応の無い臓器の作製が期待される．また，再生医療への応用のみならず，患者自身の細胞から iPS 細胞を作製し，その iPS 細胞を病変細胞へと分化させることで，採取困難である病変組織の細胞を得ることができる．その病変組織を用いて，その病因・

[*1]　細胞の分化能力は，全能性（totipotency，あらゆる細胞に分化できる），多能性（pluripotency，複数種の細胞に分化できる），単能性（monopotency，一種類の細胞にしかなれない）に分けられる．受精卵は全能性を有し，ES 細胞や iPS 細胞は多能性を有する．「分化万能性」という記述が散見されるが，この用語は学術的に定義されたものではない．

[*2]　不妊治療など医学的観点からヒト iPS 細胞から生殖細胞を作製する研究が行われている．

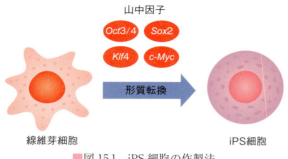
■図 15.1　iPS 細胞の作製法

発症メカニズムを研究したり，薬剤の効果・毒性を評価することが可能となる．以上のことは，後述するオーダーメード医療に繋がる重要な基盤となる．

15.1.2　iPS 細胞の問題点と課題

　iPS 細胞作製には発がんに関連する遺伝子（$c\text{-}Myc$）を使用していることや他の遺伝子を導入しているため，遺伝子挿入部位によってはがん化の危険がある．また，iPS 細胞の利用後におけるがん発症のリスクはまだ十分に解明されていないため，今後，基礎や臨床試験においての評価が必要である．また，他にも移植細胞への未分化細胞の混入をいかに防ぐか，細胞株の安定維持，コストの問題等が挙げられる．分化した細胞から未分化の状態に戻るリプログラミングの機序が未解明であることは，今後の大きな研究課題とされている．

15.2　ゲノム編集

15.2.1　ゲノム編集とは

　第 13 講でも解説されているように，CRISPR-Cas9 や TALEN といった手法で今や生きた細胞中の任意の遺伝子を自在に変換（編集）することが可能となっている．この手法の詳細は第 13 講において解説されているが，ゲノム編集は我々の日常にさまざまな形で応用されうる．例えば，ある遺伝子を欠失させることにより，畜産物，魚や植物を繁殖させるのに障害となる機能を特異的に排除することが可能となる．さらに，遺伝子を改変することにより，機能がより優れた遺伝子に置き換えることも可能となるため，環境耐性や貧栄養状態でも栽培できる品種を作り出すことが可能となる．

　近年，農作物におけるゲノム編集技術の応用は，ヒトにとって新しい有用な品種を作出するのに役立っている．例えば，遺伝子を操作してアミノ酸の一種である γ アミ

第 15 講　分子生物学と社会

ノ酪酸（GABA）を多く含むようなトマトがすでに作出，流通している．GABA は血圧を下げるとされる成分であり，ストレス緩和や脳の疲労にも効果があることが知られている．この他にも，高オレイン酸大豆，褐変しないロメインレタス，収量の高いイネ，食中毒のリスクを低減したジャガイモなどが挙げられる．また動物においてもいろいろな家畜や養殖において開発が進んでいる．

　植物の場合は，トマトを除いて二倍体以上の染色体を有しており，開発に手間と時間がかかるのが問題である．動物においては二倍体であるため，比較的ゲノム編集技術による品種改良が容易である．例えば，「22 世紀鯛」という名でゲノム編集真鯛が作出，販売されようとしている．このタイは筋肉増殖の抑制遺伝子であるミオスタチンの遺伝子を欠失させることで，可食部を約 1.2 倍（最大で 1.6 倍）にした養殖真鯛である．また，光受容体にかかわる遺伝子や高速遊泳にかかわる遺伝子を改変し，養殖時に衝突しにくくなるようなおとなしいマグロの作出も試みられている．養豚においては，PRRS ウイルスによる妊娠豚の早産や子豚の呼吸器疾患が問題となっているが，細胞の受容体遺伝子を改変し，PRRS ウイルス耐性ブタが作出されている．

　ゲノム編集技術は遺伝子治療としての応用も検討されている．なぜならば，ヒトの先天性疾患の多くは，遺伝子の傷（変異）に起因するものであるからである．これまでは根本的な治療法は見出されていなかったこれらの病気に対して，ゲノム編集技術の誕生は，このような遺伝子の変異を正常なものへと書き換えることを可能にすることが期待されている．今後，遺伝子 DNA を目的の組織や臓器に運ぶジーンデリバリー技術の発展と相まって，生体におけるゲノム編集による根本的な治療が近い将来可能になるかもしれない．

　ゲノム編集は遺伝子治療における分野にも応用が期待されている．ゲノム編集治療は生体内（*in vivo*）と生体外（*in vitro*）の二つの手法に分けられる（**図 15.2**）．*in vivo* ゲノム編集治療は，ゲノム編集に必要な分子をウイルスベクターやナノパーティクルなどを利用して体内に直接導入し，ターゲットとする細胞や組織までデリバリーする方法である．この方法においては，いかにゲノム編集に必要な分子をターゲットまでデリバリーするかが課題であり，今後この分野における進展が必要となってくる．一方，*in vitro* ゲノム編集治療は，体内から取り出した細胞をゲノム編集によって改変し，再び体内へ移植する方法である．例えば，HIV の共受容体である *CCR5* 遺伝子を遺伝子破壊した T 細胞を体内へ移植することで，HIV ウイルス量が低下する効果が報告されている．この方法においては，自身から取り出した細胞を利用するので問題がないが，他人の細胞を利用する際には問題が出てくる．この問題点を解決するためにもゲノム編集技術が用いられている．近年，ユニバーサル人工 T 細胞ががんの治療法において免疫療法として注目されている．その一つに，患者から採取した T 細胞にがんを攻撃する抗原結合部位をつないだ人工細胞を患者に移植する手法が開発され

324

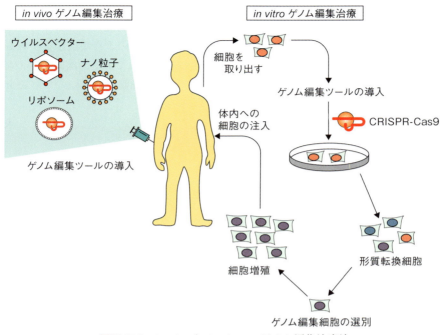

■図 15.2　*in vivo* と *in vitro* のゲノム編集治療法

ている．しかし，この人工 T 細胞は患者以外に移植することはできない．なぜなら，その患者自身がもともともっている T 細胞受容体が他の患者の臓器を攻撃するからである．そこで他人から採取した T 細胞の受容体をゲノム編集により改変し，誰にでも利用することを可能にした人工 T 細胞の作出が行われている．

15.2.2　ゲノム編集の問題点

1974 年，組換え DNA 技術が開発された当時，この技術の多大なる恩恵が期待される一方で，悪い影響を危惧してさまざまな法的規制が設けられた．優れた技術は使い方によっては社会に悪影響を与える．ゲノム編集も例外ではないだろう．ゲノム編集の誕生により，ヒトを含めさまざまな生物で遺伝情報を書き換えることができる時代に突入したといえる．しかしながら，ゲノム編集技術はまだ歴史が浅い．すでに問題点も指摘されている．人類にとって有益な遺伝子だけを残そうとする優生思想などが問題点の例である．事実，2015 年には，中国の研究者がヒト受精卵へのゲノム編集の応用についての報告を行った．今後は社会的な議論を取り込んで，規範を作成することが重要な課題となってくるであろう．

第 15 講　分子生物学と社会

　ゲノム編集はいろいろな生物において今後盛んに行われると予想されるが，そもそもゲノム編集の基盤となるのは，DNA 導入技術とゲノム解読配列データである．これらは，DNA を細胞に導入したり，ゲノムのどの位置にどのような遺伝子があるのかがわかっていないとゲノム編集も行うことができないからである．次に，ゲノム配列を解読しようとするゲノムプロジェクトやそのための基盤技術について解説をする．

15.3　ゲノムプロジェクト

15.3.1　ゲノム解読

　20 世紀が分子生物学的手法によって個々の遺伝子の主として構造解析を進展させてきた時代とするならば，21 世紀は大量の遺伝子情報を包括的に理解し応用していこうとする時代である．そのために今日では，遺伝子の全ゲノムレベルの配列決定（解読）の推進が盛んに行われている．現在までにウイルスや大腸菌などの微生物のような小さなゲノムを有する生物からヒトに至るまで多種多様なゲノムが解読された．20 世紀に行われたゲノム配列解読はすべてサンガー法によって行われた．このサンガー法によって解読される遺伝子配列長は長くて 1,000 bp 程度であった．今世紀におけるゲノムの解読は，ショットガンシークエンス法とよばれ，大量の数百 bp の短い断片を決定した後，断片末端の相同性に基づいて重複部分をつなげ，コンティグ（contig）とよばれる，より長い配列を作製し，それらをつなぎ合わせることにより，最終的にゲノム全体の配列を完成される手法をとる．この操作をゲノムアセンブリという．現在ではゲノム配列を短時間に大量に解読する手法が確立されている．また，コンピューターパワーが桁違いに上昇し，さらに必要なアルゴリズムも多く開発されたため，ゲノムアセンブリも 20 世紀にくらべ格段に正確かつ迅速になってきている．

15.3.2　ヒトゲノムプロジェクト

　20 世紀，ゲノム解読には多額の経費と人員を必要としたため，いくつかの研究室が集まりコンソーシアムを形成した**ゲノムプロジェクト**（genome project）として進められた．ヒトゲノム解読においては，アメリカ国立ヒトゲノム研究所（NHGRI）の前身であるアメリカ国立ヒトゲノム研究センター（NCHGR）が中心となり，20 の国際チームの共同プロジェクトとして解析が進められた．ヒトゲノム解読は 1990 年に開始され，2003 年に終了した．実に 13 年の歳月を費やしたことになる．この時のゲノム解読には半自動化されたサンガー法による解析が用いられたが，それでもヒトの約 30 億塩基対もの配列を解読するのに長い時間を費やしたのであった．後述するように，現在では次世代，次々世代 DNA シークエンサーが開発され，わずか数日

15.3 ゲノムプロジェクト

でヒトのゲノム全体を解読できるようになっている.

15.3.3　遺伝子構造の決定

ゲノム配列が解読されると次に必要なことは，どの位置にどのような機能を有する遺伝子が存在するかを解析することである．現在では，既知の遺伝子機能情報に基づいた情報学的な手法で行われており，この過程をゲノムのアノテーション（注釈づけ）とよんでいる．原核生物の場合は，遺伝子内にイントロンが存在しないためタンパク質をコードする遺伝子領域（ORF）をゲノム配列からコンピュータを利用して探し出すことが可能である．しかし，真核生物の場合は，イントロンが存在するためゲノム配列を基本とした機械的な作業だけではアノテーションは不可能である．さらに，選択的スプライシングのために一つの遺伝子から複数種の mRNA が生み出され，結果的に複数種のタンパク質が合成されることもある．そこで，mRNA 配列つまり cDNA 配列を解読することにより，ORF を有する遺伝子配列を解読しゲノムに貼り付けるという作業が必要になってくる．この際には完全な cDNA（完全長 cDNA）配列を大量に解読することが大いに役に立つ.

近年，ナノポアなど〜 200 kb にも及ぶ非常に長い配列決定が可能な第 4 世代シークエンサーを利用して，一つの染色体の全塩基配列の決定や，これまで不可能であったヒトのゲノムの約半分を占める反復配列の完全解読が可能となってきている．これにより，**SINE**（Short Interspersed Element）の一種として知られる Alu 配列，**LINE**（Long Interspersed Element），**レトロウィルス様因子**，**マイクロサテライト**（microsatellite），**CNV**（Copy Number Variation），**テロメア**（telomere）（→第 12 講）などの解析が進められ，これらの因子と疾患の関連性の解析が急激な早さで進んでいる.

15.3.4　ゲノム解析の成果

次世代シークエンサーは，短時間で多量のゲノム配列の決定を可能にしている．その例としては，真っ先に全ゲノム解析，メタゲノム解析等が挙げられるが，さらに応用としていろいろな場面で利用できる．例えば，シークエンス解析による全配列の決定といろいろな生物種における株や系統の検定，コピー数変異解析によるゲノムの遺伝子コピー多型の解析，トランスクリプトーム解析（RNA-seq）による遺伝子発現量の解析，転写開始点解析（TSS-seq）による転写開始点の多様性の検出，DNA 結合タンパク質や RNA 結合タンパク質の核酸結合領域解析（ChIP-seq），エピジェネティクス解析によるメチローム，ヒストン修飾の解析，特定遺伝子の多型解析（amplicon-seq）などが挙げられる．これらは医学的な応用はもちろん産業的にも広

第 15 講　分子生物学と社会

く応用されている．例えば，有用な微生物のゲノム配列解析による有用遺伝子の特定，メタゲノム解析による微生物混入の検査，品種改良における有用遺伝子の特定などが挙げられる．

現在では，先にも述べたがナノポアなどにより，驚くことに 1 回の動作で〜200 kb にも及ぶ正確かつロングリードの配列決定が可能となっている．2021 年，ヒト 23 番染色体のテロメアからテロメアまでのギャップを含まない完全な解読が，初めてこれらの機器を使ってなされた．これら「第 4 世代」シークエンサーの活躍と機器の低価格化により，今後ますます巨大な遺伝子配列情報が正確かつ迅速に明らかになってくることが予想される．今後は，これらのデータのまとめ，比較，有用部分の抽出と利用が課題となってくるであろう．

このようなゲノム配列解析技術の発展に伴い，大規模なゲノム解析が国家単位で推進されている．現在，特にゲノム解析が進んでいるのはアメリカや日本ではなく中国である．中国では，近年，莫大な予算を投入し超大規模なゲノム解析を行うことが推進されている．実際，世界最大の遺伝学研究所があるのは，アメリカやヨーロッパではなく中国 BGI（華大基因，旧・北京華大基因研究中心）である．BGI では，多くの動植物の DNA 配列を解読してきた．キビ，イネ，ジャイアントパンダ，カイコ，SARS ウイルス，さらには古代人に至るまでである．

BGI はまず，当初世界最速のシークエンサーであったイルミナ HiSeq200 を 128 台購入した（**図 15.3**）．2014 年当時，BGI は世界のゲノムデータの少なくとも 1/4 を生み出すまでになっていた．現在は，自ら次世代シークエンサーを開発も進めている．現時点では，中国とアメリカがゲノム解析にずば抜けた投資を行っている．2016 年

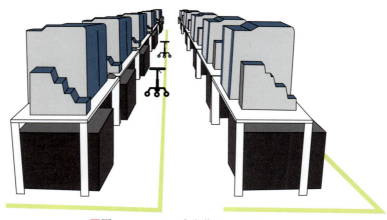

■図 15.3　BGI の次世代シークエンサー室

3月，オバマ元大統領が2億1,500万ドルを投じて100万人のアメリカ国民のゲノム解析を実施する計画を発表した．ほぼ1年後，中国はそれをはるかに上回る数十億ドル規模のゲノムプロジェクトを発表した．数百万人の中国国民のゲノムを解析しようという計画である．今後，これらの解析結果はビッグデータとして解析され，国際的レベルでゲノム医療をリードしようとしている．

15.3.5　ゲノム解析と環境DNA

土壌や，水圏，あるいは大気等の環境中には多様な生物が存在しているし，また過去にも存在していた．生物が存在するということはそこには必ずゲノムが存在するはずである．それらのゲノムDNAや環境中に排出されたゲノムDNAを一括して網羅的に解析することを環境ゲノム解析といい，採取されたDNAを**環境DNA**（environmental DNA：eDNA）とよぶ．

地球規模での温暖化や環境破壊が問題となっている現在，環境中での生物の多様性の把握とそれを指標とした環境状態の遷移を理解する道具としてeDNAが非常に重要な解析対象となってきている．環境から採取されたeDNAには，ほぼすべての生物種（動物，植物，微生物など）に由来するDNAが含まれており，今やeDNAを調べることで，生物の種類，割合，状態すべてを一括して解析することが可能となっている．この解析により種々の生命環境の特徴が推測できるだけでなく，経時的な採取により地域差や環境の遷移も明らかになる．eDNAは学問的な利用価値だけでなく，危険な生物の有無や絶滅危惧種の保全にも役に立っている．特に，極限環境に生息する生物や微生物のeDNA解析から過酷な環境状況への適応といった生態学や生理学分野への貢献も期待されている．さらに，eDNAの中には現在生息しているものはもちろん，絶滅してしまった生物のゲノム情報も含まれることが期待されるため，ゲノム生物学の古生物学への貢献も今後注目したい．

15.4　ゲノム解析の先に

上述したように，今や一人のゲノム配列を得るのにコストや時間のかからない時代となった．個人のゲノム配列が低コストかつ短時間で手に入る時代である．では，ゲノム解読は今後どのように進展し，どのようなことが課題となってくるのであろうか．

15.4.1　ポストゲノム

ポストゲノム（post-genome）研究というのは，ゲノム配列解読後に行われるゲノムが有する情報や機能を解明する研究である．いわばゲノム情報という骨の部分に機能という肉づけをしていくことである．この遺伝子機能の解析として，遺伝子破壊

第 15 講　分子生物学と社会

や過剰発現等が挙げられる．遺伝子を破壊あるいは過剰に発現させることにより，細胞や生体にどのような変化が引き起こされるかを解析し，その機能を類推することである．もちろん，酵素のような分子機能の解析などには生化学的手法，アクチンやミオシンのような運動タンパク質の機能解析には細胞学的，生物物理学的な手法が必要になる．しかしながら，大量に解析された遺伝子を個々のレベルで解析することには限界がある．そこで遺伝子機能解析を大規模に行おうとする研究手法も開発されている．例えば，転写される RNA 全体を解析することを**トランスクリプトーム**（transcriptome）とよび，RNA の発現を一度に大量に解析する手法や，細胞内のタンパク質の発現量や修飾状態を一度に解析する手法で**プロテオーム**（proteome）とよばれる手法，さらに，代謝物の全体の変動量を解析する手法で**メタボローム**（metabolome）というアプローチなどが進められている．この「- ome」という表現は総体を意味する．これらの包括的な解析を通じて，既存の遺伝子や遺伝子産物の機能に新規遺伝子を紐づけしながら，一括的に新規遺伝子の機能解析を行っていこうとする研究が今後ますます盛んに行われるであろう．

15.4.2　マイクロバイオーム

マイクロバイオーム（microbiome）とは微生物（細菌）の総体を指す言葉で，特にヒトの体内で生息する微生物（細菌）の総体をヒトマイクロバイオームとよぶ．人体には約 1,000 種，数百兆の細菌が生息している．これらは「常在菌」とよばれ，感染症の原因となる「病原菌」とは区別される．常在菌は口腔，胃，腸，皮膚などに分布しており，それぞれ固有の**マイクロバイオータ**（microbiota，細菌叢）を形成している．特に，腸内に常在する細菌についてゲノム解析の研究が進められてきた．日本における常在菌叢の研究は，1970 年代のヒト腸内細菌の分離・培養からスタートした．1980 年代には，16S リボソーム RNA の遺伝子の解析から，ある細菌叢に生息する細菌種を特定する 16S 解析法が開発された．しかし，16S 解析法では，その細菌叢に生息する細菌がどのような機能をもつ遺伝子をもつか，いわゆる機能情報は得られない．そこで，開発されたのが細菌叢全体を一つの有機体とみなして解析する**メタゲノム**（metagenome）解析法である．

　メタゲノム解析法の工程を**図 15.4** に示す．細菌叢全体から DNA を調製し次世代シークエンサーで解析し，得られた各メタゲノムデータリード（〜 300 塩基 / リード）を解析する．各リードをアセンブリし，遺伝子配列を予測し，KEGG（Kyoto Encyclopedia of Genes and Genomes）や COG（Clusters of Orthologous Groups of proteins）などのデータベースと照合することで，その細菌叢がもつ機能情報を得ることができる．一方，各メタゲノムリードをデータベースと相同検索することにより

各リードの菌種の特定や細菌叢の菌種組成を知ることができる．

ヒトマイクロバイオームの解析では，多くの個人からのデータが必要となる．健常な人，特定の疾患を有する人，さまざまな個人の生活様態や健康状態を反映したデー

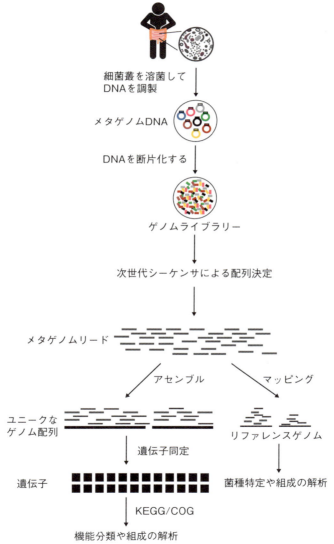

■図 15.4　細菌叢全体のメタゲノム解析の流れ
（出典：https://www.osaka-med.ac.jp/omics-health/
v9oak00000005kvy-att/180702_symposium_suda.pdf）

第15講 分子生物学と社会

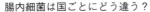

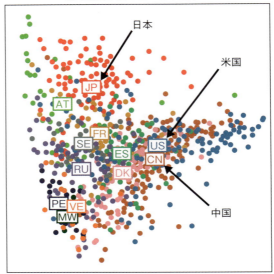

■図15.5 多次元尺度構成法による腸内細菌の国別比較
（出典：S. Nishijima, et. al：The gut microbiome of healthy Japanese and its microbial and functional uniqueness., DNA Research, 23, 125-133（2016））

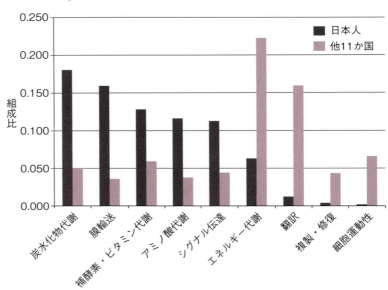

■図15.6 他の11か国との比較における日本人腸内細菌叢に優位に多いあるいは少ない機能
（出典：S. Nishijima, et. al：The gut microbiome of healthy Japanese and its microbial and functional uniqueness., DNA Research, 23, 125-133（2016））

タを比較することにより，マイクロバイオームの解析データの意味づけが可能となる．これにより，どのような生活習慣によってもたらされる腸内環境が，健康的な生活に結びつくのかが将来明らかになってくる可能性がある．今後は，腸内環境だけでなく，口腔内，胃の内部，皮膚等のさまざまな部位におけるマイクロバイオーム解析が進むことが期待される．

　一つの興味ある研究として，日本と海外 11 か国の健常人の腸内細菌叢を比較した報告がある．多くのデータから二つを紹介する．**図 15.5** は多次元尺度構成法[*3] によりデータをプロットしたものである．図から明らかなように国ごとにクラスターする傾向，つまり国特異性が認められる．**図 15.6** は日本人の腸内細菌叢の機能的特徴を他の 11 か国の平均と比較したものである．日本人の腸内細菌は，炭水化物および糖の膜輸送にかかわる機能や炭水化物の代謝能力が高いことを示す．一方，日本人に少ない機能として，エネルギー代謝系，鞭毛などの細胞運動性にかかわる機能，DNA複製・修復にかかわる機能が指摘される．このことは，日本人の腸内環境は他の 11か国よりも炎症応答や DNA 損傷が少ないことを示唆する．総じて，日本人の腸内環境は他の 11 か国よりも総体的に健全な状態にあることが想像される．このほか，海苔やわかめの多糖類を分解する酵素（ポルフィラナーゼ）遺伝子が，他の 11 か国では約 15％の人々に見出されるのに対して約 90％の日本人の腸に保有されていることもわかった．

　注目すべきこととして，国のレベルでみられた違いの程度は同一国内における健常人−疾患者の細菌叢の違いより大きいことが示されたことである．このことは，日本における疾患細菌叢の評価には，他国の健常人のデータは参考にならず，我が国の健常人データとの比較が必須であることを示唆している．

　腸内環境以外では，へそにおけるマイクロバイオーム解析まで行われ，未知の細菌が発見されているとの報告もある．まだまだ体内のマイクロバイオームは興味深い開拓すべき題材が残っている．

15.4.3　ゲノム医学，ゲノム創薬

　生命の設計図である遺伝子ゲノム情報の解析は，人間の健康や病気の診断や治療において非常に重要な役割を果たしつつある．医学や薬学の分野では，これまでに得られたゲノム解析による情報やゲノム解析の手法を有効活用しようとする動きがある．例えば，病原遺伝子の特定が挙げられる．病原遺伝子とは，通常はその多くが生命活動に必要な遺伝子であるが，遺伝子の内部あるいは発現制御領域に変異を起こしたり，遺伝子領域の転移や増幅により遺伝子の機能に異常が生じ病気の原因になる遺

[*3]　細菌叢が似ている被験者は互いに近くに，異なるほど遠くに位置するようプロットする方法．

第15講　分子生物学と社会

伝子のことをいう．例えば，タンパク質をコードする遺伝子のエキソンに変異が起こり，アミノ酸配列が変化して病気を引き起こすことがある．病原遺伝子の特定には，病気を発症していない人のゲノム情報と病気を発症している患者とのゲノムの比較が必要になる．例えば，**がんの原因遺伝子を探索する国際プロジェクト**（International Cancer Genome Consortium：ICGC）では，78種類のがんについて，16,000を超えるがんサンプルにおける遺伝子異常のデータを蓄積・公開している．なぜこれほど大量のサンプルが必要になるかというと，ゲノムには個人間において高頻度でDNA配列の差異があるためである．個体差は標準ゲノム配列と比較した場合，健康な人で平均1,000塩基に一つの変異が見受けられる．つまり，ゲノム全体では約300万塩基の変異があることになる．この変異の大半は，生存や生育にとって有利でも不利でもない中立変異である（中立変異とは，遺伝子の変化の大部分は自然淘汰に対して有利でも不利でもなく中立であるという説）．このような生命の活動に影響を与えない中立的な遺伝子変異が多く存在することから，病原遺伝子の特定には病気でない人の多くのサンプルが必要になってくる．病気でない人のゲノム配列データをいかにして集めるかというのは倫理的な問題もあるため，なかなか進展しないのが現実である．なぜなら，ゲノムは究極の個人情報であり，その情報の管理・利用に際しては細心の注意が必要となるためである．しかしながら，このように個人に対応したオーダーメード医療が今後発展していくためには，まだまだ多くのゲノム情報とそれに紐づけられた機能解析が必要であるため，今後の研究の進展をいかに効率よく進めるかが重要な課題となっている．特に，がんにおけるオーダーメード医療はがんゲノム医療とよばれ，個人レベルでがん細胞ゲノムの特徴を解析し，効果の高い治療剤を選択したり，効果の見込まれる治療法の指標とすることが進められている．また，健常人については将来どのようながんにかかる可能性が高いかどうかの判定も行うことも可能となってきているため，がんリスクを指標にしながらがん予防対策を積極的に行うことも可能になっている．

　ゲノム創薬とは，ゲノム情報から得られる病気を引き起こす遺伝子やその遺伝子がコードするタンパク質に直接的に作用する分子を探索し，その情報に基づいて薬をつくる手法のことを指す．従来の創薬に比べて，遺伝子の情報やタンパク質の構造からそれらの作用を阻害あるいは促進したりする分子をデザインするため開発期間が劇的に短くなる可能性を秘めている．標的となる分子は酵素や受容体などのタンパク質に加え，mRNAやDNAまでも対象となる．また，タンパク質やmRNAやDNAそのものを医薬品として利用することも考えられる．さらに，特定の患者のすべての遺伝情報を考慮して薬を創出することが可能であるため，投薬される患者に与える副作用を極力少なくする創薬が可能となる．ゲノム創薬は，これからの創薬技術の主流として期待されている．

演習問題

Q1. 次の文章の正誤を判定せよ．誤りとした場合は理由を述べよ．

1. ES 細胞と iPS 細胞は同じものである．
2. 現在でも iPS 細胞の実利用には克服すべき課題がある．
3. 理論的にはゲノム編集技術は形質転換しうるあらゆる生物に適用が可能である．
4. ゲノム情報無しにゲノム編集を行うことはできない．
5. 現在でもヒトゲノム解析には 10 年以上の年月が必要である．
6. ゲノム解析には対象生物を純粋培養する必要がある．
7. ヒトの腸内細菌叢の菌種パターンは国によって異なることが報告されている．
8. 環境中には過去から現在を通じて生息した生物のゲノム DNA が存在する．
9. ゲノム解析は，医学や創薬に対して重要な貢献をしつつある．
10. 今や個人のゲノム解析は安価で可能となっている．

Q2. マイクロバイオームの研究（マイクロバイオミックス）では，ヒトにおける腸内細菌叢と疾患との相関が指摘されている．これらの情報は，私たちの社会生活の設計においてどの程度有用なものとなりえるだろうか．ちなみにオミックスとは「総体に関する研究」という意味である．

Q3. 環境 DNA（eDNA）の解析技術の進展により，その環境に存在する，あるいは過去に生息した生物の種類，量や個体数の推定が可能となっている．この技術は，生態系の把握，生物多様性の維持を通じて地球の危機への対策として注目されている．一方，ヒトは皮膚や唾液の飛散などを通じて知らないうちに環境中に遺伝情報をばらまいており，環境 DNA 技術は個人の特定も可能となっている．現段階における環境 DNA 技術の問題点を考えてみよう．

Q4. 遺伝子疾患おける大規模ゲノム解析の利点を述べなさい．

Q5. 持ち運びができるポータブル DNA 塩基配列決定装置の開発が急速に進んでいる．どのような場面に利用できるか例をあげなさい．

Q6. ゲノム編集技術の第三世代 CRISPR-Cas9 法の登場により，原理的にはあらゆる生物のゲノムを改変することが可能になった．これにより，病気に強いジャガイモや，可食部を約 1.2 倍にした養殖真鯛「22 世紀鯛」など続々と作出されている．これらは歓迎すべきことであるが，はたしてこのまま手放しで喜んでばかりいて良いだろうか．

Q7. 分子生物学の発展が社会的な問題に対してどのような貢献ができるか，例を挙げて解説しなさい．

Q8. ゲノムの解読が大量・短時間・低コストで解読されるようになり，個人のゲノムが解読されるようになった．これらの情報は，オーダーメード医療などを含む医療面や個人の QOL の改善に有用なものと考えられる．一方，ゲノム情報は究極の個人情報であるため，個人の社会活動にとって不利益をもたらす可能性も考えられる．

第15講　分子生物学と社会

どのような場合であろうか.

参考文献

1）林崎良英 監修），伊藤昌可・伊藤恵美 編集：次世代シーケンサー活用術　トップランナーの最新研究事例に学ぶ，化学同人（2015）
　　→次世代シークエンサー利用の最近の研究を交えた解説.

2）服部正平 編集：NGS アプリケーション　今すぐ始める！メタゲノム解析　実験プロトコール～ヒト常在細菌叢から環境メタゲノムまでサンプル調製と解析のコツ，実験医学別冊，羊土社（2016）
　　→次世代シークエンサー利用の具体的な手法の解説.

3）S. Nishijima, W. Suda, K. Oshima, S.-W. Kim, Y. Hirose, H. Morita, M. Hattori：The gut microbiome of healthy Japanese and its microbial and functional uniqueness, DNA research, 23, 125-133（2016）
　　→日本人に関連する常在細菌叢の研究成果.

4）A complete human genome sequence is close：how scientists filled in the gaps Nature, NEWS, 04 June（2021）
　　→ヒトのゲノム配列のギャップに関する記事.

クロスワードパズル 4

ヒントから連想されるマス目の数に合う英単語を記入してください．

注）複数の英単語のからなる用語の英単語間のスペース，「-」等は無視
Covalent bond → COVALENTBOND
Co-repressor → COREPRESSOR

横のヒント

2：転写の開始に関与する遺伝子領域
6：高度に凝集したクロマチン構造
9：複製フォークの移動と逆方向に重合が進むDNA鎖
12：リボヌクレオチドを重合させてRNAを合成する酵素
13：狙った遺伝子の発現を段階的に抑制する方法
16：変異によりコドンが終止コドンに変化する変異
17：土壌など特定の環境に生息する微生物の集団全体を指す用語
18：水や土壌，大気などの環境中に存在するDNAの総称
19：DNAの塩基配列を変えずに遺伝子の働きの制御機構を研究する学問
20：RNAを鋳型に逆転写酵素によって合成されるDNA

縦のヒント

1：ある生物の全塩基配列を決定する研究計画のこと
3：転写反応において鋳型となるDNA鎖に相補的なDNA鎖
4：一つの受精卵から分裂して異なった機能をもつ細胞になる現象
5：一本鎖RNAを鋳型としてcDNAを合成する酵素
7：分化全能性
8：DNA複製においてラギング鎖の合成時に形成される短いDNA断片
10：DNAの塩基配列決定法を開発したイギリスの学者
11：F. H. C. Crickによる「遺伝情報はタンパク質に入ると出ることはない」という仮説
14：ある組織や生物種などに存在しているタンパク質の総体
15：真核生物の染色体の末端部にある構造

（解答は「演習問題　解答例・解説」参照）

演習問題　解答例・解説

演習問題　解答例・解説
（クロスワードパズル解答）

第1講

A1.

1. 誤：Crick が提唱したセントラル・ドグマは，遺伝情報がひとたびタンパク質に入ると，そこから再び出ることがないことを述べたものである．それが誤用され遺伝情報は，DNA → RNA →タンパク質へと一方向的に流れるという考え方として多くの教科書に記載されている．その原因の一つは，Watson が 1965 年に出版した "Molecular Biology of the Gene" のなかで，遺伝情報が DNA → RNA →タンパク質と一方向的に流れることをセントラル・ドグマとして紹介したことによると考えられている．

2. 正

3. 誤：「生命現象を分子レベルで説明する」という記述は，「生命現象とよべるものはすべて分子レベルで説明する」と解釈されるわけで正しくない．分子生物学は，DNA，RNA における情報識別を基本原理とする学問分野である．ビタミン，ホルモン，動物行動などは生命現象であるが，分子生物学の直接の対象ではない．

4. 誤：Avery らは当時の風潮を反映して，論文では「DNA は遺伝物質（遺伝子）である」と主張せず「DNA は形質転換物質である」と記載している．しかし，論文の文脈から，また，弟 Roy に当てた手紙のなかでも形質転換物質が肺炎双球菌の遺伝的形質を決定するもの，つまり，「遺伝子」であることを確信していたことが明らかである．参考文献1にそのいきさつが書かれている．

5. 正

6. 誤：C. H. Waddington は 1942 年，"The Epigenotype" というタイトルの論文のなかで，エピジェネティクス（epigenetics）のことばと概念と提唱している．これは，Avery ら（1944）や Hershy & Chase（1952）の論文が発表される以前である．

7. 正

8. 誤：組換え DNA に関する一連の技術は 1970 年代に開発された．

9. 誤：印刷の関係から2ページにわたっているが長さは1ページほどの論文である．

10. 正

A2.
当時の知識ではタンパク質は 20 種のアミノ酸からなるのに対して，DNA はテトラヌクレオチド説によると DNA は4種のヌクレオチドからなる単純な低分子物質と考えられていた．複雑な遺伝現象を説明するのには変幻自在なタンパク質の方が適しているのではないか，という机上の空論であった．

A3.
生物には統一性と多様性という二つの特徴がある．一般的には，問題にしている現象

339

演習問題　解答例・解説

がそのどちらに属するかは一義的には言えないが，遺伝のしくみは統一性に属すると言ってよいだろう．しかし，性決定という基本過程は哺乳類，鳥類，爬虫類で異なるし，外皮の形や色は多様性に属するだろう．それが生物の面白さでもある．さて，遺伝物質の問題であるが，学生の質問は極めて妥当である．先生は統一性の観点から，肺炎双球菌やファージでの実験からヒトの遺伝物質も DNA である，と説いたのであろう．遺伝子というものはそれだけ生物にとり基本的なものだから，統一性を前提にすることは妥当であるからである．実は，学生の質問への正確な答えとしては，1974 年の DNA クローニング技術の開発以降に，クローン化した DNA を哺乳動物細胞に導入するトランスフェクション実験により哺乳動物でも DNA が遺伝物質であることが確認された．

A4.　1958 年版では RNA → RNA が実線で表され，1970 年版との違いは，RNA → RNA が点線で表されている．これは，1958 年版と，1970 年版では実線，点線の定義が異なることによる．1958 年版で実線は何らかの証拠があった事象を表わすので RNA → RNA を実線で表記したが，1970 年版では，RNA → RNA はある特定の条件下で起こる事象として整理され点線で表されている．

A5.　Crick が言う unknown transfer，つまり，タンパク質→ DNA，タンパク質→ RNA，あるいはタンパク質→タンパク質という情報の流れの存在が見つかったら Crick による1970 年版セントラル・ドグマは破綻すると考えられる．その意味で，Scrapie や狂牛病の病原体の本体およびその性状が注目される．

A6.　Avery らの論文は，第二次世界大戦の終わり頃，ノルマンディー作戦（D デイ）の直前の 1944 年に発表された．戦時下，ヨーロッパの生物学者たちの多くが，この論文を読む機会に恵まれなかった．論文が Journal of Experimental Medicine という学術誌に発表されたことも生化学者の目を引かなかった要因と考えられる．さらに，依然として根強く残っていた「遺伝子はタンパク質である」という風潮のなかで，形質転換物質のなかの真に有効な成分は微量に存在するタンパク質ではないか，という反論がなされた．

A7.　形質転換が in vitro（試験管内）で再現できるということは，S 型菌の抽出物の有効成分のチェック（アッセイという）を肺炎双球菌の培養系で行えることを意味する．もし，in vitro 系が使えないとすると，図 1.2 の実験をマウスを用いて行わなければならなかったことになる．実験のスピードやデータの再現性にとり in vitro 系は極めて有用であったと考えられる．

A8.　生命現象には統一性と多様性という二つの特徴があり，それが生物の面白さの一つでもある．遺伝の仕組みや，遺伝暗号など生物にとり基本的なものは統一性に属すると考えられる．一方，外皮の形や色は多様性に属する．したがって，生命現象の基本的な側面の研究には，より複雑度の低い，実験上取り扱いやすい生物が選ばれる．例をあげると，すでに見たように遺伝子の本体が DNA であることは肺炎双球菌やファージの研究から，テロメア（→第 3 講）の存在はテトラヒメナの研究から明らかとなった．その他，多くの基

本的生命現象の解明が，ショウジョウバエ，酵母，線虫，ゼブラフィッシュ，シロイズナ（植物）で行われている．

第 2 講

A1.
1. 正
2. 誤：ウラシルは RNA のみに使用され，チミンは DNA のみに使用される．
3. 誤：DNA を構成する糖は 2'-デオキシリボースである（2' 位の炭素に連結している原子団が水素原子のみ）．
4. 誤：核酸に含まれる糖の鏡像異性体は D 型，タンパク質に含まれるアミノ酸の鏡像異性体は L 型．
5. 正
6. 誤：シャルガフの規則では，アデニン（A）の含量はチミン（T）の含量と等しく，グアニン（G）の含量はシトシン（C）の含量と等しい．
7. 誤：塩基対は水素結合で会合している．
8. 誤：通常，DNA は二本鎖である，RNA は一本鎖である．
9. 誤：DNA の変性に伴い，260 nm の吸光度は増加する（塩基対の解離に起因する濃色効果）．
10. 誤：球状タンパク質では疎水性アミノ酸が分子内部に集合し，分子表面に親水性アミノ酸が露出する．

A2. 二重鎖 DNA において，塩基対は疎水性のため水との接触を避けてらせんの内部に入り，糖 - リン酸骨格（特に負電荷を有するリン酸基）は親水性のため水と接するようにらせんの外側を向く．塩基対は両隣の塩基対との間の疎水性相互作用によりスタッキングして（積み重なり），リン酸基の負電荷の反発力により 2 本の鎖はねじれてらせんを巻く．なお，A・T と G・C 塩基対において，2 本の鎖の 1' 炭素間の距離と N - グリコシド結合の角度はどちらも等しく，塩基対の平面の面積がその種類によらずほぼ同じ形と大きさであることは，どのような塩基配列でも DNA の二重らせん構造が形成されることを意味する．

A3. 相補的な DNA の配列：5'- TTTACCACCGGACAT - 3'
相補的な RNA の配列：5'- UUUACCACCGGACAU - 3'

A4. アデニン 27%，シトシン 23%，チミン 27%

A5. 塩基組成でチミンが含まれていれば DNA ウイルスである．アデニン含量とチミン含量が等しく，グアニン量とシトシン量が等しければ，二本鎖 DNA ウイルス，そうでない場合は一本鎖 DNA ウイルスである．ウラシルが含まれていれば RNA ウイルスである．アデニン含量とウラシル含量が等しく，グアニン量とシトシン量が等しければ，二本鎖 RNA ウイルス，そうでない場合は一本鎖 RNA ウイルスである，と考えられる．

A6. DNA 鎖長が長くなると Tm は高くなる．同じ長さの DNA であれば，G ＋ C 含量が高いほど，溶液中の塩濃度が高いほど Tm は高くなる．したがって，Tm の高い順に，試料 #4 ＞試料 #3 ＞試料 #2 ＞試料 #1．

A7.
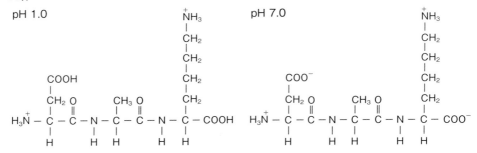

A8. 4 種類のヌクレオチドを 10 個並べた配列は 4^{10}（1,048,576）通りであり，20 種類のアミノ酸を 10 個並べた配列は 20^{10}（1.024×10^{13}）通りである．

A9. 分子内部に存在する傾向が強いアミノ酸残基（疎水性残基）：Ile，Leu，Phe，Val．
分子表面に存在する傾向が強いアミノ酸残基（側鎖がイオン化した残基）：Arg，Asp，Glu，Lys．
どちらともいえない残基：Asn，Gln，Ser．

第 3 講

A1.
1. 誤：ゲノムとは具体的には生殖細胞に含まれるすべての DNA を指す．
2. 誤：多くの原核生物のゲノムは環状 DNA であり，真核生物のゲノムは線状 DNA である．
3. 正
4. 誤：ゲノムサイズの違いは反復配列やその他の非コード配列の占める割合の違いによるところが大きく，ゲノムサイズと生物の複雑さとは必ずしも相関しない．

演習問題　解答例・解説

5.　誤：ヒトゲノムの塩基配列の 99.9% 共通であり，個体差は約 0.1% である．

6.　誤：エキソンはゲノム全体のわずか 1.1% 程度である．

7.　誤：ヘテロクロマチンでは DNA の凝縮度が高く，転写は不活性である．

8.　誤：ヌクレオソームコア粒子に含まれるヒストンは各 2 分子の H2A，H2B，H3，H4 から成る八量体である．

9.　正

10.　誤：姉妹染色分体のそれぞれに二本鎖 DNA が含まれる．

A2.　ヒトの体細胞にはゲノムが 2 組含まれているので，ゲノム DNA の塩基対数の合計は 3.1 $\times$ 10^9 $\times$ 2 bp となる．これを二重らせんの周期 10.5 bp で割ると二重らせんの巻数となる．二重らせん一巻のらせんじく方向の長さは 34 Å $=$ 34 $\times$ 10^{-8} cm である．したがって，[3.1 $\times$ 10^9 $\times$ 2 (bp)] / 10.5 (bp) $\times$ [34 $\times$ 10^{-8} (cm)] $=$ 200.5 cm（約 2.0 m）

A3.　rRNA はタンパク質合成の場となるリボソームの構成要素である．増殖中の細胞ではたくさんのリボソームの合成がされており，多数の rRNA が要求される．rRNA 遺伝子が複数コピー存在することで多量の rRNA 合成に対応できる．また，ゲノム DNA が複製する際，ヌクレオソームも複製されるため，その構成要素であるヒストンも S 期に多量に要求されるためと考えられる．

A4.　MNase によりクロマチンを消化すると，ヌクレオソーム間のリンカー DNA 部位が優先的に切断され，オリゴヌクレオソームの混合物が得られる．その消化物から精製した DNA は約 200 bp の繰り返しのラダーとして観察される．MNase による消化が進むと，モノヌクレオソームに 1 分子のヒストン H1 が結合した構造体になり，さらにヌクレオソームから出ている DNA 部分が消化されて H1 が外れたヌクレオソームコア粒子となる．165 bp の DNA バンドはモノヌクレオソームにヒストン H1 が結合した構造体由来であり，145 bp の DNA バンドはヌクレオソームコア粒子由来であると解釈される．

A5.　DNase I はエンドヌクレアーゼの一種類であり，DNA の二重らせんの副溝側に結合してポリヌクレオチド鎖を切断する．ヌクレオソームコア粒子において，DNA の二重らせんはヒストン八量体に左巻きで巻き付いており，ヌクレオソームの内側でヒストン八量体と接触している DNA 鎖は切断されないが，ヌクレオソームの外側に露出している DNA 鎖は切断される．Q5 の図において，20 と 21 番目のヌクレオチドがヌクレオソーム表面に位置し，二重らせんが 1 回転して次に 31 番目がヌクレオソーム表面となり切断され，次に 41 と 42 番目のヌクレオチドが切断される．すなわち，このバンドの間隔から，ヌクレオソームコアにおける DNA の二重らせんの周期がわかる．

A6.　染色体上にセントロメアが一つもないと複製した染色体がでたらめに分配されて，娘細胞の一方はある染色体を失い，他方は 2 本もつことが起こると考えられる．また，セントロメアが 2 か所以上，すなわち複数存在すると，1 本の染色体上の複数の動原体に微小管が結合して，細胞分裂の際，逆方向に引っ張られて染色体が切れてしまう可能性が考え

343

演習問題　解答例・解説

られる.

A7. 細胞が分裂する前の細胞周期の S 期において DNA は 1 回必ず複製される. 線状 DNA の末端部のラギング鎖（不連続に合成される鎖, →第 5 講）ではプライマーの合成が最末端部から起きたとしても, プライマー RNA が除去されると合成されない DNA 領域が残るため, DNA は完全には複製されない（末端複製問題とよばれる）. したがって, 細胞分裂のたび（DNA 複製のたび）にテロメアは短くなり, 細胞分裂の回数には上限がある（細胞老化とよばれる）. 一方, がん細胞はテロメアの短縮を回避し, テロメアを伸長し続ける機能を獲得している. がん細胞ではたいてい, テロメラーゼとよばれるテロメア合成酵素が活性化しており, この酵素の働きによってテロメアが安定に維持されます. がん細胞が無限に分裂できるのはこのためであると考えられている.

第 4 講

A1.
1. 正
2. 誤：2' の位置ではなく 3' の位置である.
3. 誤：一般にはあり得ない. マウス DNA には大腸菌の複製システムが働く複製起点 (Ori) がないので 4 k の環状 DNA が増えることはない. 考えられるのはその DNA 断片が大腸菌で働く複製起点 (*ori*) をもっている場合である.
4. 正
5. 誤：制限酵素は粘着末端をつくるものと平滑末端をつくるものがある. 粘着末端には, 3' 突出末端と 5' 突出末端がある.
6. 正
7. 正
8. 正
9. 誤：PCR で増幅できる DNA 領域はせいぜい 40 kb である. また, サイクル数を増やしても最終産物が多くならない. それは dNTP など基質の枯渇, ポリメラーゼ反応において生ずるピロリン酸による逆反応が起こるからである.
10. 誤：逆で β-ガラクトシダーゼの発現をインサートが阻害したホワイトコロニーが目的 DNA を含む. ただし, Q6 でディスカッションするようにホワイトコロニーがインサートを含まないことも起こりえる.

A2. *Eco*RI では $(1/4)^6 = 1/4,096$ となり, 約 4,000 bp に 1 箇所の頻度で, *Hae*III では $(1/4)^4 = 256$ となり約 250 bp に 1 箇所の頻度である.

A3. 牛, 豚, 鶏にそれぞれ特徴的な DNA 配列を検出するための PCR 反応を行えばよい. ミトコンドリア DNA がよくターゲットとされる. 市販されている肉片を細かくスリ身のようにし DNA を抽出し, それぞれのプライマーセットで PCR を行えばよい.

A4. 欠失部位をはさむ 300 bp 程度の部位を増幅するようにプライマーセットを設計する.

このプライマーを用いて各仔マウスの尾から抽出した DNA を用いて PCR を行う．ホモであれば，約 300 + 580 bp の増幅産物のみ，ヘミ（片方のゲノムのみに欠失がある）の場合は，約 300 bp と約 300 + 580 bp の 2 本のシグナル，野生型であれば約 300 bp のシグナルのみが検出される．

A5. 当時の DNA ポリメラーゼは PCR における熱変性の段階で活性を失う．したがって，DNA の熱変性のたびごとに，PCR 用のチューブを開けて新たな DNA ポリメラーゼを加える操作が必要であった．実際，このような煩雑な操作でも PCR 反応は可能である．

A6. 実験は時として予想外の結果をもたらすことがあり，一見，既存の知識では説明しきれないこともある．さまざまな可能性を考えて説明を試みることによって，予想外の結果が大きな発見につながるきっかけになることもある．頭の体操と思って考えてみよう．このブルーコロニーの 60 bp のインサートによる 20 個のアミノ酸が β - ガラクトシダーゼのアミノ酸配列と in frame（読み枠がずれていない）になっており，かつ，ストップコドンもなかったので β - ガラクトシダーゼの発現に影響しなかった，と考えられる．ホワイトコロニーがインサートを含んでいなかったのは，ヌクレアーゼによりベクターのクローニング部位が平滑末端となりリライゲーションされた結果，β - ガラクトシダーゼにフレームシフト変異が導入された可能性が考えられる．

A7. 500 bp の DNA 一本の重さは，$(2 \times 500 \times 330/6 \times 10^{23}) = 5.5 \times 10^{-19}$g である．PCR 反応の初期には 500 bp より長い DNA ができるが，これらは最終産物に比して微々たるもので無視できる．DNA は PCR 反応を繰り返すたびに 2 倍になるので，$100 \times 10^{-9}/5.5 \times 10^{-19} = 2^N$ から，$N = \log (1.81 \times 10^{11}) /\log 2$．したがって，$N = 37.4$（回）．

A8. ビボディン遺伝子にはイントロンが存在したと考えられる．大腸菌はイントロンを切り出すスプライシング機能をもたないためビボディンはできない．この目的のためには cDNA クローンを用いなければならない．

第 5 講

A1.
  1. 誤：半保存的様式で行われる．
  2. 誤：ラギング鎖のみ不連続的である．
  3. 正
  4. 正
  5. 誤：ミスマッチ修復機能は DNA ポリメラーゼ以外の酵素群による．
  6. 誤：S 期の中のいろいろな時期で始まる．転写活性の高い遺伝子は S 期の早期に，転写活性の低い遺伝子は S 期の後期に複製される．
  7. 正
  8. 誤：通常はリーディング鎖とラギング鎖の両鎖に均等に移行する．
  9. 正

10. 正

A2.

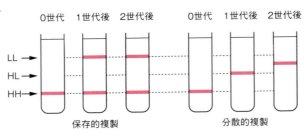

A3.

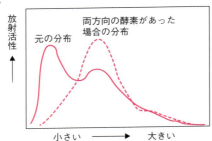

岡崎断片が検出されなくなり，新生鎖の両鎖がリーディング鎖のようにふるまうので図のようになる．

A4. RNAはアルカリ性条件下でRNAの糖部分の2'炭素についた水酸基は，3'炭素についたリンと反応することでRNA鎖は切断される．プライマーRNAが残っていると，細胞内の微細環境の変化や細胞外の環境変化で，複製フォークがアルカリ性条件にさらされると，プライマーRNA鎖は切断される可能性が考えられる．つまり，その箇所は一本鎖DNA状態になる．さらに，そのDNAが切断されると二本鎖DNA切断となる．それは，細胞がん化や老化を促進するので，プライマーRNAは化学的に安定なDNAに置き換わる必要がある．

A5. DNA合成の正確度を保証する仕組みが破たんすると，遺伝子配列を基につくられるタンパク質の働きが変化したり，途中でタンパク質合成が停止し全長のタンパク質の合成ができなくなる場合がある．その結果，細胞機能にさまざまな影響が生じる．細胞の増殖に正に働くタンパク質でその機能が向上するか，増殖に負に働くタンパク質でその機能が低下すると，細胞増殖の制御の破綻を通じて，細胞ががん化する可能性がある．

A6. 変異型1．温度を上げると合成酵素の構造が変わり，DNA合成能を失うので，DNA増加率はすぐに頭打ちになる．

演習問題　解答例・解説

A7.　ヒストン H3-H4 のアセチル化などの翻訳後修飾は遺伝子の発現の制御に重要な役割を
もつ．DNA 複製時に，その翻訳後修飾が二つの DNA 鎖に均等に分配されることで，最
終的に同じ遺伝子発現制御をもつ二つの分化した細胞ができる．しかし，そのようなヒス
トン分配の機能が破綻すると，複製後に本来受け取るべきヒストン修飾を受け取らない遺
伝子が細胞に存在することになる．そのような細胞の遺伝子発現制御は，元の細胞の制御
と異なる．よって，元の細胞と同じ機能をもつ細胞ができないことになる．本文でも述べ
たが，幹細胞などにみられる非対称分裂では修飾ヒストンの不均等な伝達が起きると考え
られる．

A8.　ヒトの各染色体の長さは異なるが，平均すると，大腸菌の 20 倍ほどの長さとなる
（1,000/46）．その値は，DNA 合成時間の比（8/0.5 = 16）とさほど変わらないので，もし，
合成速度が同じであれば，各染色体に 1 か所 DNA 複製開始点でも複製可能である．し
かし，実際にはヒトの DNA 合成酵素は，大腸菌の酵素に比べ 10 倍遅い．よって，ヒト
細胞ゲノム DNA 複製には，各染色体に 10 か所の複製開始点が最低必要になる．

A9.　DNA 複製と DNA の転写の反応は，ともに，二本鎖ゲノム DNA を解く反応を伴う．
DNA 複製開始点が遺伝子内に存在する場合，それら二つの反応が，かち合って，お互い
を阻害する可能性が考えられる．

第 6 講

A1.
1. 誤：両方の鎖が鋳型となる．どちらの鎖を鋳型とするかは遺伝子による（→図 6.1 (b)）．
2. 誤：真核生物の RNA ポリメラーゼⅢのプロモーターは転写開始点の下流に位置する．
3. 誤：センス鎖は鋳型とならない鎖のこと．鋳型になるのはアンチセンス鎖とよばれる．
4. 誤：プライマーは必要ない．
5. 正
6. 誤：原核生物では，1 種類の RNA ポリメラーゼがすべての RNA を合成する．
7. 誤：原核生物の RNA ポリメラーゼのサブユニットの一つである．
8. 正
9. 正
10. 誤：RNA ポリメラーゼⅢにより転写される．

A2.　もし完全に 0 であると，ラクトースを取り込む透過酵素をコードする *lacY* 遺伝子が発
現しないため細胞外にラクトースがあっても取り込まず，したがって，細胞外にラクトース
があっても *lac* オペオンが機能しないことになる，と考えられる．

A3.　原核生物ではゲノム DNA が裸に近い状態であり，かつ単一の因子により制御される
ため転写の基底レベルが比較的高い状態にある．一方，真核生物の場合は，DNA がヒス
トンに巻き付いたクロマチン構造（ある場合にはヘテロクロマチン構造）を取っており，
かつ，複数の転写因子により協動的に制御されるため，それが転写に対して抑制的な効果

347

演習問題　解答例・解説

をもっているために原核生物と比べて転写の基底レベルが非常に低くなっている．そのため，原核生物に比べて真核生物での転写調節の幅が広くなっていると考えられる．

A4.　よべない．RNA ポリメラーゼと強く結合する塩基配列がプロモーターではなく，結合が強すぎるとプロモーターから離れて転写を開始しにくくなるかもしれない．この配列がプロモーターとして機能しているかの判定をするためには，この配列の近傍に転写されている領域があり，その転写産物の最上流位置にこの配列が位置していることを確認する必要がある．

A5.

1.　X 変異体 2 は +1 に結合して転写を抑制することから −60，−65，−70 にも結合することが考えられる．しかし，それらの結合によって転写を活性化する能力はない．すなわち，DNA 結合能はもつが転写活性可能のみ欠損した変異と考えられる．

2.　転写因子 X が転写開始点に結合すると転写を抑制するが，転写開始点の上流 −60，−70 の位置に結合すると RNA ポリメラーゼと相互作用して転写を活性化する．しかし，−65 の位置では，DNA 二重らせんの逆側に位置するため RNA ポリメラーゼと相互作用できず転写を活性化できないと考えられる．

第 7 講

A1.

1.　誤：rRNA や tRNA はプロセシングを受けて成熟化する．また，本文では触れていないが，原核生物の mRNA も切断によるプロセシングを受けて機能を発揮する場合がある．

2.　誤：スプライシングでは正確にイントロンが切り出される必要がある．正確に切り出されず，たとえば 1 塩基残存してしまったような場合，成熟化した mRNA 内でフレームシフトが発生し，正しいタンパク質が翻訳されなくなる．

3.　正

4.　正

5.　誤：セルフスプライシングの場合，スプライソソームを必要としない．

6.　誤：イントロン内に存在するブランチ部位もスプライシング反応に必要である．

7.　正：

8.　誤：転写が終結した箇所ではなく，AAUAAA のコンセンサス配列の 10 ～ 30 塩基下流で切断されたのちにポリ A が付加される．

9.　誤：rRNA 成熟化に必要な snoRNP に含まれる snoRNA や，スプライソソーム中の snRNA などは核内で機能する．

10.　誤：エンドリボヌクレアーゼによる mRNA 内部の切断も，分解の引き金となる．

A2.　真核生物の mRNA の 5′末端と 3′末端にはそれぞれキャップ構造とポリ（A）テールが存在する．一方で，原核生物の mRNA の 5′末端は多くの場合リン酸基であり，3′末端に配列が付加されることはない．また，真核生物の mRNA 内部配列はスプライシングを受

けており，翻訳される配列のみを含んでいる．一方で原核生物の場合，連続した領域の複数の遺伝子群（オペロン）が一つのプロモーターによって転写されることがある．このような複数の遺伝子をコードするmRNAはポリシストロニック性とよばれ，ポリシストロニックmRNA内部には遺伝子の配列だけではなく遺伝子間領域が含まれている．

A3. cのみが必然的に正しい．aとbも当てはまる場合はあるが，必然ではない．これは相互排他的なエキソン8と9にも当てはまる．エキソン10が常に同じアミノ酸がコードするようにするためには，相互排他的なエキソン（2と3，もしくは8と9）によってリーディングフレームを変わることは許されない．その場合，リーディングフレームを保つために，それぞれの相互排他的なエキソンは3で割ったときに余りが同じになる必要がある．

A4. 原核生物では5'末端のトリリン酸の除去やエンドリボヌクレアーゼによるmRNAの内部切断が分解の最初のステップとなる．真核生物の場合，ポリ（A）テールの除去とそれに続く脱キャップ化によってmRNAが不安定化する．

A5. 転写開始点のmRNA 5'末端は，真核生物の場合は5'-キャップ構造を有しており，原核生物の場合はトリリン酸を有している．一方で，リボヌクレアーゼによって生じた5'末端はモノリン酸構造である．5'-キャップ末端やトリリン酸末端は，モノリン酸末端よりも5'→3'エキソリボヌクレアーゼ処理に対して分解されずらいため，5'→3'エキソリボヌクレアーゼ処理によってRNAが分解されるかどうかを解析することで，転写開始点からのRNAかリボヌクレアーゼによって分解を受けたRNAかを見分けることができる．

A6. 5'-キャップ構造を有するRNAは細胞内における安定性が高く，翻訳効率が高いため，ワクチンに用いられる合成RNAも5'-キャップ構造を有している必要がある．

A7. イントロン内部の点変異によって異常なスプライシング部位が生まれ，イントロンの一部が偽エキソン（pseudo-exon）となる可能性がある．点変異によって新しい5'スプラ

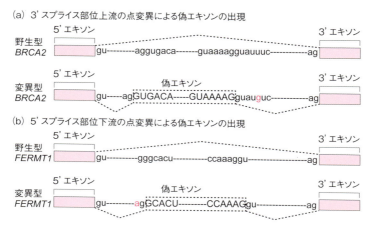

演習問題　解答例・解説

イス部位や 3' スプライス部位が形成され，偽エキソンが生じる例を下図に示す．偽エキ
ソンの出現によって，フレームシフトが起きると，正常なタンパク質が生産できなくなっ
てしまう．他にもブランチ部位の変異や，スプライシングエンハンサーやスプライシング
サイレンサーとよばれるスプライシング活性を調節する配列に変異が導入されることに
よっても，偽エキソンが生じる場合がある．

第 8 講

A1.

1. 正
2. 正
3. 誤：通常の生物では翻訳に使用されるアミノ酸 20 種類に対し，それぞれ対応する
tRNA アミノアシル合成酵素が存在する．
4. 正
5. 誤：rRNA とタンパク質の大きさや種類が異なる（→図 8.10）
6. 誤：遺伝暗号表ではロイシンは 6 種の，グリシンは 4 種のコドンに対応する．
7. 正
8. 正
9. 正
10. 誤：真核生物では，mRNA が核内から細胞質に輸送され，細胞質のリボソームで翻
訳が起こる．

A2.　翻訳過程で誤ったアミノ酸が組み込まれると，細胞機能が妨げられる可能性がある．
このため，次の 3 点の要因が翻訳過程の正確性を支えている．① mRNA 上のコドンとア
ミノ酸が正確に対応する．② tRNA のアンチコドンがコドンに正確に対応する．③ リボソー
ムは tRNA が正確にコドンに対応するかどうかをチェックする校正機能（プルーフリー
ディング機能）を有する．

A3.　(1) 遺伝子 A の中央部に大腸菌で働く STOP コドンが存在しており，その STOP コド
ンに遺伝子 A をクローン化した「ある種のバクテリア」では，非普遍遺伝暗号として特
定のアミノ酸が割り当てられている可能性が考えられる．(2) 50 kDa タンパク質の中央
部に特異的なプロテアーゼが働いた可能性が考えられる．「ある種のバクテリア」では，
そのプロテアーゼ活性が欠如していたため 50 kDa として確認された．大腸菌では，その
プロテアーゼにより 50 kDa タンパク質の中央部で切断され二つの 25 kDa になり，電気
泳動法では区別できずに一つのタンパク質と判断された．

A4.　真核生物の翻訳過程では，mRNA が 5' 末端と 3' 末端で環状構造を作る．この時, 5' Cap
に結合する eIF4E が，eIF4G を介して 3' 側のポリ（A）結合タンパク質と複合体を形成す
ることが知られている（→図 8.15）．この実験は，上記因子の相互作用からなる複合体が
検出されたことを示す．

350

演習問題　解答例・解説

A5. リボザイムとは酵素活性をもつ RNA のことである．リボソームの 23S rRNA は，tRNA に付加されたアミノ酸とペプチドを連結する活性（ペプチジル転移反応）をもちリボザイムとして機能する．リボザイム活性を証明するには，精製された RNA 成分だけでペプチジル転移反応を示せばよい．または，RNA 分解酵素で同活性が消失すること，DNA 分解酵素やタンパク質分解酵素では同活性が消失しないことを示せばよい．また，リボソームの構造解析からも，ペプチジル転移反応の活性部位には RNA 鎖の特定の領域が存在することが示されている．

A6. バクテリア，アーキア，真核生物は生物の三大ドメインである．これらすべてにおいて，tRNA や rRNA の構造がほとんど変わらないことは，これらの生物ドメインが分岐する以前に tRNA や rRNA の構造が固定されたことを意味している．おそらく，これらの RNA 分子の機能が根源的すぎるため，その構造に大きく変異を生じた生物種は死滅したと考えられる．

A7. 翻訳に関連する疾患では，遺伝的変異が異常タンパク質の生成を通じて，細胞内の調節機能に影響を与え遺伝性疾患を引き起こす．また，アミロイド β，タウなど異常なタンパク質は凝集体を形成し，アルツハイマー病，パーキンソン病，ハンチントン病などの神経変性疾患の発症に関与する．さらに，ある種のがん細胞では，翻訳異常によるシグナル伝達異常やタンパク質の過剰産生により，細胞増殖やアポトーシス（細胞死）などが正常に制御されなくなる．

第 9 講

A1.
1. 誤：タンパク質に翻訳されず，RNA レベルで働く分子の総称である．tRNA や rRNA の他，さまざまな低分子 RNA や長鎖ノンコーディング RNA などがある．ただし，すべてのノンコーディング RNA でその機能が明確になったわけではない．
2. 誤：上記のように tRNA や rRNA もノンコーディング RNA であり，原核生物においてもこれらの RNA は必須である．加えて，原核生物ゲノムの遺伝子間領域やタンパク質をコードする遺伝子のアンチセンス鎖から低分子のノンコーディング RNA が発現し，機能することがわかっている．
3. 誤：miRNA の機能を遂行するためには RNA 分子だけでなく，RISC とよばれる酵素の複合体をはじめとしたタンパク質因子が必要である．
4. 正
5. 正
6. 誤：CRISPR システムは，本来，外来性ウイルスやプラスミドへの獲得免疫を与える微生物の適応免疫システムとして見出されたものである．遺伝子編集はその人為的な応用である．
7. 正
8. 正
9. 誤：RNA アプタマーは，特定のターゲット分子に対する高い親和性をもつ RNA 分子

351

演習問題　解答例・解説

または RNA オリゴヌクレオチドであり，一般的には数ピコモルから数ナノモル（pM から nM）の結合定数からなる親和性をもつ．

10. 誤：例えば，piRNA（→表 9.1）は，生殖細胞のゲノムを維持するために非常に重要な役割を果たしており，遺伝子発現の制御における内在的な siRNA の典型的な例である．

A2. 2000 年代初頭，長鎖 ncRNA がシステマティックに推定された時の定義は，RNA 配列に 100 アミノ酸以上の読み枠（ORF）が現れないことであった．したがって，小型の ORF を持った mRNA は ncRNA として分類された．その後，質量分析法によりペプチドの直接同定ができるようになると，ncRNA と同定された RNA の一部はペプチドをコードする mRNA であることが明らかになった．

A3. miRNA は標的 mRNA の翻訳を阻害するか，その分解を介してあるタンパク質を減少させると考えられる．そのタンパク質が細胞の増殖にかかわるならば増殖制御に影響を及ぼすことになり，免疫応答にかかわるならば，その miRNA は免疫応答を減じることになる．

A4. 遺伝子ノックアウトとはゲノムの遺伝子を破壊することである．一方，遺伝子のノックダウンでは遺伝子は無傷であり，その発現量や翻訳量が抑制される．遺伝子のノックダウンでは RNA 干渉技術（RNAi）やアンチセンス RNA の技術が用いられ，導入する siRNA やアンチセンス RNA の量を変えれば，その遺伝子の抑制効果を段階的に観察できる．

A5. ノンコーディング RNA の高次構造がその機能に必須であり，数多くの RNA 制御タンパク質がノンコーディング RNA の高次構造を認識してその制御を遂行する．例えば，tRNA や rRNA の独特の高次構造が機能と関係していることに留意されたい．

A6. RNA テクノロジーとは，急速に発展している RNA を用いた技術の総称である．これまで知られているものとして，① siRNA を用いた RNA 干渉，②アンチセンスオリゴヌクレオチドを用いた遺伝子の抑制，③いろいろな疾病に対する mRNA ワクチン，④ CRISPR-Cas9 技術を用いたゲノムの編集，などがある．一方，これらの技術の適用においては，安全性や倫理面への配慮が必要である．例えば，siRNA やアンチセンス RNA の場合，標的以外に作用するオフターゲット効果が生じ副作用につながる可能性がある．これらの RNA の細胞内デリバリーにおいて，RNA 分子の安定性や膜通過などの課題が残されている．さらに，CRISPR-Cas9 技術の進展により，遺伝子の編集が可能になるため，倫理的な問題，例えば，ヒトゲノムの編集により個体や人類全体に長期的な影響をもたらす可能性がある．

A7. ノンコーディング RNA の同定に 100％確実な方法はほぼないといってよい．その上で，以下に述べるいくつかの条件を複数クリアすることで，該当する RNA はノンコーディ

ング RNA と考えることができるだろう．その条件には，①情報科学的にできること，②
実験科学的にできること，の二つがある．情報科学的には，問題文にあるように，cDNA
の塩基配列から長い（例えば 50 アミノ酸残基長以上）のタンパク質の読み枠（ORF）がど
のようなフレームで探しても存在しないことを確認することである．実験科学的には，同
RNA を発現細胞からリボソーム画分を取得して，同 RNA がリボソーム中に含まれない
ことを示すことである．真核生物の場合，同 RNA が常に細胞核にあるならば翻訳は行わ
れていないと判断できる．また，ゲノム情報が既知の場合には，細胞からペプチド分画を
取得して質量分析によりペプチド配列を同定し，その配列に対応する ORF と一致するゲ
ノム情報がないことを確認できればなおよい．

第 10 講

A1.
1. 誤：DNA は代謝産物，紫外線，放射線や水などによって自然に損傷を受ける．
2. 誤：DNA を標的とする化学療法剤は細胞の種類に関係なく DNA 損傷を引き起こす．
3. 誤：DNA ポリメラーゼにより誤って取り込まれた塩基の修復も行う．
4. 正
5. 誤：「挿入されたヌクレオチド」を切り取るのではなく，紫外線によって誘発されたピ
   リミジン二量体や，ベンゾピレンが架橋されたヌクレオチドを切り取る．
6. 誤：大量の二重鎖切断が生じた場合，修復時間が短い非相同末端結合が優先されるこ
   とが予想される．
7. 正
8. 誤：転写共役ヌクレオチド除去修復はゲノムの安定維持にも重要である．
9. 誤：損傷乗り越え型 DNA ポリメラーゼの特徴として，校正機能がないことが挙げら
   れる．
10. 正

A2. ヒトの場合，タンパク質をコードする遺伝子領域は全ゲノム DNA の 2% を占める．1
個の体細胞において 1 日に 50 回二重鎖切断が生じた場合，そのうちの 1 回は遺伝子上で
起こる計算になる．つまり，すべての体細胞において二重鎖切断が起こることになる．二
重鎖切断は 1 日 20 回程度起こるということは，1 個の体細胞で二重鎖切断が起こる確率
は 40% である（20/50 = 0.4）．したがって，ヒトにおいて二重鎖切断が生じる体細胞は，
37 兆個 × 0.4 = 14 兆 8,000 億個

A3. 隣り合ったグアニン間の架橋は，ピリミジン二量体のように DNA 構造の歪みを引き
起こすことが考えられる．ヌクレオチド除去修復は，ピリミジン二量体だけでなく，ベン
ゾピレンの架橋のように DNA 構造の歪みを引き起こす損傷を修復の対象としているので，
グアニンの架橋も修復すること考えられる．

演習問題　解答例・解説

A4.

	DNA 損傷の程度	変異体の生存率	変異の発生率
ヌクレオチド除去修復が正常に機能しない変異体	増加	減少	増加
損傷乗り越え修復が正常に機能しない変異体	同程度	減少	減少

　ヌクレオチド除去修復が正常に機能しない変異体では，紫外線によって発生したピリミジン二量体が効率よく修復されないため，野生型と比べDNA損傷の増加がみられる．一方，損傷乗り越え修復では損傷は修復されないので，その変異体も野生型と同程度の損傷がみられる．

　生存率については，どちらの変異体も野生型と比べ減少する．ヌクレオチド除去修復が正常に機能しない変異体では，遺伝子に変異が生じることにより細胞死が増える．損傷乗り越え修復が正常に機能しない変異体では，DNA 複製が完了しないことによって細胞分裂時にゲノムの正確なコピーが娘細胞に伝わらず，細胞死が増える．

　変異の発生率については，ヌクレオチド除去修復が正常に機能しない変異体では損傷が修復されずに残るので増加する．一方，損傷乗り越え修復は正常にはたらくと変異の発生率が増加するので，その変異体は逆に減少する．

A5. DNA ポリメラーゼ#1 はピリミジン二量体を乗り越えてプライマーを伸長しなかったのに対し，DNA ポリメラーゼ#2 はピリミジン二量体を乗り越えてプライマーを伸長した．したがって，DNA ポリメラーゼ#2 は損傷乗り越え修復で機能する DNA ポリメラーゼであることが考えられる．一方，DNA ポリメラーゼ#1 については，損傷乗り越え修復で機能するのかは不明である．ただし，DNA ポリメラーゼ#2 と同様に無傷の鋳型に対してプライマーを伸長する活性はあるので，ピリミジン二量体以外の損傷を乗り越えて DNA 合成を行う可能性が考えられる．

A6. 転写が途中で停止した状態から再開しないため，RNA の合成が最後まで行われない．したがって，遺伝子発現の低下がみられる．

A7. 各 DNA 修復経路では，損傷部位の認識，細胞周期をコントロールするタンパク質群への情報発信，修復に関与するタンパク質の呼び込みなど，複数の工程が必要である．その多くは，複数のタンパク質が協調して機能するため，どれか一つのタンパク質が正常にはたらかなくなっても，DNA 修復経路全体の破綻を引き起こし，病態を引き起こす．

第 11 講

A1.
1. 正
2. 正
3. 誤：ノロウイルスは RNA ウイルスであるから，その遺伝子は RNA である．
4. 正
5. 正

354

6. 誤：もともと細胞だったものが退化してウイルスになったとする説は，還元仮説（リダクション仮説）という．ウイルス・ファースト説とは，細胞よりもウイルスが先に誕生し，そのウイルスから細胞が進化したとする説である．

7. 誤：ボルティモアは，ゲノムの種類や複製のされ方をもとに，ウイルスを七つのグループに分けた．これをボルティモア分類という．

8. 正

9. 誤：エボラウイルスはフィロウイルス科に属する．

10. 誤：変異がよく知られているのはスパイクタンパク質である．

A2. インフルエンザウイルスの RNA ゲノムは 8 本に分節化されている．ブタの細胞に，トリインフルエンザウイルスとヒトインフルエンザウイルスが同時に感染すると，細胞内で 8 本の分節化 RNA の組合せが変化した子ウイルスが組み立てられることがある．その結果，RNA ゲノムの構成が変化した新型インフルエンザウイルスが誕生することがある．

A3. プラス鎖 RNA ウイルスは，そのゲノム自身が mRNA になり得るため，容易に宿主細胞による防御反応（ウイルス mRNA の切断など）のターゲットになりやすい．その中から，おそらく宿主の防御反応により耐性をもつと考えられる相補的な RNA をもつ二本鎖 RNA ウイルスが進化したと考えられる．さらにその中から，mRNA となるプラス鎖をもともともたず，細胞内でリボソームに結合させる直前になってはじめてプラス鎖を合成するマイナス鎖 RNA ウイルスが進化したと考えられる．

A4. 電子顕微鏡を使ってもその姿が見えない時期（暗黒期）は，ウイルスが細胞内に侵入して脱殻した時点から，子ウイルス粒子が組み立てられ姿を現す時点までの時期である．この間，ウイルスはゲノム（DNA もしくは RNA）のみの状態となり，盛んにゲノムを複製し，自らの構造タンパク質を合成している状態であると考えられる．

A5. コロナウイルスはそのゲノムが RNA ウイルスの中で最も長い（約 3 万塩基）ため，修復機構を備えていると考えられるが，新型コロナウイルスによるコロナ禍では世界中で多くのヒトが感染したため，新型コロナウイルスにとっては感染機会，すなわち複製の機会が劇的に増加した．複製の機会が増えれば，変異の機会も増える．修復機構を備えているとはいえ，それを上回るほどの変異機会を得たために，多くの変異株が生み出されたと考えられる．

A6. 宿主の細胞内には，ウイルスのゲノムを切断するヌクレアーゼや，細胞質に外来 DNA や外来 RNA が侵入した場合の防御機構が存在するため，ゲノムの切断などから守るために，ウイルスはこうした区画をつくり，その中で複製すると考えられる．またヘルペスウイルスやミミウイルスなど比較的ゲノムサイズの大きな DNA ウイルスは，細胞成分から独立した区画内でゲノムを複製する方が有利であったのではないかと考えられる．

演習問題　解答例・解説

第 12 講

A1.
1. 誤：ゲノム内を自由に移動する動く遺伝子が発見されている
2. 正
3. 正
4. 誤：トランスポゾンは遺伝子の機能やゲノムの分類に重要である．
5. 正
6. 誤：相同性組換えは異なる遺伝子間の対合に依存するので，相同性が必要である．
7. 誤：トランスポゾンの移動は DNA 配列の特異性を必要としていないため異なる染色体間でも起こる．
8. 正
9. 誤：トランスポゼースが認識するのはトランスポゾン側に存在する反復配列である．よって，反復配列が標的部位に存在する必要はなく，トランスポゾンはランダムに組み込まれる．このため，トランスポゾンによって破壊されたり変化したりする遺伝子が出現する．
10. 正

A2. 発生生物学的には，アフリカツメガエル，ショウジョウバエや羊における体細胞からの核移植によるクローン個体の作製が例となる．また，体細胞からの iPS 細胞の作製もその例である．分子生物学的には，DNA クローンをプローブとして遺伝子発現細胞と非発現細胞で遺伝子数が変わらないことなどが示された．もっとも厳密な証拠として，カイコのフィブロイン遺伝子について発現組織と非発現組織で塩基配列を 1,910 bp にわたって直接比較した研究がある．

A3. ①生殖細胞．有性生殖によって世代交代をする生物においては，生殖細胞が分化する過程で細胞当たりの遺伝情報が半減，つまり DNA 合成を伴わず細胞分裂してしまいゲノム情報を半減する減数分裂が観察される．また，その過程において相同染色体を構成する DNA 分子間で相同組換えが起きる．これによって，DNA の塩基配列のレベルで同じ遺伝情報をもつ生殖細胞は多様性を獲得する．
　　②抗体産生細胞（形質細胞・B 細胞）．形質細胞への細胞分化過程において，免疫グロブリンの遺伝子が再編成され，非常に多くの種類の抗原に対抗する抗体の多様性が生じる．T 細胞による抗原認識を担う T 細胞受容体を構成するタンパク質の遺伝子も細胞分化の過程で再編成によって多様性を獲得する．

A4. トランスポゾンがゲノムに組み込まれることによって生じる変化は，細胞にとって有益・有害・中立のいずれかになる．有害な挿入が多くなると自然選択により淘汰されるため，進化の上で残ってくるのは有益か中立のいずれかの変化である．なお，多くのトランスポゾンはめったに転移しないように進化したものである．

A5. トランスポゾンの挿入による影響で，花弁の色を紫色にするために必要な機能を担っ

356

た遺伝子の機能に欠陥がある系統の白い朝顔であったと推測される。ある頻度でトランスポゾンが抜けることにより復帰突然変異が起き、本来の紫色が回復した細胞が扇状に分布したのだと考えられる。

A6. 抗体は免疫グロブリンの二つの H 鎖と κ, λ 二つの鎖によって構成されている。それぞれに可変部をコードする遺伝子領域で V‑S‑J (V‑J) 再構成, H 鎖では定常部をコードする複数の遺伝子から一つ選ばれるクラススイッチ再構成があり、相当の多様性が生み出される。加えて、可変部位をコードする領域での体細胞高感度突然変異や H 鎖と L 鎖の組み合わせによっても多様性が増幅される。

A7. 遺伝子増幅。耐性細胞と元々の細胞である対象細胞からゲノム DNA を抽出する。 *DHFR* 遺伝子あるいはその一部をプローブ標識し、サザンハイブリダイゼーション法*により、遺伝子断片のサイズや量を解析する。これにより遺伝子がゲノムで増幅したかを確認する。

遺伝子発現量。耐性細胞と元々の細胞である対象細胞から mRNA を抽出する。DHFR の cDNA などをプローブ標識し、ノザンハイブリダイゼーション法*によりシグナルを検出し、その強度を比較することにより、発現量の増加を確認する。実際この実験においては、ゲノム遺伝子が増幅していることが確認された。

第 13 講

A1.
1. 誤：外来 DNA をゲノム DNA に導入する場合、狙った場所に挿入されない。挿入される場所をコントロールすることができず、ランダム挿入である。
2. 誤：遺伝子ターゲティングは、相同組換えを利用して行う方法である。
3. 誤：マウス ES 細胞を用いた遺伝子ターゲティングにおいて、目的の相同組換えが生じる確率は低い。ただし、目的の相同組換えが生じた ES 細胞を効率的に同定する方が考案されている（詳細は「分子生物学 15 講　発展編」参照）。
4. 正
5. 誤：マウスにおいても、ゲノム編集技術の誕生により、変異体を作製する効率やスピードが遺伝子ターゲティングと比べて格段に向上した。
6. 誤：ZFN, TALEN はタンパク質の DNA 結合ドメインを利用し、特定の DNA 領域に作用するが、CRISPR-Cas9 は、RNA をガイド分子として標的の DNA 配列に作用する。
7. 正

---

* サザンハイブリダイゼーション法：DNA 断片を電気泳動により分画した後、ニトロセルロース等の核酸を吸着する膜に転写し、標識された DNA 断片（プローブ）とのハイブリダイゼーションにより特定の DNA 断片を検出する方法（→詳細は他書を参照）。
ノザンハイブリダイゼーション法：サザンハイブリダイゼーション法と原理は同じである。RNA を電気泳動で分画し、転写し、標識されたプローブにより特定の RNA 断片を検出する方法（→詳細は他書を参照）。

演習問題　解答例・解説

8. 誤：現時点では，CRISPR-Cas9 の標的となる DNA 配列には PAM 配列が必要であるため，すべての DNA 配列を標的とすることはできない．

9. 誤：標的の DNA 配列と類似した配列を切断することが報告されている．オフターゲット効果という．

10. 誤：CRISPR-Cas9 を用いる方が，TALEN よりも効率的である．CRISPR-Cas9 は，一つのターゲットに対して，一種類の CRISPR-Cas9 が必要である．一方，TALEN の場合は，一つのターゲットに対して，二種類の TALEN が必要となる．

A2. 3 の倍数の塩基の欠失や挿入が生じた場合，アミノ酸をコードする読み枠がずれるフレームシフト変異にならないため，遺伝子機能が損なわれない場合がある．

A3. 遺伝子の周辺にあるゲノム領域には，遺伝子発現を調節する非コード領域が存在する．例えば，ゲノム編集技術を用いて，目的の非コード領域を欠損させることで，その機能を調べることができる．

A4. 例えば，目的とするところ以外の場所に，重要な機能をもつ DNA 配列が存在しているかもしれない．そこにオフターゲットのため変異が導入されると表現型がどのようになるか予想もつかないことになる．特に，ヒトへの応用を考える場合には，オフターゲットが無いようにする必要がある．

A5. ゲノム編集技術によって生じさせた変異は，一般的に数〜数 10bp の欠失や挿入であり，自然に生じうる変異と区別することが難しい．また，ゲノム編集においては一過的に，細胞外で加工した核酸（ガイド RNA など）を導入するが，このような外来 RNA 配列が挿入されていないことが確認されれば，遺伝子組換え生物には該当しないとされる．ただし，このような生物を商業用などに使用する場合には，所轄官庁への情報提供が必要とされている．

A6. 小型化したブタの場合は，成長ホルモン受容体をコードする遺伝子をゲノム編集技術によって欠損させ成長を阻害している．ちなみに，ブタには成長ホルモン受容体をコードする遺伝子は二つ存在するため，残りの一つによって，ある程度成長することができる．また，肉厚マダイの場合は，筋肉細胞の増殖を抑制する遺伝子を欠損させている．その結果，筋肉細胞の増殖し肉厚となった．

第 14 講

A1.
1. 誤：DNA メチル化により発現が抑制される．
2. 誤：エピジェネティクス（epigenetics）の用語と概念は，1942 年，C. H. Waddington により提唱された．
3. 誤：まれではあるがオスの三毛猫は存在する．よく知られているのは，生殖細胞形成において染色体分配の異常により XX 卵や XY 精子が生じ，それが正常な精子や

卵との受精により XXY という核型をもつ猫が生まれる．Y にはオス決定遺伝子があるのでこの猫はオスである．メス三毛猫誕生と同じ原理で X 染色体不活性化によりこのオス猫は三毛となる．他にも多様な仕組みが知られている．

4. 正

5. 誤：エピゲノム状態の「世代を超えて」遺伝する例が刻々と報告されている．

6. 正

7. 正

8. 誤：どちらの X 染色体が不活性化するかは個体レベルではなく細胞レベルで決まっている．

9. 誤：標的遺伝子を改変，除去することはノックアウト，あるいはターゲティングとよばれる．ノックダウンは標的遺伝子を改変，除去せずその発現を段階的に抑制する実験方法である．

10. 誤：受精卵から抗体産生細胞への分化の過程で，イムノグロブリン遺伝子は再編成（切りつなぎ）される．これはジェネティックなプロセスである．したがって，抗体産生細胞に分化する過程はジェネティックおよびエピジェネティックなプロセスを含む．

A2. $wwOoss$ は茶と黒の二毛猫，$wwOOss$ は茶一色の猫，$wwOOSs$ は白と茶の二毛猫，$wwooss$ はブラックキャット．

A3. 採取した細胞を顕微鏡下で観察し，女性であることを確認するためバー小体の存在を確認する方法が取られた（1968 ～ 1991）．1991 年には，男性であることを確認するため PCR により Y 染色体に特異的な塩基配列の確認をする方法が取られた．

A4. メチオニンと ATP を基質として，メチオニンアデノシル転移酵素の触媒によって細胞内で合成される S‐アデノシルメチオニンにより供給される．

A5. ショウジョウバエではオス（XY）の X 染色体の転写活性がメス（XX）の X 染色体の 2 倍になるように，また，線虫では雌雄同体（XX）の各 X 染色体の転写活性を半減することによりオス（XO）とバランスしている．鳥類では遺伝子量補償は存在しないと考えられてきたが，最近，遺伝子ごとの補償という部分的補償機構の存在が示唆されている．卵生哺乳類カモノハシの性染色体構成はより複雑であるが，鳥類に似た補償機構が示唆された．その他，シタビラメ，カイコなどでの研究が散見される．

A6. iPS 細胞は外来遺伝子の導入という人工的操作により初期化されたものである．したがって，エピジェネティック・ランドスケープでは，ボール自身に何らかの操作により拍車がかかり谷底から山の出発点に戻れるようになったものとみることができる．谷底に栄養ドリンクか興奮剤でも売るブースを描いてはどうだろうか．

A7. 分化転換は，ある谷に落ちたボールが隣の谷に尾根を越えて別の谷へ移る図として表

演習問題　解答例・解説

されよう．尾根を超えるリフトを描き加えるのではどうだろうか．

A8. 「生活習慣病胎児期発症説（DOHaD）」によると，生活習慣病の発症は胎児期の低栄養状態に起因すると考えられる．したがって，痩せ過ぎた妊婦から生まれた低出生体重児は成長して成人病のリスクが高くなることが懸念され深刻な問題となっている．

第 15 講

A1.
1. 誤：ES 細胞は胚から，iPS 細胞は体細胞から作製される．
2. 正
3. 正
4. 正
5. 誤：次世代シークエンサーや次々世代シークエンサーの開発より数日で完成する．
6. 誤：異種 DNA が存在しても配列決定は可能であるし，異種生物の存在も明らかになる．
7. 正
8. 正
9. 正
10. 正

A2. ヒト腸内細菌叢と疾患を結びつける研究は数多く報告されているが，一つの問題点は因果関係が明確でない点である．つまり，マイクロバイオームの変動が原因なのか，それとも結果なのか，あるいは第 3 の因子が関与しているかは明らかにされていない．例えば，炎症性腸疾患とマイクロバイオームの相関はよく知られているが，マイクロバイオームの変動が原因であることは証明されておらず，腸内の炎症によりマイクロバイオームの変動する可能性がある．近年，患者の糞便マイクロバイオームを無菌動物に接種することにより因果関係を問う研究も報告されている．総じて，ヒト腸内細菌叢と QOL との因果関係が明らかにされることが肝要である．

A3. 一つの問題点は，環境 DNA が生物の間接的な情報であることである．たとえば，天災などにより環境が乱されると正しい環境情報を得ることは困難となる．また，環境からのヒト DNA の検出は，犯罪捜査への応用が見込める半面，民族集団の推定を通じて，少数民族の動向把握など同意なき監視に使われる恐れもある．すでにこれら倫理的課題についてのアッピールもみられる．

A4. ゲノム遺伝子の変異に由来する疾患は変異ゲノム配列により，疾患の原因が推測できる．また，同時に他の遺伝子を解析することにより使用する薬剤に対する副作用の有無，最適な薬剤の選択が可能になる．

A5. 例：実験室ではなく野外フィールドにおいて，試料採取と解析が同時に行うことが可能となるため，より広範囲かつ詳細な生態系の遺伝子レベルでの解析が可能となる．

演習問題　解答例・解説

A6. ゲノム編集技術は，原理的にはヒトにも応用可能であり，すでにヒトへの応用の報告がなされている．このようなことが放置されると，その延長線上には優生思想を助長する可能性がある．その結果，偏りが生じた社会は個人の幸福とは遠いものになる．一定のガイドライン，さらには何らかの法整備が必要になると考えられる．

A7. 例1：分子生物学が発展することにより，疾病の原因が分子レベルでの解明が進み，簡便かつ身体的負担の少ない治療法や疾病の予防法の開発が進むことが期待される．例2：個人のゲノム解析が進むことにより，どのような疾病にかかりやすいかを発症前に予測したり，どのような薬がもっとも有効に作用するかを投薬以前に知ることができるようになることが期待される．例3：遺伝子検出法の感度や解像度が上がることにより，犯罪者の速やかな特定や冤罪の防止につながることが期待される．

A8. 生命保険などの契約，就職時における身辺調査，あるいは結婚に際しての情報共有などにおいて，個人のゲノム情報のために，その情報がなければ進行していた事態が滞る可能性が考えられる．何らかの法整備が必要となることも考えられる．

クロスワードパズル1

横の答え

4：CENTROMERE（centromere）
5：SATELLITEDNA（satellite DNA）
11：TRANSFORMATION（transformation）
13：DIDEOXYNUCLEOTIDE（dideoxynucleotide）
15：HISTONE（histone）
16：GENOME（genome）
17：PYRIMIDINE（pyrimidine）
18：COMPETENTCELL（competent cell）
19：RESTRICTIONENZYME（restriction enzyme）

縦の答え

1：KARYOTYPE（karyotype）
2：PHOSPHODIESTERBOND（phosphodiester bond）
3：DNALIGASE（DNA ligase）
6：PARALOG（paralog）
7：PLASMID（plasmid）
8：NUCLEOSOME（nucleosome）
9：ENDONUCLEASE（endonuclease）
10：CHROMOSOME（chromosome）
12：BASEPAIR（base pair）
14：CHROMATIN（chromatin）
17：PURINE（purine）

演習問題　解答例・解説

クロスワードパズル 2

横の答え

4 ：RIBOZYME（ribozyme）

7 ：RIBOSOME（ribosome）

11 ：ATTENUATION（attenuation）

13 ：SEMICONSERVATIVEREPLICATION
（semiconservative replication）

17 ：DNAPOLYMERASE（DNA polymerase）

18 ：HOLOENZYME（holoenzyme）

19 ：ENHANCER（enhancer）

20 ：COMPLEMENTARITY（complementarity）

縦の答え

1 ：TRANSLATION（translation）

2 ：GENEKNOCKOUT（gene knockout）

3 ：ALTERNATIVESPLICING
（alternative splicing）

5 ：SELFSPLICING（self splicing）

6 ：OPERON（operon）

8 ：SILENTMUTATION（silent mutation）

9 ：PROOFREADING（proofreading）

10 ：INTRON（intron）

12 ：OPENREADINGFRAME
（open reading frame）

14 ：REPRESSOR（repressor）

15 ：LEADINGSTRAND（leading strand）

16 ：SPLICEOSOME（spliceosome）

クロスワードパズル 3

横の答え

2 ：GENEEDITING（gene editing）

5 ：PSEUDOGENE（pseudogene）

7 ：TRANSPOSASE（transposase）

11 ：PHAGE（phage）

13 ：IMMUNOGLOBULIN（immunoglobulin）

15 ：BARRBODY（Barr body）

16 ：ESCELL（ES cell）

17 ：GENEAMPLIFICATION（gene amplification）

18 ：GENOMEIMPRINTING（genome imprinting）

19 ：INSERTIONSEQUENCE（insertion sequence）

縦の答え

1 ：PELEMENT（P element）

2 ：TRANSFECTION（transfection）

3 ：COPYNUMBERVARIATION
（copy number variation）

6 ：OFFTARGET（off target）

8 ：DOSAGECOMPENSATION
（dosage compensation）

9 ：DOHAD（DOHAD）

10 ：ENVELOPE（envelope）

12 ：HISTONECODE（histone code）

14 ：FRAMESHIFT（frameshift）

16 ：EBOLAVIRUS（Ebola virus）

クロスワードパズル 4

横の答え

2 ：PROMOTER（promoter）

6 ：HETEROCHROMATIN（heterochromatin）

9 ：LAGGINGSTRAND（lagging strand）

12 ：RNAPOLYMERASE（RNA polymerase）

13 ：GENEKNOCKDOWN
（gene knockdown）

16 ：NONSENSE（nonsense）

17 ：MICROBIOME（microbiome）

18 ：ENVIRONMENTALDNA
（environmental DNA）

19 ：EPIGENETICS（epigenetics）

20 ：COMPLEMENTARYDNA
（complementary DNA）

縦の答え

1 ：GENOMEPROJECT（genome project）

2 ：SENSESTRAND（sense strand）

4 ：CELLDIFFERENTIATION
（cell differentiation）

5 ：REVERSETRANSCRIPTASE
（reverse transcriptase）

7 ：TOTIPOTENCY（totipotency）

8 ：OKAZAKIFRAGMENT（Okazaki fragment）

10 ：SANGER（Sanger）

11 ：CENTRALDOGMA（central dogma）

14 ：PROTEOME（proteome）

15 ：TELOMERE（telomere）

索　引

■ あ 行 ■

アクチベーター ……………………… 37, 133
アセチル化 …………………………………… 39
アセチルトランスフェラーゼ ……………… 39
アデニン ……………………………………… 18
アニーリング ………………………………… 27
アニール ……………………………………… 84
アミノアシル tRNA 合成酵素 …………… 172
アミノアシル化 …………………………… 182
アミノ酸 ……………………………………… 29
アミノ酸配列 ………………………………… 34
アミノ末端 …………………………………… 34
アロステリック ……………………………… 38
アロステリック効果 ………………………… 38
アンチコドンループ ……………………… 176
アンチセンス RNA ………………………… 201

イオン結合 …………………………………… 24
鋳型 …………………………………………… 79
鋳型鎖 ……………………………………… 123
域 …………………………………………… 242
一塩基多型 …………………………………… 50
位置効果 …………………………………… 310
一次構造 ……………………………… 21, 34
一次転写産物 ……………………………… 149
一本鎖 ………………………………………… 25
遺伝暗号表 ………………………………… 173
遺伝子 …………………………………… 18, 44
遺伝子組換え作物 ………………………… 276
遺伝子増幅 ………………………………… 266
遺伝子ターゲティング …………………… 277
遺伝子治療法 ……………………………… 289
遺伝子のノックアウト …………………… 205
遺伝子のノックダウン …………………… 205
遺伝子ファミリー …………………………… 48
遺伝子プロファイル ………………………… 50
遺伝子量補償 ……………………………… 307
遺伝性疾患 ………………………………… 219
イニシエーター …………………………… 127
インスレーター …………………………… 144

インテグラーゼ …………………………… 263
イントロン ………………………………… 153
インプリンティング・センター領域 …… 309
インフルエンザウイルス ………………… 244

ヴァイローム ……………………………… 240
ウイルス …………………………………… 238
ウイルス粒子 ……………………………… 238
動く DNA ………………………………… 258
ウラシル ……………………………………… 18

エキソリボヌクレアーゼ ………………… 149
エキソン ……………………………… 153, 254
エキソン-ジャンクション複合体 ……… 163
エステル交換反応 ………………………… 160
エピアレル ………………………………… 303
エピゲノム ………………………………… 303
エピジェネティック・ランドスケープ … 301
エピミューテイション …………………… 303
エボラウイルス …………………………… 246
塩化セシウム平衡密度勾配遠心 ………… 101
塩基 …………………………………………… 18
塩基除去修復 ……………………………… 223
塩基性アミノ酸 ……………………………… 33
塩基対 ………………………………………… 22
塩基配列 ……………………………………… 21
塩基配列の相補性 …………………………… 23
エンドリボヌクレアーゼ ………………… 149
エンハンサー ……………………………… 138
エンベロープ ……………………………… 239

オートラジオグラフィー ………………… 103
岡崎断片 …………………………………… 105
オフターゲット効果 ……………………… 287
オペレーター ……………………………… 131
オペロン …………………………………… 175
オペロン説 ………………………………… 131
オランダ飢餓事件バースコホート研究 … 313
オランダ冬飢餓事件 ……………………… 313
オリゴペプチド ……………………………… 34
オルソログ …………………………………… 48

索　　引

■ か 行 ■

開鎖型複合体	127
ガイド RNA	285
核型	58
核細胞質性大型 DNA ウイルス	251
核酸	18
核磁気共鳴法	36
核質	151
核小体	49, 151
核小体内低分子 RNA	152
核小体内低分子リボ核タンパク質粒子	152
核内低分子リボ核タンパク質	157
核膜孔複合体	163
カタボライト活性化タンパク質 CAP	38
カプシド	239
カプシドタンパク質	239
可変領域	268
下流	122
下流プロモーターエレメント	127
カルボキシ末端	34
がん遺伝子	248
環境 DNA	95, 329
環境ウイルス	241
がん原遺伝子	248
還元仮説	251
がんの原因遺伝子を探索する国際プロジェクト	334
偽遺伝子	46
キネトコア	60
機能性 RNA	190
機能ドメイン	37
基本転写因子	126, 138
逆転写	86, 243
逆転写 PCR	86
逆転写酵素	79, 118, 243, 262
逆平行 β 構造	35
逆方向反復配列	259
キャップ	155
吸収極大	27
鏡像異性体	20
グアニン	18
グアニン四重鎖	25

組換え	265
組換え DNA	72
組換え体	72
クライオ電子顕微鏡	36
クリスパー RNA	193
クローン	70
クロマチン	51
クロマチン 10 nm 繊維	57
クロマチン 30 nm 繊維	57
クロマチン構造	140
クロマチンリモデリング	143
形質転換	3, 72
形質転換物質	4
ゲノム	44
ゲノムインプリンティンク	297
ゲノムプロジェクト	44, 326
ゲノム編集	277
ゲノムライブラリー	80
コア酵素	124
コアヒストン	55
コアプロモーター	126
恒常的ヘテロクロマチン	52
校正機能	109, 212
抗生物質耐性遺伝子	73
コザック配列	175
コスミド	76
骨格	34
コドン	172
コヒーシン	58
コピー数多型	267
コロナウイルス	245
コロニー	76
コンデンシン	58
コンピテント細胞	76

■ さ 行 ■

細菌	238
サイクリック AMP	133
サイクリンタンパク質	113
サイクル数	88
再構成	258, 269
再生	27
細胞質遺伝	65

364

細菌叢	330
細胞分化	299
細胞メモリー	314
細胞老化	117
サイレンサー	138
サイレント変異	218
サテライト DNA	50
サブユニット	37
サンガー法	89
残基	34
散在反復配列	49
三次構造	27, 35
三重鎖	25
酸性アミノ酸	33
ジェリーロール構造	251
シス因子	133
ジスルフィド結合	32
次世代シークエンサー	93
ジデオキシヌクレオチド	90
シトシン	18
姉妹染色分体	60
姉妹染色分体接着	62
ジャイレース	112
シャルガフの規則	22
終結因子	184
終止コドン	173
修飾塩基	27
修飾ヌクレオチド	27
重複性遺伝子	48
重複複製	114
縦列反復配列	49
宿主	72
主溝	23
主鎖	34
出芽	246
条件的ヘテロクロマチン	52
常染色体	44
上流	122
上流活性化配列	138
ショ糖密度勾配遠心法	104
ジンクフィンガー	137
人工キメラ・タンパク質	281
人工多能性幹細胞	322
シンシチン-1	254

親水性アミノ酸	32
水素結合	23
水痘・帯状疱疹ウイルス	245
水平移動	247
スタッキング	23
ステム-ループ構造	27, 176
スプライソソーム	157
生活習慣病胎児期発症説	314
制限酵素	72, 281
生殖細胞変異	216
性染色体	44
絶縁配列	144
接合	269
セルフスプライシング	159
染色体	18, 44, 58
染色体凝縮	62
染色体削減	258
染色体テリトリー	58
染色分体	60
選択的スプライシング	161
セントロメア	60
相同遺伝子	48
相同組換え	277
相同組換え修復	228, 279
挿入突然変異	264
挿入配列	259
相補性	215
相補的 DNA	79
側系遺伝子	48
側鎖	34
疎水性アミノ酸	30
疎水性相互作用	23
損傷乗り越え型 DNA ポリメラーゼ	231

■ た 行 ■

ターミネーター	129
体細胞変異	216
代謝回転	164
大腸菌	76
耐熱性 DNA ポリメラーゼ	85
多糸染色体	64
多重クローニング部位	75

索　　引

脱アセチル化	39
脱リン酸化	39
タバコモザイクウイルス	244
多ユビキチン化	114
淡色効果	27
タンパク質	18, 29
タンパク質ファミリー	48
タンパク質をコードする遺伝子	46

チミン	18
長鎖 ncRNA	193
直系遺伝子	48
沈降係数	150

定量的 PCR	88
定常領域	268
ディスクリミネーター塩基	153
低分子 RNA	193
低分子核 RNA	157
デオキシリボース	18
デオキシリボ核酸	18
デオキシリボヌクレオシド-3リン酸	103
デオキシリボヌクレオチド	106
テトラヌクレオチド説	3
テロメア	61, 117, 327
テロメア DNA	61
テロメアサイレンシング	62
テロメラーゼ	62, 117
転移 RNA	169
転移型突然変異	215
転移性遺伝因子	50, 258
転換型突然変異	215
転写	122
転写アテニュエーション	136
転写開始	127
転写開始点	122
転写活性化ドメイン	37
転写共役ヌクレオチド除去修復	230
転写減衰	136
転写終結	129
転写伸長	128
天然痘（痘瘡）ウイルス	244

糖	18
同義コドン	173

動原体	60
同方向反復配列	263
糖－リン酸骨格	21
ドーハッド説	314
突然変異	249
トポイソメラーゼ I	109
トポイソメラーゼ II	114
トポロジカルドメイン	58, 144
ドメイン	37
トランス因子	133
トランスクリプトーム	330
トランスジェニック技術	276
トランスフェクション	276
トランスフォーメーション	72
トランスポゼース	259
トランスポゾン	50, 260
トリプトファンオペロン	131

■　な　行　■

内在性レトロウイルス	254
投げ縄構造	157
ナノポアシークエンサー	93
ナンセンス変異	219

二次構造	24, 34
二重らせん	22
二本鎖 cDNA	80

ヌクレオカプシド	239
ヌクレオシド	18
ヌクレオソーム	52
ヌクレオソームコア粒子	54
ヌクレオソーム構造	115
ヌクレオチド	18
ヌクレオチド除去修復	225

ノイラミニダーゼ	250
ノックイン	279
ノロウイルス	245
ノンコーディング RNA	189

■　は　行　■

バー小体	307
胚性幹細胞	322

バクテリオファージ	238
パフ	64
パラログ	48
半減期	164
パンドラウイルス	251
反復可変二残基	282
反復配列	49
半保存的複製	24
半保存的複製様式	100
非コード遺伝子	46
微小管	60
ヒストン	51, 140, 252
ヒストン H2A	54
ヒストン H2B	54
ヒストン H3	54
ヒストン H4	54
ヒストンアセチル化酵素	140
ヒストン・コード	305
ヒストンコード仮説	55, 142
ヒストン脱アセチル化酵素	140
ヒストン八量体	54, 115
ヒストンバリアント	56
ヒストンメチル化酵素	142
ヒストン・フォールド	55
非相同末端結合	226, 279
ヒトゲノムプロジェクト	93
ヒト免疫不全ウイルス	248
非翻訳領域	164
非メンデル遺伝	65
病原性ウイルス	241
ピリミジン塩基	18
ピリミジン二量体	226
ファージ	238
ファン・デル・ワールス相互作用	24
副溝	23
複雑度	271
複製エラー	249
複製起点	73
複製中心	245
不斉炭素	30
プライマー	81, 105
プライマー RNA	105
プライマーゼ	105

プラスミド	72
プリン塩基	18
フレームシフト	174
フレームシフト変異	219, 279
不連続変異	250
プロセス型偽遺伝子	264
プロテインキナーゼ	39
プロテオーム	330
プロモーター	122
分化全能性	322
分化多能性	322
分散的複製様式	100
ヘアピン	27
平行 β 構造	35
ベクター	72, 73, 265
ヘテロクロマチン	51, 110, 142
ペプチジル転移反応	183
ペプチド結合	33
ヘマグルチニン	250
ヘリックス・ターン・ヘリックス	137
ヘリックス・ループ・ヘリックス	137
ヘルペスウイルス	245
ポジション・エフェクト	310
ホスト	72
ポストゲノム	329
ホスファターゼ	39
ホスホジエステル結合	20, 106, 160
保存的複製様式	100
ポックスウイルス	244
ホモログ	48
ポリ（A）テール	86, 156
ポリ（A）ポリメラーゼ	156
ポリソーム	176
ポリヌクレオチド	20
ポリペプチド鎖	34
ボルティモア分類	242
ホロ酵素	124
翻訳	169
翻訳因子	172
翻訳開始コドン	173

■ ま 行 ■

マイクロサテライト	327

索　引

マイクロサテライト DNA	50
マイクロバイオータ	330
マイクロバイオーム	330
末端複製問題	117
ミスセンス変異	218
ミスマッチ塩基対	220
ミスマッチ修復	220
ミスマッチ修復系	110
ミトコンドリアゲノム	44
ミニサテライト DNA	50
ミミウイルス	251
メタゲノム	330
メタボローム	330
メチル化	39
メチルトランスフェラーゼ	40
メディエーター	138
免疫グロブリン	258, 268

■　や　行　■

融解	27
融解温度	28
ユークロマチン	51, 110
誘導物質	133
葉緑体ゲノム	44
四次構造	34, 37
読み枠	172

■　ら　行　■

ライゲーション	73
ライノウイルス	245
ラウス肉腫ウイルス	247
ラギング鎖	104
ラクトースオペロン	131
ランプブラシ染色体	64
リアルタイム PCR	88
リーディング鎖	104
リガンド	38
リコンビナント DNA	72
リプログラミング	315
リボース	18

リボ核酸	18
リボ核タンパク質	153
リボザイム	159, 169, 203
リボソーム	169, 240
リボソーム RNA	169
リンカー DNA	54
リンカーヒストン	55
リン酸	18
リン酸化	39
リン酸ジエステル結合	20
レトロウイルス	242
レトロウィルス様因子	327
レトロトランスポゾン	261
レトロポジショニング	262
レトロポゾン	262
連続変異	250
ロイシンジッパー	137

■アルファベット■

absorption maximum	27
acetylation	39
acetyltransferase	39
acidic amino acid	33
acidic nucleoplasmic DNA binding protein-1	109
activator	37, 133
Ac エレメント	260
adenine	18
AGO	197
allosteric	38
allosteric effect	38
alternative splicing	161
amino acid	29
amino acid sequence	34
aminoacylation	182
aminoacyl-tRNA synthetase	172
amino-terminus	34
AND-1	109
anneal	84
annealing	27
antibiotic resistance gene	73
anticodon loop	176
antiparallel β -structure	35

368

antisense RNA	201	CDS	156
argonaute	197	cell differentiation	299
artificial chimeric protein	281	cell memory	314
A site	181	cellular aging	117
asymmetric carbon	30	centromere	60
autoradiography	103	cesium chloride equilibrium density	
autosome	44	gradient centrifugation	101
A 型インフルエンザウイルス	250	Chargaff's rule	22
A サイト	181	chloroplast genome	44
		chromatid	60
BAC	76	chromatin	51
backbone	34	chromatin 10 nm fiber	57
bacteria	238	chromatin 30 nm fiber	57
bacterial artificial chromosome	76	chromatin remodeling	143
bacteriophage	238	chromatin structure	140
Barr body	307	chromosome	18, 44, 58
base	18	chromosome condensation	63
base excision repair	223	chromosome diminution	258
base pair mismatch	220	chromosome territory	58
base sequence	21	cis-element	133
base-pair (s)	22	clone	70
basic amino acid	33	clustered regularly interspaced	
B-DNA	24	short palindromic repeat RNA	193
Boltimore classification	242	CMG complex	108
BRE	127	CMG 複合体	108
budding	246	CNV	267, 327
B 型	24	coding gene	46
		coding sequence	156
cAMP	133	coding strand	123
cAMP receptor protein	133	codon	172
cap	155	cohesin	58
capsid	239	colony	76
capsid protein	239	competent cell	76
carboxy-terminus	34	complementality	215
Cas protein	284	complementarity of base-pair sequences	23
Cas9 protein	283	complementary DNA	79
Cas9 タンパク質	283	complexity	271
Cas タンパク質	284	complementary DNA	
catabolite activator protein	38	condensin	58
CCCTC-binding factor	144	conservative replication style	100
CCCTC 結合因子	144	constant region	268
CDK	112, 113	constitutive heterochromatin	52
cDNA	79	continuous mutation	250
cDNA library	81	conversion mutation	215
cDNA ライブラリー	81	copy number variation	267, 327
		core enzyme	124

索　　引

core histone	55
core promoter	126
coronavirus	245
cosmid	76
CRISPR RNA	193
crispr RNA	284
CRISPR-Cas9	283
CRISPR-Cas9 system	205
CRISPR-Cas9 システム	205
CRP	133
crRNA	284
cryoelectron microscopy	36
CTCF	144
CTD	124
C-Terminal Domain	124
C-terminus	34
Ct 値	88
C-value paradox	45
cyclic AMP	133
cyclin-dependent kinase	112
cytoplasmic inheritance	65
cytosine	18
C 値パラドックス	45
C 末端	34
C 末端ドメイン	124
Dbf4-dependent kinase	112
DDK	112
deacetylation	39
denaturation	27
deoxyribonucleic acid	18
deoxyribonucleoside triphosphate	103
deoxyribonucleotide	106
deoxyribose	18
dephosphorylation	39
developmental origins of health and disease 説	
	314
dideoxynucleotide	90
differatially methylated region	309
direct repeat	263
discontinuous mutation	250
discriminator base	153
distributed replication style	100
disulfide bond	32
DMR	309

DNA	18
DNA cloning	70
DNA double-strand break	214, 278
DNA fiber	22
DNA helicase	107
DNA ligase	73, 106
DNA polymerase	103, 106, 242
DNA polymerase α -primase complex	107
DNA polymerase δ	107
DNA polymerase ε	107
DNA replication fork	102
DNA sequencing	89
DNA unwinding element	111
DNA virus	239
DNA ウイルス	239
DNA クローニング	70
DNA 結合ドメイン	37
DNA シークエンシング	89
DNA 繊維	22
DNA 二重鎖切断	214, 278
DNA の変性	27
DNA の融解曲線	28
DNA 複製起点	110
DNA 複製フォーク	102
DNA ヘリカーゼ	107
DNA ポリメラーゼ	103, 106, 242,
DNA ポリメラーゼα・プライマーゼ複合体	
	107
DNA ポリメラーゼ δ	107
DNA ポリメラーゼ ε	107
DNA リガーゼ	73, 106
DOHaD	314
domain	37
dosage compensation	307
double helix	22
double-stranded cDNA	80
downstream	122
downstream promoter element	127
DPE	127
ds cDNA	80
Ds エレメント	260
DUE	111
duplicated gene	48
duplicate replication	114
D - アミノ酸	30

370

D 遺伝子	269
D 型アミノ酸	30
E2F	113
ebolavirus	246
E. coli	76
eDNA	95, 329
EJC	163
embryonic stem cell	277, 322
enantiomer	20
ENCODE プロジェクト	46
end replication problem	117
endogenous retrovirus	254
endoribonuclease	149
enhancer	138
envelope	239
environmental DNA	95, 329
environmental viruses	241
epiallele	303
epigenetic landscape	301
epigenome	303
epimutation	303
error-prone DNA polymerase	231
Escherichia coli	76
E site	181
ES 細胞	277, 322
euchromatin	51, 110
exon	153, 254
exon-junction complex	163
exoribonulease	149
E サイト	181
facultative heterochromatin	52
FEN1	105
Flap-EndoNuclease 1	105
frameshift	174
frameshift mutation	219, 279
functional domain	37
functional RNA	190
G4-DNA	25
gene	18, 44
gene amplification	266
gene family	48
gene knockdown	205

gene knockout	205
gene rearrangement	269
gene targeting	277
gene therapy	289
general transcription factor	126, 138
genetic code table	173
genetic disease	219
genetic profile	50
genetically modified crops	276
genome	44
genome editing	277
genome imprinting	297
genome project	44, 326
genomic library	80
germline mutation	216
G-quadruplex	25
gRNA	285
GTF	126, 138
guanine	18
guide RNA	285
gyrase	112
H2A-H2B dimer	116
H2A-H2B ダイマー	116
H3-H4 tetramer	116
H3-H4 テトラマー	116
hairpin	27
half-life	164
HAT	140
HDAC	140
heat-resistant DNA polymerase	85
helix-loop-helix	137
helix-turn-helix	137
hemagglutinin	250
herpesvirus	245
heterochromatin	51, 110, 142
Hfq protein	201
Hfq タンパク質	201
histone	51, 140, 252
histone acetyltransferase	140
histone code	305
histone code hypothesis	55, 142
histone deacetylase	140
histone fold	55
histone H2A	54

索　　引

histone H2B	54
histone H3	54
histone H4	54
histone methyltransferase	142
histone octamer	54, 115
histone variant	56
HIV	248
HLH	137
HMT	142
holoenzyme	124
homolog	48
homologous recombination	277
homologous recombination repair	279
homologous recombinational repair	228
horizontal movement	247
host	72
HTH	137
human genome project	93
human immunodeficiency virus	248
hydrogen bond	23
hydrophilic amino acid	32
hydrophobic amino acid	30
hydrophobic interaction	23
hypochromic effect	27
ICGC	334
ICR	309
immunoglobulin	258, 268
imprinting center region	309
induced pluripotent stem cell	322
inducer	133
influenza A virus	250
influenza virus	244
Initiator	127
Inr	127
insertion sequence	259
insertional mutation	264
insulator	144
integrase	263
internal ribosome entry site	186
international cancer genome consortium	
	334
interspersed repetitive sequence	49
intron	153
inverted repeat	259

ionic bond	24
iPS 細胞	322
IR	259
IRES	186
IS	259
jelly-roll structure	251
J 遺伝子	269
karyotype	58
kinetochore	60
knock in	279
Kozak sequence	175
lac operon	131
Lac repressor	131
lac オペロン	131
Lac リプレッサー	131
lagging strand	104
lampbrush chromosome	64
lariat structure	157
leading strand	104
leucine-zipper	137
ligand	38
ligase	73
ligation	73
LINE	263, 327
linker DNA	54
linker histone	55
lncRNA	193
long interspersed element	327
long interspersed nuclear element	263
long non-coding RNA	193
L - アミノ酸	30
L 型アミノ酸	30
main chain	34
major groove	23
mating	269
MCM loading protein	112
MCM protein	107
MCM2	107
MCM タンパク質	107
MCM 積み込みタンパク質	112
MCS	75

mediater	138
melting	27
melting curve	28
melting temperature	28
messenger RNA	25
metabolome	330
metagenome	330
metastatic mutation	215
methylation	39
methyltransferase	40
M-FISH 法	58
microbiome	330
microbiota	330
microRNA	193
microsatellite	327
microsatellite DNA	50
microtubule	60
mimivirus	251
minichromosome maintenance 2	107
minisatellite DNA	50
minor groove	23
miRISC	197
miRNA	193
miRNA-induced silencing complex	197
miRNA 誘導サイレンシング複合体	197
mismatch repair	220
mismatch repair system	110
missense mutation	218
mitochondrial genome	44
mode	100
modified base	27
modified nucleotide	27
mRNA	25
multicloning site	75
multicolor-fluorescent in situ hybridization	58
mutation	249
nanopore sequencer	93
NCLDV	251
neuraminidase	250
next generation sequencer	93
N-glycosidic bond	20
NGS	93
NHEJ	279

non coding gene	46
non-coding RNA	189
nonhomologous end joining	226, 279
non-Mendelian inheritance	65
nonsense mutation	219
norovius	245
N-terminus	34
nuclear magnetic resonance	36
nuclear pore complex	163
nucleic acid	18
nucleocapsid	239
nucleocytoplasmic large DNA virus	251
nucleolus	49, 151
nucleoplasm	151
nucleoside	18
nucleosome	52
nucleosome core particle	54
nucleosome structure	115
nucleotide	18
nucleotide excision repair	225
N-グリコシド結合	20
N 末端	34
off-target effect	287
Okazaki fragment	105
oligopeptide	34
oncogene	248
open complex	127
open reading frame	172
operator	131
operon	175
operon theory	131
ORC	111
ORF	172
Ori	73
OriC	110
origin of DNA replication	110
origin of replication	73
origin recognition complex	111
ortholog	48
P element	261
PAM 配列	284
pandoravirus	251
parallel β -structure	35

索　　　引

paralog	48	puff	64
pathogenic viruses	241	purine base	18
PCNA	108	pyrimidine base	18
PCR	81	pyrimidine dimer	226
P-element induced wimpy testis	197	P エレメント	261
peptide bond	33	P サイト	181
peptidyl transfer reaction	183		
phage	238	qPCR	88
phosphatase	39	quantitative PCR	88
phosphate	18	quaternary structure	34
phosphodiester bond	20, 106, 160		
phosphorylation	39	Rb	113
piRNA	198	Realm	242
PIWI	197	real-time PCR	88
PIWI-interacting RNA	198	rearrangement	258
plasmid	72	recombinant	72
pluripotency	322	recombinant DNA	72
poly (A) polymerase	156	recombination	265
poly (A) tail	86, 156	reduction hypothesis	251
polymerase chain reaction	81	release factor	184
polynucleotide	20	renaturation	27
polypeptide chain	34	repeat variable diresidue	282
polysome	176	repeated sequence	49
polytene chromosome	64	repetitive sequence	49
polyubiquitination	114	replication center	245
position effect	310	replication error	249
post-genome	329	replication factor C	108
poxvirus	244	replication protein A	108
primary structure	21, 34	reprograming	315
primary transcript	149	residue	34
primase	105	restriction enzyme	72, 281
primer	81, 105	retropositioning	262
primer RNA	105	retroposon	262
processed pseudogene	264	retrotransposon	261
proliferating cell nuclear antigen	108	retrovirus	242
promoter	122	reverse transcriptase	79, 118, 243, 262
proofreading function	109, 212	reverse transcription	86, 243
protein	18, 29	reverse transcription PCR	86
protein family	48	RF	184
protein kinase	39	RFC	108
proteome	330	rhinovirus	245
proto-oncogene	248	ribonucleic acid	18
proto-spacer adjacent motif sequence	284	ribonucleoprotein	153
pseudogene	47	ribose	18
P site	181	ribosomal RNA	25, 169

374

ribosome	169, 240	
ribozyme	159, 169, 203	
RNA aptamer	206	
RNA editing	149, 162	
RNA interference	197	
RNA polymerase	122, 242	
RNA processing	149	
RNA splicing	149	
RNA technology	205	
RNA virus	239	
RNA world hypothesis	204	
RNAi	197	
RNA アプタマー	206	
RNA ウイルス	239	
RNA エディティング	149, 162	
RNA 干渉	197	
RNA スプライシング	149	
RNA テクノロジー	205	
RNA プロセシング	149	
RNA ポリメラーゼ	122, 242	
RNA ワールド仮説	204	
Rous sarcoma virus	247	
RPA	108	
rRNA	25, 169	
RT-PCR	86	
RVD	282	

Sanger method	89
SARS-CoV-2	248
SARS コロナウイルス 2	248
SASPase	254
satellite DNA	50
SD sequence	175
SD 配列	175
secondary structure	24, 34
sedimentation coefficient	150
self splicing	159
semiconservative replication	24
semiconservative replication style	100
sex chromosome	44
Shine-Dalgarno sequence	175
short interspersed element	327
short interspersed nuclear element	263
side chain	34
silencer	138

silent mutation	218
SINE	263, 327
single nucleotide polymorphism	50
single-strand	25
siRISC	197
siRNA	197
siRNA-induced silencing complex	197
siRNA 誘導サイレンシング複合体	197
sister chromatid	60
sister chromatid cohesion	62
skin aspartic protease	254
SKY 法	58
small interfering RNA	197
small nuclear ribonucleoprotein	157
small nuclear RNA	157
small nucleolar ribonucleoprotein particle	152
small nucleolar RNA	152
small RNA	193
SMC タンパク質	63
snoRNA	152
snoRNP	152
SNP	50
snRNA	157
snRNP	157
somatic mutation	216
spectral karyotyping	58
spliceosome	157
sRNA	193
stacking	23
stem and loop structure	27
stem-loop structure	176
structural maintenance of chromosome	63
subunit	37
sucrose density gradient centrifugation	104
sugar	18
sugar-phosphate backbone	21
syncitin-1	254
synonymous codon	173

TAD	58, 144
TALEN	282
tandem repeat sequence	49
TATA box	127
TATA ボックス	127

索　引

telomerase	62, 117
telomere	61, 117, 327
telomeric DNA	61
telomeric silencing	62
template	79
terminator	129
tertiary structure	27, 35
tetranucleotide theory	3
TFⅡB recognition element	127
TFⅡB 認識配列	127
The Dutch famine birth cohort study	313
The Dutch winter famine	313
The encyclopedia of DNA elements	46
threshold cycle	88
thymine	18
Tm	28
Tn	260
tobacco mosaic virus	244
Topo I	109
Topo Ⅱ	114
topoisomerase I	109
topoisomerase Ⅱ	114
topological associated domain	144
topologically associating domain	58
totipotency	322
tracrRNA	284
trans-acting factor	133
trans-activating cr RNA	284
transcription	122
transcription activator-like effector nuclease	282
transcription attenuation	136
transcription elongation	128
transcription initiation	127
transcription start site	122
transcription termination	129
transcription-coupled nucleotide excision repair	230
transcriptome	330
transesterification	160
transfection	276
transfer RNA	25, 169
transformation	3, 72
transforming principle	4
transgenic technology	276

translation	169
translation factor	172
translation initiation codon	173
translation termination codon	173
transposase	259
transposon	50, 258, 260
triplex	25
tRNA	25, 169
trp operon	131
trp オペロン	131
TSS	122
turnover	164
UAS	138
untranslated region	164
upstream	122
upstream activating sequence	138
uracil	18
UTR	164
van der Waals interaction	24
variable region	268
varicella zoster virus	245
variola virus	244
vector	72, 73, 265
virion	238
virome	240
virus	238
V 遺伝子	269
X-chromosome inactivation	296
X-gal	79
X-ray crystallography	36
X-ray diffraction	22
X 線回折	22
X 線結晶構造解析	36
X 染色体不活性化	296
YAC	76
yeast artificial chromosome	76
ZFN	281
zinc finger	137
zinc finger nuclease	281
zinc (Zn) finger ドメイン	280

Zn finger ヌクレアーゼ ……………… 281
ZnF ……………………………………… 137

■ギリシア文字■

α-helix ……………………………………… 34
α-ヘリックス ………………………… 34
β-pleated sheet ……………………… 35
β-sheet ………………………………… 35
β-structure ……………………………… 34

β 構造 …………………………………… 34
β-シート ………………………………… 35
β プリーツシート ……………………… 35
ρ dependent terminator ……………… 129
ρ independent terminator …………… 129
ρ 依存性ターミネーター ……………… 129
ρ 非依存性ターミネーター …………… 129
σ factor ………………………………… 124
σ 因子 …………………………………… 124

〈編者略歴〉

東 中 川 徹 （ひがしなかがわ　とおる）

1965 年　東京大学理学部化学科 卒業
1970 年　癌研究会癌研究所 日本学術振興会・奨励研究員
1971 年　理学博士（東京大学）
1971 年　三菱化成生命科学研究所 研究員
1973 年　Carnegie 発生学研究所（USA）PostDoc
1979 年　産業医科大学医学部分子生物学教室 助教授
1982 年　東京都立大学理学部生物学教室 助教授
1986 年　三菱化成生命科学研究所発生生物学研究部 部長
1997 年　早稲田大学教育学部生物学教室 教授
現在　　　早稲田大学名誉教授，日本エピジェネティクス研究会名誉会員

桑 山 秀 一 （くわやま　ひでかず）

1994 年　京都大学理学研究科博士課程修了 博士（理学）
その後，オランダ Groningen 大学生化学科研究員等を経て
2006 年　筑波大学生命環境科学研究科 講師
2013 年　筑波大学生命環境系 准教授
現在　　　筑波大学生命環境系 教授

川 村 哲 規 （かわむら　あきのり）

2002 年　早稲田大学大学院理工学研究科修了 博士（理学）
2002 年　岡崎統合バイオサイエンスセンター 博士研究員
2005 年　日本学術振興会 特別研究員
2007 年　埼玉大学大学院理工学研究科 助教
2012 年　埼玉大学大学院理工学研究科 講師
現在　　　埼玉大学大学院理工学研究科 准教授

- 本書の内容に関する質問は，オーム社ホームページの「サポート」から，「お問合せ」の「書籍に関するお問合せ」をご参照いただくか，または書状にてオーム社編集局宛にお願いします。お受けできる質問は本書で紹介した内容に限らせていただきます。なお，電話での質問にはお答えできませんので，あらかじめご了承ください。
- 万一，落丁・乱丁の場合は，送料当社負担でお取替えいたします。当社販売課宛にお送りください。
- 本書の一部の複写複製を希望される場合は，本書扉裏を参照してください。

JCOPY ＜出版者著作権管理機構 委託出版物＞

分子生物学 15 講
—基礎編—

2024 年 10 月 4 日　　第 1 版第 1 刷発行

編　者　東中川　徹・桑山秀一・川村哲規
発行者　村上和夫
発行所　株式会社　オーム社
　　　　郵便番号　101-8460
　　　　東京都千代田区神田錦町 3-1
　　　　電話　03(3233)0641(代表)
　　　　URL　https://www.ohmsha.co.jp/

© 東中川　徹・桑山秀一・川村哲規 2024

印刷・製本　小宮山印刷工業
ISBN978-4-274-22809-4　Printed in Japan

本書の感想募集　https://www.ohmsha.co.jp/kansou/
本書をお読みになった感想を上記サイトまでお寄せください。
お寄せいただいた方には，抽選でプレゼントを差し上げます。

関連書籍のご案内

機械学習による分子最適化
─数理と実装─

梶野 洸 著
定価(本体3200円[税別])・A5判・312頁

**機械学習を用いた
新規分子構造の生成や
最適化にまつわる技術について，
基礎理論から実装まで
一気通貫して解説**

本書は，機械学習の初学者であっても分子構造の生成モデルや分子構造の最適化手法を理解できるように，機械学習の基礎から分子構造の生成モデルや最適化手法にいたるまでを体系的にまとめた書籍です．
さらに，機械学習に関する技術はプログラミングを通じて実践することでより理解が深まるものであるため，数理的な内容だけではなく，Pythonによる実装を織り交ぜて説明しています．分子構造の生成モデルや最適化手法に関する基礎知識を得ることができるだけでなく，それらを実践に活かすところまで習得できます．

また，分子構造を取り扱うための手法や，特有の事情についても詳しく説明していますので，機械学習の研究者が分子構造を取り扱った研究を始めたい場合にも参考になります．

主要目次
- 第 1 章 分子生成モデルと分子最適化
- 第 2 章 分子データの表現
- 第 3 章 教師あり学習を用いた物性値予測
- 第 4 章 系列モデルを用いた分子生成
- 第 5 章 変分オートエンコーダを用いた分子生成
- 第 6 章 分子生成モデルを用いた分子最適化
- 第 7 章 強化学習を用いた分子生成モデルと分子最適化
- 第 8 章 発展的な分子生成モデル
- 付 録 正規分布にかかわる公式

もっと詳しい情報をお届けできます．
◎書店に商品がない場合または直接ご注文の場合は右記宛にご連絡ください．

ホームページ https://www.ohmsha.co.jp/
TEL／FAX TEL.03-3233-0643 FAX.03-3233-3440

(定価は変更される場合があります)